概率论与数理统计
（第2版）

清华大学公共基础平台课教材

葛余博 编

清华大学出版社
北京

内容简介

本书是依据大学非数学专业本科生"概率论与数理统计"课程的教学要求及作者在清华大学数十年的教学积累与经验编写的。其中概率论部分包括：概率和条件概率，有等可能性的概型，事件的独立性；随机变量，随机向量与分布等基本概念；重要分布律的产生、性质及相互之间的关系，随机向量（含变量）的函数的分布；数学期望，矩与方差，两个随机变量间的协方差与相关系数；主要的极限定理、结论及应用。数理统计部分包括：总体和样本的概念，抽样分布与统计量；参数估计（点估计，区间估计及估计量的优良标准）；正态总体和非正态总体的参数的假设检验，两个独立正态总体参数的差异性检验，非参数检验（分布拟合和秩和检验）；线性回归分析。

本书可作为高等院校非数学专业和普通师范院校数学专业的本科生教材，也可作为工程技术人员的参考书。

版权所有，侵权必究。举报：010-62782989，beiqinquan@tup.tsinghua.edu.cn。

图书在版编目(CIP)数据

概率论与数理统计/葛余博编.—2版.—北京：清华大学出版社，2017（2024.2重印）
（清华大学公共基础平台课教材）
ISBN 978-7-302-48502-5

Ⅰ.①概… Ⅱ.①葛… Ⅲ.①概率论－高等学校－教材 ②数理统计－高等学校－教材 Ⅳ.①O21

中国版本图书馆CIP数据核字(2017)第226204号

责任编辑：刘　颖
封面设计：常雪影
责任校对：王淑云
责任印制：沈　露

出版发行：清华大学出版社
网　　址：https://www.tup.com.cn, https://www.wqxuetang.com
地　　址：北京清华大学学研大厦A座　　邮　编：100084
社 总 机：010-83470000　　邮　购：010-62786544
投稿与读者服务：010-62776969, c-service@tup.tsinghua.edu.cn
质量反馈：010-62772015, zhiliang@tup.tsinghua.edu.cn

印 装 者：三河市龙大印装有限公司
经　　销：全国新华书店
开　　本：185mm×230mm　　印　张：23.75　　字　数：502千字
版　　次：2005年4月第1版　2017年9月第2版　印　次：2024年2月第4次印刷
定　　价：68.00元

产品编号：068674-02

前言 第2版

自上世纪概率论作为严谨学科创立以来,在世界范围突飞猛进,显示巨大能量和生命力.其思想和方法,催生随机分析、随机微分方程、随机运筹和随机服务系统等数学分支,以及随机模拟和概率统计计算学科;向工程学科渗透,点石成金,出现随机信号处理、随机振动分析;与其他学科结合生长出生物统计、统计物理等边缘学科;它也是人工智能、信息论、控制论、随机服务系统、可靠性理论、风险分析与各类决策等学科的基础,而振聋发聩风靡世界的"大数据"的深刻渊源更是离不开概率统计及随机过程.

勇创世界一流乃至实现强国梦,需要创新能力,而概率论与数理统计的学习和思考,是培养创新能力的一个重要的动力源.本人在教学中由于注重启发式和创新能力培养,基于科研实践,既注重概念正确把握和理论高度,又能深入浅出,深受校内外学生欢迎,在清华大学连续不断授课30多年,并且每每扩容,既是学科魅力的证明也是本课程魅力的证明.

第2版进一步注重概念的严谨和本质间联系,居高临下一览众山小,又辅以许多引例,使其深入浅出.重要分布的产生背景,不仅了解什么情况会遇到这些分布,而且深刻把握这些分布的性质和联系.数理统计也注重启发式、实践需要和创新能力培养.

学习此书你将觉得在未来专业学习和研究中有新思想、新动力,助你成功.

期待您的批评指正,以求更大进步,编者是祈.

葛余博

2017年7月

前言 第1版

依据非数学专业本科生"概率论与数理统计"课程的教学要求,基于在清华大学数十年的教学经验,编写了这本教材. 本书除供非数学专业本科生作为教材外,也可作为普通师范类院校数学系学生的教材,以及准备报考研究生的学生与工程技术人员的参考书.

随着社会科学技术的进步和研究的深入,概率论与数理统计起着越来越重要的作用. 但概率论与数理统计的学习,因为其理论和方法的特殊性,长时间以来一直令学习者感到苦恼,众多的分布和繁杂的公式也常使有志者学得辛苦.

如何学好概率论与数理统计? 如何提高学习效率? 针对这两个问题,作者做了如下一些努力,希望本书成为读者学习和备考的好向导.

1. 注意基本概念和基础理论,特别注意基础知识间的内在联系和融会贯通,使学习更具启发性和主动性,从而克服较为流行的忽视基本概念和基本理论,埋头做题、盲目做题的弊端. 本书强调对概念的深刻理解和概念相互之间的联系,使得概念和结论更容易理解和记忆——要记的其实更少了. 这是高效率学习的关键之举.

2. 强化基本概型和规律性,为此增加重要分布律产生的背景,从而提高模型化能力和实用中准确判断和使用分布律的能力.

3. 全书分为8章,编写中注意各章间的联系与综合. 章内各节有精选的典型例题,各章后有习题,书末有习题答案.

4. 为便于学习和记忆,本书将随机变量和随机向量合于一章.

5. 为叙述简捷、方便,本书文中还沿用一些记号,请见本书常用符号表,并尽可能熟悉.

限于编者水平,书中的疏漏与错误之处在所难免,敬请读者批评指正.

编者于清华园

常用符号

a.e.	几乎处处（所有的）	⇔	充要条件
∀	对所有的（任意的）	⇒	可推出（必要条件）
$\stackrel{\text{def}}{=\!=}$	定义为	∼	服从（⋯分布）
∈	属于		

$I(x<a) \quad I(x<a) = I_{(-\infty,a)}(x) = \begin{cases} 1, & x<a, \\ 0, & \text{其他} \end{cases}$

$I(0<x\leqslant y) \quad I(0<x\leqslant y) = \begin{cases} 1, & 0<x\leqslant y, \\ 0, & \text{其他} \end{cases}$

$B(n,p)$	二项分布	$\chi^2(n)$	χ^2 分布（自由度 n）
$Ge(p)$	几何分布	$F(n,m)$	F 分布（自由度 n, m）
$NB(r,p)$	负二项分布		
$P(\lambda)$	Poisson（泊松）分布	μ_k	k 阶矩（总体）
$Ex(\lambda)$	指数分布	$\mu(=\mu_1)$	数学期望（总体）
$\Gamma(r,\lambda)$	Gamma（伽马）分布	σ^2	方差（总体）
$U(a,b)$	均匀分布	M_k	k 阶矩（样本）
$N(\mu,\sigma^2)$	正态分布	$\overline{X}(=M_1)$	均值（样本）
$t(n)$	t 分布（自由度 n）	S^2	方差（样本）

目录

第 1 章　概率论的基本概念 ………………………………… 1
　1.1　引言 ……………………………………………………… 1
　1.2　事件与概率 ……………………………………………… 4
　1.3　古典概型 ………………………………………………… 12
　1.4　几何概型 ………………………………………………… 16
　1.5　条件概率及其三定理 …………………………………… 19
　1.6　事件的独立性 …………………………………………… 26
　习题 1 ………………………………………………………… 31

第 2 章　随机变量及其分布 ………………………………… 37
　2.1　随机变量与分布函数的概念 …………………………… 37
　2.2　重要离散型随机变量的分布 …………………………… 45
　2.3　重要连续型随机变量的分布 …………………………… 59
　2.4　随机向量及其分布 ……………………………………… 70
　2.5　随机向量函数的分布 …………………………………… 84
　习题 2 ………………………………………………………… 101

第 3 章　随机变量的数字特征 ……………………………… 112
　3.1　数学期望 ………………………………………………… 112
　3.2　矩与方差 ………………………………………………… 125
　3.3　协方差及相关系数 ……………………………………… 133
　习题 3 ………………………………………………………… 152

第 4 章 极限定理 ·· 159

4.1 极限定理的概念和意义 ·· 159
4.2 大数定理和强大数定理 ·· 163
4.3 中心极限定理 ·· 166
习题 4 ··· 174

第 5 章 数理统计的基本概念 ·· 177

引言 ·· 177
5.1 总体和样本 ··· 178
5.2 数据整理与直方图 ··· 185
5.3 抽样分布与统计量 ··· 190
习题 5 ··· 204

第 6 章 参数估计 ·· 207

6.1 点估计 ·· 207
6.2 估计量的评选标准 ·· 217
6.3 区间估计 ·· 222
习题 6 ··· 237

第 7 章 假设检验 ·· 243

7.1 一个正态总体参数的假设检验 ··································· 244
7.2 两个独立正态总体参数和成对数据的检验 ·················· 254
7.3 两类错误与样本容量的选择 ······································ 258
7.4 非正态总体参数的检验 ··· 266
7.5 分布拟合检验 ··· 269
7.6 秩和检验 ·· 278
习题 7 ··· 284

第 8 章 一元线性回归 ··· 291

8.1 线性回归与一元线性回归函数的估计 ························· 291
8.2 回归函数估计量的分布 ··· 298

  8.3 回归预测和均方误差 …………………………………………… 302
  8.4 模型参数估计量的假设检验和区间估计 ……………………… 304
  8.5 一元非线性回归和多元线性回归 ……………………………… 316
  习题 8 ……………………………………………………………………… 324

习题答案 …………………………………………………………………… 328

附录 ………………………………………………………………………… 339

  附录 1 常用分布表 ……………………………………………… 340
  附录 2 正态总体均值、方差的检验法（显著性水平为 α）…… 344
  附表 1 标准正态分布表 ………………………………………… 345
  附表 2 泊松分布表 ……………………………………………… 348
  附表 3 t 分布表 …………………………………………………… 350
  附表 4 χ^2 分布表 ………………………………………………… 352
  附表 5 F 分布表 …………………………………………………… 355
  附表 6 均值的 t 检验的样本容量 …………………………… 363
  附表 7 均值差的 t 检验的样本容量 ………………………… 364

参考文献 …………………………………………………………………… 365

第1章 概率论的基本概念

1.1 引言

1.1.1 概率论研究的对象和任务

本书主要介绍概率论基础和数理统计的一般内容.通过对本书的学习,能理解处理和研究随机现象的主要思想和方法,掌握一些重要的随机规律,为进一步学习随机数学和有关专业的知识及实际应用奠定坚实的基础.

概率论是研究随机现象的数量规律的数学分支.

什么是随机现象?顾名思义,它是指一个随机的、偶然的自然现象或社会现象,它和必然现象是相对的.北京地区冬季一定下雪,是必然现象,但降雪量多少,却是随机的;百度上有商务信息和广告,是必然现象,而广告数量和做广告的各个企业将有多少收益、网络上访问某网站的次数、网络访问会不会遇到阻塞等也都是随机的.

一类现象,在个别试验或观测中呈现出不确定性,在大量重复试验或观测时,又具有统计规律性,我们称它是随机现象.

"天有不测风云,人有旦夕祸福",精彩地概述了随机现象无处不在,因此随机现象的研究便因普遍而重要.天有不测风云,也有可测风云.气象研究要涉及大量的随机的变量:气温、气压、气流以及降雨量等,做气象预报就要观测和收集瞬息万变的数据,研究它们的变化规律,对明天及今后的天气形势做出预报.说"不测",只是因为现在对这些随机现象的规律性,把握得还不够好."人有旦夕祸福",正是发展各种社会保险的依据,也是生产管理、健康保健等问题中要认真统计分析研究的课题. 卫星发射能否成功, 与发射系统的各个部件在发射过程中的性能参数以及部件间的连接协调是否合理可靠息息相关. 一个计算机网络的服务器应有怎样的配置, 除物力和财力的限制外, 当然要取决于网络开放时刻用户的各类需求数量, 它们显然是随机的变量. 此外, 某类产品的社会供求数量, 股市中各上市公司的股票行情, 穿过某十字路口的汽车和行人数量, 一家商场在一天内销售某类商品的数量及营业额, 在某公共汽车站排队候车的人数与乘客的候车时间, 某地区环境污染对地区流行病的影响程度, 以及对某项社会措施做计划中的民意测验会有的统计结果等, 都是随机变化的.

既然是随机的、偶然的现象, 那么有客观的数量规律吗? 我们来看一个很著名的 Galton 钉板试验. 如图 1.1.1 所示, 在一块平滑木板上均匀钉上几排钉子, 两侧钉有护栏, 下方打上隔板, 将隔出的空格从左向右依次编号. 将此板倾斜放置, 上方置一均匀小球, 可使其滚下. 假设小球质量是均匀的, 钉子是光滑的, 并且钉子间的距离和护栏的位置, 使得小球从上端落下或从上一排钉子间落下后必然碰到下一排钉子中的某一个, 并且在假设的理想情况下, 向右方和向左方落下的可能性一样, 即各为 1/2. 如此滚下的小球, 最后将落入哪个格子里去呢? 显然小球落入哪个格子都是可能的, 我们事先并不能肯定. 也就是说, 结果是偶然

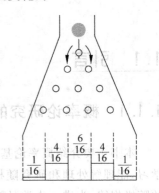

图 1.1.1 Galton 钉板试验

的、随机的. 但是如果仔细分析一下, 根据假定的理想条件, 不难发现: 假如小球第一次碰钉后向右落下(其可能性为 1/2), 那么第二次碰钉(第 2 排右方的钉子)后仍然向右落下(即两次都向右落下)的可能性便是 $\frac{1}{2} \times \frac{1}{2} = \frac{1}{4}$, 类似地(或说对称地), 两次碰钉都是向左落下的可能性也是 $\frac{1}{4}$. 而小球两次碰钉后从第 2 排中间空挡落下的可能性则是 $\frac{1}{4} + \frac{1}{4} = \frac{1}{2}$. 按照以上的方法分析第三次碰钉后从第 3 排的 4 个空挡落下的可能性, 则从左到右分别为 1/8,3/8,3/8,1/8. 以 4 排钉子为例, 碰最后一排钉子后从 5 个空挡落下, 即落入编号为 1 至 5 的 5 个格子的可能性则依次为 1/16,4/16,6/16,4/16 和 1/16. 可见, 表面看来是偶然性起作用的地方, 确实有内在的数量规律可循.

随机现象中事件发生的可能性大小是客观存在的; 因此可以对它进行量度. 量度的数量指标就是概率.

上面这个试验中, 小球落入 5 个格子的概率依次为 1/16,4/16,6/16,4/16 和 1/16. 概率论的任务就是研究和发现各种随机现象中的客观规律并掌握它们, 为经济建设、社会与生产管理以及科学研究服务.

随着生产和社会经济的发展, 科学研究的深入, 概率论的理论和方法的研究与应用不

断深入. 这些进步有力地推动了工农业生产、经济和金融管理、科学技术以及军事理论和技术的发展. 同时概率论自身也在日益丰富和深入. 概率论的理论和方法已渗透到许多基础学科, 出现了随机分析、随机微分方程、随机运筹和随机服务系统等新兴学科, 并且随机模拟和概率统计计算也应运而生. 概率论的理论与方法也不断向工程等科学渗透, 现已出现了随机信号处理、随机振动分析、生物统计、统计物理等边缘学科. 概率论也是人工智能、信息论、控制论、随机服务系统(排队论)、可靠性理论和风险分析与决策等学科的基础.

1.1.2 概率论研究的内容

再次回到 Galton 钉板试验, 我们来"速写"概率论的主要内容.

前面在理想条件下, 就最简单的情况计算了一些事件发生的概率. 本书第 1 章首先要介绍"事件"与"概率"的概念, 并介绍一些简单的概率模型(概型)及如何计算事件的概率. 介绍条件概率之后, 引进几个重要公式. 在 Galton 钉板试验中, 我们把"小球落入第 2 格""落入后两格"等试验结果都称为事件. 我们已经算出或者可以算出发生这些事件的可能性大小, 或者称概率, 例如小球落入第 2 格的概率是 4/16=0.25.

事件的概率也可通过试验得到. 假如在 Galton 钉板试验中陆续落下 100 个小球, 在第 2 格你可能收集到 27 个小球, 其频率 f 为 27/100. 但再落下 100 个小球, 在第 2 格可能只收到 20 个小球, 频率 f 就变了. 继续做落下球数为 1 千个、1 万个、10 万个……的试验, 通过试验我们会发现, 与落下总球数 n 有关的频率 $f(n)$ 会越来越靠近一个常数, 即当 n 趋于无穷大时 $f(n)$ 有极限值. 这样, 小球落在第 2 格的概率也就可用这个极限来定义. 这便是概率的统计定义, 这个极限存在的事实, 叫频率的稳定性, 将在第 4 章里给出严格证明. 不难看到, 利用频率稳定性, 我们还可以在 Galton 钉板试验不满足理想条件(光滑和均匀)的情况下, 近似求得事件的概率.

一个随机试验, 例如 Galton 钉板试验中, 会有许许多多事件, 这些事件的刻画可以通过所谓的随机变量的取值来实现. 如令 X 是小球所落入格子的序号数, 则"小球落入第 2 格"可用"$X=2$"来表示. 假如落下 100 个小球后, 5 个格子收集的小球数依次是 6,27,34,23,10. 于是我们可以在图 1.1.2 中画出一个实细线的频率直方图. 设想板上的钉子加密, 增加行数, 小球数量增加而质量相应减小, 并且仍然假定光滑和均匀的理想情况, 我们可能得到图 1.1.2 中的一个虚线的频率直方图. 而当钉子无限加密, 小球质量小如面粉颗粒时, 频率直方图将演化成图 1.1.2 里的一条曲线, 以粗线表示. 这条曲线就是一种叫做正态密度的曲线. 在第 2 章"随机变量及其分布"中, 我们会看到, 这条曲线表示随机变量的概率密度函数, 准确地说是一

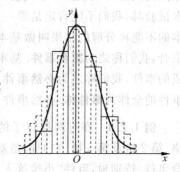

图 1.1.2 直方图极限

种叫做正态分布的密度函数的图像. 随机变量的引进使得我们能借助数学分析里函数和微积分的知识,对一个随机现象的概率规律作一个总体性的描述. 在第2章,我们还要基于随机变量分门别类地对各种重要的概率规律进行介绍和研究,同时把我们的视野扩大到多维的情形,并引入随机变量间独立性的概念. 第3章"随机变量的数字特征"则从分布里提炼出一些重要的反映概率规律特征的数量,并研究它们. 例如,刻画小球落点按概率加权的平均位置(数学期望),以及离开平均位置的一种波动情况(方差)等. 第4章"极限定理"研究随机变量和的极限问题,给出"频率稳定性"和上面提到的直方图的极限为正态密度曲线的依据. 这些是概率论基础的主要内容.

本书第1章为初步,第2章、第3章是重点,而第4章是研究的深入. 以上便是概率论基础的主要内容的一个"速写". 其后3章是数理统计,介绍利用抽样得到的数据,基于概率论基础和抽样分布,作统计分析和推断:估计分布类型、参数以及对它们的检验. 以上是概率论与数理统计课程的全部内容,可以在一个学期内以每周3学时完成教学. 第8章"回归分析"是一些生产与经济管理以及生物生态等专业常常选学的内容.

1.2 事件与概率

1.2.1 事件

研究随机现象,当然要考察随机现象里出现的事件. 下面先用随机试验的概念来引入事件的概念,然后用集合论知识给出事件的严谨定义(定义1.2.1),初学者可先略去这一严谨定义,而理解为随机试验的结果.

Galton钉板试验是一个随机试验. 抛一枚硬币看它落地时是否正面朝上,在一批产品中随机抽取10个产品时抽到正品的次数,考察某厂流水线上电视机的寿命等,都是在做随机试验. 一般地,一个试验,如果在一定条件下可重复,试验的结果不止一个,并且每次试验时,我们不能肯定是哪一个结果出现,这样的试验称为**随机试验**. 随机试验里最基本的不能再分解的结果叫做基本结果. 基本结果也叫做**基本事件**. 由若干基本结果组成的集合,我们称之为**复合事件**. 基本事件和复合事件,泛称**事件**. 特别地,由所有基本结果组成的事件,我们称之为**必然事件**. 它的反面,也认为是一个事件,就是**不可能事件**. 称所有事件的全体为**事件体**. 必然事件、不可能事件及事件体分别记为 $\Omega, \varnothing$ 及 $\mathscr{F}$.

例1.2.1 在有两排钉子的Galton钉板试验中基本结果只有3个:小球落入第1格、第2格及第3格. 它们都是基本事件. 但"小球落入前两格""小球落入奇数格"就是复合事件. 特别地,事件"小球落入第1至第3格"是必然事件. 它的反面,"小球不落入第1至第3格"就是不可能事件.

如果用 $\{\omega_i\}$ 表示事件"小球落入第 i 格", $i=1,2,3$, 那么例 1.2.1 中基本事件为 $\{\omega_1\}$, $\{\omega_2\}$, $\{\omega_3\}$, 而必然事件就是 $\Omega=\{\omega_1,\omega_2,\omega_3\}$."小球落入前两格"这一事件可写为 $\{\omega_1, \omega_2\}$, 此时事件体为

$$\mathscr{F}=\{\Omega,\varnothing,\{\omega_1\},\{\omega_2\},\{\omega_3\},\{\omega_1,\omega_2\},\{\omega_1,\omega_3\},\{\omega_2,\omega_3\}\}. \tag{1.2.1}$$

我们看到 Ω 是一个非空点集,事件是 Ω 的一个子集,事件体由 Ω 的子集组成,是集合的集合. 上例中 Ω 是一个有限的点集,事件体可以全部列出来. 而在考察电视机寿命时, Ω 就是一个无限的点集了,它常是一个实数区间. 这时事件和事件体 $\mathscr{F}$ 如何表示呢? 能不能仍然借助集合论的概念来刻画?

现在就来利用抽象的集合论的概念,严格定义一般的事件和事件体 $\mathscr{F}$. 现实中的随机试验中的事件和事件体 $\mathscr{F}$ 都可以用它们来解释.

定义 1.2.1 设 $\mathscr{F}$ 是一个抽象的非空点集 Ω 的一些子集组成的集合,满足

(1) $\Omega \in \mathscr{F}$.

(2) 若 $A \in \mathscr{F}$, 则 $\bar{A} \stackrel{\text{def}}{=\!=} \Omega - A \in \mathscr{F}$.

(3) 若 $A_i \in \mathscr{F}, i=1,2,\cdots,$ 则 $\bigcup\limits_{i=1}^{+\infty} A_i \in \mathscr{F}$.

则称 $\mathscr{F}$ 为**事件体**. 称 $\mathscr{F}$ 中的每一元素(点)为**事件**, Ω 为**必然事件**, 事件 $\bar{A}$ 为 A 的**逆事件**. 空集 $\varnothing$ 也为事件, 称为**不可能事件**.

今后我们一般用大写英文字母表示事件. 请注意: 事件是 Ω (也称为样本空间)的子集,是事件体的元素(点),因此对任一事件 A, 有 $A \subset \Omega$, 而 $A \in \mathscr{F}$. 由下面关于事件体性质的定理,说明如上定义的事件体 $\mathscr{F}$, 对有限次和可列(无穷)多次(这两种情况常合称为"**至多可列次**")的集合的并、交求余运算是封闭的. 所谓可列无穷多是指像正整数那样可以依某种规则一个个列出的无穷多,或者可以与正整数列建立一一对应的集合,称其点有可列无穷多. 常用 $i=1,2,\cdots,(n)$ 表示至多可列多个.

定理 1.2.1 (1) $\varnothing \in \mathscr{F}$.

(2) 如 $A_i \in \mathscr{F}, i=1,2,\cdots,n,$ 则 $\bigcup\limits_{i=1}^{n} A_i \in \mathscr{F}$.

(3) 如至多可列个 $A_i \in \mathscr{F}, i=1,2,\cdots,(n),$ 则至多可列次的交集 $\bigcap\limits_{i} A_i \in \mathscr{F}$.

(4) 如 $A, B \in \mathscr{F}$, 则 $A-B \stackrel{\text{def}}{=\!=} A \cap \bar{B} \in \mathscr{F}$.

证明 由定义 1.2.1 之(1)及(2)知 $\varnothing = \bar{\Omega} \in \mathscr{F}$, 即本定理的(1)真. 令 $A_{n+1}=A_{n+2}=\cdots=\varnothing$, 则由定义 1.2.1 之(3)可推出(2). 下面证明本定理之(3). 由定义 1.2.1 之(2)知 $\bar{A_i} \in \mathscr{F}$, 由可列并的封闭性(3)或有限多次并的封闭性(2),知 $\bigcup\limits_{i} \bar{A_i} \in \mathscr{F}$, 且再由(2), 其逆也为事件. 从而由集合运算的对偶原理, 有

$$\bigcap_i A_i = \bigcap_i \overline{\bar{A_i}} = \overline{\bigcup_i \bar{A_i}} \in \mathscr{F}.$$

于是证得(3). 由(2)及(3), 立得(4).

下面带有 * 号的注，初学者可先略过．

＊注 在集合论中，由集合组成的集合，叫做**类**，满足定义 1.2.1 之条件 (1) 至 (3) 的类叫做 σ **代数**．因此事件体 $\mathscr{F}$ 是 Ω 上的一个 σ 代数．当 $\Omega = \mathbf{R} = (-\infty, +\infty)$ 时，如果定义类 $\mathscr{L} = \{(-\infty, x] \mid x \in \mathbf{R}\}$，并将 $\mathscr{L}$ 中所有元素（它是一个半开半闭的无限区间）经过至多可列次并、交、求余运算所得到的全部集合记为新的类 $\mathscr{B}$．容易验证它是一个 σ 代数，也说它是由 $\mathscr{L}$ 产生的 σ 代数，并特别称为**博雷尔**（Borel）**集类**．如果用 O 表 $\mathbf{R}$ 中所有开区间全体，F 表 $\mathbf{R}$ 中所有闭区间全体，则可以证明，O 或 F 产生的 σ 代数也是 $\mathscr{B}$，详细证明请见参考文献 [10-11]．

根据上面的定义，现实里随机试验中的事件可以抽象为某个点集．例如在例 1.2.1 中取 $\Omega = \{\omega_1, \omega_2, \omega_3\}$，单点集 $\{\omega_i\}$ 表示基本事件："小球落入第 i 格"，$i = 1, 2, 3$. Ω 的子集 $\{\omega_1, \omega_2\}$ 表示事件"小球落入前两格"或"不落在第 3 格"．取事件体 $\mathscr{F}$ 为集合 (1.2.1)，就包容了这个试验中的所有事件．而在考察电视机使用寿命时，可取 $\Omega = [0, +\infty)$，事件"使用寿命超过 400h 而不超过 900h"如记为 A，则可写为 $A = (400, 900]$．而事件"使用寿命超过 1000h"则可写为 $B = (1000, +\infty)$ 等，这里取小时（h）为单位．一般地，它是一个实数区间．事件体 $\mathscr{F}$ 对至多可列次的集合运算：并、交及求余都是封闭的，因此事件体 $\mathscr{F}$ 应该包括所有的非负的实数区间，以及包括由这些实数区间做至多可列次的集合运算（并、交及求余）所得到的集合．并且事件体 $\mathscr{F}$ 也就是由这些集合所组成就够了，就足以刻画所有的事件了．这样，定义里给出的事件体，就确实可以看成现实中一个随机试验的所有可能的结果，即是所有的事件的全体．

现在我们用集合间的关系和运算来刻画现实中事件间的关系和运算．集合 A, B 求交的运算符号 $\cap$ 常省略不写，即 $AB \stackrel{\text{def}}{=} A \cap B$．在例 1.2.1 中，如果事件"小球落入前两格"记为 A，"小球落入第偶数格"记为 B．那么在钉板入口处让一个小球落下，假如落入第 1 格，那么我们就可以说事件 A 出现了．当然也可说事件 B 未出现，用集合论中的表示法分别记为 $\omega_1 \in A$ 和 $\omega_1 \notin B$．当然也有 $\omega_1 \in A\bar{B} = A - B$．如果落下的小球进入第 2 格，则 $\omega_2 \in A \cap B = AB$，即此时事件 A 和 B 同时发生了．这样我们可以在集合间的关系和运算与事件间的关系和运算之间建立对应，见表 1.2.1．

表 1.2.1

集合的关系和运算	事件的关系和运算
$\omega \in A$	事件 A 发生
$A \subset B$	事件 A 发生则事件 B 必发生
$A \cup B$ 或 $A + B$	事件 A 与事件 B 至少有一个发生
$\bigcup_i A_i$	事件 A_i 中至少有一个发生
$A \cap B$ 或 AB	事件 A 与事件 B 同时发生
$\bigcap_i A_i$	所有事件 A_i 都同时发生
$A \setminus B$ 或 $A - B$	事件 A 发生而事件 B 不发生

事件的关系和运算可用图 1.2.1 表示,这种图叫 Ven 图. 常称 $A\cup B$(简写为 $A+B$)为 A 与 B 的**和事件**,而称 AB 为**积事件**. 如果 $AB=\varnothing$,则称事件 A 与 B **互斥**,或**不相容**,有时也说**不相交**. 如 $A_iA_j=\varnothing,\forall i\neq j$,则说**诸事件 A_i 两两不交**,此时将 $\bigcup_i A_i$ 专记为 $\sum_i A_i$.

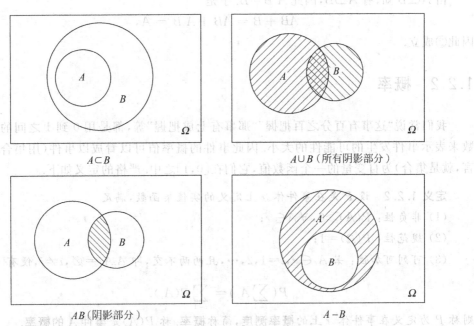

图 1.2.1 事件的关系和运算

至此,我们已经完成利用集合论给出概率论中事件的严谨定义. 所谓事件体是空间有一定条件的某些子集的集合,它对至多可列次的集合运算(并、交和求余)都是封闭的. 此外也完成了利用集合论中集合间的关系和运算来刻画概率论中事件间的关系和运算. 于是事件间的运算有结合律、交换律和分布律,也有对偶原理:

$$\overline{\bigcup_i A_i}=\bigcap_i \overline{A_i},\quad \overline{\bigcap_i A_i}=\bigcup_i \overline{A_i}.$$

例 1.2.2 设 $\Omega=\{\omega|0\leqslant\omega\leqslant 2\}, A=\left\{\omega\left|\frac{1}{2}<\omega\leqslant 1\right.\right\}, B=\left\{\omega\left|\frac{1}{4}\leqslant\omega<\frac{3}{2}\right.\right\}$.

(1) 试具体写出下列各事件:$\overline{A}B,\overline{A}\cup B$ 及 $A\cup\overline{B}$.

(2) 下列两命题是否成立:① $\overline{A}B=A\cup B$;② $\overline{A}B+\overline{B}=\overline{A}$.

解 注意,本题的空间 Ω 实际上为实数区间 $[0,2]$,且有 $A\subset B$.

(1) $\overline{A}B=\left[\frac{1}{4},\frac{1}{2}\right]\cup\left(1,\frac{3}{2}\right),\quad \overline{A}\cup B=\Omega=[0,2]$.

由对偶原理可知

$$A \cup \overline{B} = \overline{\overline{A}B} = \Omega - \overline{A}B = \left[0, \frac{1}{4}\right) \cup \left[\frac{1}{2}, 1\right] \cup \left[\frac{3}{2}, 2\right].$$

(2) 由 $A \subset B$ 可知,$A \cup B = B \neq B - A = \overline{A}B$,因此①不成立.

由 $A \subset B$ 知,有 $\overline{A} \supset \overline{B}$,因此 $\overline{A}\,\overline{B} = \overline{B}$. 于是

$$\overline{A}B + \overline{B} = \overline{A}B + \overline{A}\,\overline{B} = \overline{A},$$

因此②成立. □

1.2.2 概率

我们常说"这事有百分之百把握""那事有七成把握"等,都是用 0 到 1 之间的一个实数来表示事件发生的可能性的大小.因此事件的概率值可以看成以事件(用集合论的语言,就是集合)为自变量的一个函数值,它们在[0,1]之中.严格的定义如下.

定义 1.2.2 设 P 是在事件体 $\mathscr{F}$ 上定义的实值集函数,满足

(1) 非负性:$P(A) \geqslant 0, \forall A \in \mathscr{F}$;

(2) 规范性:$P(\Omega) = 1$;

(3) 可列可加性:若 $A_i \in \mathscr{F}, i = 1, 2, \cdots$,且两两不交,即 $A_i A_j = \varnothing, i \neq j$,便有

$$P\left(\sum_{i=1}^{+\infty} A_i\right) = \sum_{i=1}^{+\infty} P(A_i).$$

则称 P 为定义在事件体 $\mathscr{F}$ 上的**概率测度**,简称**概率**. 称 $P(A)$ 是**事件 A 的概率**.

若 $P(A) = 0$,称 A 为几乎不可能事件;若 $P(A) = 1$,称 A 为几乎必然事件.由于我们关心的是概率,因此今后对几乎必然事件与 Ω,及几乎不可能事件与 $\varnothing$ 都不作区分.

注 下面来看熟知的"长度"的概念.一个区间的"长度",或更一般的,一个实数点的集合 A 的"长度"是非负的集函数,用 $L(A)$ 表示.

令 $\Omega = [0, 1), A_1 = [0, 1/2)$,对 $n > 1, A_n = [1 - 1/2^{n-1}, 1 - 1/2^n)$.易知 $L(A_n) = 1/2^n$,注意诸 A_n 不交,且 $\sum_{n=1}^{+\infty} A_n = [0, 1)$. 又

$$\sum_{n=1}^{+\infty} L(A_n) = \sum_{n=1}^{+\infty} \frac{1}{2^n} = 1 = L[0, 1),$$

因此 $L\left(\sum_{n=1}^{+\infty} A_n\right) = \sum_{n=1}^{+\infty} L(A_n)$,这就是可列可加性.可见作为一个度量的尺度的概念,应该有可列可加性.更一般地,一个 σ 代数上的"测度"定义为非负的有可列可加性的集函数.从而 $\Omega = [0, 1]$ 上的长度(因为一个点的长度为 0,因此 $[0, 1)$ 和 $[0, 1]$ 在讨论长度时不作区别),也就可看成规范化($L(\Omega) = 1$)的测度,从而 $[0, 1]$ 上的长度测度也可视为 $\Omega =$

$[0,1]$ 上的概率测度.

一个长度为 0 的集合的任何子集,也可认为都有长度 0.由于这些子集不一定是博雷尔集,这样我们把在 $\mathscr{B}$ 上定义的长度测度扩展了.扩展了的长度测度叫做勒贝格(Lebesgue)测度,这种方法叫测度扩张,也叫测度的完备化.概率测度也常仿此扩张而成为完备化测度,详见参考文献[10-11].

* **注** $[0,1]$ 上有理点全体 R_0 是无穷可列的,因此可记 $R_0 = \{r_1, r_2, \cdots\}$.从而

$$L(R_0) = L\left(\sum_{k=1}^{+\infty}\{r_k\}\right) = \sum_{k=1}^{+\infty} L\{r_k\} = 0.$$

$Z_0 \stackrel{\text{def}}{=} [0,1] - R_0$ 为 $[0,1]$ 上无理数全体,则 $L(Z_0) = 1 - L(R_0) = 1$.可见无理数的个数比有理数个数多得多,不在一个"数量级"上.由此引出的概率空间中,称 Z_0 为几乎必然事件,R_0 为几乎不可能事件.注意 R_0 不但不空,更有无穷可列多个点!

我们知道概率应该是刻画事件发生的可能性大小的数量指标.现在这样定义的概率,确实能够担当起这个角色吗?比如说,不可能事件的概率应该为 0,又比如说,事件 B 如果包容了事件 A,即事件 A 发生必然导致事件 B 发生,那么 $P(A)$ 应该不大于 $P(B)$ 等.下面证明这样定义的概率确实能够保证这些事实仍然是正确的.作为刻画事件发生的可能性大小的数量指标的概率,所有应有的结论,只要定义 1.2.2 中规定的条件满足,就都得到了保证.

定理 1.2.2(概率的性质) 设 P 是事件体 $\mathscr{F}$ 上的概率,则满足

(1) $P(\varnothing) = 0$.

(2) 有限可加性:设 $A_i \in \mathscr{F}, i = 1, 2, \cdots, n$,且两两不交,则 $P\left(\sum_{i=1}^{n} A_i\right) = \sum_{i=1}^{n} P(A_i)$.

(3) 设 $A \in \mathscr{F}$,则 $P(\overline{A}) = 1 - P(A)$.

(4) 单调性:如果 $A \subset B$,则 $P(A) \leqslant P(B)$.

(5) 连续性:设 $A_i (\in \mathscr{F})$ 单调,即 $A_i \subset A_{i+1}$ 或 $A_i \supset A_{i+1}, i = 1, 2, \cdots$,此时分别定义 $\lim_{n \to +\infty} A_n = \bigcup_{n=1}^{+\infty} A_n$ 或 $\lim_{n \to +\infty} A_n = \bigcap_{n=1}^{+\infty} A_n$,则

$$P(\lim A_n) = \lim P(A_n).$$

证明 (1) 由 P 的可列可加性及规范性,有

$$1 = P(\Omega) = P(\Omega + \varnothing + \varnothing + \cdots) = P(\Omega) + P(\varnothing) + P(\varnothing) + \cdots$$
$$= 1 + P(\varnothing) + P(\varnothing) + \cdots,$$

故 $P(\varnothing) + P(\varnothing) + \cdots = 0$,注意 $P(\varnothing) \geqslant 0$,这样只能有 $P(\varnothing) = 0$.

(2) 仿定理 1.2.1(2)的证明,令 $A_{n+1} = A_{n+2} = \cdots = \varnothing$,则由可列可加性(2)及已证得的 $P(\varnothing) = 0$ 可推出(2).

(3) 设 $A \in \mathscr{F}$.由 $A + \overline{A} = \Omega$,有限可加性及规范性(2),易得 $P(\overline{A}) = 1 - P(A)$.

(4) 由 $A \subset B$ 知可写 $B = A + B\overline{A}$，则由有限可加性及 $P(B\overline{A}) \geqslant 0$ 得 $P(A) \leqslant P(B)$.

(5) 仅对单调非降列证明 P 的连续性，对于单调非升列可类似证明.

设 $A_i \subset A_{i+1}, i = 1, 2, \cdots$，此时定义

$$B_1 = A_1, \quad B_2 = A_2 - A_1, \quad B_{i+1} = A_{i+1} - A_i, \quad i = 1, 2, \cdots,$$

则诸 B_i 两两不交，且 $\bigcup_{i=1}^{n} A_i = A_n = \sum_{i=1}^{n} B_i$，从而 $\bigcup_{n=1}^{+\infty} A_n = \lim_{n \to +\infty} A_n = \sum_{i=1}^{+\infty} B_i$.

由可列可加性和有限可加性，有

$$P(\lim_{n \to +\infty} A_n) = P\left(\sum_{i=1}^{+\infty} B_i\right) = \sum_{i=1}^{+\infty} P(B_i) = \lim_{n \to +\infty} \sum_{i=1}^{n} P(B_i)$$

$$= \lim_{n \to +\infty} P\left(\sum_{i=1}^{n} B_i\right) = \lim_{n \to +\infty} P(A_n).$$ □

可见定义 1.2.1 给出的概率的简洁定义，确实能够保证它作为刻画事件发生可能性大小的数量指标. 至此，对我们所观测的对象 Ω，定义了基于集合论的事件体 $\mathscr{F}$ 和基于测度论的概率（测度）P. 我们称三元体 $(\Omega, \mathscr{F}, P)$ 为**概率空间**.

对 n 个不相交事件的和事件，其概率计算有如下一般的加法公式.

定理 1.2.3（一般加法公式） 设 $A_i \in \mathscr{F}, i = 1, 2, \cdots, n$，则

$$P\left(\bigcup_{i=1}^{n} A_i\right) = s_1 - s_2 + s_3 + \cdots + (-1)^{n+1} s_n, \tag{1.2.2}$$

其中

$$s_1 = \sum_{i=1}^{n} P(A_i), \quad s_2 = \sum_{1 \leqslant i < j \leqslant n} P(A_i A_j), \quad s_3 = \sum_{1 \leqslant i < j < k \leqslant n} P(A_i A_j A_k), \cdots,$$

$$s_n = P(A_1 A_2 \cdots A_n).$$

我们将对 $n = 2$ 时证明这个定理，在 $n = 3$ 时图解这个公式，而在一般的情形，不去详细写出定理的证明，只在这里指出，将相交的和化为不相交的和，从而利用归纳法和有限可加性可以证得.

当 $n = 2$ 时，

$$P(A_1 \cup A_2) = P(A_1 + A_2 \overline{A_1}) = P(A_1) + P(A_2 \overline{A_1}), \tag{1.2.3}$$

另一方面，由 $P(A_2) = P(A_2 A_1) + P(A_2 \overline{A_1})$，知 $P(A_2 \overline{A_1}) = P(A_2) - P(A_1 A_2)$. 代入式 (1.2.3)，得

$$P(A_1 \cup A_2) = P(A_1) + P(A_2) - P(A_1 A_2). \tag{1.2.4}$$

此即为 $n = 2$ 时的式 (1.2.2).

当 $n = 3$ 时，式 (1.2.2) 变为

$$P(A_1 \cup A_2 \cup A_3) = P(A_1) + P(A_2) + P(A_3) - P(A_1 A_2) -$$
$$P(A_1 A_3) - P(A_2 A_3) + P(A_1 A_2 A_3). \tag{1.2.5}$$

从图 1.2.2 可以直观地得到上式的证明. 事实上，如用 $p_k (k = 1, 2, \cdots, 7)$ 表示图 1.2.2

中对应的彼此不相交的第 k 个事件的概率,容易看到

$$P(A_1 \cup A_2 \cup A_3) = \sum_{i=1}^{7} p_i,$$

而式(1.2.5)右方的计算见表 1.2.2.

表 1.2.2

		p_1	p_2	p_3	p_4	p_5	p_6	p_7
$+s_1$	$+P(A_1)$ =	+			+		+	+
	$+P(A_2)$ =		+		+	+		+
	$+P(A_3)$ =			+		+	+	+
$-s_2$	$-P(A_1A_2)$ =				−			−
	$-P(A_1A_3)$ =						−	−
	$-P(A_2A_3)$ =					−		−
$+s_3$	$+P(A_1A_2A_3)$ =							+

表中"+"表示加上在这一行上此列对应的概率值,而"−"表示减去这个概率值. 容易确认式(1.2.5)成立.

例 1.2.3 设 $A, B \in \mathscr{F}, P(A) = 0.5, P(B) = 0.7$,求 $P(A \cup B)$ 的最大值与最小值.

解 注意 $P(A) + P(B) = 0.5 + 0.7 > 1$,此时 $AB \neq \varnothing$,$P(A \cup B)$ 的最大值应该为1(此时必有 $P(AB)$ 最小,$P(AB) = 0.2$).而当 $A \subset B$ 或 $A \supset B$ 时,会使 $P(A \cup B)$ 最小,本题应取 $A \subset B$,从而 $P(A \cup B) = P(B) = 0.7$ 为最小值. □

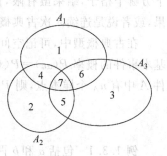

图 1.2.2 图解加法公式

例 1.2.4 计算 $P((\overline{A}+B)(A+B)(\overline{A}+\overline{B})(A+\overline{B}))$.

解 注意 $(\overline{A}+B)(A+B) = B$,而 $(\overline{A}+\overline{B})(A+\overline{B}) = \overline{B}$,故所求概率为0. □

例 1.2.5 证明:

(1) $P(\bigcup_{i=1}^{n} A_i) = 1 - P(\bigcap_{i=1}^{n} \overline{A_i})$.

(2) $P(\bigcup_{i=1}^{n} A_i) = P(A_1) + P(A_2\overline{A_1}) + P(A_3\overline{A_1}\overline{A_2}) + \cdots + P(A_n\overline{A_1}\overline{A_2}\cdots\overline{A_{n-1}})$.

证明 (1) 由逆事件的概率性质和对偶原理,可得

$$P(\bigcup_{i=1}^{n} A_i) = 1 - P(\overline{\bigcup_{i=1}^{n} A_i}) = 1 - P(\bigcap_{i=1}^{n} \overline{A_i}).$$

(2) 由于 $\bigcup_{i=1}^{n} A_i = A_1 \cup (A_2\overline{A_1}) \cup (A_3\overline{A_1}\overline{A_2}) \cup \cdots \cup (A_n\overline{A_1}\overline{A_2}\cdots\overline{A_{n-1}})$. 而右方的

求和诸事件是不相容的,由概率的有限可加性即得本命题. □

1.3 古典概型

本节介绍我们常常碰到的也是最为简单的一类随机现象的概率模型,其间概率的计算用到初等数学中的排列和组合的知识.

定义 1.3.1 基本事件个数有限且等可能的概率模型,称为**古典概型**.

例如 Galton 钉板试验中小球每一次碰钉后有向左和向右落下两种可能的结果,由于钉板的设计和假定小球均匀及钉子足够光滑,这两种可能结果的概率各为 1/2;在红色、黑色、白色三种小球数量相等的袋子中任取一球,取出的球的颜色构成三个等可能的基本事件;闰年里一个人的生日构成 366 个等可能的基本事件(人为因素除外).所有这些概率模型,都是古典概型.但是请注意,1.1 节中有 4 排钉子的 Galton 钉板试验,小球落向下方哪个格子,结果虽有限,但非等可能,因此不是古典概型.它是连续 4 次碰钉后的结果,或者说是连续 4 次古典概型试验的结果.

在古典概型中,可记空间 $\Omega = \{\omega_1, \omega_2, \cdots, \omega_N\}$,每一个 ω_i 为一个**样本点**或**基本场合**,基本事件的概率 $P(\omega_i) = P(\{\omega_i\}) = 1/N, i=1,2,\cdots,N$,而 $\mathscr{F}$ 由 Ω 的一切子集组成.若事件 A 中有 n_A 个样本点,则 $P(A) = n_A/N$.有时也记 N 为含义更清楚的 n_Ω.这样

$$P(A) = \frac{n_A}{n_\Omega}. \tag{1.3.1}$$

例 1.3.1 包括 a 和 b 两人在内共 n 人排队,问 a,b 间恰有 r 人的概率 p.

解 事件"a,b 间恰有 r 人"记为 A.所做的试验是让 n 人排队,而不是这 n 个人本身.所有可能的排队结果是个数有限并且等可能的.人与人间是有区别的,因此 $n_\Omega = n!$.下面来求 n_A.

如果 a 排在 b 的左边且站在第 1 位,则符合 A 要求的排队结果,一定是 b 站在第 $r+2$ 个位置上.而其余 $n-2$ 个人没有限制,不论是在 a,b 之间还是之外,只要 $0 \leqslant r \leqslant n-2$.此时应有 $(n-2)!$ 种可能.a 可以退到第 2 位、第 3 位、直到第 $n-r-1$ 位(这时 b 占最右边了).考虑到 b 也可在 a 的左边,因此当 $0 \leqslant r \leqslant n-2$ 时,$n_A = 2(n-r-1)(n-2)!$.

故当 $0 \leqslant r \leqslant n-2$ 时,$p = 2(n-r-1)(n-2)!/n! = 2(n-r-1)/[n(n-1)]$,否则 $p=0$. □

下面一个例子有典型意义,它还引出了两类重要的概率分布规律.

例 1.3.2 设有 a 件正品 b 件次品,从中按有放回和无放回两种方式逐一随机抽取 n 次,求恰好抽出 k 件正品(记此事件为 A)的概率 p_k.

解 ［有放回］ 由于每次抽完后放回去,所以每一次抽取都是在 $a+b$ 个产品中任意抽取,并且这 $a+b$ 个产品都是等可能地被抽到,这样,任意两次抽取应有 $(a+b)^2$ 种等可能的结果,因此有放回抽取 n 次时,空间的样本点个数 $n_\Omega = (a+b)^n$. 为求 n_A,先假定前 k 次都抽到正品,那么后 $n-k$ 次就只能抽取到次品了. 仿 n_Ω 的计算,k 件正品的抽取应有 a^k 种等可能的情况,而 $n-k$ 件次品的抽取应有 b^{n-k} 种等可能的情况,由于要抽取 n 次,从而符合事件 A 要求的样本点个数应该为 $a^k b^{n-k}$. 由于 n 次抽取中究竟哪 k 次抽取到正品(另外 $n-k$ 次应该抽出次品)是没有限制的,因此 $n_A = C_n^k a^k b^{n-k}$. 于是

$$p_k = \frac{n_A}{n_\Omega} = \frac{C_n^k a^k b^{n-k}}{(a+b)^n}, \quad k=1,2,\cdots,n. \tag{1.3.2}$$

现在我们将式(1.3.2)改写为如下形式:

$$p_k = C_n^k \left(\frac{a}{a+b}\right)^k \left(\frac{b}{a+b}\right)^{n-k},$$

并令 $p = a/(a+b), q = 1-p = b/(a+b)$,则

$$p_k = C_n^k p^k q^{n-k}, \quad k=1,2,\cdots,n. \tag{1.3.3}$$

容易看到,每一次抽取也都是一个古典概型,p 实际是任何一次抽取中抽到正品的概率,q 则是抽到次品的概率,因此式(1.3.3)的概率意义就十分明显了. 因为式(1.3.3)右方是 $(p+q)^n$ 二项展开式中有 p^k 的项,$\sum_{k=0}^n C_n^k p^k q^{n-k} = (p+q)^n = 1$,因此这一类有放回抽取的概率模型,叫做**二项概型**. 由式(1.3.3)决定的数列 $\{p_k\}$ 叫做**二项分布**(binomial distribution).

注意,每一次抽取(一个随机试验)都是一个古典概型,空间的元数(元素个数)为 $a+b$. 现在的最终试验是抽取 n 次,实际上是将这种随机试验重复独立进行 n 次而组成一个复合的大随机试验,它也是一个古典概型,空间的**元数**为 $(a+b)^n$.

［不放回］ 由于抽取不放回,此时每一次抽取虽然仍是一个古典概型,但每次抽取时产品数已经比上次少了一个. 既然每次抽取不放回,因此逐一抽取 n 次也可以看成是从 $a+b$ 个产品中一次抽走了 n 个,因此 $n_\Omega = C_{a+b}^n$. k 件正品取自 a 个正品,可能的取法有 C_a^k 种,同理 $n-k$ 件次品的取法有 C_b^{n-k} 种,从而符合 A 的抽取应有 $C_a^k C_b^{n-k}$ 种可能,故

$$p_k = \frac{C_a^k C_b^{n-k}}{C_{a+b}^n}, \quad k=1,2,\cdots,n. \tag{1.3.4}$$

此时还应有 $k \leqslant a, n-k \leqslant b$. 由式(1.3.4)决定的这一类概率模型,叫做**超几何概型**. □

逐一不放回抽样,在第二次抽取时,可以抽取的产品数少了一个. 但是当产品数很大,抽样数量远小于产品数,抽出的正品数也远小于全部产品中的正品数时,第二次抽取比第一次抽取只是少了一个产品,因此和第一次抽取几乎没有什么不同,从而不放回抽样可以用有放回抽样近似,按二项分布式(1.3.3)计算. 这样就可少计算两个组合数,并且有专门编制的二项分布表可查. 在工厂企业及社会经济问题调查中进行的抽样几乎都是这种

情况.

上述事实是说,当 $a+b$ 很大且 $k \ll a, n-k \ll b$ 时,式(1.3.4)右方与式(1.3.3)右方近似,超几何概型问题化为二项概型问题. 现在从数学上给出证明.

当 $N \stackrel{\text{def}}{=\!=} a+b \to +\infty$ 时,设 $\lim\limits_{N\to+\infty} \dfrac{a}{N} = p > 0$, $\lim\limits_{N\to+\infty} \dfrac{b}{N} = q > 0$,则对任一正整数 n,有

$$\lim_{N\to+\infty} \frac{C_a^k C_b^{n-k}}{C_N^n} = C_n^k p^k q^{n-k}, \quad k=0,1,\cdots,n. \tag{1.3.5}$$

*证明 事实上

$$\frac{C_a^k C_b^{n-k}}{C_N^n} = C_n^k \left(\frac{a}{N}\right)^k \left(\frac{b}{N}\right)^{n-k} \frac{\left(1-\dfrac{1}{a}\right)\left(1-\dfrac{2}{a}\right)\cdots\left(1-\dfrac{k-1}{a}\right)\left(1-\dfrac{1}{b}\right)\cdots\left(1-\dfrac{n-k-1}{b}\right)}{\left(1-\dfrac{1}{N}\right)\left(1-\dfrac{2}{N}\right)\cdots\left(1-\dfrac{n-1}{N}\right)}.$$

由条件可知,当 $N \to +\infty$ 时,$a \to +\infty$;故在上式中令 $N \to +\infty$ 即证得式(1.3.5). □

例 1.3.3 一袋装有 r 个红球、b 个黑球,球除去颜色外不可辨别. 今随机逐一取球,不放回,求第 k 次取出红球的概率 p_k.

解 I 球不可辨,将 $r+b$ 个球随机逐一全数取出,依次一线排开,占 $r+b$ 个位置,共有 C_{r+b}^r 种可能. 当第 k 个位置固定为红球,则只有 C_{r+b-1}^{r-1} 种可能,故

$$p_k = \frac{C_{r+b-1}^{r-1}}{C_{r+b}^r} = \frac{r}{r+b}.$$

解 II 将原本不可辨的球编号从而变成可辨的,按排列处理同样可解此问题. 仍然将 $r+b$ 个球随机逐一全数取出一线排列,共有 $(r+b)!$ 种可能. 第 k 个位置固定为一红球,有 r 种可能,而其余 $r+b-1$ 个位置却有 $(r+b-1)!$ 种变化,故也有

$$p_k = \frac{r(r+b-1)!}{(r+b)!} = \frac{r}{r+b}. \qquad \Box$$

我们看到,不可辨的组合问题可以化为可辨的排列处理,"条条大路通罗马". 不过一般情况下,还是按原来的题设处理为好:不可辨时用组合处理而可辨时用排列处理. 因为改变后,稍有不慎,便容易出错.

下一例子在统计物理中有重要作用,它也告诉我们不同的假定,使得等可能的基本事件个数不同,即空间的点数不同. 因此我们着手解决问题之前,要弄清 Ω 是什么,哪些是基本事件,它们是否为等可能的.

例 1.3.4 设有 n 个质点落入 $N(>n)$ 个盒子. 事件 $A = \{$指定某 n 个盒子各含 1 点$\}$. 求 $P(A)$.

解 I (麦克斯韦-玻尔兹曼(Maxwell-Boltzmann))设质点可辨,盒子容量不限,即每个盒子可容纳的质点数无限制.

因为每个质点可落入 N 个盒子中的任意一个,故 n 个质点落入盒子的所有可能情况有 N^n 种,即 $n_\Omega=N^n$. 并且每一种可能情况都认为是等可能地出现. 指定的 n 个盒子中各含 1 个质点,质点可辨别,因此 $n_A=n!$,从而 $p_1=P(A)=\dfrac{n!}{N^n}$.

解 II (费米-狄拉克(Fermi-Dirac)) 设质点不可辨,每个盒子至多可容纳一个质点. 容易算得 $p_2=P(A)=\dfrac{1}{C_N^n}$. 这适用于空间基本粒子为费米子的情形.

解 III (玻色-爱因斯坦(Bose-Einstein)) 设质点不可辨,盒子容量不限. 我们用占位法来求解.

题设试验的一个结果可如图 1.3.1(a) 所示. 这里盒子依次连续排开,短竖线表示盒子的壁,小圆圈表示质点. 图 1.3.1 中显示 2 个质点落向 3 个盒子的一种情况. 现在将盒子的每个内壁和每个质点都平等地看成一排中的一个位置,这样一共有 $N-1+n=3-1+2=4$ 个位置,如图 1.3.1(b) 所示. 如果从这 $N-1+n=4$ 个位置(以短虚线示之)任选 $n=2$ 个解释为质点,而其余解释为盒子的内壁,如图 1.3.1(c) 选前后两个为质点,则对这一

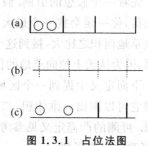

图 1.3.1　占位法图

选法对应的解释是:第一个盒子中有两个质点、第二个盒子空、第三个盒子也空(注意现在的短竖线表示内壁),这正好描述 n 个质点落入 N 个盒子的一种情况(a). 这样质点的每一个落法,对应从 $N-1+n$ 个位置选 n 个位置的任意一个选法;反之,从 $N-1+n$ 个位置任选 n 的一个选法对应质点的一个落法. 因此 $n_\Omega=C_{N+n-1}^n$. 假如现在的每一个选法都是等可能的(物理学中基本粒子玻色子,就是这种情况),那么所求的概率 $p_3=P(A)=\dfrac{1}{C_{N+n-1}^n}$. 本例适用物理学中的基本粒子玻色子. □

注 例 1.3.4 若以 2 个质点 a 和 b 落向 3 个盒子为例,解 I 的空间元数为 $3^2=9$,参看图 1.3.2,其中"—"表示该盒子中无质点. 而解 III 因不可辨,图 1.3.2 中 a 与 b 相同,空间元数只有 $C_{3+2-1}^2=C_4^2=4\times 3/2=6$,它们是不同的. 但一般说这 6 种情况不是等可能的. 解 III 只适用像玻色子这种情形:从 $N-1+n$ 个位置(或场合)任意选出 n 个位置(或场合)的每一种选取,可认为都是等可能的.

1.4 节还有一个几何概率问题的例子,再次说明对空间的选取和等可能性的假定是很重要的.

古典概型的例子和解法很多,有些也很精彩. 例如随机取数问题、递推法等,有兴趣的读者可阅读参考文献[1,4].

1. $(ab,-,-)$
2. $(-,ab,-)$
3. $(-,-,ab)$
4. $(a,b,-)$
5. $(b,a,-)$
6. $(a,-,b)$
7. $(b,-,a)$
8. $(-,a,b)$
9. $(-,b,a)$

图　1.3.2

1.4 几何概型

1.4.1 引例与定义

1.3 节介绍的古典概型,其基本事件有限且等可能,本节则介绍基本事件无限且"等可能"的几何概型.

先看一个假想的引例.假如明天清早,天上会向学校礼堂前的草地上掉一个馅饼,让你去接,你一定会找一个最大的饭盆去接,因为饭盆的面积大,准确地说是饭盆的面积与这块草地面积之比大,接到这个馅饼的概率也就大.至于在草地的什么地方去接,那倒没有关系,因为从天上掉向草地的任何一个"面积元"ds 上,都是等可能的.这就是几何概型问题.

下面定义中提到一个区域或集合是 n 维"勒贝格(Lebesgue)可测"(记为 L-可测)的,是指它可以测出 n 维体积,二维时即为面积,引例中的那块草地和饭盆当然都应有面积可言. L-可测的严谨定义见参考文献[11]或[12],阅读定义 1.2.2 的注可获得对一维情形 L-可测的粗略了解.

定义 1.4.1 设 Ω 为 $\mathbb{R}^n$ 中一个 L-可测区域(即有 n 维体积的区域),且 $0 < L(\Omega) < \infty$, $\mathcal{F}$ 为 Ω 中所有 L-可测子集.令 $P(A) = L(A)/L(\Omega)$, $\forall A \subset \Omega$ 且 $A, \Omega \in \mathcal{F}$.则此种概型称为**几何概型**.

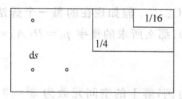

图 1.4.1 草地几何概型

几何概型与古典概型的关系,从定义可知,它们都有某种等可能性,或者说"均匀性".如图 1.4.1 所示,如果在那块草地实行"圈地运动",圈得草地的 1/16,那么接到那只馅饼的可能性就是 1/16.如果不幸只圈到草地的 1/32,那么概率就变成 1/32.这实际上已经变成几何概型问题了:每个 1/32 的草地都成为一个基本事件.因此这两类概型的共性是都有等可能性(均匀性).差别在于:前者的 Ω 是无限(不可列)的,而后者是有限的.几何概型的更一般且准确的刻画,可看 2.2 节中的均匀分布定义及高维情形.

1.4.2 例题与蒙特卡罗方法

例 1.4.1(会面问题) 两人相约于晚 7 点到 8 点间在某地会面,到达者等足 20min 便立即离去.设两人的到达时刻在 7 点到 8 点间都是随机且等可能的.求两人能会面的概

率 p.

解 以 x,y 分别表示两人到达时刻在 7 点后的分钟数，A 表示事件"两人能会面"，如图 1.4.2 所示. 则
$$\Omega=\{(x,y)\mid 0\leqslant x<60, 0\leqslant y<60\},$$
$$A=\{(x,y)\mid |x-y|\leqslant 20, (x,y)\in\Omega\}.$$
故 $p=P(A)=1-40^2/60^2=5/9.$ □

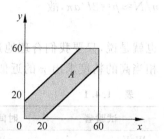

图 1.4.2 会面问题

例 1.4.2（Buffon 问题） 平面上画有一族平行线，相邻两线相距为 a. 从上方足够高度处向此平面投一长为 $l(l<a)$ 的针. 求针与平行线相交的概率 p.

注意学习如何着手处理这种问题. 首先记事件"针与平行线相交"为 A. 因为与这一族平行线中任何一条相交和不相交的"比例"都是一样的，因此只要选定其中任意一条，计算与它相交的概率即可. 我们把这种特性叫做"均匀性"或是"对称性". 同样由于均匀性，我们只要考虑这条直线上面的 $a/2$ 高的带形区域，进一步还可忽略是在这条直线的哪一个点上相交，即不必像通常那样选取横坐标，而只选取下面两个参数 x 和 φ 来刻画投下的针的位置（见图 1.4.3）.

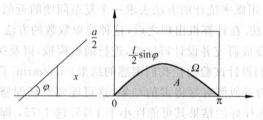

图 1.4.3 Buffon 问题

解 记 x 为针的中点到这条直线的距离；φ 为针与这条直线的夹角. 于是
$$\Omega=\left\{(x,\varphi)\mid 0\leqslant x\leqslant \frac{a}{2},\ 0\leqslant \varphi\leqslant \pi\right\},$$
$$A=\left\{(x,\varphi)\mid x\leqslant \frac{l}{2}\sin\varphi,\ (x,\varphi)\in\Omega\right\}.$$
从而针与平行线相交的概率
$$p=\frac{L(A)}{L(\Omega)}=\frac{\int_0^\pi \frac{l}{2}\sin\varphi\,\mathrm{d}\varphi}{\frac{1}{2}a\pi}=\frac{2l}{a\pi}.$$
□

这个例子所要求的概率已经求出来了. 现在来考虑一下这个结果.

注意到频率的稳定性，如果投针次数记为 N，相交次数为 $n(n\leqslant N)$，则当 N 足够大时，

$n/N \approx p = 2l/a\pi$，故
$$\pi \approx 2lN/(an).$$

也就是说，只要我们合理地选定 a 和 l ($l<a$)，并耐心地做这种投针试验足够多次，就能以相当高的精度求出 π 的近似值. 数学家们做了这种试验，一些结果如表 1.4.1 所示.

表 1.4.1

试验者	时间(年)	试验次数(次)	求得的 π
Wolf	1850	5000	3.1596
Smith	1855	3204	3.1553
De Morgan, C.	1860	600	3.137
Fox	1884	1030	3.1595
Lazzarini[①]	1901	3408	3.1415929
Reina	1925	2520	3.1795

① 数据摘自 Gridgeman, N T. Geometric Probability and Number π. Scripta Mathematica, 1960, 25: 183-195.

在佩服数学家们极有耐心的工作之外，我们还惊异于：一个复杂困难问题的求解，例如求圆周率 π，却可以用投针数数的方法轻易求出它的近似值，并且可以做到足够精确. 设计一个简单的试验，用概率统计的方法去求一个复杂问题的近似解，这就是著名的蒙特卡罗(Monte-Carlo)方法. 在计算机出现之后，这种简单数数的方法，就可以交给计算机去做了! 我们的任务就变成研究并设计好试验，进行随机模拟，以及探讨由此引发的有关问题. 例如，上面数学家们投针试验的让我们困惑的结果：Lazzarini 只扔了 3408 次，却比扔 5000 次的 Wolf 求得的近似值有好得多的结果. 这可能吗? 格涅坚科用概率的极限定理证明，得到 Lazzarini 那样好的结果其可能性小于 1/75. 这 1/75，即或 1/100，也不是个太小的数. 因此，我们只能说他是一个幸运者，并且希望在这种机会里，我们也能如此幸运，这就要求去研究"最佳停止"问题. 第 4 章我们会在一些问题里给出：应该最少进行多少次试验，就可以既叫我们放心(有足够大的概率)又能保证我们有满意的精度，获得好的结果. 这里只是打开一扇窗户，让初学者看到窗外蒙特卡罗方法和随机模拟这个灿烂的世界. 有兴趣的读者，可阅读参考文献[1].

再看一个例子：著名的 Bertrand 奇论，说明对空间等可能性的假定是至关重要的. 这是一个几何概率问题. 几何概率在现代概率的发展中曾经起过重大作用. 19 世纪时，不少人相信，只要找到适当的等可能性描述，就可以给概率问题以唯一的解答. 然而有人却构造出这样的例子，它包含着几种似乎都同样有理但却相互矛盾的答案，下面就是个著名的例子.

例 1.4.3(Bertrand 奇论) 在单位圆内随机地取一条弦，求其长超过该圆内接等边三角形的边长 $\sqrt{3}$ 的概率 p.

这个几何概率问题,基于对术语"随机地"含义的不同解释,存在多种不同的答案.

解 I 任何弦交圆周两点,不失一般性,先固定其中一点 A 于圆周上,以此点为顶点作一等边三角形.显然只有落入此三角形内的弦才满足要求,这种弦的另一端 B 跑过的弧长为整个圆周的 $1/3$,故所求概率等于 $1/3$(见图 1.4.4(a)).

解 II 弦长只跟它与圆心的距离有关,而与方向无关,因此可以假定它垂直于某一直径,而且当且仅当它与圆心的距离(短粗线)小于 $1/2$ 时,其长才大于 $\sqrt{3}$,因此所求的概率为 $1/2$(见图 1.4.4(b)).

解 III 弦被其中点唯一确定.当且仅当其中点属于半径为 $1/2$ 的同心圆内时,弦长大于 $\sqrt{3}$.此小圆面积为大圆面积的 $1/4$,故所求概率等于 $1/4$(见图 1.4.4(c)).

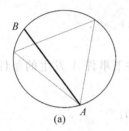 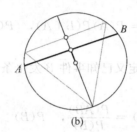 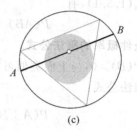

图 1.4.4 Bertrand 奇论

1.5 条件概率及其三定理

1.5.1 条件概率与乘法公式

引例 考察一个有两个子女的家庭.假如已看见这家的一个男孩,求另一个也是男孩的概率 p.

解 认为生男生女是等可能的,故 $\Omega=\{(男,男),(男,女),(女,男),(女,女)\}$,且这 4 个基本事件是等可能的.

令 $A=\{$已见一男孩(至少有一男孩)$\}$;$B=\{$另一也为男孩$\}$.在已经知道这家至少有一个男孩的情况下,只剩下 3 种等可能的情况了,而另外一个孩子也是男孩,便只是这 3 种情况之一.因此所求的概率 $p=1/3$.

现在改写这个概率为

$$p=\frac{n_{AB}}{n_A}=\frac{1}{3}=\frac{1/4}{3/4}=\frac{n_{AB}/n_\Omega}{n_A/n_\Omega}=\frac{P(AB)}{P(A)}.$$

容易看到，在已经知道某种信息（条件，此处为事件 A）的情况下，事件 B 发生的概率，与不知道这个信息（条件）时 B 发生的概率是不同的．前者实际上是将考虑的空间压缩为 $A=\{(男,男),(男,女),(女,男)\}$ 了，并且我们发现它的概率仍然可以用没有条件时的概率 $P(A)$ 和 $P(AB)$ 来表达和计算．为了反映这两种概率之间的差别，我们把已知某种信息条件下的事件概率定义为条件概率．

定义 1.5.1 设 $A,B\in\mathscr{F}$，且 $P(A)>0$，记

$$P(B\mid A)=\frac{P(AB)}{P(A)}, \tag{1.5.1}$$

称其为在已知事件 A 发生条件下，事件 B 发生的**条件概率**．

由式(1.5.1)，有

$$P(AB)=P(A)P(B\mid A),\quad P(A)>0. \tag{1.5.2}$$

称其为**条件概率的乘法公式**．

若 $P(B)>0$，与上面类似可定义已知事件 B 发生条件下事件 A 发生的条件概率，及相应的乘法公式：

$$P(A\mid B)=\frac{P(AB)}{P(B)},\quad P(B)>0; \tag{1.5.1'}$$

$$P(AB)=P(B)P(A\mid B),\quad P(B)>0. \tag{1.5.2'}$$

乘法公式可推广到 n 个事件的情形．

一般乘法公式 设 $A_i\in\mathscr{F}, i=1,2,\cdots,n$，且 $P(A_1A_2\cdots A_{n-1})>0$．则

$$P(A_1A_2\cdots A_n)=P(A_1)P(A_2\mid A_1)P(A_3\mid A_1A_2)\cdots P(A_n\mid A_1A_2\cdots A_{n-1}).$$
$$\tag{1.5.3}$$

思考题 $P(A_1A_2\cdots A_{n-1})>0$ 能保证式(1.5.3)右方的所有条件概率都有意义吗？为什么？

1.5.2 全概率公式与贝叶斯公式

古代寓言"盲人摸象"故事中，要盲人描绘一个形体复杂的大象．他们用实践（触摸）去认识事物是可取的，本来他们也确实可以通过将大象分成几个部分去认识，然后再集中讨论而完成对大象的完整描绘．但盲人们的悲哀也正在于没有弄清他们摸到的是大象的哪个部位并把它们综合起来，得到一个全面的形象．

为了计算一个复杂的事件或是难于了解的事件的概率，如果这个事件伴随一系列事件的发生而发生，我们也常常利用这个伴随的系列事件，将它分割成一些简单情况下的计算，然后进行综合，得到此事件的概率的全面完整的计算．这种思想的表达，便是全概率公式．

我们先来定义一个完备事件群的概念，它实质是空间的一个"分割"．

称一组有限多个或无穷可列多个事件$\{A_i\}$为Ω的**完备事件群**,如果$A_i\in\mathscr{F},P(A_i)>0$, $i=1,2,\cdots$,且$\sum\limits_{i=1}^{n}A_i=\Omega$(请注意,按我们的约定,$\sum$是不相交的并).因为空间的分割不是唯一的,因此$\Omega$的完备事件群也不是唯一的.这给了我们选取合适分割$\Omega$的自由.

假设事件B比较复杂或是难于了解,$\{A_i\}$是Ω的完备事件群.注意由分配律,有

$$B=B\Omega=B(\sum_{i=1}^{n}A_i)=\sum_{i=1}^{n}BA_i,$$

因为诸BA_i也是不相容的,由P的可加性及条件概率的乘法公式,有

$$P(B)=\sum_{i=1}^{n}P(A_iB)=\sum_{i=1}^{n}P(A_i)P(B\mid A_i).$$

从上面的推导可以看到,可以不必要求$\{A_i\}$是Ω的完备事件群,计算中实际上只留下与B确实有关系的那些A_i就行了,参看图1.5.1.于是得到如下结论:

设$B,A_i\in\mathscr{F},P(A_i)>0,i=1,2,\cdots,(n)$,且$B\subset\sum\limits_{i}A_i$,则

$$P(B)=\sum_{i}P(A_i)P(B\mid A_i). \quad (1.5.4)$$

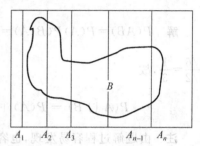

图 1.5.1 空间分割与完备事件群

称式(1.5.4)为**全概率公式**,它把事件B的概率,表示成在各A_i发生条件下事件B的条件概率的加权和.选取适当的$\{A_i\}$,可使$P(B)$的计算得到简化并完成.

由条件概率的定义、乘法公式及全概率公式(1.5.4),对每个i容易得到

$$P(A_i\mid B)=\frac{P(A_iB)}{P(B)}=\frac{P(A_i)P(B\mid A_i)}{\sum\limits_{k}P(A_k)P(B\mid A_k)}.$$

完整写下所得到的结论,就是**贝叶斯**(Bayes)公式:

设$B,A_i\in\mathscr{F},P(B)>0,P(A_i)>0,i=1,2,\cdots,(n)$,且$B\subset\sum\limits_{i}A_i$,则对固定的$i$,有

$$P(A_i\mid B)=\frac{P(A_i)P(B\mid A_i)}{\sum\limits_{k}P(A_k)P(B\mid A_k)}. \quad (1.5.5)$$

贝叶斯公式实现条件B与条件A_i的转换.在下面的例题中我们会进一步说明它的应用和重要性.

乘法公式、全概率公式及贝叶斯公式,合称为**条件概率的三公式或三定理**.

思考题 固定事件A,设$P(A)>0$,令

$$P_A(B)=P(B\mid A),\quad\forall B\in\mathscr{F},$$

试证 P_A 也是概率(测度),即满足 1.2 节定义 1.2.2 中的条件(1)~(3).

事实上,令 $\mathscr{F}_A=\{AB\mid B\in\mathscr{F}\}$,则 $(A,\mathscr{F}_A,P_A)$ 也是一个概率空间,它是原概率空间在已给信息 A 条件下的一个压缩(或清洗).

既然 P_A 也是概率,因此,像 P 一样,对 P_A 也有加法公式、逆事件公式、乘法公式、全概率公式及贝叶斯公式等.

1.5.3 例题

例 1.5.1 设 $P(A\mid B)=P(B\mid A)=\frac{1}{2}$,$P(A)=\frac{1}{3}$,求 $P(A\cup B)$.

解 $P(AB)=P(A)P(B\mid A)=\frac{1}{3}\times\frac{1}{2}=\frac{1}{6}$,由 $P(AB)=P(B)P(A\mid B)$,知 $P(B)=\frac{1/6}{1/2}=\frac{1}{3}$,故

$$P(A\cup B)=P(A)+P(B)-P(AB)=\frac{1}{3}+\frac{1}{3}-\frac{1}{6}=\frac{1}{2}.$$

注 由题解过程容易发现,也容易证明:如 $P(A\mid B)=P(B\mid A)$,则 $P(A)=P(B)$.

例 1.5.2 设事件 A 的概率 $P(A)=0.7$,事件 B 的概率 $P(B)=0.5$,求条件概率 $P(B\mid A)$ 的最小值和最大值.

解 $P(B\mid A)=P(AB)/P(A)=P(AB)/0.7$,

$$0.5+0.7-1=0.2\leqslant P(AB)\leqslant P(B)=0.5.$$

故

$$\frac{2}{7}=\frac{0.2}{0.7}\leqslant P(B\mid A)=\frac{P(AB)}{0.7}\leqslant\frac{0.5}{0.7}=\frac{5}{7}.$$

所求的最小值和最大值分别为 2/7 和 5/7.

例 1.5.3 某公司集成的系统产品中有一种设备从 3 个厂进货,比例为一厂生产的占 30%,二厂的占 50%,三厂的占 20%,又知这 3 个厂生产的此种设备的次品率分别为 2%、1% 和 1%.求从这批进货中任取一件设备进行检验是次品的概率.

解 设 $A_i=\{$该设备来自第 i 厂$\}$;$B=\{$检验出是次品$\}$.由全概率公式,有

$$P(B)=\sum_{i=1}^{3}P(A_i)P(B\mid A_i)=0.30\times 0.02+0.50\times 0.01+0.20\times 0.01=0.013.$$

故检验是次品的概率为 0.013.

这是典型的考查全概率公式的基本题.这个设备取自何厂,构成一个分割.将各厂换成各个盒子、各个房间、各个班级、各个地区等,将设备换成红球白球、男生女生、化

验的阴性阳性等,是同类数学问题. 另外将设备(产品)分为两个以上等级、小球有多种颜色时,如果只关心其中的一种,仍然与本题同类. 注意,这里不需要贝叶斯公式,因为没有"条件(信息)转换". 如果已知取出的是次品,求它是一厂的产品的概率,就要用到贝叶斯公式了.

例1.5.4(Pólya 模型) 从有 r 个红球、b 个黑球的袋中随机取一球,记下颜色后放回,并加进 c 个同色球. 如此共取 n 次. 求第 n 次取出红球的概率 p_n.

解 设 $R_n=\{$第 n 次取出红球$\}$;$B_n=\{$第 n 次取出黑球$\}$. 则

$$P(R_1)=\frac{r}{r+b}, \quad P(B_1)=\frac{b}{r+b}.$$

由全概率公式(1.5.4),有

$$P(R_2)=P(R_1)P(R_2\mid R_1)+P(B_1)P(R_2\mid B_1)$$
$$=\frac{r}{r+b}\cdot\frac{r+c}{r+b+c}+\frac{b}{r+b}\cdot\frac{r}{r+b+c}$$
$$=\frac{r}{r+b}.$$

即 $P(R_2)=P(R_1)$.

类似地,或利用逆事件的概率性质,可求得 $P(B_2)=P(B_1)$.

我们惊奇地发现,第二次抽取的概率与第一次抽取是完全一样的! 即第二次抽取时与在有 r 个红球、b 个黑球的袋中随机取一球的结果的可能性是一样的. 在研究结果的可能性时,第二次抽取时我们面临的条件与环境,与第一次是一样的. 对新增加的 c 个球,可视而不见,仍然认为袋中只有 r 个红球、b 个黑球. 如果去计算第三次抽取,会得到同样的结论. 实际上,归纳可证

$$P(R_n)=P(R_1), \quad P(B_n)=P(B_1).$$

故所求的概率 $p_n=r/(r+b)$. □

Pólya 模型给我们一个惊喜,它使我们要考虑的问题大大简化,因此有广泛应用. 请读者重视 Pólya 模型的结论. 如果我们取 $c=0$,Pólya 模型刻画还原抽球;取 $c=-1$,我们得到不还原抽球. Pólya 模型告诉我们,第 n 次取球的结果的概率规律是一样的. 这个结论我们在实际生活中一直在应用:小组里有一张精彩的晚会票,大家都想要,最公平的办法是"抓阄". 这是不放回的抽球,先抓与后抓,抓中的可能性是一样的. 当然,如果前面的人已经抓中,后面的人就不可能抓中;但前面的人如果没有抓中,后抓的人抓中的可能性则变大了. 但这都是条件概率. 两种情况综合考虑计算,每个人抓中的可能性一样,除非这"阄"在制作时作了弊.

例1.5.5 设有来自 3 个地区的各 10 名、15 名和 25 名考生的报名表,其中女生的报名表分别为 3 份、7 份和 5 份,随机地取一个地区的报名表,从中先后抽出两份.

(1) 求先抽到的一份是女生表的概率 p;

(2) 已知后抽到的一份是男生表,求先抽到的一份是女生表的概率 q.

解 设
$$H_i = \{报名表是第 i 个地区考生的\}, i = 1, 2, 3,$$
$$A_j = \{第 j 次抽到的报名表是男生表\}, j = 1, 2,$$
则由题设知
$$P(H_1) = P(H_2) = P(H_3) = \frac{1}{3};$$
$$P(A_1 | H_1) = \frac{7}{10}, \quad P(A_1 | H_2) = \frac{8}{15}, \quad P(A_1 | H_3) = \frac{20}{25}.$$

(1) $p = P(\overline{A}_1) = \sum_{i=1}^{3} P(H_i) P(\overline{A}_1 | H_i) = \frac{1}{3} \left(\frac{3}{10} + \frac{7}{15} + \frac{5}{25} \right) = \frac{29}{90}.$

(2) 由 Pólya 模型(见例 1.5.4)知 $P(A_2 | H_1) = P(A_1 | H_1) = \frac{7}{10}$,此式也可由条件概率的全概率公式如下验证:
$$P(A_2 | H_1) = P(A_1 | H_1) P(A_2 | A_1 H_1) + P(\overline{A}_1 | H_1) P(A_2 | \overline{A}_1 H_1)$$
$$= \frac{7}{10} \times \frac{6}{9} + \frac{3}{10} \times \frac{7}{9} = \frac{7}{10}.$$
类似地,有
$$P(A_2 | H_2) = \frac{8}{15}, \quad P(A_2 | H_3) = \frac{20}{25};$$
$$P(\overline{A}_1 A_2 | H_1) = \frac{7}{30}, \quad P(\overline{A}_1 A_2 | H_2) = \frac{8}{30}, \quad P(\overline{A}_1 A_2 | H_3) = \frac{5}{30}.$$
于是,再由全概率公式,有
$$P(A_2) = \sum_{i=1}^{3} P(H_i) P(A_2 | H_i) = \frac{1}{3} \times \left(\frac{7}{10} + \frac{8}{15} + \frac{20}{25} \right) = \frac{61}{90},$$
$$P(\overline{A}_1 A_2) = \sum_{i=1}^{3} P(H_i) P(\overline{A}_1 A_2 | H_i) = \frac{1}{3} \times \left(\frac{7}{30} + \frac{8}{30} + \frac{5}{30} \right) = \frac{2}{9}.$$
因此
$$q = P(\overline{A}_1 | A_2) = P(\overline{A}_1 A_2) / P(A_2) = \frac{2}{9} \bigg/ \frac{61}{90} = \frac{20}{61}. \quad \square$$

例 1.5.6 假设根据对某地区自然人群以往的普查,统计得到该地区癌症的发病率为 0.0004. 若用 C 表示事件"被检查者诊断为癌症",则 $P(C) = 0.0004$. 若用 A 表示事件"某项指标的化验结果为阳性",根据该地区人群以往的临床记录,还得到 $P(A|C) = 0.95$ 及 $P(\overline{A} | \overline{C}) = 0.90$. 现在该地区某人作此项化验,结果为阳性,求在这个条件下此人经诊断确实患癌症的概率 $P(C|A)$.

解 由题设可知 $P(\overline{C}) = 1 - P(C) = 0.9996, P(A|\overline{C}) = 1 - P(\overline{A}|\overline{C}) = 0.10.$ 由贝叶斯公式(1.5.5),有

$$P(C\mid A) = \frac{P(C)P(A\mid C)}{P(C)P(A\mid C) + P(\overline{C})P(A\mid \overline{C})}$$
$$= \frac{0.0004 \times 0.95}{0.0004 \times 0.95 + 0.9996 \times 0.10} = 0.0038.\quad \square$$

注意，本例 $P(A\mid\overline{C}) = 1 - P(\overline{A}\mid\overline{C}) = 0.10$ 的计算根据是：$P_{\overline{C}} = P(\cdot\mid\overline{C})$ 也是概率，因此有概率关于逆事件的性质.

由此例还可以看到，如已给 C 为信息（条件）的条件概率，而要求 $P(C\mid A)$，需要作信息（条件）转换，此时常用贝叶斯公式. 贝叶斯公式在医学、通信、工程、经济、决策分析和社会统计等方面，都有很多应用. 假如 $A_i (i=1,2,\cdots,n)$ 是导致某个试验结果的"原因"，基于以往的数据记录统计可以得到 $P(A_i)$，称为**先验概率**. 现在如果已经判明事件 B 发生了，则条件概率 $P(A_i\mid B)$ 反映试验之后对这项"原因"发生的可能性大小的新知识，这类条件概率称为**后验概率**. 本章习题里还有不少例子，如通信中二进信道问题等.

这个例子告诉我们，即便 $P(A\mid C) = 0.95$ 及 $P(\overline{A}\mid\overline{C}) = 0.90$ 都很高，在此项化验结果为阳性的条件下，此人确实患癌症的概率却依然很小，大可不必惊慌. $P(A\mid C)$ 和 $P(C\mid A)$ 是很不一样的.

例 1.5.7（拉普拉斯(Laplace)配对） n 个绅士每人抛出各自的帽子，欢呼一项胜利. 假设欢呼之后帽子经充分混合之后，绅士们还是想要顶帽子，遂随机取一顶帽子戴到头上. 问至少有一人取到自己帽子的概率 p_n. 当 n 趋于无穷时，这个概率会趋于 0 吗？（请先猜想结论）

解 $A_n = \{$第 n 个人取到自己帽子$\}$. 利用一般加法公式（定理 1.2.3），有
$$P(\bigcup_{i=1}^{n} A_i) = s_1 - s_2 + s_3 + \cdots + (-1)^{n+1} s_n,$$
其中
$$s_1 = \sum_{i=1}^{n} P(A_i), \quad s_2 = \sum_{1\leqslant i<j\leqslant n} P(A_i A_j),$$
$$s_3 = \sum_{1\leqslant i<j<k\leqslant n} P(A_i A_j A_k),\quad \cdots,\quad s_n = P(A_1 A_2 \cdots A_n).$$

显然 $P(A_1) = 1/n$. 由 Pólya 模型可知（或用全概率公式可证），$P(A_i) = 1/n$. 故 $s_1 = 1$.

如果第 i 个人拿走自己的帽子，则第 $j (\neq i)$ 个人在余下 $n-1$ 顶帽子中随机抽取. 由于他的帽子仍在其中，故条件概率
$$P(A_j\mid A_i) = \frac{1}{n-1}, \quad P(A_i A_j) = P(A_i)P(A_j\mid A_i) = \frac{1}{n}\cdot\frac{1}{n-1}.$$

从而
$$s_2 = \sum_{1\leqslant i<j\leqslant n} P(A_i A_j) = \frac{C_n^2}{n(n-1)} = \frac{1}{2!}.$$

类似地得到一般结果：
$$s_k = \frac{1}{k!}.$$

于是
$$p_n = \sum_{k=1}^{n}(-1)^{k+1} s_k = \sum_{k=1}^{n}(-1)^{k+1}\frac{1}{k!}. \quad (1.5.6)$$
可知当 $n \to +\infty$ 时，$p_n \to 1 - e^{-1} \approx 0.64$.

这个概率 p_n 竟然有 0.64，一个不小的数. 我们最初可能猜测它趋于 0，那是因为我们最初的猜想进入一个误区：对指定的人来说，他在成千上万顶帽子中要想拿到自己帽子的概率确实是一个小概率事件，$n \to +\infty$ 时它趋于 0；但我们忽略了有成千上万个人在做这种试验，而我们关心的是只要有人拿到自己的帽子就可以了. 在下节会证明（参见例 1.6.3），大量重复地(独立地)去做一个小概率事件，结果出现小概率事件的可能性竟然接近于 1.

思考题 在拉普拉斯配对中，求无一配对（即都没有拿到自己的帽子）的概率 q_0 和恰有 k 对的概率 q_k.

例 1.5.8 甲、乙、丙 3 人同时独立对飞机进行 1 次射击，3 人击中的概率分别为 0.4, 0.5, 0.7. 飞机被 1 人击中而被击落的概率为 0.2，被 2 人击中而被击落的概率为 0.6，若 3 人都击中，飞机必定被击落. 求飞机被击落的概率.

分析 注意，飞机被击落有 3 种互斥的情况：只被 1 人击中、只被 2 人击中和被 3 人同时击中. 它们构成完备事件群，或者说空间的分割. 题目直接给出了在飞机被击落的这三种情况的概率. 而"被 1 人击中"的人，可以是这 3 人中的任意一个，这里又有一个空间分割. 题目给出的数据说明这里应该用全概率公式.

本题容易出错的地方是"情况"较多，有射击、命中和击落，还有不同命中率的 3 个人，容易乱，理不出头绪.

解 设 $F_i = \{恰有 i 人击中并击落\}$.

$P(F_1) = P(A\bar{B}\bar{C})P(F_1|A\bar{B}\bar{C}) + P(\bar{A}B\bar{C})P(F_1|\bar{A}B\bar{C}) + P(\bar{A}\bar{B}C)P(F_1|\bar{A}\bar{B}C)$
$= (0.4 \times 0.5 \times 0.3 + 0.6 \times 0.5 \times 0.3 + 0.6 \times 0.5 \times 0.7) \times 0.2 = 0.072,$

$P(F_2) = P(AB\bar{C})P(F_2|AB\bar{C}) + P(\bar{A}BC)P(F_2|\bar{A}BC) + P(A\bar{B}C)P(F_2|A\bar{B}C)$
$= (0.4 \times 0.5 \times 0.3 + 0.6 \times 0.5 \times 0.7 + 0.4 \times 0.5 \times 0.7) \times 0.6 = 0.246,$

$P(F_3) = P(ABC)P(F_3|ABC) = (0.4 \times 0.5 \times 0.7) \times 1 = 0.14.$

所求的概率为
$$P(F_1) + P(F_2) + P(F_3) = 0.072 + 0.246 + 0.14 = 0.458.$$

1.6 事件的独立性

独立性是概率论中特有且十分重要的概念，注意它与我们在社会政治及日常生活中使用的"独立"概念的不同，也要注意在概率论中它与"互斥"概念的差别.

1.6.1 两个事件的独立性

定义 1.6.1 称事件 A 与 B **相互独立**，若
$$P(AB) = P(A)P(B). \tag{1.6.1}$$

由于独立性概念十分重要，我们在下面注释中进一步讨论"独立性"的得名，从性质 1 可有一个概率意义的解释，而在乘积概率空间里能有更为深刻的刻画．事件的独立性源于试验的独立性．

以 $n=2$ 为例，我们介绍乘积概率空间的大意，初学者可以先略过，更详细的介绍可阅读参考文献[10]或[11]．

* 注 1 下面介绍乘积概率空间的大意．

粗略地说，构造两个概率空间 $(\Omega_i, \mathscr{F}_i, P_i)(i=1,2)$ 的乘积概率空间，可先像由数直线构造二维欧氏空间那样，构造出乘积空间 $\Omega = \Omega_1 \times \Omega_2$；令 $\pi = \{A = A_1 \times A_2 | A_i \in \mathscr{F}_i, i=1,2\}$，然后对这种 A 作至多可列次的并、交和求余运算，所有得到的集合组成一个大的 σ 代数，记为 $\mathscr{F} = \mathscr{F}_1 \times \mathscr{F}_2$．对这类"矩形"定义"面积为长乘宽"，即令
$$P(A) = P_1(A_1) P_2(A_2), \quad \forall A = A_1 \times A_2,$$
再将在"矩形"类 $\pi(\subset \mathscr{F})$ 上定义的 P，由哈尔莫斯(Halmos)测度论知识，它可以唯一地扩张到 $\mathscr{F}$ 上去，从而得到独立的乘积概率测度，进而组成大的概率空间 $(\Omega, \mathscr{F}, P) = (\Omega_1 \times \Omega_2, \mathscr{F}_1 \times \mathscr{F}_2, P_1 \cdot P_2)$，即为乘积概率空间．例如，两次射击，每次有命中(记为 1)和不中(记为 0)两种可能，$\Omega = \Omega_1 \times \Omega_2 = \{(0,0), (0,1), (1,0), (1,1)\}$，按下面规则定义的概率 P：
$$P\{(i,j)\} = P_1(i) P_2(j) = P(\{i\} \times \Omega_2) P(\Omega_1 \times \{j\}),$$
则得到独立的乘积概率测度．

1. 独立性的注释

1) 关于两个事件间的关系，已经定义如下几个概念：不相容、互斥、互逆、对立以及独立．它们之间关系如何？首先我们知道，不相容＝互斥，互逆＝对立；如 $AB = \varnothing$，就称事件 A 与 B 不相容，如果进一步有 $A + B = \Omega$，则称 A 与 B 互逆，在 Ven 图上可以图解这几个概念，也就是说，它们是利用集合之间的关系来刻画的，无一直接涉及概率．至于互逆时 $P(A) = 1 - P(B)$，那是互逆的性质．而事件独立性概念是用概率等式(1.6.1)定义，直接的标准只涉及了概率测度．

2) $\Omega, \varnothing$ 与任一事件 A 独立．事实上此时容易验证式(1.6.1)，例如，$P(A\Omega) = P(A) = P(A) \cdot 1 = P(A) P(\Omega)$．

3) 若 $P(A), P(B) \in (0,1)$，则 A, B **独立不互斥，互斥不独立**．

证明 证命题的前一半，后一半可仿证．用反证法．设 A 与 B 互斥，则 $P(AB) = 0$．由 A, B 独立的假定可得，$P(AB) = P(A) P(B)$．但由题设右方大于 0，矛盾，故假设不真，即

必有 A,B 不互斥.

社会政治和日常生活中常常在互斥、不相容中有独立性的含义. 由这条注释可见,概率论中的独立概念是不一样的.

4) 独立与 Ven 图. Ven 图上不相交的两事件,如果它们的概率都大于 0,一般会误以为它们独立,但由 3) 知它们一定不独立!

5) 独立与随机试验. 独立的随机试验产生独立的事件. 这是指,如果两个试验独立进行,那么分别属于这两个试验的两个事件,是相互独立的. 试验独立性的严谨定义,实际上涉及像笛卡儿(Descartes)坐标系那样的乘积概率空间.

2. 独立性的性质

设 $A,B \in \mathscr{F}$.

性质 1 设 $P(A)>0$,则 A,B 独立 $\Leftrightarrow P(B|A)=P(B)$. 而若 $P(B)>0$,则 A,B 独立 $\Leftrightarrow P(A|B)=P(A)$.

证明 在 $P(A)>0$ 的前提下,由条件概率的乘法公式知 $P(AB)=P(A)P(B|A)$. 由独立性定义式(1.6.1),即得命题的前一半. 由对称性知,命题后一半也为真. □

此性质给独立性一个概率解释:只要 $P(A)>0$(即 A 不是不可能事件),事件 B 发生的概率与其前事件 A 是否发生没有关系;在事件 A 发生条件下,对事件 B 发生的概率没有影响.

性质 2 A,B 独立 $\Leftrightarrow \tilde{A}, \tilde{B}$ 独立,其中 $\tilde{A}=A$ 或 $\overline{A}$,$\tilde{B}=B$ 或 $\overline{B}$.

证明 先证 A,B 独立则 A 与 $\overline{B}$ 独立,即要证 $P(A\overline{B})=P(A)P(\overline{B})$. 事实上,由有限可加性及 A 和 B 独立的假定,有

$$P(A) = P(AB) + P(A\overline{B}) = P(A)P(B) + P(A\overline{B}).$$

移项并利用逆事件的性质,有

$$P(A\overline{B}) = P(A) - P(A)P(B) = P(A)(1-P(B)) = P(A)P(\overline{B}).$$

于是,由 A 与 B 独立证得 A 与 $\overline{B}$ 独立. 将 A,B 互换,利用证得的结论知 B 与 $\overline{A}$ 独立. 对 $\overline{A}$ 与 B 用证得的结论可得 $\overline{A}$ 与 $\overline{B}$ 独立,从而证明了性质 2. □

1.6.2 多个事件的独立性

定义 1.6.2 称事件 $A_i(i=1,2,\cdots,n)$ 相互独立,若 $\forall k=2,3,\cdots,n$,成立

$$P\left(\bigcap_{j=1}^{k} A_{i_j}\right) = \prod_{j=1}^{k} P(A_{i_j}), \quad 1 \leqslant i_1 < i_2 < \cdots < i_k \leqslant n. \tag{1.6.2}$$

这个定义是说从 n 个事件中任意选取 2 个、3 个乃至 n 个来,若它们同时发生的概率等于这些事件分别发生的概率的乘积,则称这 n 个事件相互独立. 条件是很苛刻的,例如,当 $n=3$ 时,式(1.6.2)等价于以下四个等式同时成立:

"两两独立"(取 $k=2$):
$$\begin{cases} P(A_1A_2) = P(A_1)P(A_2), \\ P(A_1A_3) = P(A_1)P(A_3), \\ P(A_2A_3) = P(A_2)P(A_3); \end{cases} \quad (1.6.3)$$

以及(取 $k=3$)
$$P(A_1A_2A_3) = P(A_1)P(A_2)P(A_3). \quad (1.6.4)$$

注意,式(1.6.4)不能推出式(1.6.3). 我们来看一个反例.

反例 正八面体,各面编号 1 至 8,其中 1,2,3,4 四面涂有红色,1,2,3,5 四面涂有黑色,1,6,7,8 四面涂有白色. 该正八面体向桌面上落下,则贴桌面的一面有何种颜色,便说何种颜色出现. 以 R、B 和 W 分别记出现红色、黑色和白色,则容易验证 $P(RBW)=1/8=P(R)P(B)P(W)$,但 $P(RB)=3/8\neq 1/4=P(R)P(B)$,故 R 与 B 不独立.

两两独立也不能推出式(1.6.4). 反例见习题 1 第 32 题.

更一般的事件族独立性的定义如下.

定义 1.6.3 称无穷可列多个事件 $\{A_i\}_1^\infty$ 是独立的,如果其中任意有限多个事件是独立的. 设 T 是一个无穷不可列的集合,称 T 上无穷多个事件 $\{A_t\}_{t\in T}$ 是独立的,如果其中任意一个无穷可列多个事件是独立的.

*注 2 有理数全体是无穷可列多个,而无理数是无穷不可列多个.

1.6.3 例题

例 1.6.1 设有电路如图 1.6.1,其中 1,2,3,4 为继电器接点,它们闭合的概率均为 p. 设各继电器接点闭合与否相互独立,求 L 和 R 间成通路的概率.

解 记事件 $A_i=\{$第 i 个继电器闭合$\}$, $i=1,2,3,4$. 事件 $A=\{L$ 和 R 间成通路$\}$. 则 $A=A_1A_2 \cup A_3A_4$,由诸 A_i 独立可知
$$P(A_1A_2) = P(A_3A_4) = P(A_3)P(A_4) = p^2.$$

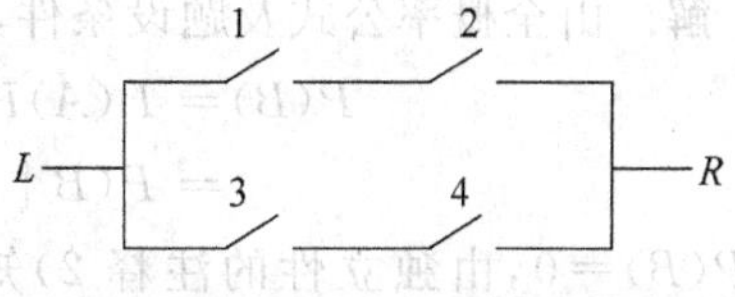

图 1.6.1 例 1.6.1 的电路图

于是,由一般加法公式可知,所求概率为
$$P(A) = P(A_1A_2) + P(A_3A_4) - P(A_1A_2A_3A_4) = 2p^2 - p^4. \quad \square$$

例 1.6.2 自 1,2,…,10 共十个数字中任取一个,取后还原,连取 k 次,得到抽出 k 个数的记录. 试求事件 $A_m=\{$这 k 个数中最大者为 $m\}(m\leqslant 10)$ 的概率.

解 记 $B_m=\{$这 k 个数均不超过 $m\}$. 则事件 B_m 发生,必须这 k 次中每次抽取的数字都不超过 m. 由于还原抽取,每次抽取是独立的,因此

$$P(B_m) = \left(\frac{m}{10}\right)^k.$$

注意到 $B_{m-1} \subset B_m$ 且 $A_m = B_m - B_{m-1}$,故

$$P(A_m) = P(B_m) - P(B_{m-1}) = \frac{m^k}{10^k} - \frac{(m-1)^k}{10^k} = \frac{m^k - (m-1)^k}{10^k}. \qquad \square$$

例 1.6.3(小概率事件) 设随机试验 E 中事件 A 为小概率事件, $P(A) = \varepsilon > 0$,其中 ε 为小正数. 试证不断独立地重复进行这项试验,小概率事件 A 迟早会发生.

解 每次试验事件 A 不发生的概率为 $1 - \varepsilon$,因此独立重复进行 n 次试验 A 都不发生的概率为 $(1-\varepsilon)^n \to 0, n \to +\infty$. 因此事件 A 迟早会发生. $\qquad \square$

对一个元件或系统,它能正常工作的概率称为它的**可靠度**. 可靠性的研究随着电子技术、社会经济及保险事业的发展而发展,已经成为一门新学科——可靠性理论了.

例 1.6.4 已知 $P(\overline{A}) = 0.3, P(B) = 0.4, P(A\overline{B}) = 0.5$,试求 $P(B \mid (A \cup \overline{B}))$ 并问此时 A 与 B 是否独立.

解 $P(\overline{A}) = 0.3, \quad P(B) = 0.4, \quad P(A\overline{B}) = 0.5.$

$$P(B \mid (A \cup \overline{B})) = \frac{P(B \cap (A \cup \overline{B}))}{P(A \cup \overline{B})} = \frac{P(AB)}{P(A) + P(\overline{B}) - P(A\overline{B})}$$

$$= \frac{P(A) - P(A\overline{B})}{P(A) + P(\overline{B}) - P(A\overline{B})} = \frac{1 - 0.3 - 0.5}{1 - 0.3 + 1 - 0.4 - 0.5}$$

$$= \frac{0.2}{0.8} = 0.25.$$

因为 $P(A\overline{B}) = 0.5 \neq 0.7 \times 0.6 = P(A)P(\overline{B})$,故 A 与 B 不独立. $\qquad \square$

例 1.6.5 设 A, B 是两个事件,且 $0 < P(A) < 1, P(B \mid A) = P(B \mid \overline{A})$,问 A, B 是否独立?

解 由全概率公式及题设条件,知

$$P(B) = P(A)P(B \mid A) + P(\overline{A})P(B \mid \overline{A})$$
$$= P(B \mid A)(P(A) + P(\overline{A})) = P(B \mid A).$$

若 $P(B) = 0$,由独立性的注释 2)知,B 与 A 独立. 若 $P(B) > 0$,则由性质 1 也知 A, B 独立. $\qquad \square$

例 1.6.6 设 $P(A) = 0.5, P(B) = 0.6, P(B \mid A) = 0.8$,求 $P(A \cup B)$ 和 $P(B \mid \overline{A})$. 问事件 A 与 $\overline{B}$ 是否独立,为什么?

解 由题设及乘法定理,得

$$P(AB) = P(A)P(B \mid A) = 0.5 \times 0.8 = 0.4.$$

从而根据题设及加法公式,得

$$P(A \cup B) = P(A) + P(B) - P(AB) = 0.5 + 0.6 - 0.4 = 0.7.$$

由条件概率的定义,有
$$P(B|\overline{A}) = P(B\overline{A})/P(\overline{A}) = \frac{P(B)-P(BA)}{1-P(A)} = \frac{0.6-0.4}{1-0.5} = 0.4.$$
由于 $P(A)>0, P(B)=0.6 \neq P(B|A)=0.8$,因此事件 A 与 B 不独立. 由性质 2 知道事件 A 与 $\overline{B}$ 不独立. □

例 1.6.7 设某类元件的可靠度均为 $r \in (0,1)$,且各元件能否正常工作是相互独立的. 现在将 $2n$ 个元件组成如图 1.6.2 所示的两种系统,试求两系统的可靠性.

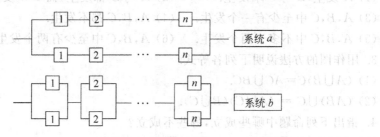

图 1.6.2 两种系统

解 两系统的可靠性分别记为 R_a 和 R_b. 系统 a 的每条支路如果成通路(分别记为事件 A_1 和 A_2),它的 n 个元件必须都处在正常工作状态,因此它的可靠性为 r^n. 而系统 a 成通路必须至少有一条支路成通路,因此由一般加法公式,有
$$R_a = P(A_1) + P(A_2) - P(A_1 A_2) = r^n + r^n - r^{2n} = r^n(2-r^n).$$
另一个计算方法是利用逆事件. 两条支路都不通的概率为 $(1-r^n)^2$,故也得
$$R_a = 1 - (1-r^n)^2 = r^n(2-r^n).$$
现在来看系统 b. 每对并联元件部分的可靠性为 $1-(1-r)^2 = r(2-r)$,系统 b 的可靠性为
$$R_b = r^n(2-r)^n. \qquad \square$$

分析 (1) 由于 $0<r<1$,故 $r^n(2-r^n)>r^n>r^{2n}$,这说明系统 a 的可靠性比其每条支路的可靠性大,比将 $2n$ 个元件组成串联系统可靠性更大. 由于 $n \geqslant 2$ 时,归纳可证 $(2-r)^n > 2-r^n$,从而 $n \geqslant 2$ 时,$R_b > R_a$,即系统 b 更优越.

(2) 系统 a 及系统 b 的每组并联部分的可靠性,可利用例 1.6.1 将串联的元件数 2 分别改为 n 及 1 得到.

习题 1

1. 写出下列随机试验的样本空间.

(1) 记录一个小班一次数学考试的平均分数(以百分制整数记分).

(2) 同时掷三颗骰子,记录三颗骰子点数之和.

(3) 对某工厂出厂的产品进行检查,合格的记上"正品",不合格的记上"次品",连续查出 2 个次品时就停止检查,否则检查了 4 个产品时也就停止检查,记录检查的结果.

(4) 在单位圆内任意取一点,记录它的坐标.

(5) 将长为 1 尺的细木棒折成三段,观察各段的长度.

2. 设 A,B,C 为三事件,用 A,B,C 的运算关系表示下列各事件.

(1) A 发生,B 与 C 不发生.   (2) A 与 B 都发生,而 C 不发生.

(3) A,B,C 中至少有一个发生.   (4) A,B,C 都不发生.

(5) A,B,C 中不多于两个发生.   (6) A,B,C 中至少有两个发生.

3. 用作图的方法说明下列各等式.

(1) $(A \cup B)C = AC \cup BC$.

(2) $(AB) \cup C = (A \cup C)(B \cup C)$.

4. 指出下列命题中哪些成立,哪些不成立?

(1) $A \cup B = (A\overline{B}) \cup B$.   (2) $\overline{AB} = A \cup B$.

(3) $\overline{A \cup (BC)} = \overline{A}\,\overline{B}\,\overline{C}$.   (4) $(AB)(A\overline{B}) = \emptyset$.

(5) 若 $A \subset B$,则 $A = AB$.   (6) 若 $AB = \emptyset$ 且 $C \subset A$,则 $BC = \emptyset$.

(7) 若 $A \subset B$,则 $\overline{B} \subset \overline{A}$.   (8) 若 $B \subset A$,则 $A \cup B = A$.

5. 设 A,B 是两事件且 $P(A) = 0.6, P(B) = 0.7$. 问

(1) 在什么条件下 $P(AB)$ 取到最大值,最大值是多少?

(2) 在什么条件下 $P(AB)$ 取到最小值,最小值是多少?

6. 设 $P(A) = P(B) = 0.5$,证明 $P(AB) = P(\overline{A}\,\overline{B})$.

7. 设 A,B,C 是三事件,且 $P(A) = P(B) = P(C) = 1/4, P(AB) = P(BC) = 0$,$P(AC) = 1/8$. 求 A,B,C 至少有一个发生的概率.

8. 在一标准英语字典中有 55 个由两个不相同的字母所组成的单词,若从 26 个英文字母中任取两个字母予以排列,问能排成上述单词的概率是多少?

9. 在电话号码簿中任取一个电话号码,求后面四个数全不相同的概率(设后面四个数中的每一个数都是等可能地取自 0,1,…,9).

10. 在 n 阶行列式的展开式中任取一项,问此项含有主对角元的概率.

11. 在 1500 个产品中有 400 个次品、1100 个正品,现任取 200 个.

(1) 求恰有 90 个次品的概率;

(2) 求至少有 2 个次品的概率.

12. 今有甲、乙两名射手轮流循环对同一目标射击,先射中者为胜. 设他们命中的概率分别为 p_1 和 p_2. 分别求出当甲先射击时甲、乙获胜的概率.

13. 甲、乙两人射击比赛,每轮各射一次,胜者得 1 分,比赛直至有一人比对方多 2 分

时立即停止,多 2 分者为最终胜者.设它们的命中概率分别为 p_1 和 p_2,求甲最终获胜的概率.

14. (另一类配对问题)(1) 从 5 双不同的鞋子中任取 4 只,这 4 只鞋子中至少有两只鞋子配成一双的概率是多少?

(2) 一般地,从 n 双不同的鞋子中任取 r 只,求恰有 k 双的概率.

*15. (拉普拉斯配对)在拉普拉斯配对中,求无一配对(即都没有拿到自己的帽子)的概率 q_0 和恰有 k 对的概率 q_k.

16. 将 3 个球随机地放入 4 个杯子中去,求杯子中球的最大数分别为 1,2,3 的概率.

*17. 50 只铆钉随机地取来用在 10 个部件上,其中 3 个铆钉强度太弱.每个部件用 3 只铆钉.若将 3 只强度太弱的铆钉都装在一个部件上,则这个部件强度就太弱,问发生一个部件强度太弱的概率是多少?

18. 某油漆公司发出 17 桶油漆,其中白漆 10 桶、黑漆 4 桶、红漆 3 桶,在搬运中所有标签脱落,交货人随意将这些油漆发给顾客,问:一个订货 4 桶白漆、3 桶黑漆和 2 桶红漆的顾客,能按所定颜色如数得到订货的概率是多少?

19. 掷两颗骰子,已知两颗骰子点数之和为 7,求其中有一颗为 1 点的概率.

20. (1) 将长为 1 尺的细木棒折成三段(见习题图 1.1),求此三段作为三条边可以搭成一个三角形的概率.

(2) 设一质点必然但随机地落入矩形 G.问它落入习题图 1.2 中阴影区域的概率.

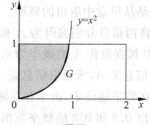

习题图 1.1　　　　　　　　习题图 1.2

21. 已知 $P(A)=\frac{1}{4}$,$P(B|A)=\frac{1}{3}$,$P(A|B)=\frac{1}{2}$,求 $P(A\cup B)$.

22. 设 $P(B)=0.5$,$P(A)=0.3$,$P(A|B)=0.4$,求 $P(A|\bar{B})$.

23. (1) 袋中有 10 个球,9 个是白球、1 个是红球,10 个人依次从袋中各取一球,每人取一球后不再放回袋中.问第一人、第二人直至最后一人取得红球的概率各是多少?

(2) 设有 n 个袋中都装有 $r+b$ 只球,其中红球 r 只,今从第 1 个袋中随机取一球放入第 2 个袋中,再从第 2 个袋中随机取一球放入第 3 个袋中,如此继续.求第 n 次取得红球的概率是多少?

24. 设一人群中有 37.5% 血型为 A 型,20.9% 为 B 型,33.7% 为 O 型,7.9% 为 AB 型.已知能允许输血的血型配对如下表,现在在人群中任选一人为输血者,再任选一人为受血者,问输血能成功的概率是多少?

受血者＼输血者	A 型	B 型	AB 型	O 型
A 型	√	×	√	√
B 型	×	√	√	√
AB 型	√	√	√	√
O 型	×	×	×	√

25. 以往资料表明,某三口之家,患某种传染病的概率有以下规律：$P(孩子得病)=0.6$,$P(母亲得病|孩子得病)=0.5$,$P(父亲得病|母亲及孩子得病)=0.4$.求母亲及孩子得病但父亲未得病的概率.

26. 已知男人中有 5% 的色盲患者,女人中有 0.25% 是色盲患者,今从男女人数相等的人群中随机地挑选一人,恰好是色盲患者,问此人是男性的概率是多少?

27. 设有甲、乙两个袋子,甲袋中装有 n 只白球、m 只红球;乙袋中装有 N 只白球、M 只红球,今从甲袋中任取一只球放入乙袋中,再从乙袋中任意取一只球.问取到白球的概率是多少?

28. 甲、乙两个盒子都存放长短两种规格的螺栓,若甲盒有 60 个长、40 个短螺栓,乙盒有 20 个长、10 个短螺栓.现从中任选一盒,再从此盒中任取一个螺栓,发现是长螺栓.求此螺栓是从甲盒中取出的概率.

29. 将两信息分别编码为 A 和 B 传递出去,接收站收到时,A 被误收作 B 的概率为 0.02,而 B 被误收作 A 的概率为 0.01,信息 A 与信息 B 传送的频繁程度为 2∶1,若接收站收到的信息是 A,求原发信息是 A 的概率.

30. 在数字通信中,由于存在随机干扰,接收到的信号可能与发出的信号不同.若发报机分别以 0.8 和 0.2 的概率发出信号 0 和 1,当发出信号 0 时,接收机以 0.9 的概率正确收到信号 0,以 0.1 的概率误收为 1；而当发出信号 1 时,接收机以 0.8 的概率正确接收,以 0.2 的概率误收为 0.现在接收机收到信号 0,求发出信号确实是 0 的概率.

31. 某人下午 5:00 下班,他所积累的资料表明(时间为整 5 点后的分钟数)：

到家时间	35～39	40～44	45～49	50～54	大于 54
乘地铁到家的概率	0.10	0.25	0.45	0.15	0.05
乘汽车到家的概率	0.30	0.35	0.20	0.10	0.05

某日他抛一枚硬币决定乘地铁还是乘汽车,结果他是 5:47 到家的,试求他是乘地铁回家的概率.

32. 在某厂由甲、乙和丙三台设备生产某种元件,它们的产量分别占 25%,35% 和 40%,而它们生产的次品率分别为 5%,4% 和 2%。现在从它们生产的元件中任取一件发现是次品,问此次品是甲、乙、丙生产的概率各是多少？

33. 有两箱同种类的零件。第一箱装 50 只,其中 10 只一等品；第二箱装 30 只,其中 18 只一等品。今从两箱中任挑出一箱,然后从该箱中取零件两次,每次任取一只,做不放回抽样,试求：

    (1) 第一次取到的零件是一等品的概率。

    (2) 第一次取到的零件是一等品的条件下,第二次取到的也是一等品的概率。

34. 设有四张卡片分别标以数字 1,2,3,4。今任取一张。设事件 A 为取到 1 或 2,事件 B 为取到 1 或 3,事件 C 为取到 1 或 4。试验证：

    (1) $P(AB) = P(A)P(B)$；

    (2) $P(BC) = P(B)P(C)$；

    (3) $P(CA) = P(C)P(A)$；

    (4) $P(ABC) \neq P(A)P(B)P(C)$。

35. 设 $P(AB) = 0.2, P(A) = 0.5, P(B-A) = 0.2$。

    (1) 求 $P(A \cup B), P(A|B)$ 及 $P(\bar{B})$；

    (2) 事件 A 与 B 是否独立,为什么？

36. 设 $P(A|B) = P(B|A) = 1/2, P(A) = 1/3$,求 $P(A \cup B)$；事件 A 与 B 独立吗？为什么？

37. 如果有危险情况 C 发生时,一电路闭合并发出警报,我们可以借用两个或多个开关并联以改善可靠性。在 C 发生时这些开关每一个都应闭合,且若至少一个开关闭合了,就发出警报。如果两个这样的开关并联连接,它们每个具有 0.96 的可靠性(即在情况 C 发生时闭合的概率),问这时系统的可靠性(即电路闭合的概率)是多少？如果需要有一个可靠性至少为 0.9999 的系统,则至少需要用多少开关并联？这里设备开关闭合与否都是相互独立的。

38. 习题图 1.3 中 1,2,3,4,5 表示继电器接点。假设每一继电器接点闭合的概率为 p,且设各继电器接点闭合与否相互独立,分别求两种电路中 L 至 R 是通路的概率。

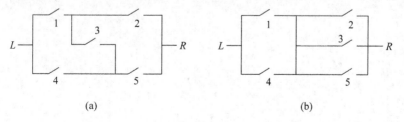

习题图 1.3

39. 三人独立地去破译一份密码,已知各人能译出的概率分别为 1/5, 1/3, 1/4, 问三人中至少有一人能将此密码译出的概率是多少?

40. 设事件 A 在每一次试验中发生的概率为 0.3, 当 A 发生不少于 3 次时, 指示灯发出信号.

(1) 若进行 5 次独立试验, 求指示灯发出信号的概率.

(2) 进行 7 次独立试验, 求指示灯发出信号的概率.

41. 甲、乙两人投篮, 投中的概率分别为 0.6, 0.7. 今各投 3 次. 求:

(1) 两人投中次数相等的概率.

(2) 甲比乙投中次数多的概率.

42. 有甲、乙两种味道和颜色都极为相似的名酒各 4 杯, 如果从中挑 4 杯, 能将甲种酒全部挑出来, 算是试验成功一次.

(1) 某人随机地去猜, 问他试验成功一次的概率是多少?

(2) 某人声称他通过品尝能区分两种酒. 他连续试验 10 次, 成功 3 次. 试推断他是猜对的, 还是他确有区分的能力 (设各次试验是相互独立的).

43. 袋中装有硬币, 其中 m 只硬币两面分别标上数字 1 和 2, 其余 n 只两面全部标上 1. 在袋中任取一只, 将它投掷 r 次, 已知每次都得到数字 1. 问这只硬币是第一种 (即两面分别标上数字 1 和 2) 的概率为多少?

44. 设根据以往记录的数据分析, 某船只运输的某种物品损坏的情况共有三种: 损坏 2% (事件 A_1), 损坏 10% (事件 A_2), 损坏 90% (事件 A_3). 且知 $P(A_1)=0.8$, $P(A_2)=0.15$, $P(A_3)=0.05$. 现在从已被运输的物品中随机地取 3 件, 发现这 3 件都是好的 (事件 B), 试求 $P(A_1|B)$, $P(A_2|B)$, $P(A_3|B)$. (这里设物品件数很多, 取出一件后不影响取后一件是否为好的概率.)

45. 将 A, B, C 三个字母之一输入信道, 输出为原字母的概率为 a, 而输出为其他字母的概率都是 $(1-a)/2$. 今将字母串 AAAA, BBBB, CCCC 之一输入信道, 输入 AAAA, BBBB, CCCC 的概率分别为 p_1, p_2, p_3 ($p_1+p_2+p_3=1$). 已知输出为 ABCA, 问输入的是 AAAA 的概率是多少? (设信道传输每个字母的工作是相互独立的.)

第 2 章 随机变量及其分布

随机现象的概率规律的研究,能否转化为实变量的实值函数的研究?如果可以,我们在高等数学里已经熟悉的函数的知识和研究方法,均可利用和借鉴,从而使概率论的研究有了成熟且强有力的工具.本章目的就是通过引进随机变量及其分布函数的概念,实现这一转化,并在此基础上,利用所引入的新的开发工具,对千变万化的随机现象作分门别类的深入研究,总结出最为重要的几类概率模型及其规律.

2.1 随机变量与分布函数的概念

2.1.1 随机变量

1. 定义

事件实际是形形色色的抽象空间 Ω 中的某种集合,能不能用我们熟悉的实变量的实值函数来表示呢?

设 $(\Omega, \mathscr{F}, P)$ 为概率空间,对事件 $A \in \mathscr{F}$,其示性函数为

$$I_A(\omega) = \begin{cases} 1, & \omega \in A, \\ 0, & \omega \notin A. \end{cases} \quad (2.1.1)$$

则任何事件 A 发生和不发生就可分别用实值函数 $I_A(\omega)$ 取 1 和 0 来表示,从而 $P(A) = P\{\omega \mid I_A(\omega) = 1\}$. 另一方面,事件也往往与数量密切相关,例如某厂生产的一种电子元件,寿命超过 800h 的,是一级品,超过 500h 而不超过 800h 的是二级品,500h 及其以下的是三级品. 如用 A_i 表示 i 级元件这一事件,$i=1,2,3$,用 $X(\omega)$ 表示元件 ω 的寿命(单位:小时),则事件 $A_1 = \{\omega \mid X(\omega) > 800\}$. 右方这类集合常简写成为 $(X > 800)$,那么事件 $A_2 = (500 < X \leqslant 800)$,$A_3 = (X \leqslant 500)$. 这里 $I_A(\omega)$ 和 $X(\omega)$ 都是 Ω 上的实值函数. 此外,我们还发现上述产品等级

的几种集合表示中,$(X\leqslant a)$的形式是基本的,因为$(X>800)=\Omega-(X\leqslant 800)$,而$(500<X\leqslant 800)=(X\leqslant 800)-(X\leqslant 500)$. 这样,一般地有下面定义.

定义 2.1.1 设 X 为 Ω 上的实值函数,满足对任意的 $x\in\mathbb{R}$,

$$(X\leqslant x)\stackrel{\text{def}}{=}\{\omega\mid X(\omega)\leqslant x\}\in\mathscr{F}, \tag{2.1.1}$$

其中 $\mathscr{F}$ 为 Ω 上的事件体,则称 X 为可测空间$(\Omega,\mathscr{F})$上的随机变量(random variable).

由于事件体 $\mathscr{F}$ 对至多可列次的集合运算是封闭的,故式(2.1.1)保证

$$(X<x)=\bigcup_{1}^{+\infty}(X\leqslant x-1/n)\in\mathscr{F}, \quad (X=x)=(X\leqslant x)-(X<x)\in\mathscr{F},$$

$$(X\geqslant x)=\Omega-(X<x)\in\mathscr{F},$$

以及上述所有集合形式的至多可列次的并、交和求余的结果都是事件.

2. 随机变量的分类与性质

按随机变量的取值情况,主要可分为三类:离散型随机变量、连续性随机变量以及这两类随机变量的组合. 第四类为奇异型,在研究上有意义,本书不作介绍,有兴趣的读者可阅读参考文献[1]中的 2.2 节(四)奇异型分布.

定义 2.1.2 至多取可列多个值的随机变量,称为**离散型的随机变量**. 设 $\{x_i\}$ 是随机变量 X 可能取的值的全体,

$$p_i\stackrel{\text{def}}{=}P(X=x_i),\quad i=1,2,\cdots,(n), \tag{2.1.2}$$

称实数列$\{p_i\}$为离散型 X 的**分布**. 称两行矩阵

$$\begin{bmatrix} x_1 & x_2 & \cdots & (x_n) \\ p_1 & p_2 & \cdots & (p_n) \end{bmatrix} \tag{2.1.3}$$

为 X 的**分布列**. 其中最后一列表示列数为有限的 n 或为可列无穷多的情形.

由定义立即可得分布的性质 1.

性质 1 分布$\{p_i\}$满足

$$p_i\geqslant 0,\quad \forall i,\quad \text{且}\quad \sum_i p_i=1. \tag{2.1.4}$$

性质 2 凡离散型随机变量有最可能值,即存在 x_m,此随机变量 X 取该值的概率不小于取其他值的概率: $P(X=x_m)=p_m\geqslant p_i,\forall i$ 称此 x_m 为 X 的最可能值.

证明 只需证$\{p_i\}$为无穷数列的情形. 由性质 1 知存在 $p_k>0$. 因 $\sum_{1}^{+\infty}p_i=1$,故由级数收敛性可知,对此 $\varepsilon\stackrel{\text{def}}{=}p_k>0$ 存在 N,使 $\sum_{i>N}p_i<p_k$. 此时必有 $k\leqslant N$,即 p_k 不在前一和式内,否则前一不等式不能是严格的"<". 令 $p_m=\max\limits_{i\leqslant N}p_i$. 则 p_m 既不小于任一 $p_i,i\leqslant N$,又因 $\sum_{i>N}p_i<p_k$ 而不小于一切 p_i(注意 $k\leqslant N$),$i>N$,从而 p_m 对应的 x_m 即为所求. □

上面说到的某厂生产的电子元件,如果用 $Y(\omega)$ 表示元件 ω 的等级,则 Y 取三个值 1,

2,3,是离散型的随机变量.此时$(Y=i)=A_i$,若令 $p_i=P(Y=i)$,$i=1,2,3$,则 Y 的分布为 $\{p_1,p_2,p_3\}$.我国古代寓言"守株待兔"中盼望兔子来撞树的等待时间,网络上某个网站第一次发出某个信息的时间等,按离散的时间(如年、天或小时等)计数也是离散型随机变量.

但是,此例中表示元件 ω 寿命的 $X(\omega)$,显然不是离散型的."守株待兔"中等待兔子撞树的等待时间,网络上某个网站第一次发出某类信息的时间等,按实数的时间计算时,也不是离散型随机变量. 在 1.4 节几何概型中掉到那块草地的馅饼的落点也不是离散型的.那块草地的每个"面积元 ds"上得到馅儿饼的概率是相等的,或者说"均匀"的.我们来看一维情形.类似地,一个质点落入区间 $(a,b]$ 的均匀性,表现为在每一点的微分邻域 $(x-dx,x]$(不妨看成 $(x-\Delta x,x)$ 的极限情形),或者说在每个长为 dx 的一段"区间"上的概率是相等的;这个相等的值是多少呢?回忆在古典概型,每个基本事件(单点集)的概率是样本空间点数 N 的倒数.那么现在的几何概型,质点落入 $(x-\Delta x,x]$ 区间上概率应为 $\dfrac{1}{(b-a)/\Delta x}=\dfrac{\Delta x}{b-a}$,而 $\dfrac{b-a}{\Delta x}$ 正是将 $(a,b]$ 按长为 Δx 等分的小区间的个数. 在极限情形,落入 x 的微分邻域 $(x-dx,x]$ 的概率应为 $\dfrac{dx}{b-a}$,是个常数,它与 x(只要 $x\in (a,b]$)无关. 若令

$$f_X(x)=\begin{cases} \dfrac{1}{b-a}, & x\in (a,b],\\ 0, & 其他, \end{cases} \tag{2.1.5}$$

则 $x\in (a,b]$ 时,可理解 $f_X(x)dx$ 是 X 在 x 点微分邻域的概率,它是一个常数,在 $(a,b]$ 上处处"均匀".这样做可以保证质点落入 $(a,b]$ 的概率是 1. 古典概型中一个事件 A 的概率的计算,是对 A 含有的基本事件的概率计和,而现在质点落入前半个区间 $(a,(b-a)/2]$ 的概率应为 $1/2$. 落入 $(a,x]$ $(a\leqslant x)$ 的概率,实际也是落入 $(-\infty,x]$ 的概率,应对 $(a,x]$ 中每一点的微分邻域的概率计和,从而这个和演化为积分,即

$$P(-\infty<X\leqslant x)=P(a<X\leqslant x)=\int_a^x f(y)dy$$

$$=\int_a^x \frac{1}{b-a}dy=\frac{x-a}{b-a}. \tag{2.1.6}$$

利用示性函数 $I(B)\stackrel{\text{def}}{=\!=} I_B$,即

$$I_B(x)=\begin{cases} 1, & x\in B,\\ 0, & x\notin B. \end{cases}$$

式(2.1.5)可写为如下简洁形式

$$f_X(x)=\frac{1}{b-a}I_{(a,b]}(x), \tag{2.1.5'}$$

函数写为

$$f_X = \frac{1}{b-a} I_{(a,b)} = \frac{1}{b-a} I(a,b). \tag{2.1.5''}$$

这一类随机变量称为连续性的,下面是其一般化的定义.

定义 2.1.3 在一个或几个区间(有限或无限)取值的随机变量 X,如存在非负可积函数 $f(x)$ 使 X 在 $(-\infty, x]$ 的概率可写成

$$P(X \leqslant x) = P(-\infty < X \leqslant x) = \int_{-\infty}^{x} f(y) dy, \quad \forall x \in \mathbb{R}, \tag{2.1.7}$$

则称 X 为连续型随机变量,称 $f(x)$ 为 X 的**概率密度函数**(probability density function),常记为 $f_X(x)$. □

概率密度函数的性质:

性质 1 概率密度函数 $f(x)$ 满足

$$f(x) \geqslant 0, \quad \forall x \in \mathbb{R}, \quad \text{且} \int_{-\infty}^{+\infty} f(y) dy = 1. \tag{2.1.8}$$

性质 2 概率密度函数 $f(x)$ 满足 $P(a < X \leqslant b) = \int_a^b f(y) dy$.

性质 3 连续型分布取任意一固定值的概率为零,即对每个固定的实数 x, $P(X=x)=0$.

证明 设 $\Delta x > 0$,由概率密度函数的可积性,得

$$0 \leqslant P(x - \Delta x < X \leqslant x) = \int_{x - \Delta x}^{x} f(y) dy = f(x) \Delta x + o(\Delta x). \tag{2.1.9}$$

令 $\Delta x \to 0$,即得证. □

注意,性质 3 不是要求在 x 点概率密度函数 $f(x) = 0$.

式(2.1.9)表明,略去高阶无穷小,$f(x) \Delta x$ 是 X 在 x 点附近的概率,而 $f(x) dx$ 为 X 在 x 点微分邻域的概率.这是概率密度函数的概率意义,这一点请读者记住.

注 两类随机变量的组合,既非离散型也非连续型的例子可见下节例 2.1.3 及习题 2 中 57 题之(3).

2.1.2 分布函数

注意式(2.1.7)的值与 x 有关,此式的左方可定义一个实变量 x 的实值函数.一般地(不限定为连续型随机变量),有下面的定义.

定义 2.1.4 设 X 是概率空间 $(\Omega, \mathscr{F}, P)$ 上定义的随机变量,称

$$F_X(x) \stackrel{\text{def}}{=\!=} P(X \leqslant x), \quad x \in \mathbb{R} \tag{2.1.10}$$

为 X 的**分布函数**(distribution function).在不致混淆的情况下,常以 $F(x)$ 表示. □

1. 随机变量与分布函数的关系

由定义式(2.1.10)知,随机变量给定则分布函数是存在且唯一确定的.

图 2.1.1 表示对给定的概率空间 $(\Omega, \mathscr{F}, P)$，随机变量和分布函数的关系. 由 X 和 P 作"中介"，对给定的实数 x，决定 $[0,1]$ 上一个实数 $F_X(x)$. 此图还可看到分布函数的非降性：对给定的实数 x，两个点 ω_1, ω_3 包含在事件 $A_x = \{X \leqslant x\} = \{\omega \mid X(\omega) \leqslant x\} \in \mathscr{F}$ 中，而 ω_2 则不在 A_x 中，因为按映射 X 的像 $X(\omega_1), X(\omega_3)$ 都不超过 x，而 $X(\omega_2) > x$. 当 $y > x$ 时，图中 $\omega_2 \in A_y = (X \leqslant y) \supset A_x$，因此由概率的单调性知 $F_X(x) \leqslant F_X(y)$.

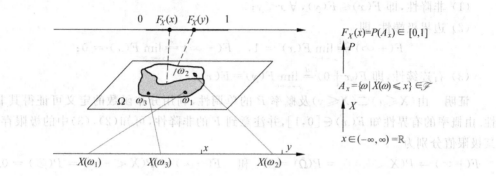

图 2.1.1 随机变量与分布函数的关系

由定义可知

$$\begin{cases} P(a < X \leqslant b) = F_X(b) - F_X(a), \quad P(X > x) = 1 - F_X(x), \\ P(X < x) = \lim_{n \to +\infty} P\left(X \leqslant x - \frac{1}{n}\right) = \lim_{n \to +\infty} F_X\left(x - \frac{1}{n}\right) = F_X(x-0). \end{cases} \quad (2.1.11)$$

对离散型随机变量，如其分布为 $\{p_i\}$，则

$$F_X(x) = \sum_{i: x_i \leqslant x} p_i, \quad \forall x \in \mathbb{R}. \quad (2.1.12)$$

对有概率密度函数 $f(x)$ 的连续型随机变量 X，有

$$F_X(x) = \int_{-\infty}^{x} f(y) \mathrm{d}y, \quad \forall x \in \mathbb{R}. \quad (2.1.13)$$

2. 概率密度函数与分布函数

概率密度函数 $f(x)$ 通过式 (2.1.13) 由分布函数 $F(x)$ 决定. 由微积分知道，非负可积函数的以上限为变元的积分，是此变元的绝对连续函数. 因此，凡连续型分布函数必为绝对连续的，因此是连续的(参看参考文献[10]或[11]). 从式 (2.1.13) 的几何意义上看，分布函数 $F(x_0)$ 是曲线 $y = f(x)$、直线 $x = x_0$ 及 x 轴围成的面积(参看图 2.1.2)，因此给定一个随机变量，虽然其分布函数唯一，但概率密度函数不唯一. 因为至少在有限多个点上改变任一个概率密度函数的值，只要保持非负，则式 (2.1.13) 仍然

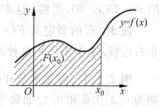

图 2.1.2 分布函数 $F(x_0)$ 的几何意义

成立,即新函数仍是一个概率密度函数.

若 $F(x)$ 在 $x=x_0$ 可导,则
$$F'(x_0) = f(x_0). \tag{2.1.14}$$

3. 分布函数的性质

性质 随机变量 X 的分布函数 $F(x)$ 有下述基本性质:

(1) 非降性,即 $F(x) \leqslant F(y), \forall x < y$;

(2) 边界极端性,即
$$F(+\infty) \stackrel{\text{def}}{=} \lim_{x \to +\infty} F(x) = 1, \quad F(-\infty) \stackrel{\text{def}}{=} \lim_{x \to -\infty} F(x) = 0;$$

(3) 右连续性,即 $F(x+0) \stackrel{\text{def}}{=} \lim_{y \to x+0} F(y) = F(x).$

证明 由 $(X \leqslant x) \subset (X \leqslant y)$ 及概率 P 的单调性,利用分布函数的定义可证得其非降性. 由概率的有界性知 $F(x) \in [0,1]$,并注意到 F 的非降性,可知(2),(3)中的极限存在,其极限值分别为
$$F(+\infty) = P(X < +\infty) = P(\Omega) = 1 \quad \text{和} \quad F(-\infty) = P(X < -\infty) = P(\emptyset) = 0.$$
性质(2)得证. 注意到 $(X \leqslant x+1/n) \downarrow (X \leqslant x)$,从性质(1)、分布函数的定义及概率的右连续性可证得性质(3). □

注 1 分布函数可脱离随机变量而直接定义为任意一个满足性质(1)~(3)的实变量的实值函数. 由于有存在定理(请参阅参考文献[1]的 2.2 节(一))保证,对这种满足(1)~(3)的实函数,例如 $g(x)$,一定存在一个概率空间及其上定义的随机变量 X,使它的分布函数 $F_X(x) \equiv g(x)$. 由此可知,只要有满足式(2.1.4)的分布 $\{p_i\}$,就可由式(2.1.12)决定满足(1)~(3)的 $F(x)$,从而由存在定理就一定存在一个概率空间及其上定义的随机变量 X,使 X 的分布即为 $\{p_i\}$. 类似地,对满足式(2.1.8)的概率密度函数 $f(x)$ 也有同样的结论. 因此分布 $\{p_i\}$ 和概率密度函数 $f(x)$ 都可以脱离随机变量而分别直接定义为满足式(2.1.4)的有限或无限的实数列 $\{p_i\}$ 和满足式(2.1.8)的实函数 $f(x)$.

注 2 分布函数不一定左连续,因为 $(X \leqslant x-1/n) \uparrow (X < x)$. 这样
$$F(x-0) \stackrel{\text{def}}{=} \lim_{y \to x-0} F(y) = \lim_{n \to +\infty} F(x-1/n) = \lim_{n \to +\infty} P(X \leqslant x-1/n) = P(X < x).$$
一般地,$P(X < x) \leqslant P(X \leqslant x)$,因此我们只能有 $F(x-0) \leqslant F(x)$ 及 $P(X=x) = F(x) - F(x-0)$. 当然,这不是说不可能有 $F(x-0) = F(x)$,只是不能保证总是成立而已.

注 3 有的书定义 $F(x) = P(X < x)$ 为 X 的分布函数,则此时分布函数为左连续而非右连续. 本书不采用这种定义.

例 2.1.1 假如本节开始时所述某厂生产的一种电子元件,三个等级产品的概率分别为 0.3,0.6 和 0.1. 如果令 Y 为产品的等级数,则
$$p_1 = P(Y=1) = P(X > 800) = 0.3,$$
$$p_2 = P(Y=2) = 0.6, \quad p_3 = P(Y=3) = 0.1.$$

于是随机变量 Y 实际只取 $1,2$ 和 3 这三个值,对任意一个实数 y,当 $y<1$ 时(例如 $y=0.9$),$P(Y\leqslant y)=P(Y\leqslant 0.9)=0$. 当 $1\leqslant y<2$ 时(例如 $y=1.9$),$P(Y\leqslant y)=P(Y\leqslant 1.9)=P(Y=1)=0.3$. 而当 $2\leqslant y<3$ 时(例如 $y=2.9$),$P(Y\leqslant y)=P(Y=1)+P(Y=2)=0.3+0.6=0.9$. 即 Y 有分布列

$$Y\sim\begin{bmatrix} 1 & 2 & 3 \\ 0.3 & 0.6 & 0.1 \end{bmatrix}.$$

这样,随机变量 Y 的分布函数为

$$F_Y(y)=\begin{cases} 0, & y<1, \\ 0.3, & 1\leqslant y<2, \\ 0.9, & 2\leqslant y<3, \\ 1, & y\geqslant 3. \end{cases} \quad (2.1.15)$$

其图像见图 2.1.3. 在这个例子中,请体会分布函数的右连续性. Y 的分布函数在 $y=1,2,3$ 三个点上右连续但不左连续,跃度分别是 p_1,p_2 和 p_3,在其余各个点上 Y 的分布函数是连续的. 它是一个"步步高"的简单函数. 还请读者从这个例子注意到分布函数自变量的分段定义域和分布函数定义式 (2.1.10) 中不等号选取的差别. 例如,当 $2\leqslant y<3$ 时,$F_Y(y)=P(Y\leqslant y)=0.9$. 而 $P(2<Y\leqslant 3)=F_Y(3)-F_Y(2)=1-0.9=0.1$.

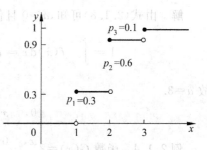

图 2.1.3 离散型分布函数图像

由此还可见,离散型随机变量 X 的分布函数为

$$F_X(x)=P(X\leqslant x)=\sum_{i:\,x_i\leqslant x}p_i,\quad x\in(-\infty,\infty),$$

而 p_i 是 $F_X(x)$ 在点 x_i 的跃度,$F(x_i)-F(x_i-0)=p_i$.

下面两节将给出分布函数的更多例子及图形. 图 2.1.4 是 $U[a,b]$ 的概率密度函数与分布函数的图像.

例 2.1.2 设 X 的概率密度函数由式 (2.1.5) 给出,求 X 的分布函数.

解 当 $x\in(a,b]$ 时,有

$$P(X\leqslant x)=\int_{-\infty}^x f(y)\mathrm{d}y=\int_a^x\frac{1}{b-a}\mathrm{d}y=\frac{x-a}{b-a},$$

故 X 的分布函数为

$$F_X(x)=\begin{cases} 0, & x<a, \\ \dfrac{x-a}{b-a}, & a\leqslant x<b, \\ 1, & x\geqslant b. \end{cases}$$

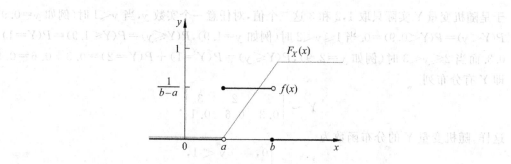

图 2.1.4　$U[a,b]$ 的概率密度函数（粗线）与分布函数（虚线）

例 2.1.3　试确定 a 值，使下面的函数为概率密度函数：
$$f(x) = a e^{-3(x-1)} I_{(1,\infty)}(x).$$

解　由式(2.1.8)可知，$a>0$ 且使
$$1 = \int_{-\infty}^{+\infty} f(x)\,dx = a\int_{1}^{+\infty} e^{-3(x-1)}\,dx = a\int_{0}^{+\infty} e^{-3y}\,dy = \frac{a}{3},$$
故 $a=3$. □

例 2.1.4　函数 $G(x) = \begin{cases} 0, & x<0 \\ x, & 0\leqslant x<\dfrac{1}{2} \\ 1, & x\geqslant \dfrac{1}{2} \end{cases}$

是一个分布函数吗？如果是，试写出一个对应的随机变量.

解　容易验证 $G(x)$ 满足分布函数的基本性质，因此是一个分布函数. 对应的随机变量 X 在 $\left[0,\dfrac{1}{2}\right)$ 有均匀分布性质，而 $P\left(X=\dfrac{1}{2}\right) = \dfrac{1}{2}$. 此 X 既非连续型，也非离散型，而是两者的组合. □

4. 随机变量与分布函数在概率论的地位

随机变量与分布函数的引进，使得对随机现象中孤立事件的研究，转化为对实变量的实值函数的研究. 形形色色的事件的概率，现在可用 $F(x)$ 在不同的区间或集合上值的变化计算出来，而随机现象的概率变化规律，可从对分布函数的趋势与性态的研究得到，在以后几节的分布规律的介绍中，对此将有进一步的体会. 这样，分布函数全面刻画了随机现象的概率规律，并且由于这种实变量的实值函数具有良好的性质，使得对随机现象概率规律的研究有了厚实的知识基础和强有力的工具. 概率论从此有了飞速发展. 因此，随机变量和分布函数的出现，是概率论发展史上的一个里程碑.

2.2 重要离散型随机变量的分布

本节通过两类随机试验,介绍几类最重要的离散型随机变量的分布:二项分布、几何分布、负二项分布以及泊松(Poisson)分布. 掌握这些重要分布的定义、性质、产生的背景以及它们间的关系.

回忆一个离散型随机变量 X 至多取可列多个值 $\{x_i\}$;一个离散型随机变量 X 决定一个概率分布 $\{p_i\}$,其中 $p_i \stackrel{\text{def}}{=\!\!=} P(X=x_i) = F(x_i) - F(x_i - 0)$. 反之由上节注 1 的存在定理可知,一个分布 $\{p_i\}$ 也决定一个概率空间及其上定义的一个离散型随机变量 X,使 X 的分布为 $\{p_i\}$.

2.2.1 伯努利试验及有关分布

只有两种可能结果的随机试验,称为伯努利(Bernoulli)试验. 这是一类特别常见的试验,例如射击可有中与不中、抽取产品有合格与不合格、一种投资或技术改革有成功与失败等,都是两种结果. 我们抽取产品按产品等级可能有三个或更多的结果,这时它就不是伯努利试验. 但是,当我们只关心是不是一等品,或者类似地,是不是三等品时,就转化为伯努利试验问题了. 若将一个随机试验独立重复(这里"重复"指试验的条件不变)地做 n 次,则简称为 n 重随机试验,这样可定义 n 重伯努利试验. 仿此可定义可列重伯努利试验的概念.

例如定点投篮,每次投篮只有投中与投不中(或说成功与失败)这样两个可能的结果. 因此,每次投篮就是做一个伯努利试验,而在相同条件下(这里假定投篮人、投篮的要求与环境不变,也假定投篮人没有"自学习"和现场指导等,这保证了每次投中的概率不变)投 10 次篮,便是一个 10 重伯努利试验. 一直投下去,"试验不止",则可视为可列重伯努利试验.

1. 伯努利分布

在一个伯努利试验中,若令

$$X = \begin{cases} 1, & \text{试验成功,} \\ 0, & \text{试验失败,} \end{cases} \tag{2.2.1}$$

称此随机变量 X 为伯努利计数变量. 若记 $p = P(X=1) > 0, q = 1-p > 0$,则其分布列为

$$\begin{pmatrix} 0 & 1 \\ q & p \end{pmatrix}. \tag{2.2.2}$$

称这种概型为**伯努利概型**,此分布 $\{p, q\}$ 为**伯努利分布**或 **0-1 分布**. X 的分布函数的图形可参看图 2.1.3 绘制,在 $x=0$ 和 $x=1$ 有两次跃升,跃度分别为 q 和 p.

2. n 重伯努利试验及其产生的分布

(1) 二项分布 $B(n,p)$

定点投篮 n 次是一个 n 重伯努利试验,以 X 记投中的次数,则

$$p_k \stackrel{\text{def}}{=\!=} P(X=k) = C_n^k p^k q^{n-k}, \quad k=0,1,\cdots,n. \tag{2.2.3}$$

定义 2.2.1 设离散型随机变量 X 所有可能取的值为 $0,1,\cdots,n$,且满足式(2.2.3),则称 $\{p_k\}$ 为二项分布,而称 X 服从参数为 n 和 p(参数 n 也常省略)的**二项分布**(binomial distribution),记为 $X \sim B(n,p)$. 也专记 p_k 为 $b(k;n,p)$.

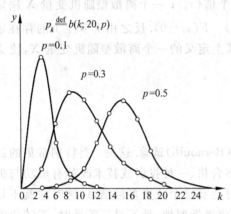

图 2.2.1 二项分布轮廓线

此名称得自 p_k 是 $(p+q)^n$ 展开式中含 p^k 的一项,而分布 $\{p_k\}$ 是这个二项展开式中的全部系数.

二项分布的概率值,有现成的二项分布表可查,它对于不同的 n 和 p 给出 $b(k;n,p)$. 二项分布表只列出 $p \leqslant 0.5$ 时的 $b(k;n,p)$. 当 $p > 0.5$ 时,注意 $1-p < 0.5$ 及

$$b(k;n,p) = b(n-k;n,1-p),$$

因此仍然可利用二项分布表计算. 为了方便读者使用本书,也为了增加对二项分布表的感性认识,选列 $n=20$ 时的部分表值于表 2.2.1,并画出相应的分布图 2.2.1,这里将离散的点用曲线连接画出轮廓线.

表 2.2.1 二项分布数值表

k	b(k; 20, p)			k	b(k; 20, p)		
	p=0.1	p=0.3	p=0.5		p=0.1	p=0.3	p=0.5
0	0.1216	0.0008	—	11	—	0.0120	0.1602
1	0.2702	0.0068	—	12	—	0.0039	0.1201
2	0.2852	0.0278	0.0002	13	—	0.0010	0.0739
3	0.1901	0.0716	0.0011	14	—	0.0002	0.0370
4	0.0898	0.1304	0.0046	15	—	—	0.0148
5	0.0319	0.1789	0.0148	16	—	—	0.0046
6	0.0089	0.1916	0.0370	17	—	—	0.0011
7	0.0020	0.1643	0.0739	18	—	—	0.0002
8	0.0004	0.1144	0.1201	19	—	—	—
9	0.0001	0.0654	0.1602	20	—	—	—
10	—	0.0308	0.1762				

概率论的最早发展与保险事业息息相关.保险公司对企业或建设项目做风险担保,必须对各种可能事件发生的概率做出估计.在做人寿和意外伤亡保险时同样要计算各种各样伤亡、疾病甚至自然灾害的概率,以期既能有高额理赔吸引最多的用户投保,又能使保险公司风险减为最小,从而保证公司的高额利润.

例 2.2.1 设某年龄段在正常年景,每个人的死亡概率为 0.005,现在某保险公司有此年龄段的 10000 人参加人寿保险.试求在未来一年中,投保人里恰有 50 人死亡的概率 p_1 以及不超过 100 人死亡的概率 p_2.

解 认为此年龄段每个人死亡与否是独立的,因而死亡人数 $X \sim B(10000, 0.005)$. 在题设的两种情况里,

$$p_1 = P(X = 50) = b(50; 10000, 0.005)$$
$$= C_{10000}^{50} \times 0.005^{50} \times 0.995^{9950},$$
$$p_2 = P(X \leqslant 100) = \sum_{k=0}^{100} b(k; 10000, 0.005)$$
$$= \sum_{k=0}^{100} C_{10000}^{k} \times 0.005^{k} \times 0.995^{10000-k}. \quad \square$$

可见计算虽可进行,但是很麻烦.本节后面要介绍一种近似计算(泊松逼近)的方法,在第 4 章还要介绍正态近似计算.

二项分布性质

从图 2.2.1 可以看出,对固定的 n 和 p,当 k 增大时 $b(k; n, p)$ 先增加至其极大值后,单调减小.一般地,可以证得如下的性质.

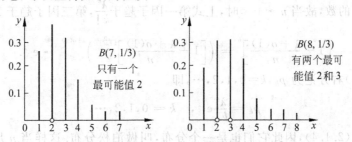

图 2.2.2 $B(n, p)$ 的最可能值

性质 1 设 $X \sim B(n, p)$,则 X 的最可能值是 $[(n+1)p]$.如 $(n+1)p$ 是整数,则 $[(n+1)p]-1 = np-q$ 也是最可能值.这里 $[\cdot]$ 为取整函数,例如 $[3.8] = 3$.

性质 1 可借助图 2.2.2 来理解.

证明 考虑如下概率比,并令其大于 1,这保证 p_k 随 k 增大而严格增大,

$$\frac{p_{k+1}}{p_k} = \frac{C_n^{k+1} p^{k+1} q^{n-k-1}}{C_n^k p^k q^{n-k}} = \frac{(n-k)p}{(k+1)(1-p)} > 1,$$

即 $(n-k)p > (k+1)(1-p)$，从而 $k < (n+1)p - 1$，即 $k+1 < (n+1)p$ 时 $p_{k+1} > p_k$. 故当 $i \leq [(n+1)p]$ 时, p_i 严格增加. 仿上, $k > (n+1)p - 1$ 时 $p_{k+1} < p_k$，即当 $i \geq [(n+1)p - 1]$ 时, p_i 严格下降. 由此可证得性质 1. □

性质 2（泊松逼近）

定理 2.2.1 设 $X_n \sim B(n, p_n)$，即对固定的 n 次试验中，每次试验成功的概率是 p_n. 又设存在极限 $\lim_{n \to +\infty} np_n = \lambda > 0$，则对任意非负整数 k，有

$$P(X_n = k) = C_n^k p_n^k (1-p_n)^{n-k} \to \frac{\lambda^k}{k!} e^{-\lambda}, \quad n \to +\infty. \tag{2.2.4}$$

*证明 由题设 $np_n \to \lambda$，可写 $np_n = \lambda + o(1)$，因而

$$p_n = \frac{\lambda}{n} + \frac{o(1)}{n}, \quad 1 - p_n = 1 - \frac{\lambda}{n} - \frac{o(1)}{n} = 1 - \frac{\lambda}{n} - o\left(\frac{1}{n}\right).$$

于是

$$P(X_n = k) = C_n^k p_n^k (1-p_n)^{n-k} = \frac{n!}{k!(n-k)!} \left[\frac{\lambda}{n} + \frac{o(1)}{n}\right]^k \left[1 - \frac{\lambda}{n} - o\left(\frac{1}{n}\right)\right]^{n-k}$$

$$= \frac{n!}{k!(n-k)!} \frac{[\lambda + o(1)]^k}{n^k} \frac{[1 - \lambda/n - o(1/n)]^n}{[1 - \lambda/n - o(1/n)]^k}$$

$$= \frac{[\lambda + o(1)]^k}{k!} [1 - \lambda/n - o(1/n)]^n \frac{n(n-1)\cdots(n-k+1)}{n^k [1 - \lambda/n - o(1/n)]^k}$$

$$= \frac{[\lambda + o(1)]^k}{k!} [1 - \lambda/n - o(1/n)]^n \frac{1(1 - 1/n) \cdots [1 - (k-1)/n]}{[1 - \lambda/n - o(1/n)]^k}.$$

注意 k 是固定的数，故当 $n \to +\infty$ 时，上式第一因子趋于 $\frac{\lambda^k}{k!}$，第三因子趋于 1，第二因子

$$\left[1 - \frac{\lambda + o(1)}{n}\right]^n = \left(\left[1 - \frac{\lambda + o(1)}{n}\right]^{\frac{n}{\lambda + o(1)}}\right)^{\lambda + o(1)} \to e^{-\lambda}. \quad □$$

式 (2.2.4) 右方记为 $p_k, k = 0, 1, 2, \cdots$，即

$$p_k = \frac{\lambda^k}{k!} e^{-\lambda}, \quad k = 0, 1, 2, \cdots, \tag{2.2.5}$$

则 $\{p_k\}$ 符合式 (2.1.4)，因此它们也是一个分布，叫做泊松分布. 这样当 n 足够大，二项分布 $B(n, p)$ 可用泊松分布近似计算，这可免去比较麻烦的组合计算，同时可利用较为普遍且容易得到的泊松分布表查表计算. 例如

$$b(3; 800, 0.005) = C_{800}^3 \times 0.005^3 \times 0.995^{797}$$

的精确值（保留小数点后四位）为 0.1945; 由于这时 $np = 800 \times 0.005 = 4$，得近似值为

$$e^{-4} \times \frac{4^3}{3!} = e^{-4} \times \frac{32}{3} = 0.1954.$$

可见两者相差确实甚小. 图 2.2.3 给出 $B(10, 0.15)$ 用 $P(1.5)$ 近似的图示,可见吻合程度甚好.

由于 n 大,此时 p 应甚小(所以,泊松分布常被用来研究稀有事件的频数). 当 $\lambda=np$ 不太大时,比如小于 30,便可用上式近似计算,而 λ 小于 5 时效果常更佳.

思考题 如果 $B(n,p)$ 的 $p\approx 1$,能否利用泊松逼近?

利用定理 2.2.1,既可以用泊松分布来近似具有甚大 n 的二项分布,也可用二项分布来逼近泊松分布. 如已给 $P(\lambda)$,只需用 $B(n,\lambda/n)$ 去逼近它;如已给 $B(n,p)$,近似的泊松分布可取为 $P(np)$.

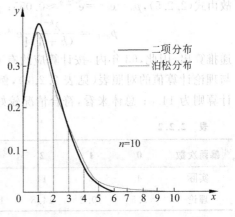

图 2.2.3 $B(10,0.15)$ 用 $P(1.5)$ 近似

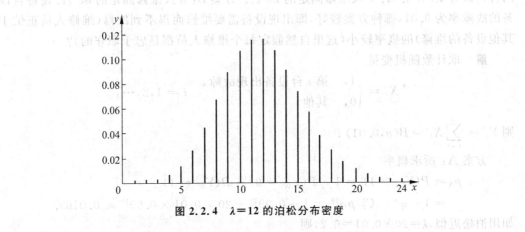

图 2.2.4 $\lambda=12$ 的泊松分布密度

性质 3 二项分布可作为超几何分布的极限(参看 1.3 节).

例 2.2.2 泊松分布常用在试验次数 n 很大而事件在每次试验中出现的概率 p 很小的问题中. 自 1875 年至 1955 年间的 63 年中,上海夏季(在 5~9 月间)共发生暴雨 180 次(数据取自幺杭生著《气候统计》,科学出版社,1963). 每年夏季共有
$$n=31+30+31+31+30=153(\text{天}).$$
每次暴雨如以 1 天计算,若每天发生暴雨的概率以频率估计,则这一期间内,每天发生暴雨的概率为 $p=180/(63\times 153)$. 此值甚小,而 $n=153$ 较大. 把暴雨看成稀有事件,对它应用泊松分布,试求一个夏季发生 k 次($k=0,1,2,\cdots$)暴雨的概率 p_k. 先计算
$$\lambda=np=153\times\frac{180}{63\times 153}=\frac{180}{63}\approx 2.9.$$

故由式(2.2.5)，$p_0 = e^{-\lambda} = e^{-2.9} \approx 0.055$；$p_1 = \lambda e^{-\lambda} = \lambda p_0 = 0.16$；一般地，已知 p_k 时，可由

$$p_{k+1} = \frac{\lambda^{k+1}}{(k+1)!} e^{-\lambda} = \frac{\lambda}{k+1} \left(\frac{\lambda^k}{k!} e^{-\lambda} \right) = \frac{\lambda}{k+1} \cdot p_k \tag{2.2.6}$$

递推算出. 因此，63 年内，按计算应约有 $63 \times p_k$ 个夏季发生 k 次暴雨. 下面是实际观察值与理论计算值的对照表(见表 2.2.2)，例如，发生 2 次暴雨的，实际上有 14 个夏天. 而按计算则为 14.8；总体来看，符合情况较好.

表 2.2.2

暴雨次数	0	1	2	3	4	5	6	7	8
实际	4	8	14	19	10	4	2	1	1
理论	3.5	10.2	14.8	14.3	10	6	2.9	1.2	0.42

例 2.2.3 设某车间需要安排维修工人负责对一批相同型号设备进行保全维修，有两种建议方案. 方案 A：1 人维修固定的 20 台. 方案 B：3 人维修固定的 80 台. 设每台设备的故障率为 0.01，哪种方案较好，即出现设备需要维修而得不到维修(维修人员正忙于其他设备的维修)的概率较小(这里自然假定每个维修人员都是忠于职守的)？

解 取计数随机变量

$$X_i = \begin{cases} 1, & \text{第 } i \text{ 台设备出现故障}, \\ 0, & \text{其他}, \end{cases} \quad i = 1, 2, \cdots,$$

则 $Y_n = \sum_{i=1}^{n} X_i \sim B(n, 0.01)$.

方案 A：所求概率

$$p_A = P(Y_{20} > 1) = 1 - P(Y_{20} = 0) - P(Y_{20} = 1)$$
$$= 1 - q^{20} - C_{20}^1 p q^{19} = 1 - 0.99^{20} - 20 \times 0.01 \times 0.99^{19} \approx 0.0169.$$

如用泊松近似，$\lambda = 20 \times 0.01 = 0.2$，则

$$p_A = 1 - e^{-0.2} - 0.2 e^{-0.2} \approx 0.0175.$$

两者确实相差甚小.

方案 B：所求概率

$$p_B = P(Y_{80} > 3) = \sum_{i=4}^{80} P(Y_{80} = i) = 1 - \sum_{i=0}^{3} C_{80}^i p^i q^{80-i}$$
$$\approx 1 - \sum_{i=0}^{3} \frac{(80 \times 0.01)^i}{i!} e^{-(80 \times 0.01)} \approx 0.0091.$$

由 $p_B < p_A$，因此方案 B 较方案 A 好.

注 方案 B 较方案 A 好不仅仅因为 $p_A > p_B$. 依照方案 A，一个人只负责维修 20 台，而方案 B 中每人可负责维修超过 26 台. 事实上如果同是三个维修工，按照方案 A 只能负

责 60 台设备维修,并且因为每人只管自己的 20 台,此时遇到忙不过来的可能性大小为
$$p = \sum_{k=1}^{3} C_3^k (p_A)^k (1-p_A)^k = 1 - (1-p_A)^3 \approx 1 - (1-0.0175)^3 \approx 0.0516.$$
可见差距更大了.

思考题 如共有 80 台设备,方案 A′:派 4 人,每人负责维修其中固定的 20 台. 问方案 A′ 与方案 B 哪一个更好?

(2) 多项分布

设从有 r 个红球、b 个黑球、w 个白球的袋中,有放回地逐一取 n 次. 求三种颜色球恰取中 n_r, n_b 和 n_w 个的概率,$n_r + n_b + n_w = n$.

先作分析. 首先注意到,现在的逐一取球不是伯努利试验,因为取球的结果有三个. 但若只是关心取没取到红球,也即每次取球结果看成红球和非红球,那就可以作为伯努利试验. 这样,取中 n_r 个红球和 $n-n_r$ 个非红球的概率,按二项分布 $B(n, p_r)$ 可以求得 n 次中取中 n_r 个红球和 $n_b + n_w$ 个非红球的概率为
$$C_n^{n_r} p_r^{n_r} (1-p_r)^{n-n_r} = C_n^{n_r} p_r^{n_r} (p_b + p_w)^{n_b+n_w}.$$
做二项展开
$$(p_b + p_w)^{n_b+n_w} = \sum_{k=0}^{n_b+n_w} C_{n_b+n_w}^k p_b^k (p_w)^{n_b+n_w-k}.$$
$n - n_r$ 个非红球中恰有 n_b 个黑球、n_w 个白球的概率是上一个展开式中 $k=n_b$ 的一项,即
$$C_{n_b+n_w}^{n_b} p_b^{n_b} (p_w)^{n_w},$$
因此,三种颜色球恰好分别取中 n_r, n_b 和 n_w 个的概率为
$$C_n^{n_r} p_r^{n_r} C_{n_b+n_w}^{n_b} p_b^{n_b} p_w^{n_w} = \frac{n!}{n_r! n_b! n_w!} p_r^{n_r} p_b^{n_b} p_w^{n_w}.$$

一般地,由
$$\frac{n!}{n_1! n_2! n_3!} p_1^{n_1} p_2^{n_2} p_3^{n_3}, \quad \forall n_1 + n_2 + n_3 = n, \quad \text{其中} \quad p_1 + p_2 + p_3 = 1 \quad (2.2.7)$$
决定的分布称为**多项分布**,记为 $M(n, p_1, p_2, p_3)$. 对其中任意两项计和,从上面推演过程可知能得到一个二项分布.

例 2.2.4 设某人在一项比赛中每局胜时得 1 分、平局时记 0 分而负时为 −1 分,相应概率分别为 p, r 和 $q, p+r+q=1$. 求:

(1) 6 局中胜 3 局平 1 局的概率;

(2) 6 局中恰胜 3 局的概率.

解 由题设知此人每局得分 W 的分布列如下:
$$W \sim \begin{pmatrix} -1 & 0 & 1 \\ q & r & p \end{pmatrix}, \quad \text{其中} \ p, q, r \ \text{全非负,且} \ p + q + r = 1.$$

(1) 6 局中三种得分 $(X,Y,Z) \sim M(6,p,r,q)$，这里 X,Y,Z 分别表示此人 6 局中的三种得分. 故胜 3 局平 1 局的概率

$$P(X=3,Y=1,Z=2) = \frac{6!}{3!1!2!}p^3 r^1 q^2 = 60 p^3 r^1 q^2.$$

(2) 6 局中恰胜 3 局的概率可依二项分布得到：

$$P(X=3) = C_6^3 p^3 (1-p)^3 = 20 p^3 (r+q)^3.$$

它也可以看作是对 Y 和 Z 的各种可能计和得到的. □

3. 可列重伯努利试验及其产生的分布

(1) 几何分布 Ge(p)

设想做定点投篮训练，只要投中就结束训练，否则要无限地一次次投下去（可列重伯努利试验）. 设 X 是直到投中为止要进行的试验次数，则

$$p_k \stackrel{\text{def}}{=} P(X=k) = q^{k-1} p, \quad k=1,2,\cdots. \tag{2.2.8}$$

定义 2.2.2 设随机变量 X 的分布 $\{p_k\}$ 有式(2.2.8)的形式，则称 $\{p_k\}$ 为**几何分布**(geometric distribution). X 服从参数为 p 的几何分布，记 $X \sim$ Ge(p).

性质 几何分布具有无记忆性：在已经试验 n 次尚未成功的条件下，再试 k 次仍然未成功的概率，与重新开始试 k 次未成功的概率相等，而与 n 无关. 即当 $X \sim$ Ge(p) 时，

$$P(X>n+k \mid X>n) = P(X>k).$$

反之，有无记忆性的离散型分布，必为几何分布.

证明 证充分性. 首先注意当 $X \sim$ Ge(p) 时，

$$P(X>n) = q^n. \tag{2.2.9}$$

事实上，

$$P(X>n) = \sum_{n+1}^{+\infty} q^{k-1} p = \frac{q^n}{1-q} \cdot p = q^n.$$

由条件概率的定义及式(2.2.9)知，要证明的等式左方等于

$$P(X>n+k, X>n)/P(X>n) = P(X>n+k)/P(X>n)$$
$$= q^{(n+k)}/q^n = q^k = P(X>k).$$

证必要性，即要证：设 X 是取正整数值的随机变量，且在已经试验 n 次尚未成功的条件下，$X=n+1$ 的概率与 n 无关，则 X 为几何分布.

引入记号

$$p \stackrel{\text{def}}{=} P(X=n+1)/P(X>n), \quad q_n \stackrel{\text{def}}{=} P(X>n) \quad \text{及} \quad p_n \stackrel{\text{def}}{=} P(X=n).$$

则 $p = p_{n+1}/q_n, p_{n+1} = q_n - q_{n+1}$. 即 $p = 1 - q_{n+1}/q_n$，或 $q_{n+1}/q_n = 1-p$.

由初值 $q_0 = 1$，递推可得 $q_n = (1-p)^n$. 从而 $p_n = q_{n-1} - q_n = (1-p)^{n-1} p, n=1,2,\cdots$. 此即为式(2.2.8). □

例 2.2.5 一大批产品,其次品率为 p,采取下列方法抽样检查:抽样直至抽到一个次品时为止,或一直抽到 10 个产品时就停止检查. 设 X 为停止检查时抽样的个数. 求 X 的分布列.

解 依题设 X 取值为 $1,2,\cdots,10$. 对每个 $k<10$, $X=k$ 表示抽样直至第 k 次才刚刚抽到一个次品,所以它有一个等待分布——几何分布,由此

$$P(X=k)=q^{k-1}p, \quad k=1,2,\cdots,9.$$

第 10 次抽样有两种互斥的情况:首次抽到了次品;仍然抽出正品. 因此

$$P(X=10)=q^9 p+q^{10}=q^9.$$

注 利用逆事件的概率计算,也可得到同样的结果:

$$P(X=10)=1-\sum_{k=1}^{9}q^{k-1}p=1-\frac{1-q^8\cdot q}{1-q}\cdot p=q^9.$$

最聪明的解法是直接分析, $X=10$ 一定是前 9 次都没有抽到次品,反之也真,因此立即得到 $P(X=10)=q^9$.

几何分布是一种"等待分布". 我国古代寓言"守株待兔"里盼望兔子来撞树的等待时间,一些电子元件,例如 IC(integrated circuit)芯片的寿命(至芯片出现故障的时间),一个自动化控制系统第一次出现某个控制命令的等待时间,网络上某个网站第一次发出某类信息的时间等,按离散的时间(如年、天或小时等)计数都可以认为是几何分布.

(2) 负二项分布 NB(r,p)

定点投篮训练无限地进行下去,但要投中 $r(\geqslant 1)$ 次才立即结束训练. 仍用 X 表示必须进行试验的次数,则 $X=k$ 时,第 k 次一定是投中,而前 $k-1$ 次应中 $r-1$ 次,从而至第 k 次累计满 r 次,故

$$p_k \stackrel{\text{def}}{=} P(X=k)=p\mathrm{C}_{k-1}^{r-1}p^{r-1}q^{k-1-(r-1)}=\mathrm{C}_{k-1}^{r-1}p^r q^{k-r}, \quad k=r,r+1,\cdots.$$

定义 2.2.3 有如下形式的分布 $\{p_k\}$,称为参数为 p 和 r 的**负二项分布**,也称为 Pascal 分布:

$$p_k \stackrel{\text{def}}{=} \mathrm{C}_{k-1}^{r-1}p^r q^{k-r}, \quad k=r,r+1,\cdots, \tag{2.2.10}$$

相应的随机变量 X 服从负二项分布,记 $X\sim \mathrm{NB}(r,p)$.

由定义可知,负二项分布也是一个离散型的等待分布,它是第 r 个质点(故障、命令以及信息等)到达的离散型时刻,且显然 NB$(1,p)=\mathrm{Ge}(p)$.

例 2.2.6(Banach 问题) 某售货员同时出售两包同样的书各 N 本,每次售书时他等可能地任选一包,从中取出一本,直到他某次取完书后即发现一包已空时为止. 问这时一包已空而另一包中尚余 $r(r\leqslant N)$ 本书的概率 p_r 为多少?

解 每选一包取书构成一随机试验,共有两个基本事件,概率均为 $1/2$;到取书后发现一空包时,如另一包尚有 r 本,那么已做了 $N+N-r=2N-r$ 次试验,而第 $2N-r$ 次取

的书应当是某包的第 N 本,故为一个 NB$(N,1/2)$ 的分布,从而(注意未限定是哪一包,因此有 2 倍)

$$p_r = 2\mathrm{C}_{2N-r-1}^{N-1}\left(\frac{1}{2}\right)^N\left(\frac{1}{2}\right)^{N-r} = \mathrm{C}_{2N-r-1}^{N-1}\left(\frac{1}{2}\right)^{2N-r-1}.$$ □

注 如果问题换为:取完书后不能立即发现此包已空,而直到再次从此包取书时才能发现它已空,检查发现另一包尚有 r 本书,求此事件的概率. 注意由于此时试验次数为 $N+1+N-r=2N-r+1$ 次,最后一次即第 $2N-r+1$ 次选自现已空的那包,故

$$p_r = 2\mathrm{C}_{2N-r}^{N}\left(\frac{1}{2}\right)^{2N-r+1} = \mathrm{C}_{2N-r}^{N}\left(\frac{1}{2}\right)^{2N-r} = \mathrm{C}_{2N-r}^{N-r}\left(\frac{1}{2}\right)^{2N-r}.$$

例 2.2.7 设做可列重伯努利试验,$X_i(i=1,2,\cdots,(n))$ 是其中第 i 次试验的伯努利计数变量(参看式(2.2.1)),参数为 p. 试对固定的正整数 $k \leqslant n$,求如下概率:

$$P\left(\sum_{i=1}^{n} X_i = k\right),\ P\left(\sum_{i=1}^{n} X_i = k, X_n = 1\right) \text{ 及 } P(\min\{n \mid X_n \neq 0, n=1,2,\cdots\} = k).$$

解 由题设知,所求三个概率分别是 n 重伯努利试验中成功(取值 1)k 次的概率,首次出现 k-成功(即恰在第 n 次试验才成功 k 次)的概率,以及第一次成功出现在第 k 次试验的概率,因此,它们依次分别涉及二项分布 $B(n,p)$,负二项分布 NB(k,p) 和几何分布 Ge(p),所求概率分别为

$$\mathrm{C}_n^k p^k q^{n-k},\quad \mathrm{C}_{n-1}^{k-1} p^k q^{n-k} \quad \text{和}\quad q^{k-1}p,\quad \text{其中 } q=1-p>0.$$ □

2.2.2 泊松流及泊松分布

1. 泊松流与泊松定理

源源不断到来的质点,称作**流**. 这里质点可以是空间粒子、商场顾客、路口的车辆,从而形成粒子流、顾客流、车流等,一项项需求、一条条信息或指令也构成流.

定义 2.2.4 设某个流在 $(0,t]$ 时段内来到的质点数为 $\xi_{(0,t]}$,并记 $p_k(t) = P(\xi_{(0,t]} = k)$,这里 $k \in \mathbf{Z}^+ \stackrel{\text{def}}{=} \{0,1,2,\cdots\}, t \geqslant 0$. 称这个流为泊松流,如其满足下面四个条件:

(1) 增量独立性. 设 Δ_1 和 Δ_2 是两个不相交的时间段,则在这两个时间段内所增加的质点事件是独立的,即两事件 $(\xi_{\Delta_i} = k_i), i=1,2$ 独立,这里 k_1 和 k_2 是两个任意的非负整数.

(2) 增量平稳性. $P(\xi_{(s,s+t]} = k) = P(\xi_{(0,t]} = k) = p_k(t), \forall k \in \mathbf{Z}^+, s \geqslant 0$.

(3) 有限性. 在任意有限长的时段内只来有限多个质点,即

$$P(\xi_{(0,t]} = +\infty) = 0,\quad \forall t \geqslant 0,\quad \text{或}\quad \sum_{k=0}^{+\infty} p_k(t) = P(\xi_{(0,t]} < +\infty) = 1,$$

且设 $p_0(t)$ 不恒为 1.

(4) 普通性. $\sum_{k=2}^{+\infty} p_k(t) = P(\xi_{(0,t]} \geqslant 2) = o(t)$,即认为在任一瞬间来两个以上质点是

可以忽略不计的.

增量独立性中 k_1 和 k_2 可以不同,而增量平稳性要求是同一个 k. 平稳性说明在长为 t 的时段内来质点数的概率规律,像是装在船上,始终不变地沿一条平稳流淌的时间长河,流向远方.

从定义看,泊松流的条件好像很苛刻.其实泊松流的应用是很广泛的,生产中和社会生活中很多流都可用它来近似.以某网站在 $(0,t]$ 时段内收到的点击数(访问数)为例,一条条查验定义 2.2.4 的(1)至(4),可以发现都是满足的.首先,在不相交的两个时间段内,访问次数当然是独立的,即有独立增量性;有限性和普通性也显然,只是平稳性有些问题:因为凌晨 2 点到 3 点该网站的访问次数的概率规律与上午 10 点到 11 点的访问次数的概率规律绝不相同.但是,如果进行"时间剪辑",将每天访问次数高峰期连接在一起,那么平稳性还是可能得到保证的,从而形成一个泊松流.另一方面,将低谷期(闲淡期)也拼接在一起,还得到另外一个泊松流,两者的差别只是访问次数的强度(即单位时间内访问的次数,它是下面泊松定理中的 λ)不同罢了.另外,条件(3)的后一半"假设 $p_0(t)$ 不恒为 1"是自然而然的事,否则,如果 $P(\xi_{(0,t]}=0)=p_0(t)=1,\forall t>0$,说明不论时段有多长,都没有质点来,这就不成为"流"了.此外,电话交换台收到的呼叫数,交通枢纽的客流和车流,自动化生产集成系统中的物流、系统的故障流,无线寻呼台收到的寻呼流(次数),网络通信中收到某类信号的次数,访问计算机网络上某个网站的次数,商场的顾客数等,常常都可用泊松流刻画.

定理 2.2.2(泊松定理) 设 $\xi_{(0,t]},t\geq 0$ 是泊松流,则存在某正数 λ,使

$$p_k(t)=P(\xi_{(0,t]}=k)=\frac{(\lambda t)^k}{k!}e^{-\lambda t},\quad k=0,1,\cdots. \tag{2.2.11}$$

对初学者可先略去下面的证明.从这个证明可以清楚地看到泊松流四个条件的作用,并提高数学模型化的能力.为证此定理,先证一个有用的引理.

泊松定理证明

引理 设 $g(x)$ 是连续函数(或单调函数),且

$$g(x+y)=g(x)g(y),\quad \forall x,y\in R_1(\text{或 }x\geq 0,y\geq 0), \tag{2.2.12}$$

则存在常数 $a\geq 0$,使

$$g(x)=a^x,\quad x\in R_1(\text{或 }x\geq 0). \tag{2.2.13}$$

证明 由式(2.2.12),有 $g(2x)=g(x+x)=[g(x)]^2\geq 0$,即 g 为非负函数,且递推可得

$$g(nx)=[g(x)]^n. \tag{2.2.14}$$

取 $x=1/n$,则

$$a\stackrel{\text{def}}{=\!=}g(1)=g\left(n\cdot\frac{1}{n}\right)=[g(1/n)]^n\geq 0.$$

在式(2.2.14)中取 $x=1/m$,并利用上式,有
$$g\left(\frac{n}{m}\right) = g\left(n \cdot \frac{1}{m}\right) = \left[g\left(\frac{1}{m}\right)\right]^n = [g(1)]^{\frac{1}{m} \cdot n} = a^{\frac{n}{m}}.$$
从而式(2.2.14)对所有的有理数成立. 对任一实数,由于存在单调的有理数列来逼近它,而函数是连续的(或单调的),故式(2.2.13)对实数 x 也成立. □

下面证明泊松定理的式(2.2.11). 由全概率公式和 $\xi_{(0,t]}$ 的定义,有
$$p_k(t+\Delta t) = \sum_{j=0}^{k} P(\xi_{(0,t]}=j) P(\xi_{(0,t+\Delta t]}=k \mid \xi_{(0,t]}=j)$$
$$= \sum_{j=0}^{k} P(\xi_{(0,t]}=j) P(j+\xi_{(t,t+\Delta t]}=k \mid \xi_{(0,t]}=j).$$
再由定义2.2.4的条件(1)和(2)知
$$p_k(t+\Delta t) = \sum_{j=0}^{k} P(\xi_{(0,t]}=j) P(\xi_{(0,\Delta t]}=k-j). \tag{2.2.15}$$
在式(2.2.15)中取 $k=0, \Delta t=s$,得到
$$P(\xi_{(0,s+t]}=0) = P(\xi_{(0,s]}=0) P(\xi_{(0,t]}=0).$$
若记 $g(t)=P(\xi_{(0,t]}=0)$,则 $g(t)$ 满足引理条件,因此可写 $g(t)=a^t, t \geqslant 0$. 由 $g(t)$ 是概率,必有 $0 \leqslant a \leqslant 1$.

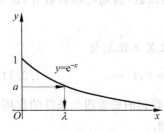

图 2.2.5 $y=e^{-x}$ 图像及确定 λ

下面证明 $0<a<1$. 若设 $a=0$,则 $g(t)=P(\xi_{(0,t]}=0)=0$, $t \geqslant 0$. 即对任一 $t>0$,有 $P(\xi_{(0,t]}>0)=1$,即在 $(0,t]$ 内有质点(访问)到达. 由 t 的任意性,在 $(0,t/2]$ 内,进而在 $(0,t/2^n]$ 内也都有质点到达. 这样,在 $(0,t]$ 内到达的质点数必是无穷多个,与有限性的假设(3)矛盾. 若设 $a=1$,则 $g(t)=P(\xi_{(0,t]}=0)=1$,即在任意时段内都没有质点到达. 这已经不成为流了. 于是必有 $0<a<1$.

参看 $y=e^{-x}$ 的图像(见图2.2.5),对此 $a \in (0,1)$,必有 $\lambda>0$ 使 $a=e^{-\lambda}$,从而
$$g(t) = P(\xi_{(0,t]}=0) = a^t = e^{-\lambda t}.$$
于是将函数展开并利用普通性(4)的假定,有
$$P(\xi_{(0,\Delta t]}=0) = e^{-\lambda \Delta t} = 1-\lambda \Delta t + o(\Delta t),$$
$$P(\xi_{(0,\Delta t]}=1) = 1 - P(\xi_{(0,\Delta t]}=0) - P(\xi_{(0,\Delta t]} \geqslant 2)$$
$$= 1 - e^{-\lambda \Delta t} + o(\Delta t) = \lambda \Delta t + o(\Delta t).$$
这样,式(2.2.15)可写为
$$p_k(t+\Delta t) = P(\xi_{(0,t]}=k)(1-\lambda \Delta t+o(\Delta t)) + P(\xi_{(0,t]}=k-1)(\lambda \Delta t+o(\Delta t)) +$$

$$\sum_{j=0}^{k-2} P(\xi_{(0,t]} = j) P(\xi_{(0,\Delta t]} = k - j),$$

于是(并注意普通性)

$$P(\xi_{(0,t]} = k)(1-\lambda \Delta t) + P(\xi_{(0,t]} = k-1)(\lambda \Delta t) + o(\Delta t) \leqslant p_k(t+\Delta t)$$
$$\leqslant P(\xi_{(0,t]} = k)(1-\lambda \Delta t) + P(\xi_{(0,t]} = k-1)(\lambda \Delta t) + o(\Delta t) + P(\xi_{(0,\Delta t]} \geqslant 2)$$
$$\leqslant P(\xi_{(0,t]} = k)(1-\lambda \Delta t) + \lambda \Delta t P(\xi_{(0,t]} = k-1) + o(\Delta t),$$

即

$$p_k(t+\Delta t) = (1-\lambda \Delta t) p_k(t) + \lambda \Delta t p_{k-1}(t) + o(\Delta t),$$

或

$$p_k(t+\Delta t) - p_k(t) = -\lambda \Delta t p_k(t) + \lambda \Delta t p_{k-1}(t) + o(\Delta t).$$

两边同除 Δt,并令 $\Delta t \to 0$,得微分方程

$$p_k'(t) = \lambda [p_{k-1}(t) - p_k(t)].$$

由初值 $g(t) = p_0(t) = e^{-\lambda t}$,可得 $p_1'(t) = \lambda [e^{-\lambda t} - p_1(t)]$,解得 $p_1(t) = \lambda t e^{-\lambda t}$.

由此归纳可得证定理 2.2.2. □

泊松定理中的 λ 称为**强度**,回溯证明可以发现 $e^{-\lambda} = a = g(1) = P(\xi_{(0,1]} = 0)$. 在第 3 章将阐明 λ 是单位时间里"平均"到达的质点数.

2. 泊松流产生泊松分布

定义 2.2.5 设随机变量 X 的分布列为

$$p_k \stackrel{\text{def}}{=\!=} \frac{\lambda^k}{k!} e^{-\lambda}, \quad k = 0, 1, \cdots, \tag{2.2.16}$$

其中常数 $\lambda > 0$. 则称 X 服从参数为 λ 的**泊松分布**,简记为 $X \sim P(\lambda)$.

由泊松逼近定理已经知道它可以看作是二项分布的近似,现在由泊松定理知

$$\xi_{(0,t]} \sim P(\lambda t), \tag{2.2.17}$$

即泊松流有参数为 λt 的泊松分布. 在式(2.2.11)中取 $t=1$(单位时间),则得到参数为 λ 的泊松分布,取 $t=2$ 则得到参数为 2λ 的泊松分布. 因此泊松流是产生泊松分布的直接且最重要的背景.

历史上,泊松分布是作为二项分布的近似,由法国数学家泊松于 1837 年引入的,近数十年来,泊松分布日益显示其重要性,成了概率论中最重要的几个分布之一. 其原因主要是下面两点.

首先是已经发现许多随机现象服从泊松分布,特别集中在如下一些领域中. 一是通信和网络等信息科学技术领域,包括卫星通信中信号和信息的接收、传递与管理,计算机网络信息传输和网站的访问管理,CIMS(自动化集成生产制造系统)中物流和令牌传递及自动控制等. 这些问题涉及排队论和可靠性,泊松分布占有很突出的地位. 二是社会生活和经济生活中对服务的各种要求:如电话交换台收到的呼叫数,公共汽车站上到来的乘客数等都近似地服从泊松分布. 因此在运筹学及管理科学中泊松分布也是重要角色. 三是一般生产系统与设备的可靠性、随机模拟和优化管理问题,以及物理学和生物学领域中诸如

放射性分裂落到某区域的质点数、热电子的发射、显微镜下落在某区域的血球或微生物的数目等都服从泊松分布.

其次,对泊松分布的深入研究,特别是通过随机过程的研究,已发现它具有许多特殊的性质和作用,使其似乎成为构成随机现象的"基本粒子"之一,因此在理论上作用重大. 同时,由于它的离散特性,便于计算机处理,在计算机应用日益普及和重要的今天,泊松分布的重要性与日俱增.

泊松分布性质

(1) 泊松分布的最可能值为取整值 $[\lambda]$;如果 $\lambda=[\lambda]$,即 λ 是正整数时,则 $\lambda-1$ 也是最可能值.

先来看 p_k 的变化情况. 为了强调式(2.2.16)中 p_k 对 λ 的依赖性,记 p_k 为 $p_k(\lambda)$,因而 $p_k(\lambda)=e^{-\lambda}\dfrac{\lambda^k}{k!}$,故 $\dfrac{p_{k+1}(\lambda)}{p_k(\lambda)}=\dfrac{\lambda}{k+1}$.

由此可见:若 $\lambda>k+1$,则 $p_{k+1}(\lambda)>p_k(\lambda)$;若 $\lambda=k+1$,则 $p_{k+1}(\lambda)=p_k(\lambda)$;若 $\lambda<k+1$,则 $p_{k+1}(\lambda)<p_k(\lambda)$. 因此,$p_k(\lambda)$ 起初随着 k 增大而上升,在 $[\lambda]$ 达到极大,如果 $\lambda=[\lambda]$,即 λ 是正整数时,有两个最可能值 $\lambda-1$ 及 λ;然后随 k 增大而下降. 参看图 2.2.6 及 $\lambda=12$ 时的分布图 2.2.4.

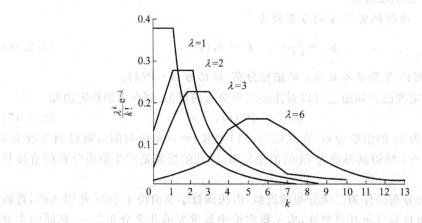

图 2.2.6 泊松分布图

(2) (泊松分布的可加性) 设 $X_j \sim P(\lambda_j), j=1,2$,且相互独立(参阅 2.4 节,此处可理解任一事件 $(X_1=k_1)$ 与任一事件 $(X_2=k_2)$ 相互独立),则

$$X_1+X_2 \sim P(\lambda_1+\lambda_2).$$

证明 I 利用泊松流来证明. 设有强度为 λ 的泊松流 $\xi_{(0,t)},t\geqslant 0$. 令 $t_j=\lambda_j/\lambda>0$,则 $\xi_{(0,t_j)} \sim P(\lambda t_j)=P(\lambda_j)$. 故 X_j 与 $\xi_{(0,t_j)}$ 同分布,$j=1,2$. 泊松流条件(1)保证 $(0,t_1]$ 与 $(t_1,t_1+t_2]$ 内所有事件都是独立的. 而由泊松流条件(2),随机变量 $\xi_{(t_1,t_1+t_2]}$ 与 $\xi_{(0,t_2)}$ 是同分布的,且服

从 $P(\lambda t_2) = P(\lambda_2)$, 从而 X_2 与 $\xi_{(t_1,t_1+t_2]}$ 同分布. 因此又由记号 $\xi_{(0,t]}$ 的含义,可知 $\xi_{(0,t_1+t_2]} = \xi_{(0,t_1]} + \xi_{(t_1,t_1+t_2]}$. 故独立和 $X_1 + X_2$ 与 $\xi_{(0,t_1]} + \xi_{(t_1,t_1+t]} = \xi_{(0,t_1+t_2]}$ 同分布,从而 $X_1 + X_2 \sim P(\lambda(t_1+t_2)) = P(\lambda_1 + \lambda_2)$.

下面再给出一种直接且常用的证法.

证明 II 由全概率公式, X_1 与 X_2 的独立性及泊松分布的定义,有

$$P(X_1 + X_2 = n) = \sum_{k=0}^{n} P(X_1 = k) P(X_1 + X_2 = n \mid X_1 = k)$$

$$= \sum_{k=0}^{n} P(X_1 = k) P(X_2 = n-k \mid X_1 = k)$$

$$= \sum_{k=0}^{n} P(X_1 = k) P(X_2 = n-k)$$

$$= \sum_{k=0}^{n} \frac{\lambda_1^k}{k!} e^{-\lambda_1} \frac{\lambda_2^{n-k}}{(n-k)!} e^{-\lambda_2} = \frac{e^{-(\lambda_1+\lambda_2)}}{n!} \sum_{k=0}^{n} C_n^k \lambda_1^k \lambda_2^{n-k}$$

$$= \frac{(\lambda_1+\lambda_2)^n}{n!} e^{-(\lambda_1+\lambda_2)}.$$

上面最后一个等式,用到二项展开式. 根据泊松分布的定义证得命题. □

2.3 重要连续型随机变量的分布

本节介绍从随机误差问题和泊松流产生的几个最重要的连续型随机变量的分布:均匀分布、正态分布、指数分布,以及 Γ(伽马) 分布,掌握这些重要分布的定义、性质、产生的背景以及它们间的关系. 特别注意它们和已经介绍过的重要离散型分布之间的联系和对应,在比较中学习、理解和记忆,从而掌握它们.

回忆连续型随机变量 X 应取值于一个有限或无限区间,且存在概率密度函数 $f(x)$, 使

$$P(X \leqslant x) = \int_{-\infty}^{x} f(y) \mathrm{d}y, \quad \forall x \in \mathbb{R}. \tag{2.3.1}$$

连续型随机变量 X 取任意一固定值的概率为零.

2.3.1 误差问题产生的分布:均匀分布与正态分布

1. 均匀分布 $U[a,b]$ 及其产生的背景

在估计、计算及测量引起的随机误差问题中,有一类误差具有"均匀性",相应的分布叫做均匀分布. 在 2.1 节,我们已经给出的一个概率密度函数就是均匀分布的. 严谨的定义如下.

定义 2.3.1 称连续型随机变量 X 服从区间 $[a,b]$ 上的**均匀分布**(uniform distribution),并记为 $X \sim U[a,b]$,如其概率密度函数有如下形式:

$$f_X(x) = \begin{cases} 1/(b-a), & x \in [a,b], \\ 0, & 其他. \end{cases} \tag{2.3.2}$$

容易写出均匀分布的分布函数为

$$F_X(x) = \begin{cases} 0, & x < a, \\ (x-a)/(b-a), & a \leqslant x < b, \\ 1, & x \geqslant b. \end{cases} \tag{2.3.3}$$

均匀分布的概率密度函数和分布函数的图形见图 2.3.1.

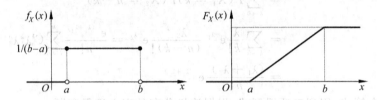

图 2.3.1 均匀分布的密度函数与分布

仿上可定义在开区间及半开半闭区间上的均匀分布. 注意到 2.1 节连续型随机变量的性质 3,从概率规律看来,$U[a,b]$ 与 $U(a,b)$ 及 $U[a,b)$ 没有实质性差别. 在下面介绍连续型随机变量的概率密度函数时也常常会遇到类似问题而不去计较某几个点上的值的不同.

回顾概率密度函数的概率意义,$f(x)\mathrm{d}x$ 可视为 X 在 x 点附近(微分邻域)的概率,故 $[a,b]$ 上的均匀分布表明 X 在 $[a,b]$ 上每一点附近都是等概率的. 如将此区间四等分,那么 X 落在每一个小区间的概率都是 1/4,变成古典概型问题. 这两类概型的共同点是均匀性,区别是概率空间的无限(且不可列)和有限. 如将前述的每一个小区间再四等分,则 X 落在每一个细分了的小区间的概率都是 1/16. 如此继续,可以得到一列古典概型. 反之,均匀分布概型可以看成古典概型的一个从有限到无限的极端情形,这也可以看成是均匀分布的一个产生背景.

思考题 有基本事件为可列多个且每个是等可能的概型吗?

产生均匀分布的另一个背景是舍入误差问题.

例 2.3.1(计算机定点近似的舍入误差) 在计算机上计算,对实数要作近似处理,所谓单精度实数和双精度实数,就是这类处理的规则和结果. 设将实数小数点后 6 位四舍五入,则舍入误差 X 在 $(-0.5 \times 10^{-5}, 0.5 \times 10^{-5})$ 内任意一点的(微分)邻域应为等可能的,因此可认为 X 服从此区间上的均匀分布.

2. 误差分析与正态分布 $N(\mu, \sigma^2)$

不是所有的误差都是均匀的,例如大部分测量误差. 无论是对山高水深的测量偏差的分析,或是加工中对工件直径、长度的测量误差的统计,我们会发现在某一个值(此值很可能就是加工时要求这个工件的标准尺寸)附近可能性最大,离此值越远可能性越小,并且对这个值的两边偏离(指大于和小于)一个相同范围的可能性是一样的.例如加工直径$\phi 20$的轴,则在$(20,20.5)$与$(19.5,20)$之间的可能性一样,即它是有对称性的非均匀随机误差. 这种随机误差引起的分布常常属于正态分布的一类.高斯(Gauss)在《误差理论》中第一次系统深入地讨论了这一分布,所以也叫**高斯分布**或**误差分布**.

定义 2.3.2 称连续型随机变量 X 服从参数为 μ 和 σ^2 的**正态分布**(normal distribution),并记为 $X \sim N(\mu, \sigma^2)$,如它的概率密度函数有如下形式:

$$\phi(x;\mu,\sigma) = \frac{1}{\sqrt{2\pi}\sigma} \exp\left[-\frac{(x-\mu)^2}{2\sigma^2}\right], \quad x \in \mathbb{R}, \tag{2.3.4}$$

其中 μ 和 $\sigma(>0)$ 都是实数,分布函数记为 $\Phi(x;\mu,\sigma)$. 特别地,$\mu=0$ 且 $\sigma^2=1$ 时称为**标准正态分布**,记为 $N(0,1)$,其概率密度函数专记为 $\phi(x)$,分布函数记为 $\Phi(x)$.

$\Phi(x)$ 与 $\phi(x)$ 的图形分别见图 2.3.2 和图 2.3.3.

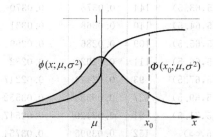

图 2.3.2 正态分布函数(粗实线)和概率密度函数(细实线)

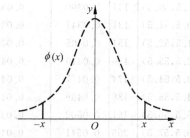

图 2.3.3 标准正态分布密度函数

先来验证式(2.3.4)给出的函数确为概率密度函数.非负性显然,下面证明在全直线上的积分为 1. 为简化证明,利用下面正态分布性质(4),只要对标准化正态分布的概率密度函数来证明,即验证

$$\int_{-\infty}^{+\infty} \phi(z;0,1)\,\mathrm{d}z = 1.$$

事实上,

$$\left(\int_{-\infty}^{+\infty} \phi(z;0,1)\,\mathrm{d}z\right)^2 = \int_{-\infty}^{+\infty}\frac{1}{\sqrt{2\pi}}e^{-x^2/2}\,\mathrm{d}x \int_{-\infty}^{+\infty}\frac{1}{\sqrt{2\pi}}e^{-y^2/2}\,\mathrm{d}y = \frac{1}{2\pi}\int_{-\infty}^{+\infty}\int_{-\infty}^{+\infty} e^{-(x^2+y^2)/2}\,\mathrm{d}x\mathrm{d}y,$$

取极坐标,上式右方等于

$$\frac{1}{2\pi}\int_0^{2\pi}\int_0^{+\infty} e^{-r^2/2} r\,\mathrm{d}r\mathrm{d}\theta = \int_0^{+\infty} e^{-r^2/2} r\,\mathrm{d}r = \left. e^{-z}\right|_{+\infty}^{0} = 1.$$

由被积函数的非负性知,$\int_{-\infty}^{+\infty} \phi(z;0,1)\,\mathrm{d}z = 1$.

下面例子说明实测数据确实可以认为有正态分布.

例 2.3.2 某手表厂曾对其生产的某个零件的重量收集了大量资料,对测得的 3805 个数据,按不同重量加以分组,并记录各组内的零件个数(频数),计算其频率,所得结果见表 2.3.1. 实测数据表明它与正态分布符合得很好(参见图 2.3.4). 有关直方图,参见 5.2 节,而分布拟合,参见 7.5 节.

表 2.3.1

区间 $[x_i, x_{i+1})$	频数 n_i	频率 $f_i = n_i/n$	$\Phi(y_{i+1}) - \Phi(y_i)$ $y_k = (x_k - \mu)/\sigma$	区间 $[x_i, x_{i+1})$	频数 n_i	频率 $f_i = n_i/n$	$\Phi(y_{i+1}) - \Phi(y_i)$ $y_k = (x_k - \mu)/\sigma$
$(-\infty, 41.5)$	125	0.03285	0.03005	[57.5, 58.5)	193	0.0507	0.0482
[41.5, 43.5)	72	0.01892	0.02150	[58.5, 59.5)	185	0.0486	0.0472
[43.5, 45.5)	124	0.03259	0.02921	[59.5, 60.5)	153	0.0402	0.0454
[45.5, 47.5)	145	0.03811	0.04431	[60.5, 61.5)	176	0.0463	0.0430
[47.5, 49.5)	193	0.05072	0.05630	[61.5, 62.5)	147	0.0386	0.0402
[49.5, 50.5)	137	0.0360	0.0334	[62.5, 63.5)	144	0.0378	0.0370
[50.5, 51.5)	131	0.0344	0.0398	[63.5, 64.5)	140	0.0368	0.0331
[51.5, 52.5)	154	0.0405	0.0400	[64.5, 65.5)	109	0.0286	0.0299
[52.5, 53.5)	156	0.0410	0.0426	[65.5, 66.5)	111	0.0292	0.0282
[53.5, 54.5)	174	0.0457	0.0457	[66.5, 67.5)	93	0.02444	0.02247
[54.5, 55.5)	186	0.0489	0.0472	[67.5, 69.5)	127	0.03338	0.03552
[55.5, 56.5)	191	0.0502	0.0484	[69.5, 71.5)	81	0.02129	0.02547
[56.5, 57.5)	206	0.0541	0.0486	$[71.5, \infty)$	152	0.03995	0.03754
频数总和 n	3805						

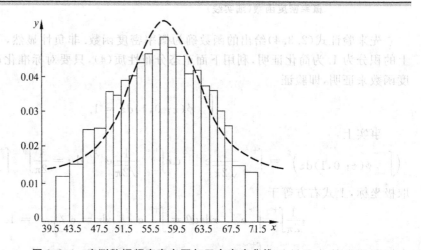

图 2.3.4 实测数据频率直方图与正态密度曲线

下面例子说明误差问题如何模型化,得到正态分布.

***例**2.3.3(射击误差) 某射手向平面靶射击,在靶上建立以靶心为原点的平面坐标系,如图2.3.5所示.设:

(1) 射击弹着点横向偏离 X 和纵向偏离 Y 是独立的(参阅2.4节);

(2) X 与 Y 的概率密度函数 $p(x),q(y)$ 都是连续函数;

(3) $p(x)q(y)$ 只与弹着点离靶心的距离 $r=\sqrt{x^2+y^2}$ 有关,即可设 $p(x)q(y)=s(r)$.

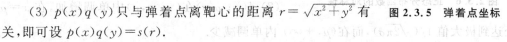

图 2.3.5 弹着点坐标

试推出 $p(x)$ 和 $q(y)$ 的表达式.

解 由(3)在 $(0,y)$ 和 $(y,0)$ 点可分别得 $p(0)q(y)=s(|y|)$ 和 $p(y)q(0)=s(|y|)$,故 $p(x)$ 和 $q(y)$ 都是偶函数,且

$$q(y)=s(|y|)/p(0)=p(y)q(0)/p(0). \tag{2.3.5}$$

另一方面,由(3)并特别取点 $(r,0)$,则有 $p(r)q(0)=s(r)$,于是由题设知 $p(r)q(0)=p(x)q(y)$.将式(2.3.5)的 $q(y)$ 代入,可得到 $p(x)/p(0)=p(r)/p(y)$.两边同乘以 $p(y)/p(0)$,得

$$\frac{p(x)}{p(0)} \cdot \frac{p(y)}{p(0)} = \frac{p(r)}{p(0)}.$$

如令 $f(x)=\ln(p(x)/p(0))$,则上式可写成 $f(r)=f(x)+f(y)$.

与上面类似,若 $x^2=x_1^2+x_2^2$,则 $f(r)=f(x_1)+f(x_2)+f(y)$,此处 $r^2=x_1^2+x_2^2+y^2$. 一般地,当 $r^2=\sum_{i=1}^{k}x_i^2$ 时,$f(r)=\sum_{i=1}^{k}f(x_i)$. 取 $k=n^2$ 及 $x_i=x$,则 $r^2=n^2x^2$,从而得到 $f(nx)=n^2f(x)$. 特别地,取 $x=1,f(n)=n^2f(1)$; 取 $x=n/m$,

$$m^2 f\left(\frac{n}{m}\right) = f\left(m \cdot \frac{n}{m}\right) = f(n) = n^2 f(1).$$

于是,对任意的有理数 $x=n/m,f(x)=x^2f(1)$. 由(2)知 f 也是连续函数.利用实数的连续性,可知 $f(x)=x^2f(1),\forall x\in\mathbb{R}$,即 $p(x)=p(0)\exp[f(1)x^2]$. 因 $p(x)$ 可积,故 $f(1)<0$. 从而可令 $f(1)=-1/(2\sigma^2)$. 由概率密度函数的性质 $\int_{-\infty}^{+\infty}p(x)\mathrm{d}x=1$,可求得 $p(0)=1/(\sqrt{2\pi}\sigma)$. 综上可得

$$p(x) = \frac{1}{\sqrt{2\pi}\sigma}\exp\left(-\frac{x^2}{2\sigma^2}\right).$$

类似可证 Y 也有上述形式的概率密度函数.比较式(2.3.4),这是 $\mu=0$ 时的正态分布 $N(0,\sigma^2)$ 的概率密度函数. □

参考文献[1]的2.5节(四)中还有一个由溶液浓度误差问题引出的正态分布的例子,请参阅.

在第4章极限定理中我们将看到,正态分布还可作为相当广泛的一类随机变量和的

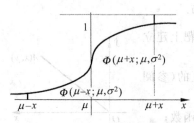

图 2.3.6 正态分布函数的对称性

极限分布,不论这些随机变量原先服从何种分布. 因为这一点,也因为误差问题相当普遍,因此正态分布是最重要的概率分布.

正态分布的性质

(1) $\phi(x;\mu,\sigma)>0$,任意阶导函数 $\phi^{(n)}(x;\mu,\sigma)$,$\forall n$,存在且连续.

(2) $\phi(x;\mu,\sigma)$ 在 $(-\infty,\mu)$ 中单调增加,在 $x=\mu$ 处达到极大值 $1/(\sqrt{2\pi}\sigma)$,而在 $(\mu,+\infty)$ 内单调减少.

(3) 概率密度函数是关于直线 $x=\mu$ 对称的,
$$\phi(\mu-x;\mu,\sigma) = \phi(\mu+x;\mu,\sigma).$$
由此,$\Phi(\mu-x;\mu,\sigma)=1-\Phi(\mu+x;\mu,\sigma)$.

(4) 若 $X\sim N(\mu,\sigma^2)$,则 $X^* \equiv (X-\mu)/\sigma \sim N(0,1)$.

证明 性质 (1)~(3) 显然,下面证明 (4).
$$F_{X^*}(x) = P((X-\mu)/\sigma \leqslant x) = P(X\leqslant \mu+\sigma x) = \int_{-\infty}^{\mu+\sigma x} \phi(y;\mu,\sigma)\mathrm{d}y.$$
做积分变元代换 $z=(y-\mu)/\sigma$,上式变为
$$F_{X^*}(x) = \int_{-\infty}^{x} \phi(z;0,1)\mathrm{d}z. \qquad \square$$

由 $N(\mu,\sigma^2)$ 的概率密度函数的图像及其性质可知,参数 μ 决定它的对称位置;σ 越大概率密度函数越平缓(参看图 2.3.7),概率分布越分散.

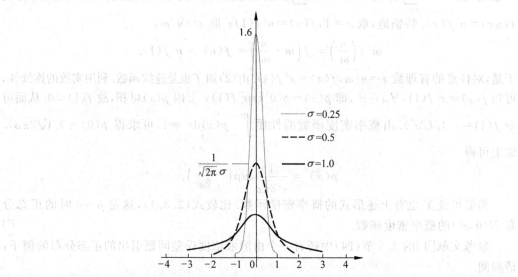

图 2.3.7 正态概率密度函数曲线随不同的 σ 变化

把 X^* 称为 X 的**标准化**. 这样 X^* 的概率密度函数 $\phi(x)$ 就将关于 y 轴对称. 由正态概率密度函数的表达式可以看出, 正态变量的概率计算很困难, 只能近似计算. 对标准正态分布编制计算表 (见书末附表), 而将一般正态变量问题化成标准正态的问题从而查表计算.

(5) **3σ 法则**. 正态变量离中心位置 μ 的距离超过 3σ 的概率不到千分之三, 依此在正态性统计判别和产品质量管理中形成很有用的 3σ 法则 (参看图 2.3.8).

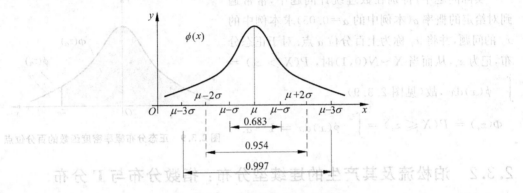

图 2.3.8　正态分布的 3σ 法则

事实上,
$$P(|X-\mu|\leqslant k\sigma)=P(|X^*|\leqslant k)=\Phi(k)-\Phi(-k)=2\Phi(k)-1, \quad (2.3.6)$$
因此查正态分布表, 可得
$$P(|X^*|\leqslant 1)=2\Phi(1)-1=0.6826,$$
$$P(|X^*|\leqslant 2)=2\Phi(2)-1=0.9544,$$
及
$$P(|X^*|\leqslant 3)=2\Phi(3)-1=0.9974.$$
最后一个式子给出 3σ 法则的依据. 随着质量要求越来越高, 一些企业已经执行 6σ 法则了.

例 2.3.4　已知 $X\sim N(\mu,\sigma^2)$.

(1) 求 $P(a\leqslant X\leqslant b)$.

(2) 设 $\mu=20, \sigma^2=40^2$. 求 $P(|X|\leqslant 20)$ 的值, 并找点 x_0, 使 $P(X>x_0)=0.05$.

解　(1) $P(a\leqslant X\leqslant b)=P\left(\dfrac{a-\mu}{\sigma}\leqslant X^*\leqslant \dfrac{b-\mu}{\sigma}\right)=\Phi\left(\dfrac{b-\mu}{\sigma}\right)-\Phi\left(\dfrac{a-\mu}{\sigma}\right)$.

(2) $P(|X|\leqslant 20)=\Phi\left(\dfrac{20-20}{40}\right)-\Phi\left(\dfrac{-20-20}{40}\right)=\Phi(0)-\Phi(-1)=0.5-0.1587=0.3413$.

其中 $\Phi(-1)$ 的值可通过查表得到. 由题设

$$P(X>x_0)=P\left(X^*>\frac{x_0-20}{40}\right)=1-\Phi\left(\frac{x_0-20}{40}\right)=0.05,$$

故 $\Phi\left(\dfrac{x_0-20}{40}\right)=0.95$. 查表知 $\Phi(1.64)=0.95$, 即 $\dfrac{x_0-20}{40}=1.64$, 解得 $x_0=85.6$. □

实际问题中,特别在数理统计问题中,常常遇到对给定的概率 α(本例中的 $\alpha=0.05$) 求本例中的 x_0 的问题,并将 x_0 称为上百分位 α 点. 对于正态分布,记为 z_α,从而当 $X\sim N(0,1)$ 时, $P(X>z_\alpha)=\int_{z_\alpha}^{+\infty}\phi(x)\mathrm{d}x$,故(见图 2.3.9)

$$\Phi(z_\alpha)=P(X\leqslant z_\alpha)=\int_{-\infty}^{z_\alpha}\phi(x)\mathrm{d}x=1-\alpha.$$

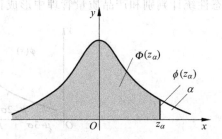

图 2.3.9 正态分布概率密度函数的百分位点

2.3.2 泊松流及其产生的连续型分布:指数分布与 Γ 分布

1. 指数分布与 Γ 分布产生的背景与定义

设 $\xi_{(0,t]}, t\geqslant 0$ 是泊松流(参见 2.2 节),强度为 λ,则由泊松流的泊松定理,有

$$p_k(t)=P(\xi_{(0,t]}=k)=\frac{(\lambda t)^k}{k!}\mathrm{e}^{-\lambda t},\quad k=0,1,\cdots.$$

令 η 为泊松流中第一个质点到达的时刻,由于

$$(\eta>t)=(\xi_{(0,t]}=0),\quad \forall t>0,$$

故由泊松定理, $P(\eta>t)=\exp(-\lambda t)$,从而 $F_\eta(t)=1-\exp(-\lambda t)$. 又 $t\leqslant 0$ 时,显然有 $F_\eta(t)=0$,求导得到泊松流中第一个质点到达时刻 η 的概率密度函数

$$f_\eta(t)=\begin{cases}\lambda\mathrm{e}^{-\lambda t}, & t>0,\\ 0, & t\leqslant 0,\end{cases} \tag{2.3.7}$$

这里的参数正是泊松流中的强度 λ.

若令 η_r 为泊松流中第 r 个质点到达的时刻,由于

$$(\eta_r>t)=(\xi_{(0,t]}<r),\quad \forall t>0,$$

根据泊松定理,有

$$P(\eta_r>t)=\sum_{k=0}^{r-1}\frac{(\lambda t)^k}{k!}\mathrm{e}^{-\lambda t}.$$

因此

$$f_{\eta_r}(t)=\frac{\mathrm{d}}{\mathrm{d}t}F_{\eta_r}(t)=[1-P(\eta_r>t)]'$$

$$= -\sum_{k=1}^{r-1} \frac{\lambda(\lambda t)^{k-1}}{(k-1)!} e^{-\lambda t} + \sum_{k=0}^{r-1} \frac{(\lambda t)^k}{k!} \lambda e^{-\lambda t}$$

$$= \frac{\lambda(\lambda t)^{r-1}}{(r-1)!} e^{-\lambda t}.$$

在高等数学中，Γ 函数 $\Gamma(x)$ 定义为

$$\Gamma(x) = \int_0^{+\infty} \lambda^x t^{x-1} e^{-\lambda t} dt = \int_0^{+\infty} s^{x-1} e^{-s} ds, \quad x > 0. \tag{2.3.8}$$

由 Γ 函数的性质（用分部积分法可证）$\Gamma(1+x) = x\Gamma(x)$，进行递推，对正整数 r，$\Gamma(r) = (r-1)!$. 又 $\Gamma(1/2) = \sqrt{\pi}$（参看微积分学中的泊松积分，也可利用标准正态密度性质得到），注意 $t \leqslant 0$ 时，显然有 $F_{\eta_r}(t) = 0$，从而有 η_r 概率密度函数

$$f_{\eta_r}(t) = \begin{cases} \dfrac{\lambda^r}{\Gamma(r)} t^{r-1} e^{-\lambda t}, & t > 0, \\ 0, & t \leqslant 0. \end{cases} \tag{2.3.9}$$

定义 2.3.3 设连续型随机变量 X 的分布密度 $f(x)$ 有式 (2.3.7) 右方形式（但 t 换成 x），其中 $\lambda > 0$ 为常数，则称 X 服从参数为 λ 的**指数分布**(exponent distribution)，记作 $X \sim \text{Ex}(\lambda)$. 如其概率密度函数有式 (2.3.9) 右方形式（但 t 换成 x），其中 λ 和 r 都为正常数，$\Gamma(r)$ 为伽马常数，由式 (2.3.8) 决定. 则称 X 服从参数为 r 和 λ 的 Γ 分布（或 Gamma 分布、伽马分布），记作 $X \sim \Gamma(r, \lambda)$.

注意，一般的 Γ 分布，不要求 r 是正整数. Γ 分布中 r 及 λ 分别叫做形状参数及尺度参数. 如图 2.3.10 及图 2.3.11，易知，$\Gamma(1, \lambda) = \text{Ex}(\lambda)$，且指数分布的分布函数为

$$F(x) = \begin{cases} 1 - e^{-\lambda x}, & x > 0, \\ 0, & x \leqslant 0. \end{cases} \tag{2.3.10}$$

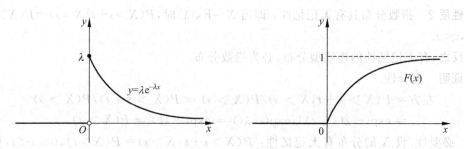

图 2.3.10 指数分布概率密度函数和分布函数

2. 指数分布和 Γ 分布的性质

由定义及以上推导可知，泊松流中第一个质点到达的时刻 $\eta \sim \text{Ex}(\lambda)$，第 r 个质点到达的时刻 $\eta_r \sim \Gamma(r, \lambda)$；$\Gamma$ 分布是指数分布的一般化，$\Gamma(1, \lambda) = \text{Ex}(\lambda)$. 而由 Γ 分布产生的

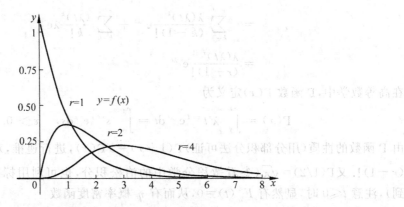

图 2.3.11 Γ 分布的密度函数

背景、泊松流的独立增量性和平稳性可知,对正整数参数 r,Γ 分布有下列可加性(Γ 分布可加性的严谨证明见 2.5 节性质 1,那里不要求参数 r 是正整数).

性质 1 (1) $\Gamma(1,\lambda) = \text{Ex}(\lambda)$.

(2) Γ 分布的可加性 设 $\xi_k \sim \Gamma(k,\lambda)$ 与 $\eta_r \sim \Gamma(r,\lambda)$ 独立,则
$$\xi_k + \eta_r \sim \Gamma(k+r,\lambda).$$

注意,指数分布没有可加性,实际上当 ξ_1 与 η_1 独立同分布且服从 $\text{Ex}(\lambda)$ 时,$\xi_1 + \eta_1 \sim \Gamma(2,\lambda)$(参看例 2.5.10,那里 $\lambda=1$).

指数分布由其产生的背景可知,也是一种等待分布.连续时间的"守株待兔"的例子,待兔的时间便是服从指数分布的随机变量.对应的离散型的等待分布是几何分布;而分布 $\Gamma(r,\lambda)$ 对应的离散型的分布是负二项分布 $\text{NB}(r,p)$.

性质 2 指数分布具有无记忆性:即当 $X \sim \text{Ex}(\lambda)$ 时,$P(X>s+t \mid X>s) = P(X>t)$,$0 \leqslant s, 0 < t$.

反之,有无记忆性的连续型分布,必为指数分布.

证明 充分性.

左方 $= P(X>s+t, X>s)/P(X>s) = P(X>s+t)/P(X>s)$
$= \exp(-\lambda(s+t))/\exp(-\lambda s) = \exp(-\lambda t) = P(X>t).$

*必要性.设 X 的分布有无记忆性:$P(X>s+t \mid X>s) = P(X>t)$,$0 \leqslant s < t$,要证 $X \sim \text{Ex}(\lambda)$.

记 $G(t) = P(X>t)$,由所设知 $G(s+t) = G(s)G(t)$.注意 $G(t)$ 为单调函数,由 2.2 节泊松定理证明中的引理,知 $G(t)$ 有如下形式
$$G(t) = a^t, \quad t \geqslant 0.$$

因为 $G(t)$ 是概率,故 $0 < a < 1$,从而存在 $\lambda > 0$,使 $G(t) = e^{-\lambda t}, t \geqslant 0$.注意 $F_X(t) = 1 - G(t)$

及 X 的非负性,知

$$F_X(t) = \begin{cases} 1 - e^{-\lambda t}, & t > 0, \\ 0, & t \leqslant 0. \end{cases}$$

由式(2.3.10)得证必要性. □

这样,指数分布像几何分布一样,无记忆性是其最具特色的性质.两者的差别仅在于是离散型还是连续型.

在可靠性理论中一些产品、设备和系统,例如电子元件 IC(integrated circuit)芯片,出现第 1 个故障的时刻(至此时刻的时间长度便是它们的寿命),可以认为是指数分布的.而第 r 个故障出现的时刻服从 Γ 分布,自然也是在设备和系统的可靠性分析、系统分析和管理中应该密切关注的.

例 2.3.5 设某电子元件寿命(单位:h)的概率密度为 $f(x) = \dfrac{a}{x^2} I(x > 100)$.

(1) 试确定 a 的值;

(2) 某台设备装有三个这种电子元件.问在开始使用的 150h 内它们中恰有一个要替换和至少有一个要替换的概率各是多少?

解 (1)

$$1 = \int_{-\infty}^{+\infty} f(x) dx = \int_{100}^{+\infty} \frac{a}{x^2} dx = a\left(\frac{1}{x}\bigg|_{+\infty}^{100}\right) = \frac{a}{100},$$

故 $a = 100$.

(2) 三个这种电子元件的寿命是独立同分布的,每个元件的寿命有两个可能结果:大于或不大于 150h,即可看成伯努利试验,从而三个元件中寿命小于 150h(因此要替换)的个数,服从二项分布 $B(3, p)$,其中

$$p = \int_{-\infty}^{150} f(x) dx = \int_{100}^{150} \frac{100}{x^2} dx = 100\left(\frac{1}{x}\bigg|_{150}^{100}\right) = \frac{1}{3}.$$

因此,在开始使用的 150h 内它们中恰有一个要替换的概率为

$$C_3^1 p(1-p)^2 = 3 \times \frac{1}{3} \times \left(\frac{2}{3}\right)^2 = \frac{4}{9} \approx 0.44.$$

"至少有一个要替换"的逆事件是"三个都不要替换",因此至少有一个要替换的概率是

$$1 - \left(\frac{2}{3}\right)^3 = \frac{19}{27} \approx 0.701. \quad \Box$$

3. 关于分布的注记

以上介绍了最重要的几类连续型分布:均匀分布、正态分布、指数分布以及 Γ 分布.在可靠性分析中还常遇到 Weibull(威布尔)分布,它有三个参数,其概率密度函数形为

$$f_X(x) = \begin{cases} \dfrac{m}{t_0}(x-r)^{m-1} e^{-(x-r)^m/t_0}, & x \geqslant r, \\ 0, & \text{其他}, \end{cases} \quad (2.3.11)$$

其中 m, t_0 及 r 分别叫做形状参数、尺度参数及位置参数. 各参数的变化对函数曲线的影响见图 2.3.12. 它包含的内容相当丰富.

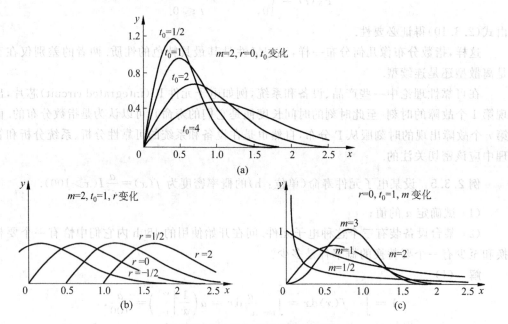

图 2.3.12 Weibull 分布密度函数

Weibull 分布可用来描述许多疲劳失效和轴承失效等寿命分布. $m=1$ 时的 Weibull 分布是中心在 r 的指数分布,

$$f_X(x) = \begin{cases} \dfrac{1}{t_0} e^{-(x-r)/t_0}, & x \geqslant r, \\ 0, & x < r. \end{cases} \quad (2.3.12)$$

这种经平移得到的(指数)分布叫做非中心的(指数)分布.

在数理统计中还会遇到 χ^2-分布、t-分布和 F-分布,请参阅 5.3 节.

2.4 随机向量及其分布

2.4.1 随机向量的定义与分布函数

1. 定义与性质

一个随机现象常常是多个随机变量(因素)共同作用的结果,例如是否下雨及降雨量的多少，与湿度、气压、风力、温度等息息相关，而一家企业的年利润决定于生产规模、科技含量、生产设备与成本、领导层决策、全体成员的团队精神以及市场形势和国家相关政策等．因此我们要研究多维随机变量，或称随机向量．

定义 2.4.1 设 $X_i(i=1,2,\cdots,n)$ 是定义在同一个概率空间 $(\Omega,\mathscr{F},P)$ 上的随机变量，则称 $\boldsymbol{X}(X_1,X_2,\cdots,X_n)$ 为 $\boldsymbol{n}$ **维随机向量**．而称 n 元函数

$$F_{\boldsymbol{X}}(x_1,x_2,\cdots,x_n)=P(X_1\leqslant x_1,X_2\leqslant x_2,\cdots,X_n\leqslant x_n),(x_1,x_2,\cdots,x_n)\in\mathbb{R}^n \tag{2.4.1}$$

为随机变量 $X_i(i=1,2,\cdots,n)$ 的**联合分布函数**，或 $\boldsymbol{n}$ **元分布函数**，也称为**随机向量 $\boldsymbol{X}$ 的分布函数**．

令 $\boldsymbol{x}=(x_1,x_2,\cdots,x_n)$，式 (2.4.1) 的左方也可写为向量形式 $F_{\boldsymbol{X}}(\boldsymbol{x})$．

注 1 因为 X_i 为随机变量，故 $(X_i\leqslant x_i)\in\mathscr{F},i=1,2,\cdots,n$．从而它们的交 $(X_1\leqslant x_1,X_2\leqslant x_2,\cdots,X_n\leqslant x_n)\in\mathscr{F}$．这使得式 (2.4.1) 有意义，即联合分布函数是存在的．在不会混淆时联合分布函数简记为 $F(x_1,x_2,\cdots,x_n)$．

联合分布函数的性质

由联合分布函数的定义，可仿照一元情形立即得到下述性质：

(1) 非负非降性．$F(x_1,x_2,\cdots,x_n)$ 对每一变元非降．

(2) 右连续性．$F(x_1,x_2,\cdots,x_n)$ 对每一变元右连续．

(3) 边界极端性．下述极限存在且有值

$$\lim_{x_j\to-\infty}F(x_1,x_2,\cdots,x_n)=0,\quad \forall j=1,2,\cdots,n;$$

$$\lim_{x_1\to+\infty,\cdots,x_n\to+\infty}F(x_1,x_2,\cdots,x_n)=1.$$

此外，联合分布函数还有如下特性．以二元分布函数 $F(x,y)$ 为例说明这个特性．

(4) 对任意的 $x_1<x_2,y_1<y_2$，必有

$$F(x_2,y_2)-F(x_2,y_1)-F(x_1,y_2)+F(x_1,y_1)\geqslant 0.$$

事实上，由二维分布函数的定义容易得出上式左方等于

$$P(x_1<X\leqslant x_2,y_1<Y\leqslant y_2).$$

结合图 2.4.1，立即证得这个二维分布的特性．

注 2 与一维的情形一样可建立存在定理，从而可脱离随机向量直接定义满足性质 (1)~(4) 的 n 元函数为 n 元分布函数．

仿照一维情形可定义离散型随机向量和连续型随机向量．此时分别有离散分布

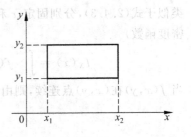

图 2.4.1 二维分布的特别性质

$$p_{i_1 i_2 \cdots i_n} = P(X_1 = i_1, X_2 = i_2, \cdots, X_n = i_n)$$

及 n 维概率密度函数 $f_X(x)$，它满足

$$F_X(x) = \int_{-\infty}^{x_1} \int_{-\infty}^{x_2} \cdots \int_{-\infty}^{x_n} f_{(X_1, X_2, \cdots, X_n)}(x_1, x_2, \cdots, x_n) dx_1 dx_2 \cdots dx_n,$$

这里 $X = (X_1, X_2, \cdots, X_n), x = (x_1, x_2, \cdots, x_n)$.

特别在 $n=2$ 时，记离散型随机向量 (X,Y) 的分布记为

$$p_{ij} = P(X = x_i, Y = y_j), \tag{2.4.2}$$

其中 $\{x_i\}$ 和 $\{y_j\}$ 分别为 X 和 Y 所有可能取的值. 令

$$p_{i\cdot} = \sum_j p_{ij} \quad \text{及} \quad p_{\cdot j} = \sum_i p_{ij}, \tag{2.4.3}$$

并分别称为 X 及 Y 的**边际分布**，也叫做**边缘分布**. 先来看式(2.4.3)的第一式，其右方实际上是将对应于 x_i 的 Y 所有可能取的值 y_j 的概率 p_{ij} 全部累加，即

$$\sum_j p_{ij} = \sum_j P(X = x_i, Y = y_j) = P(X = x_i).$$

因此，让 x_i 变化，它实际上就变成分量 X 的分布了. 式(2.4.3)的第二式类似. 这样，边际分布事实上是这个随机向量的分量的分布.

当 $n=2$ 时，连续型随机向量 (X,Y) 的概率密度函数记为 $f_{(X,Y)}(x,y)$，在不会混淆时写为 $f(x,y)$，它满足

$$F(x,y) = \int_{-\infty}^x \int_{-\infty}^y f(u,v) du dv. \tag{2.4.4}$$

与一维情形一样，因为

$$P(x - \Delta x < X \leqslant x, y - \Delta y < Y \leqslant y) = \int_{x-\Delta x}^x \int_{y-\Delta y}^y f(u,v) du dv$$
$$= f(x,y) \Delta x \Delta y + o(\Delta x \Delta y),$$

因此，$f(x,y) dx dy$ 的概率意义是随机向量 (X,Y) 在 (x,y) 点附近(微分邻域)的概率. 于是，随机向量 (X,Y) 取值于二维可测区域 B 的概率

$$P((X,Y) \in B) = \iint_{(x,y) \in B} f_{(X,Y)}(x,y) dx dy = \iint_B f_{(X,Y)}(x,y) dx dy. \tag{2.4.5}$$

类似于式(2.4.3)，分别固定 x 和 y，可分别定义 X 和 Y 的边际概率密度函数(边缘概率密度函数)

$$f_X(x) = \int_{-\infty}^{+\infty} f(x,y) dy \quad \text{和} \quad f_Y(y) = \int_{-\infty}^{+\infty} f(x,y) dx. \tag{2.4.6}$$

当 $f(x,y)$ 在 (x,y) 点连续，则由式(2.4.4)及高等数学的知识，有

$$f(x,y) = \frac{\partial^2 F(x,y)}{\partial x \partial y}.$$

例 2.4.1 在只有 3 个红球 4 个黑球的袋中逐次随机取一球，令

$$X_i = \begin{cases} 1, & \text{如第 } i \text{ 次取出红球}, \\ 0, & \text{如第 } i \text{ 次取出黑球}, \end{cases} \quad i = 1, 2.$$

试在有放回及不放回两种条件下,求 X_1 和 X_2 的联合分布.

解 计算结果列于表 2.4.1 和表 2.4.2. 表中心的 4 格为离散的联合分布 $p_{ij}, i, j = 0, 1$,其计算依据,例如在有放回时,

$$p_{00} = P(X_1 = 0)P(X_2 = 0 \mid X_1 = 0) = \frac{4}{7} \times \frac{4}{7} = \left(\frac{4}{7}\right)^2;$$

不放回时,

$$p_{00} = P(X_1 = 0)P(X_2 = 0 \mid X_1 = 0) = \frac{4}{7} \times \frac{3}{6} = \frac{4 \times 3}{7 \times 6}.$$

注意,第一次取出黑球时,由于不放回,袋中少了一个黑球,因此这种条件下,第二次取出黑球的可能为 3/6. 表的第 4 列(行)为 $X_2(X_1)$ 的边际离散分布. 根据式(2.4.3),它们由表中心的联合分布 p_{ij} 横行(竖列)相加得到. 正是由于它们在这种表里的位置,所以称它们为边际分布.

表 2.4.1 有放回的情形

X_2 \ X_1	0	1	$p_{\cdot j} = P(X_2 = j)$
0	$\frac{4}{7} \times \frac{4}{7} = \frac{16}{49}$	$\frac{3}{7} \times \frac{4}{7} = \frac{12}{49}$	$\frac{4}{7}$
1	$\frac{4}{7} \times \frac{3}{7} = \frac{12}{49}$	$\frac{3}{7} \times \frac{3}{7} = \frac{9}{49}$	$\frac{3}{7}$
$p_{i\cdot} = P(X_1 = i)$	$\frac{4}{7}$	$\frac{3}{7}$	

表 2.4.2 不放回的情形

X_2 \ X_1	0	1	$p_{\cdot j} = P(X_2 = j)$
0	$\frac{4}{7} \times \frac{3}{6} = \frac{12}{42}$	$\frac{3}{7} \times \frac{4}{6} = \frac{12}{42}$	$\frac{4}{7}$
1	$\frac{4}{7} \times \frac{3}{6} = \frac{12}{42}$	$\frac{3}{7} \times \frac{2}{6} = \frac{6}{42}$	$\frac{3}{7}$
$p_{i\cdot} = P(X_1 = i)$	$\frac{4}{7}$	$\frac{3}{7}$	

由定义可知,联合分布可以决定边际分布,但反之不然. 由此例可见,有放回与不放回抽取,联合分布虽然不同但边际分布却相同,因此**边际分布不能决定联合分布**. 这一事实是合理的,因为后者还应与这些边际变量是如何联合的有关. 在下面二元正态分布的例

中,我们将看到联合分布与边际分布间关系的一个连续型的例子.

例 2.4.2 设二元函数

$$F(x,y) = \begin{cases} 1, & 2x+y \geq 1, \\ 0, & 2x+y < 1. \end{cases}$$

它是二元分布函数吗?

解 一个二元函数是分布函数的充要条件是满足联合分布函数的性质(1)~(4). 容易验证(1)~(3)是满足的,而在如图 2.4.2 中选出的四个点上,相应按(4)构造的左方函数值

$$F(1,2) - F(1,0) - F(0,2) + F(0,0)$$
$$= 1 - 1 - 1 + 0 = -1 < 0,$$

可知(4)不成立,因此它不是分布函数.

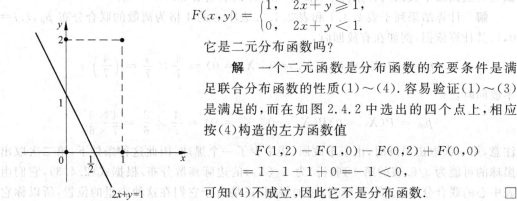

图 2.4.2 二元函数与二元分布函数

2. 两个重要的多元分布

(1) 多元均匀分布 U_A

在 1.3 节几何概型的引例中,我们知道在一个平面区域(草地)的每一个面积元上,都有相等的概率. 这种概率分布规律,实际上就是一个二维的均匀分布. 在下面给出的一般 n 维均匀分布的定义中,所谓"n 维 L-可测区域"可粗略地理解为有 n 维体积的一个区域,严谨的定义可阅读参考文献[10]或[11]中的 Lebesgue 可测部分. 用 $L(A)$ 表示 n 维可测区域 A 的测度(n 维体积).

定义 2.4.2 设 A 和 $\mathbb{R}^n$ 都是 n 维 L-可测区域,$A \subset \mathbb{R}^n$,$0 < L(A) < +\infty$. 如 $(\Omega, \mathcal{F}, P)$ 上定义的 n 个随机变量 $X_i (i=1,2,\cdots,n)$ 所组成随机向量 $\boldsymbol{X}$ 的概率密度函数为

$$f_X(x) = \begin{cases} 1/L(A), & x \in A, \\ 0, & 其他, \end{cases} \tag{2.4.7}$$

则称 $\boldsymbol{X}$ 服从 A 上的均匀分布. 记为 $X \sim U_A$.

(2) 多元正态分布 $N(\boldsymbol{a}, \boldsymbol{\Sigma})$

定义 2.4.3 设 $X_i (i=1,2,\cdots,n)$ 是定义在同一个概率空间 $(\Omega, \mathcal{F}, P)$ 上的随机变量,它们组成的 n 维随机向量 $\boldsymbol{X}$ 的概率密度函数为

$$\phi(\boldsymbol{x}, \boldsymbol{a}, \boldsymbol{\Sigma}) = (2\pi)^{-n/2} |\boldsymbol{\Sigma}|^{-1/2} \exp\left(-\frac{1}{2}(\boldsymbol{x}-\boldsymbol{a})\boldsymbol{\Sigma}^{-1}(\boldsymbol{x}-\boldsymbol{a})'\right), \quad \boldsymbol{x} \in \mathbb{R}^n, \tag{2.4.8}$$

其中实向量 $\boldsymbol{a} \in \mathbb{R}^n$,$\boldsymbol{\Sigma}$ 是实的 n 阶对称正定阵,则称 X 服从参数为 $\boldsymbol{a}$ 和 $\boldsymbol{\Sigma}$ 的 n 维正态分布. 记为 $\boldsymbol{X} \sim N_n(\boldsymbol{a}, \boldsymbol{\Sigma})$,也简记为 $N(\boldsymbol{a}, \boldsymbol{\Sigma})$.

定义 2.4.4 设二维随机向量 (X,Y) 的概率密度函数为:对任意 $(x,y) \in \mathbb{R}^2$,

$$\phi(x,y;\mu_1,\mu_2,\sigma_1^2,\sigma_2^2,\rho) = \frac{1}{2\pi\sigma_1\sigma_2\sqrt{1-\rho^2}}\exp\left\{\frac{-1}{2(1-\rho^2)}\left[\left(\frac{x-\mu_1}{\sigma_1}\right)^2 - 2\rho\frac{(x-\mu_1)(y-\mu_2)}{\sigma_1\sigma_2} + \left(\frac{y-\mu_2}{\sigma_2}\right)^2\right]\right\}, \quad (2.4.9)$$

其中 $\mu_1,\mu_2,\sigma_1(>0),\sigma_2(>0) \in \mathbb{R}, |\rho|<1$，称 X 服从参数为 $\mu_1,\mu_2,\sigma_1^2,\sigma_2^2,\rho$ 的**二元正态分布**，也记为 $(X,Y)\sim N(\mu_1,\mu_2,\sigma_1^2,\sigma_2^2,\rho)$. 其图形见图 2.4.3.

把式 (2.4.8) 写为向量形式，只要取实向量

$$\boldsymbol{a} = (\mu_1,\mu_2) \in \mathbb{R}^2, \quad \boldsymbol{\Sigma} = \begin{pmatrix} \sigma_1^2 & \rho\sigma_1\sigma_2 \\ \rho\sigma_1\sigma_2 & \sigma_2^2 \end{pmatrix} \tag{2.4.10}$$

即可. 由于 $\sigma_1 > 0, \sigma_2 > 0$ 及 $|\rho|<1, \boldsymbol{\Sigma}$ 是实的二阶对称正定阵.

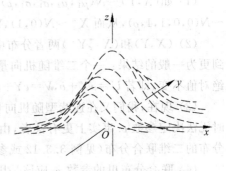

图 2.4.3 二元正态密度函数

特别地，称 $N(0,0,1,1,\rho)$ 为**二元标准正态分布**，其概率密度函数简记为 $\phi(x,y,\rho)$.

为了证明函数 (2.4.9) 确为概率密度函数，只要证明其在 $\mathbb{R}^2$ 上积分为 1. 事实上，仿一维情形做变量替换容易证明，相应的标准化变量 $X^* = (X-\mu_1)/\sigma_1$ 和 $Y^* = (Y-\mu_2)/\sigma_2$ 有联合分布

$$(X^*, Y^*) \sim N(0,0,1,1,\rho). \tag{2.4.11}$$

从而只要证明 $\phi(x,y,\rho)$ 在 $\mathbb{R}^2$ 上的积分为 1. 此时

$$\int_{-\infty}^{+\infty}\int_{-\infty}^{+\infty}\phi(x,y,\rho)\mathrm{d}x\mathrm{d}y = \int_{-\infty}^{+\infty}\left(\int_{-\infty}^{+\infty}\phi(x,y,\rho)\mathrm{d}y\right)\mathrm{d}x = \int_{-\infty}^{+\infty}f_{X^*}(x)\mathrm{d}x, \tag{2.4.11'}$$

其中

$$\begin{aligned}
f_{X^*}(x) &= \int_{-\infty}^{+\infty}\frac{1}{2\pi\sqrt{1-\rho^2}}\exp\left[-\frac{x^2-2\rho xy+y^2}{2(1-\rho^2)}\right]\mathrm{d}y \\
&= \int_{-\infty}^{+\infty}\frac{1}{2\pi\sqrt{1-\rho^2}}\exp\left[-\frac{x^2-\rho^2 x^2+(\rho^2 x^2-2\rho xy+y^2)}{2(1-\rho^2)}\right]\mathrm{d}y \\
&= \int_{-\infty}^{+\infty}\frac{1}{\sqrt{2\pi}\sqrt{1-\rho^2}}\exp\left[\frac{(y-\rho x)^2}{2(1-\rho^2)}\right]\mathrm{d}y \cdot \frac{1}{\sqrt{2\pi}}\exp\left(-\frac{x^2}{2}\right) \\
&= \frac{1}{\sqrt{2\pi}}\exp\left(-\frac{x^2}{2}\right).
\end{aligned}$$

这是 $N(0,1)$ 的概率密度函数，故代入式 (2.4.11') 证得所要的结论.

二元正态分布与边际分布的关系

从上面的推导,可以发现 $X^* \sim N(0,1)$. 由对称性可知 $Y^* \sim N(0,1)$. 利用 2.3 节一维正态变量与其标准化变量间的关系,可知 $X \sim N(\mu_1, \sigma_1^2)$ 和 $Y \sim N(\mu_2, \sigma_2^2)$. 总结并分析,可以得到如下事实:

(1) 如 $(X,Y) \sim N(\mu_1, \mu_2, \sigma_1^2, \sigma_2^2, \rho)$,则 $X \sim N(\mu_1, \sigma_1^2)$ 和 $Y \sim N(\mu_2, \sigma_2^2)$,并且 $(X^*, Y^*) \sim N(0,0,1,1,\rho)$,从而 $X^* \sim N(0,1), Y^* \sim N(0,1)$.

(2) (X,Y) 和 (X^*,Y^*) 两者分布中的参数 ρ 都是不变的. 在下一章的习题中可以看到更为一般的结果:一个二维随机向量 (X,Y),其各分量的线性函数之间的相关系数的绝对值不变,即若 $U = aX+b, V = cY+d$,则 $|r_{U,V}| = |r_{X,Y}|$.

(3) 现在,我们又在连续型随机向量中看到,联合分布决定边际分布,反之则不然,此时无法决定参数 ρ. 事实上更有甚者,由两个一维正态分布函数,可以组成一个不是正态分布的二维联合分布(见例 3.3.12 或参考文献 [2] 和 [4]).

(4) 联合分布里的参数 ρ,应该是用来刻画 X 与 Y 之间的联系的. 下一章将进一步阐明二元正态分布中这些参数的概率意义.

二元正态分布密度的性质

由式 (2.4.9) 及二元正态密度图 2.4.3,容易得到二元正态分布的性质:

(1) $\phi(x,y; \mu_1, \mu_2, \sigma_1^2, \sigma_2^2, \rho) > 0, \forall (x,y) \in \mathbb{R}^2$,且任意阶导函数为连续的.

(2) $\phi(x,y; \mu_1, \mu_2, \sigma_1^2, \sigma_2^2, \rho)$ 关于平面 $x = \mu_1$ 和平面 $y = \mu_2$ 对称,在点 (μ_1, μ_2) 取得最大值 $(2\pi\sigma_1\sigma_2\sqrt{1-\rho^2})^{-1}$,故 σ_1 和 σ_2 越小且 $|\rho|$ 越接近于 1,则此最大值越大.

(3) 记椭圆

$$\left(\frac{x-\mu_1}{\sigma_1}\right)^2 - 2\rho \frac{(x-\mu_1)(y-\mu_2)}{\sigma_1\sigma_2} + \left(\frac{y-\mu_2}{\sigma_2}\right)^2 = c^2$$

为 A_c,其中 c 为常数,则在椭圆 A_c 上 $\phi(x,y; \mu_1, \mu_2, \sigma_1^2, \sigma_2^2, \rho)$ 为常数,从而在 A_c 上概率为常数(与 c 有关). 称 A_c 为**等概率椭圆**.

2.4.2 条件分布及随机变量的独立性

1. 条件分布

由随机变量的定义,$(X=x)$ 及 $(Y \leqslant y)$ 都是事件,故当对某固定的 $x \in \mathbb{R}$,$P(X=x) > 0$ 时,条件概率(参阅 1.5 节)

$$P(Y \leqslant y \mid X = x) = P(X=x, Y \leqslant y)/P(X=x) \tag{2.4.12}$$

有意义,并成为 y 的实值函数,称为 $X=x$ 条件下 Y 的条件分布函数,简记为 $F_{Y|X}(y|x)$,$-\infty < y < +\infty$.

当 X 是连续型随机变量时,上述定义因对任何实数 x,都有 $P(X=x)=0$ 而遇到麻烦.但是如在式(2.4.12)中用 $(x-\Delta x<X\leqslant x)$ 代替 $(X=x)$,则式(2.4.12)右方的分子和分母,在 $\Delta x\to 0$ 时都是无穷小量,趋于 0,从而分式可能存在有限的极限.

定义 2.4.5 设 X 和 Y 为随机变量,当极限

$$F_{Y|X}(y\mid x)\stackrel{\text{def}}{=}\lim_{\Delta x\to 0}(P(x-\Delta x<X\leqslant x,Y\leqslant y)/P(x-\Delta x<X\leqslant x)),\quad y\in\mathbb{R}$$
(2.4.13)

存在时,称之为 $X=x$ 条件下 Y 的**条件分布函数**.

这一定义当然包括了离散型情形的式(2.4.12).若 (X,Y) 是连续型的,且其概率密度函数 $f(x,y)$ 在 (x,y) 点连续,固定 $y\in\mathbb{R}$,并在该 x 点 $f_X(x)>0$,则由洛必达(L'Hospital)法则,式(2.4.13)中的极限式等于

$$\lim_{\Delta x\to 0}\left(\frac{1}{\Delta x}\int_{x-\Delta x}^{x}\int_{-\infty}^{y}f(u,v)\mathrm{d}u\mathrm{d}v\Big/\frac{1}{\Delta x}\int_{x-\Delta x}^{x}f_X(u)\mathrm{d}u\right)$$

$$=\int_{-\infty}^{y}f(x,v)\mathrm{d}v/f_X(x)=\int_{-\infty}^{y}[f(x,v)/f_X(x)]\mathrm{d}v.$$

可见此条件分布有概率密度函数

$$f_{Y|X}(y\mid x)\stackrel{\text{def}}{=}f(x,y)/f_X(x),\quad f_X(x)>0. \tag{2.4.14}$$

于是

$$F_{Y|X}(y\mid x)=\int_{-\infty}^{y}f_{Y|X}(v\mid x)\mathrm{d}v. \tag{2.4.14'}$$

仿照上面的方法可定义 $F_{X|Y}(x|y)$ 及 $f_{X|Y}(x|y)$,并且可以证明,在给定的约束条件下,条件分布函数(或条件概率密度函数)确为分布函数(或概率密度函数),即满足 2.1 节分布函数的条件(1)~(3)(或 2.1 节式(2.1.8)).其对应的随机变量也记为 $X|Y$.

2. 随机变量的独立性

既然任何随机变量的随机规律完全由其分布函数决定,而如果任意两个事件 $(X\leqslant x)$ 和 $(Y\leqslant y),x,y\in\mathbb{R}$ 都是独立的,那么随机变量 X 与 Y 也应该叫做独立的.一般地,有下面的定义.

定义 2.4.6 设 $F_{\mathbf{X}}(x_1,x_2,\cdots,x_n)$ 及 $F_j(x_j)$ 分别是 $\mathbf{X}(X_1,X_2,\cdots,X_n)$ 及 X_j 的分布函数,$j=1,2,\cdots,n$,如

$$F_{\mathbf{X}}(x_1,x_2,\cdots,x_n)=\prod_{1}^{n}F_j(x_j),\quad \forall\,(x_1,x_2,\cdots,x_n)\in\mathbb{R}^n, \tag{2.4.15}$$

则称 $X_1,X_2,\cdots,X_n$ 为**相互独立的**.

注 回忆 n 个事件独立性的定义好像并不这么简单,例如三个事件的独立性要求有 4 个概率等式都成立才可,参看式(1.6.3)和式(1.6.4).而式(2.4.15)似乎只是一个式子.其实式(2.4.15)由于 $(x_1,x_2,\cdots,x_n)$ 在 $\mathbb{R}^n$ 中的任意性而相当不简单,例如让某个 $x_k\to$

$+\infty$,因为$(X_k<+\infty)=\Omega$,$F_k(\infty)=1$,式(2.4.15)保证了对其余$n-1$个事件$(X_i\leqslant x_i)$成立相应的概率等式. 任意选定 i 个 $x_k\to+\infty$,则式(2.4.15)保证与其余 $n-i$ 个随机变量有关的所有事件,成立相应的概率等式. 因此式(2.4.15)内容十分丰富.

可以证明,以 $n=2$ 为例,离散型和连续型的式(2.4.15)分别等价于(即对离散型和连续型的 X 与 Y 的独立性分别等价于)

$$\begin{cases} p_{ij}=p_{i\cdot}p_{\cdot j}, & \text{所有可能的 } i,j, \\ f_{(X,Y)}(x,y)=f_X(x)f_Y(y), & \mathbb{R}^2\text{中几乎所有的}(x,y). \end{cases} \quad (2.4.16)$$

当几乎处处有 $f_X(x)>0$ 时,由式(2.4.14)可知,X 与 Y 独立的充要条件是

$$f_{Y|X}(y|x)=f_Y(y), \quad \text{a.e.}, \quad y\in\mathbb{R}. \quad (2.4.17)$$

事实上,由于在 $f_X(x)=0$ 的 (x,y) 上式(2.4.16)是否成立是容易判断的,因此当在 $f_X(x)=0$ 的 (x,y) 上式(2.4.16)成立时,X 与 Y 独立的充要条件变成在 $f_X(x)>0$ 的 (x,y) 上式(2.4.17)成立. 这个结论是1.6节性质1事件独立性用条件概率刻画的一般化.

例 2.4.3 设随机变量 X 与 Y 相互独立,下表列出了随机向量 (X,Y) 的分布律和关于 X,Y 的边缘分布律中的部分已知数值,试将其余数值填入表中的空白处.

X \ Y	y_1	y_2	y_3	$P(X=x_i)=p_{i\cdot}$
x_1		$\frac{1}{8}$		
x_2	$\frac{1}{8}$			
$P(Y=y_j)=p_{\cdot j}$		$\frac{1}{6}$		1

解 对第一列,由边际分布定义

$$P(Y=y_1)=p_{\cdot 1}=\sum_{i=1}^{2}p_{i1},$$

得 $p_{11}=p_{\cdot 1}-p_{21}=\frac{1}{6}-\frac{1}{8}=\frac{1}{24}$. 由独立性,$p_{11}=p_{\cdot 1}p_{1\cdot}$,得

$$p_{1\cdot}=p_{11}/p_{\cdot 1}=\frac{1}{24}\bigg/\frac{1}{6}=\frac{1}{4}.$$

对第一行,类似上面的方法由边际分布定义和独立性,得

$$p_{13}=p_{1\cdot}-p_{11}-p_{12}=\frac{1}{4}-\frac{1}{24}-\frac{1}{8}=\frac{1}{12},$$

$$p_{\cdot 3}=p_{13}/p_{1\cdot}=\frac{1}{12}\bigg/\frac{1}{4}=\frac{1}{3}.$$

如此可逐步算得其余空白处各项,完成下表.

X \ Y	y_1	y_2	y_3	$P(X=x_i)=p_i.$
x_1	$\frac{1}{24}$	$\frac{1}{8}$	$\frac{1}{12}$	$\frac{1}{4}$
x_2	$\frac{1}{8}$	$\frac{3}{8}$	$\frac{1}{4}$	$\frac{3}{4}$
$P(Y=y_j)=p_{\cdot j}$	$\frac{1}{6}$	$\frac{1}{2}$	$\frac{1}{3}$	1

例 2.4.4 已知随机变量 X_1 和 X_2 的概率分布

$$X_1 \sim \begin{pmatrix} -1 & 0 & 1 \\ \frac{1}{4} & \frac{1}{2} & \frac{1}{4} \end{pmatrix}, \quad X_2 \sim \begin{pmatrix} 0 & 1 \\ \frac{1}{2} & \frac{1}{2} \end{pmatrix},$$

而且 $P(X_1 X_2=0)=1$. 求 X_1 和 X_2 的联合分布. X_1 和 X_2 是否独立？为什么？

解 由 $P(X_1 X_2=0)=1$，可见 $P(X_1 X_2 \neq 0)=0$，从而

$$P(X_1=-1, X_2=1) = P(X_1=1, X_2=1) = 0.$$

由边际分布与联合分布之间的关系式(2.4.16)知

$$P(X_1=-1, X_2=0) = P(X_1=-1) - P(X_1=-1, X_2=1) = \frac{1}{4},$$

$$P(X_1=0, X_2=1) = P(X_2=1) - P(X_1=-1, X_2=1) - P(X_1=1, X_2=1) = \frac{1}{2},$$

$$P(X_1=1, X_2=0) = P(X_1=1) = \frac{1}{4},$$

以及

$$P(X_1=0, X_2=0) = 1 - \left(\frac{1}{4} + \frac{1}{2} + \frac{1}{4}\right) = 0.$$

于是，得 X_1 和 X_2 的联合分布，见下表.

X_2 \ X_1	-1	0	1	$p_{\cdot j}$
0	$\frac{1}{4}$	0	$\frac{1}{4}$	$\frac{1}{2}$
1	0	$\frac{1}{2}$	0	$\frac{1}{2}$
$p_i.$	$\frac{1}{4}$	$\frac{1}{2}$	$\frac{1}{4}$	1

由以上结果可见：

$$P(X_1=0, X_2=0) = 0, \quad P(X_1=0)P(X_2=0) = \frac{1}{4} \neq 0,$$

于是, X_1 和 X_2 不独立.

注 由 $P(X_1X_2=0)=1$ 知,下表中所有标出的 4 个 p_{ij} 之和为 1,从而可发现 X_1 和 X_2 的联合分布有如下结构:

X_2 \ X_1	-1	0	1	$p_{\cdot j}$
0	p_{11}	p_{21}	p_{31}	$\dfrac{1}{2}$
1	0	p_{22}	0	$\dfrac{1}{2}$
$p_{i\cdot}$	$\dfrac{1}{4}$	$\dfrac{1}{2}$	$\dfrac{1}{4}$	1

由分布的性质知 $p_{22}=1/2, p_{11}=1/4, p_{31}=1/4$,于是 $p_{21}=0$. X_1 和 X_2 的联合分布全部给出.

例 2.4.5 设随机变量 X 与 Y 独立,且 $P(X=1)=P(Y=1)=p>0, P(X=0)=P(Y=0)=1-p>0$. 定义

$$Z = \begin{cases} 1, & X+Y \text{ 为偶数}, \\ 0, & X+Y \text{ 为奇数}. \end{cases}$$

问: p 取什么值时, X 与 Z 独立?

解 为使 X 与 Z 独立,应该有 $P(X=1, Z=1) = P(X=1)P(Z=1)$.

上式左方 $=P(X=1, X+Y \text{ 为偶数}) = P(X=1, Y=1) = P(X=1)P(Y=1) = p^2$,

可知应有 $p^2 = pP(Z=1)$,故

$$P(Z=1) = P(Y=1),$$

而 $\quad P(Z=1) = P(X=1, Y=1) + P(X=0, Y=0) = p^2 + (1-p)^2$,

即 $\qquad p^2 + (1-p)^2 = p$ 或 $2p^2 - 3p + 1 = 0$,

解得 $p=1/2$ 和 $p=1$(舍去).

注意 X 和 Z 都是计数变量,在 $p=1/2$ 时由 $P(X=1, Z=1) = P(X=1)P(Z=1)$ 即得 X 和 Z 独立. 实际上,利用事件独立性性质容易验证其余等式,例如,因为 $(Z=1)$ 与 $(X=1)$ 独立,则逆事件 $(Z=0)$ 也与 $(X=1)$ 独立,从而得到

$$P(X=1, Z=0) = P(X=1) \cdot P(Z=0).$$

引入记号:集合 B 的示性函数 $I(B)$ 表示为

$$I(B) = \begin{cases} 1, & x \in B, \\ 0, & \text{其他}. \end{cases}$$

例 2.4.6 设 (X, Y) 的概率密度函数为 $f(x, y) = c\exp[-n(x+y)]I(0<x<y<+\infty)$,其中 n 为已知正整数, c 为待定常数.

(1)求 c;(2)求条件密度 $f_{Y|X}(y|1)$;(3) X 与 Y 是否独立,为什么?

解 (1)由二维概率密度函数的性质,有

$$1 = \iint_{\mathbb{R}^2} f(x,y)\mathrm{d}x\mathrm{d}y = \iint_{0<x<y} c\exp[-n(x+y)]\mathrm{d}x\mathrm{d}y$$

$$= c\int_0^{+\infty} \mathrm{e}^{-nx}\mathrm{d}x \int_x^{+\infty} \mathrm{e}^{-ny}\mathrm{d}y = c\int_0^{+\infty} \mathrm{e}^{-nx} \cdot \frac{1}{n}\mathrm{e}^{-nx}\mathrm{d}x = \frac{c}{2n^2}, \quad c = 2n^2.$$

(2)求边际概率密度函数,有

$$f_X(x) = \int_{-\infty}^{+\infty} f(x,y)\mathrm{d}y = \int_x^{+\infty} 2n^2\mathrm{e}^{-n(x+y)}\mathrm{d}y = 2n\mathrm{e}^{-2nx}, \quad x>0.$$

故 $f_{Y|X}(y|1) = f(1,y)/f_X(1) \xrightarrow{y \geq 1} 2n^2\mathrm{e}^{-n(1+y)}/2n\mathrm{e}^{-2n} = n\mathrm{e}^{-n(y-1)}$;
对其余的 y,上式为 0.

(3)仿照(2)的方法求 Y 的边际概率密度函数,有

$$f_Y(y) = \int_{-\infty}^{+\infty} f(x,y)\mathrm{d}x = \int_0^y 2n^2 \mathrm{e}^{-n(x+y)}\mathrm{d}x = 2n\mathrm{e}^{-ny}(1-\mathrm{e}^{-ny}), \quad y>0.$$

易见,$f(x,y) \neq f_X(x)f_Y(y), 0<x<y$. 故 X 和 Y 不独立. □

下例说明求条件密度应该注意定义域,确保作为条件的边际密度是大于 0 的,因此要除去边际密度等于 0 的点.

例 2.4.7 设 (X,Y) 的联合密度 $f(x,y) = cI(x^2+y^2 \leq 1)$,其中 $I(B)$ 是 B 的示性函数.

(1)试确定常数 c,并指出 (X,Y) 服从什么分布;(2)求 Y 的边际密度;(3)求条件密度 $f_{X|Y}(x|y)$;(4) X 与 Y 是否独立?

解 (1)由题设知,在单位圆上概率密度函数是常数,故 (X,Y) 有单位圆上的均匀分布, $c = 1/\pi$.

(2)设 $|y| \leq 1$,则 $f_Y(y) = \int_{-\infty}^{+\infty} f(x,y)\mathrm{d}x = \int_{-\sqrt{1-y^2}}^{\sqrt{1-y^2}} \frac{1}{\pi}\mathrm{d}x = \frac{2}{\pi}\sqrt{1-y^2}$,而在其他处, $f_Y(y) = 0$.

(3)注意条件密度 $f_{X|Y}(x|y)$ 只是在 $f_Y(y)>0$ 处有定义,因此应除去 $|y| \geq 1$ 的点. 当 $|y|<1, x^2+y^2 \leq 1$ 时,

$$f_{X|Y}(x|y) = f(x,y)/f_Y(y) = \frac{1}{\pi}\left[\frac{2}{\pi}(1-y^2)^{1/2}\right]^{-1} = \frac{1}{2}(1-y^2)^{-\frac{1}{2}};$$

当 $|y|<1, x^2+y^2>1$ 时, $f_{X|Y}(x|y) = 0.$

(4) 由对称性可得 X 的边际密度为

$$f_X(x) = \begin{cases} \dfrac{2}{\pi}\sqrt{1-x^2}, & |x| \leqslant 1, \\ 0, & \text{其他.} \end{cases}$$

易知不能对几乎一切 x 和 y 成立 $f(x,y) = f_X(x)f_Y(y)$,故 X 与 Y 不独立. □

由式(2.4.16)及 2.4.1 节中二元正态分布与边际分布的关系,可证得下面二元正态分量独立的定理 2.4.1. 由式(2.4.17)及下面的例 2.4.8,也可证得此定理.

定理 2.4.1 设 $(X,Y) \sim N(\mu_1, \mu_2, \sigma_1^2, \sigma_2^2, \rho)$,则 X 与 Y 独立的充要条件是 $\rho = 0$. 它也是标准正态分布的分量(即标准化变量 X^* 与 Y^*)独立的充要条件. □

例 2.4.8 设 $(X,Y) \sim N(\mu_1, \mu_2, \sigma_1^2, \sigma_2^2, \rho)$,求证

$$Y \mid X \sim N\left(\mu_2 + \rho\frac{\sigma_2}{\sigma_1}(x-\mu_1), \sigma_2^2(1-\rho^2)\right). \tag{2.4.18}$$

解 $(X,Y) \sim N(\mu_1, \mu_2, \sigma_1^2, \sigma_2^2, \rho)$,故 $X \sim N(\mu_1, \sigma_1^2)$. 由条件概率密度函数公式并且直接代入二元正态及一元正态的概率密度函数,有

$$f_{Y|X}(y \mid x) = f_{(X,Y)}(x,y)/f_X(x)$$

$$= \frac{1}{\sqrt{2\pi}\sigma_2\sqrt{1-\rho^2}} \exp\left[-\frac{1}{2(1-\rho^2)}\left(\frac{y-\mu_2}{\sigma_2} - \rho\frac{x-\mu_1}{\sigma_1}\right)^2\right]$$

$$= \frac{1}{\sigma_2\sqrt{2\pi}\sqrt{1-\rho^2}} \exp\left\{-\frac{1}{2\sigma_2^2(1-\rho^2)}\left[y - \mu_2 - \rho\frac{\sigma_2}{\sigma_1}(x-\mu_1)\right]^2\right\}.$$

故由一元正态分布的定义,对固定的 $X=x$,有式(2.4.18)成立. □

由此及式(2.4.17)也可证得定理 2.4.1:X 与 Y 独立 $\Leftrightarrow \rho = 0$.

下节将利用随机向量函数的概率密度函数公式,可从标准化变量入手简化计算,得到上述结果. 参看例 2.5.8.

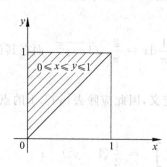

图 2.4.4 二元概率密度函数值非 0 的定义域

例 2.4.9 设 $f_{(X,Y)}(x,y) = \begin{cases} 8xy, & 0 \leqslant x \leqslant y \leqslant 1, \\ 0, & \text{其他,} \end{cases}$

问 X 与 Y 是否独立?

解 二元概率密度函数值非 0 的定义域为图 2.4.4 所示的阴影部分. 固定 $x \in [0,1]$,

$$f_X(x) = \int_{-\infty}^{+\infty} f(x,y)\mathrm{d}y = \int_x^1 8xy\,\mathrm{d}y = 4x(1-x^2),$$

于是 $f_X(x) = 4x(1-x^2)I(0 \leqslant x \leqslant 1).$

类似地,可求得

$$f_Y(y) = \begin{cases} \int_0^y 8xy\,\mathrm{d}x = 4y^3, & 0 \leqslant y \leqslant 1, \\ 0, & \text{其他}. \end{cases}$$

可知式(2.4.16)的第二式不能几乎处处成立,因此 X 与 Y 不独立. □

本题也可用式(2.4.17)判断独立性.事实上,当 $0<x<1$ 时,

$$f_{Y|X}(y\mid x) = \frac{f(x,y)}{f_X(x)} = \begin{cases} \dfrac{8xy}{4x(1-x^2)} = \dfrac{2y}{1-x^2}, & 0<x \leqslant y<1, \\ 0, & y<x, 0<x<1, \end{cases}$$

可知不能在 $0<x<1$ 时,对几乎一切 y 有式(2.4.17)成立,因此 X 与 Y 不独立.

由于二元密度的定义域,两个变量是"纠缠"在一起的, X 与 Y 的不独立,似有预感.而当二元密度可以写成两个函数乘积的形式,而其定义域中两个变量又没有"纠缠",也可写为"分离"形式,我们称为分离变量乘积形式.下面将证明它们是独立的.这个结论写在一个例中,它是二元连续型随机变量独立性的一个简单而有用的判别方法.

例 2.4.10 试证若随机向量 (X,Y) 的概率密度函数 $f(x,y)$ 有如下分离变量乘积形式,则 X 和 Y 一定独立.

$$f(x,y) = \begin{cases} g(x)h(y), & a<x<b, c<y<d, \\ 0, & \text{其他}, \end{cases}$$

其中实数 $a<b, c<d$,并允许取无穷大.

解 求边际密度,设 $a<x<b$,

$$f(x) = \int_{-\infty}^{+\infty} f(x,y)\,\mathrm{d}y = \int_c^d g(x)h(y)\,\mathrm{d}y = g(x)\int_c^d h(y)\,\mathrm{d}y.$$

由题设 $f(x,y)$ 是概率密度函数,上述积分存在.类似地可求对 $c<y<d, f(y) = h(y)\int_a^b g(x)\,\mathrm{d}x$.

故当 $a<x<b$ 且 $c<y<d$ 时,

$$f(x)f(y) = g(x)\int_c^d h(y)\,\mathrm{d}y \cdot h(y)\int_a^b g(x)\,\mathrm{d}x = g(x)h(y)\int_a^b g(x)\,\mathrm{d}x \int_c^d h(y)\,\mathrm{d}y$$

$$= g(x)h(y)\int_a^b \int_c^d g(x)h(y)\,\mathrm{d}x\mathrm{d}y = g(x)h(y) = f(x,y).$$

在 x 和 y 的其他取值上, $f(x), f(y)$ 及 $f(x,y)$ 三个函数均为 0,因此式(2.4.16)的第二式也成立.由定义可得 X 和 Y 相互独立. □

注意,因 $f(x,y) \geqslant 0$,故 $g(x)$ 与 $h(y)$ 同号.在题设形式下, X 的边际概率密度函数与 $g(x)$ 只差一个常数因子 $\int_c^d h(y)\,\mathrm{d}y$. Y 的情况类似.因此只要对 $g(x)$ 和 $h(y)$ 适当调节它们的常数因子,可立即由联合密度 $f(x,y)$ 决定 X 和 Y 的边际密度.

比较例 2.4.9 和例 2.4.10,注意联合密度因定义域不同可造成在独立性方面的差异.

2.5 随机向量函数的分布

至此,已经初步介绍了一些最重要的分布概型,但还远远不够.下面将继续利用它们拓宽我们的认识领域,以期能更为有力地刻画和分析千变万化的随机现象.

2.5.1 随机变量的函数的分布

如果随机变量 X 的分布规律已经知道了,那么 X 的函数 $Y=g(X)$,将有什么样的分布呢? 例如速度 V 服从正态分布,那么动能 $\frac{1}{2}mV^2$ 应服从何种分布?

利用分布函数的定义和概率意义,一般地,随机变量 X 的函数 $Y=g(X)$,可直接由下式计算:

$$F_Y(y) = P(g(X) \leqslant y) = \int_{x: g(x) \leqslant y} \mathrm{d}F_X(x).$$

特别地,

$$F_Y(y) = \begin{cases} \sum_{j: g(x_j) \leqslant y} p_j(X), & X \text{ 为离散型}, \\ \int_{x: g(x) \leqslant y} f_X(x)\mathrm{d}x, & X \text{ 为连续型}, \end{cases} \quad (2.5.1)$$

其中 $p_j(X) \stackrel{\text{def}}{=\!=} P(X=x_j)$.

离散型随机变量函数的分布,较为好求.下面用一个例子来介绍一般的方法.

例 2.5.1 设 $X \sim P(\lambda)$,试求 $Y=2X-1$ 的分布.

解 $P(Y=2k-1) = P(X=k) = \frac{\lambda^k}{k!}\mathrm{e}^{-\lambda}, k \in \{0,1,2,\cdots\}$,于是立即可得 Y 的分布列

$$\begin{bmatrix} -1 & 1 & 3 & \cdots & 2k-1 & \cdots \\ \mathrm{e}^{-\lambda} & \lambda\mathrm{e}^{-\lambda} & \frac{\lambda^2}{2!}\mathrm{e}^{-\lambda} & \cdots & \frac{\lambda^k}{k!}\mathrm{e}^{-\lambda} & \cdots \end{bmatrix}. \qquad \square$$

请注意,这里利用 $P(Y=2k-1) = P(X=k)$,而只要适当改造 X 分布列第一行上的值,就可以得到 $Y=g(X)$ 的分布列.但如果用 $P(Y=k) = P(2X-1=k) = P\left(X=\frac{k+1}{2}\right)$,则因 $\frac{k+1}{2}$ 不一定是非负整数,而要讨论 k 的奇偶性,将使问题复杂化.因此一般在推演中保持 $X=k$,而让 Y 取相应的值 $y=g(k)$.这样求得的分布列,在最终有时需要并项,例如

$X \sim \begin{pmatrix} -1 & 0 & 1 \\ \frac{1}{3} & \frac{1}{3} & \frac{1}{3} \end{pmatrix}$,则 $Y=X^2$ 的分布列,一开始得到 $Y \sim \begin{pmatrix} (-1)^2 & 0 & 1^2 \\ \frac{1}{3} & \frac{1}{3} & \frac{1}{3} \end{pmatrix}$,而最后应合并写成 $Y \sim \begin{pmatrix} 0 & 1 \\ \frac{1}{3} & \frac{2}{3} \end{pmatrix}$.

借助微积分中变量替换的知识,对连续型随机变量函数的分布可以得到如下几个结论.

定理 2.5.1 设 X 有连续的概率密度函数 $f_X(x)$,函数 $y=g(x)$ 严格单调且连续可微,其唯一的反函数 $x=h(y)$ 连续可微.则随机变量 $Y=g(X)$ 是连续型的随机变量,其概率密度函数为

$$f_Y(y) = f_X(h(y)) \, |\, h'(y) \,|. \tag{2.5.2}$$

证明 不妨设 $y=g(x)$ 严格单调增加,在下面第一个积分中做变量替换 $x=h(z)$,则 $\mathrm{d}x = h'(z)\mathrm{d}z$,

$$F_Y(y) = P(g(X) \leqslant y) = P(X \leqslant h(y)) = \int_{-\infty}^{h(y)} f_X(x)\mathrm{d}x = \int_{-\infty}^{y} f_X(h(z))h'(z)\mathrm{d}z.$$

概率密度函数的连续性保证分布函数可微.将上式求导即得证. □

推论 设 X 有连续的概率密度函数 $f_X(x)$.若 $a \neq 0$,则 $Y=aX+b$ 仍是连续型的随机变量,其概率密度函数为

$$f_Y(y) = \frac{1}{|a|} f_X\left(\frac{y-b}{a}\right). \tag{2.5.3}$$

建议读者利用式(2.5.3)验证 2.3 节中正态分布的标准化性质(4),并且注意仿照那里的推导可直接证明本推论.

注 1 如定理 2.5.1 中 $y=g(x)$ 在全直线 $\mathbf{R}$ 上不是**处处**都严格单调的,则在反函数不存在处令其为 0,上述公式仍可应用.

注 2 如果定理 2.5.1 的条件,只将 $y=g(x)$ 在全直线 $\mathbf{R}$ 上严格单调改为分段严格单调,从而其反函数为多支情形,$x_j = h_j(y)$,$j=1,2,\cdots,J$.那么定理结论也只要修改为:$Y=g(X)$ 的概率密度函数为

$$f_Y(y) = \sum_{j=1}^{J} f_X(h_j(y)) \, |\, h_j'(y) \,|. \tag{2.5.4}$$

例 2.5.2 设 $X \sim U(0,1)$,求 $Y=-2X+2$ 的概率密度函数.

解 I 由式(2.5.3)和 $y=-2x+2$,知 $a=-2, b=2, |h'(y)| = \frac{1}{2}$,从而

$$f_Y(y) = \begin{cases} \frac{1}{2}, & y \in (0,2), \\ 0, & y \notin (0,2). \end{cases}$$

解 Ⅱ 由均匀分布的产生背景,可知 Y 也应有均匀分布,再由 Y 的取值得到它的分布,即 $Y \sim U(0,2)$. 其概率密度函数为 $f_Y(y) = \dfrac{1}{2} I(0,2)$. □

这种解题方法是应该提倡的.

例 2.5.3 不断地抛掷一枚均匀的硬币,如果每次出现正面计 1 分,出现反面则扣 1 分,以 X 表示抛掷硬币 5 次时的得分,求 X 的分布.

解 Ⅰ 令 $X_i = \begin{cases} 1, & \text{出现正面,} \\ -1, & \text{出现反面,} \end{cases}$ 则 $X_i \sim \begin{pmatrix} -1 & 1 \\ \dfrac{1}{2} & \dfrac{1}{2} \end{pmatrix}$ 且 $X = \sum\limits_{i=1}^{5} X_i$. 令 Y_i 为伯努利计数变量,则 $Y_i \sim \begin{pmatrix} 0 & 1 \\ \dfrac{1}{2} & \dfrac{1}{2} \end{pmatrix}$ 且 $Y = \sum\limits_{i=1}^{5} Y_i \sim B\left(5, \dfrac{1}{2}\right)$.

因为 $Y_i = (X_i + 1)/2$,故

$$Y_i = (X_i + 1)/2, \quad Y = \sum_{i=1}^{5} Y_i = \sum_{i=1}^{5} (X_i + 1)/2 = (X+5)/2.$$

于是 X 的分布为

$$P(X = 2k - 5) = P((X+5)/2 = k) = P(Y = k)$$

$$= C_5^k \left(\dfrac{1}{2}\right)^k \left(\dfrac{1}{2}\right)^{5-k} = C_5^k \left(\dfrac{1}{2}\right)^5, \quad k = 0,1,2,3,4,5.$$

此时 X 的取值 $\{x_k\} = \{2k-5\}$,即为 $-5, -3, -1, 1, 3, 5$.

本题也可直接计算.

解 Ⅱ 易知 X 的取值为 $-5, -3, -1, 1, 3, 5$.

$$P(X = 5) = P(5 \text{ 次均为正面}) = \left(\dfrac{1}{2}\right)^5;$$

$$P(X = 3) = P(4 \text{ 次正面 1 次背面}) = C_5^4 \times \left(\dfrac{1}{2}\right)^5 \times \dfrac{1}{2} = 5/2^5;$$

$$P(X = 1) = P(3 \text{ 次正面 2 次背面}) = C_5^3 \times \left(\dfrac{1}{2}\right)^5 = 20/2^5 = 5/8.$$

由对称性知

$$P(X = -5) = P(X = 5) = \left(\dfrac{1}{2}\right)^5,$$

$$P(X = -3) = 5/2^5, \quad P(X = -1) = 5/8.$$ □

例 2.5.4 设随机变量 X 有连续的概率密度函数 $f_X(x)$,求 $Y = X^2$ 的概率密度函数;当 $X \sim N(0,1)$ 时,证明 $Y = X^2$ 的概率密度函数为

$$f_Y(y) = \begin{cases} \dfrac{1}{\sqrt{2\pi}} y^{-1/2} e^{-y/2}, & y > 0, \\ 0, & y \leqslant 0. \end{cases}$$

解 $Y=X^2$ 非负且为连续型,故 $y<0$ 时的密度为 0. 考虑 $y>0$ 的情形. 注意反函数有两支,$h_j(y)=\pm\sqrt{y}, y>0$,且 $|h'_j(y)|=1/(2\sqrt{y})$. 由式(2.5.4)可得

$$f_Y(y)=\begin{cases}\dfrac{1}{2\sqrt{y}}[f_X(\sqrt{y})+f_X(-\sqrt{y})], & y>0,\\ 0, & y\leqslant 0.\end{cases}$$

$X\sim N(0,1)$ 时,代入 $f_X(x)=\phi(x)$,即可得到题中密度.

注意 $\Gamma(1/2)=\sqrt{\pi}$ 及定义 2.3.3(参看式(2.3.9)),知道它是 $\Gamma(1/2,1/2)$ 分布.

例 2.5.5 设随机变量 X 有连续的概率密度函数 $f_X(x)$,求 $Y=\cos X$ 的概率密度函数.

解 I(公式法) 当 $|y|\leqslant 1$ 时,$y=\cos x$ 的反函数为(见图 2.5.1)

$$x_{k1}=2k\pi+\arccos y \quad \text{及} \quad x_{k2}=2k\pi+2\pi-\arccos y, \quad k=0,\pm 1,\pm 2,\cdots.$$

由式(2.5.4)知,Y 的概率密度函数

$$f_Y(y)=\sum_{k=-\infty}^{+\infty}[f_X(2k\pi+\arccos y)+f_X(2k\pi+2\pi-\arccos y)]/\sqrt{1-y^2}.$$

当 $|y|>1$ 时,$f_Y(y)=0$.

解 II(直接法) 设 $|y|\leqslant 1$,于是有

$$F_Y(y)=P(\cos X\leqslant y)=\sum_{k=-\infty}^{+\infty}P(\cos X\leqslant y, 2k\pi\leqslant X<2k\pi+2\pi-\arccos y)$$

$$=\sum_{k=-\infty}^{+\infty}P(2k\pi+\arccos y\leqslant X<2k\pi+2\pi-\arccos y)$$

$$=\sum_{k=-\infty}^{+\infty}[F_X(2k\pi+2\pi-\arccos y)-F_X(2k\pi+\arccos y)].$$

求导可得 Y 的密度,与解 I 结果一致.

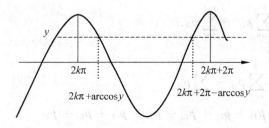

图 2.5.1 反函数多支情形

2.5.2 随机向量的函数的分布

1. 一般随机向量函数的分布

一般离散型随机向量函数的分布,像一维情形一样,也常可直接求得.

$$p_{ij}(X,Y) \stackrel{\text{def}}{=\!=} P(X=x_i, Y=y_j) \quad \text{和} \quad p_{ij}(U,V) \stackrel{\text{def}}{=\!=} P(U=u_i, V=v_j), \quad (2.5.5)$$

其中 $U = u(X,Y)$ 和 $V = v(X,Y)$.

当二元函数变换是一一变换时,则

$$p_{ij}(X,Y) = P(X=x_i, Y=y_j) = P(U=u_i, V=v_j) = p_{ij}(U,V). \quad (2.5.6)$$

式(2.5.6)立即给出 (U,V) 的分布 $p_{ij}(U,V)$.

反函数多支时的处理与一维情形类似.

例 2.5.6 设随机向量 (X,Y) 的分布律为

X \ Y	0	1	2	3	4	5
0	0.00	0.01	0.03	0.05	0.07	0.09
1	0.01	0.02	0.04	0.05	0.06	0.08
2	0.01	0.03	0.05	0.05	0.05	0.06
3	0.01	0.02	0.04	0.06	0.06	0.05

(1) 求 $U = \max\{X,Y\}$ 的分布律.

(2) 求 $V = \min\{X,Y\}$ 的分布律.

(3) 求 $W = U + V$ 的分布律.

解 (1)

$$P(U=k) = P(\max\{X,Y\}=k) = P(X=k, Y\leqslant k) + P(X<k, Y=k)$$

$$= \sum_{j=0}^{k} P(X=k, Y=j) + \sum_{i=0}^{k-1} P(X=i, Y=k)$$

$$= \sum_{j=0}^{k} p_{kj} + \sum_{i=0}^{k-1} p_{ik}.$$

例如,

$$P(U=3) = \sum_{j=0}^{3} p_{3j} + \sum_{i=0}^{2} p_{i3}$$

$$= p_{30} + p_{31} + p_{32} + p_{33} + p_{03} + p_{13} + p_{23}$$

$$= 0.01 + 0.02 + 0.04 + 0.06 + 0.05 + 0.05 + 0.05 = 0.28.$$

不难发现利用联合分布表求最大值分布的特点.结果如下:

U	0	1	2	3	4	5
p_k	0	0.04	0.16	0.28	0.24	0.28

(2) 类似地,
$$P(V=k) = P(\min\{X,Y\}=k) = P(X=k, Y\geqslant k) + P(X>k, Y=k)$$
$$= \sum_{j=k}^{5} P(X=k, Y=j) + \sum_{i=k+1}^{3} P(X=i, Y=k)$$
$$= \sum_{j=k}^{5} p_{kj} + \sum_{i=k+1}^{3} p_{ik}$$

V	0	1	2	3
p_k	0.28	0.30	0.25	0.17

(3) 容易验证 $U+V=X+Y$. 利用事件 $(X=k)$, 将事件 $(W=i)$ 分割, 则由概率可加性得到
$$P(W=i) = \sum_{k=0}^{i} P(X=k, X+Y=i) = \sum_{k=0}^{i} P(X=k, Y=i-k)$$
$$= \sum_{k=0}^{i} p_{k,i-k}.$$

因此, 容易算得

W	0	1	2	3	4	5	6	7	8
p_k	0	0.02	0.06	0.13	0.19	0.24	0.19	0.12	0.05

例 2.5.6 中和的分布可以得到如下一般化的公式. □

例 2.5.7 设 X, Y 是相互独立的随机变量, 其分布律分别为
$$P(X=k) = p(k), \quad k=0,1,2,\cdots,$$
$$P(Y=r) = q(r), \quad r=0,1,2,\cdots.$$
证明随机变量 $Z=X+Y$ 的分布律为
$$P(Z=i) = \sum_{k=0}^{i} p(k)q(i-k), \quad i=0,1,2,\cdots.$$

这种形式叫做**离散卷积**.

证明 由全概率公式及题设独立性和分布律, 有
$$P(Z=i) = \sum_{k=0}^{i} P(X=k) P(X+Y=i \mid X=k)$$

$$= \sum_{k=0}^{i} P(X=k)P(Y=i-k \mid X=k)$$

$$= \sum_{k=0}^{i} P(X=k)P(Y=i-k) \quad (由独立性)$$

$$= \sum_{k=0}^{i} p(k)q(i-k).$$

下面主要来看连续型的情形.

一般方法(直接法)

回忆概率密度函数的概率意义:

$f(x,y)\mathrm{d}x\mathrm{d}y$ 是 (X,Y) 取值在平面点 (x,y) 的微分邻域的概率. 因此

$$P(a<X\leqslant b,c<Y\leqslant d) = \int_a^b\int_c^d f(x,y)\mathrm{d}x\mathrm{d}y = \iint_{(x,y)\in(a,b]\times(c,d]} f(x,y)\mathrm{d}x\mathrm{d}y.$$

一般地, 对平面区域 G

$$\begin{cases} P((X,Y)\in G) = \iint_{(x,y)\in G} f(x,y)\mathrm{d}x\mathrm{d}y, \\ P(g(X,Y)\in G) = \iint_{g(x,y)\in G} f(x,y)\mathrm{d}x\mathrm{d}y. \end{cases} \tag{2.5.7}$$

因此

$$F_{g(X,Y)}(z) = P(g(X,Y)\leqslant z) = \iint_{g(x,y)\leqslant z} f(x,y)\mathrm{d}x\mathrm{d}y. \tag{2.5.8}$$

例如 $Z=X+Y$, 其分布函数为

$$F_Z(z) = P(X+Y\leqslant z) = \iint_{x+y\leqslant z} f(x,y)\mathrm{d}x\mathrm{d}y = \int_{-\infty}^{+\infty}\mathrm{d}x\int_{-\infty}^{z-x} f(x,y)\mathrm{d}y. \tag{2.5.9}$$

如果对 z 连续可微, 则

$$f_Z(z) = \int_{-\infty}^{+\infty} f(x,z-x)\mathrm{d}x. \tag{2.5.10}$$

公式法

基于多元微积分中变量替换知识(可参阅参考文献[8]), 对连续型随机向量的函数的分布也可以建立像上面一维情形的定理. 以二元为例列出如下定理, 其证法类似于定理 2.5.1 的证明.

定理 2.5.2 设二维随机向量 (X,Y) 有连续的概率密度函数 $f_{(X,Y)}(x,y)$, 二元变换

及其唯一反解式分别为

$$\begin{cases} u = u(x,y), \\ v = v(x,y), \end{cases} \text{及} \quad \begin{cases} x = x(u,v), \\ y = y(u,v), \end{cases}$$

且满足(1) u,v 及 x,y 都是二元连续的;(2) 上述所有四个函数的偏导数都是连续的. 则随机向量 $(U,V) \stackrel{\text{def}}{=\!=} (u(X,Y), v(X,Y))$ 的概率密度函数为

$$f_{(U,V)}(u,v) = f_{(X,Y)}(x(u,v), y(u,v)) |J|. \tag{2.5.11}$$

其中 J 是变换的雅可比行列式,

$$J = \frac{\partial(x,y)}{\partial(u,v)} = \begin{vmatrix} \dfrac{\partial x}{\partial u} & \dfrac{\partial x}{\partial v} \\ \dfrac{\partial y}{\partial u} & \dfrac{\partial y}{\partial v} \end{vmatrix}.$$

注 在反函数不存在处令其为 0,上述公式仍可应用. 仿定理 2.5.1 的注 2,对反函数为多支的情形,可建立类似的公式.

利用上节例 2.4.10(概率密度函数为分离变量乘积的形式时分量是相互独立的),由定理 2.5.2 可得到推论 1.

推论 1 设连续型随机变量 X 与 Y 独立,两个一元函数 u,v 都有各自唯一的反函数 x,y,

$$\begin{cases} u = u(x), \\ v = v(y), \end{cases} \text{及} \quad \begin{cases} x = x(u), \\ y = y(v), \end{cases}$$

且上述四个函数的导函数连续,则 $U = u(X)$ 和 $V = v(Y)$ 仍然独立.

上述结论还可推广到十分有用的一般情况,它涉及"博雷尔(Borel)函数"的概念. 对于初学者,只要知道在微积分中遇到的函数都是博雷尔函数,并且知道最后的结论就可以了.

***博雷尔函数** 假如 $\mathscr{B}$ 是由实数域上全部开区间以及它们经过至多可列次并、交和求余运算得到的所有集合的全体(称为博雷尔集类,参见定理 1.2.1 的注),$\mathscr{B}$ 的每一个元素称为**博雷尔集**. 称函数 $g(x)$ 为**博雷尔函数**,如果它的任一博雷尔集的逆像,仍然为博雷尔集,即

$$\{x \mid g(x) \in B\} \in \mathscr{B}, \quad \forall B \in \mathscr{B}.$$

博雷尔函数是相当广泛的一类函数,我们在高等数学里遇到的函数以及常见常用的函数都是博雷尔函数. 可以证明如下命题(见参考文献[1,10,11]):

$$\{x \mid g(x) \in (-\infty, y]\} \in \mathscr{B}, \quad \forall y \in \mathbb{R} \Leftrightarrow \{x \mid g(x) \in B\} \in \mathscr{B}, \quad \forall B \in \mathscr{B}.$$

这一命题使随机变量 X 定义中的条件 (2.1.1) 有如下的等价条件:

$$\{\omega \mid X(\omega) \leqslant y\} \in \mathscr{F}, \quad \forall y \in \mathbb{R} \Leftrightarrow \{\omega \mid X(\omega) \in B\} \in \mathscr{F}, \quad \forall B \in \mathscr{B}.$$

这样,当用随机变量 X 代替(复合)一个博雷尔函数 $g(x)$ 中的 x,由于
$$\{\omega \mid g(X(\omega)) \in B\} = \{\omega \mid X(\omega) \in g^{-1}(B)\} \in \mathscr{F}, \quad \forall B \in \mathscr{B}.$$
可知所得 $g(X)$ 仍为随机变量,这就是说:用随机变量 X 的一个博雷尔函数 $g(X)$ 仍然是个随机变量. □

利用上面逆映像方法可证下面的推论.

推论 2 设随机变量 X 与 Y 独立,$u(x)$ 和 $v(y)$ 是两个博雷尔函数,则随机变量 $U = u(X)$ 和 $V = v(Y)$ 仍然独立. 对两个以上独立的随机变量的各自博雷尔函数,也仍然是独立的. 特别当 $\{X_n\}$ 为独立同分布时,$\{u(X_n)\}$ 也为独立同分布.

推论 2 最后的同分布的结论成立是因为(不妨设为连续型)
$$F_{u(X_n)}(u) = P(u(X_n) \leqslant u) = \int_{u(x) \leqslant u} f_{X_n}(u) du = \int_{u(x) \leqslant u} f_{X_1}(u) du = F_{u(X_1)}(u).$$

作为推论 2 的一个应用,当 X^*,Y^* 独立同分布且服从 $N(0,1)$ 时,可由推论 2 得到 $X = \sigma_1 X^* + \mu_1$ 和 $Y = \sigma_2 Y^* + \mu_2$ 也是独立的. 进一步,当 X,Y 和 Z 独立时,$X+Y$ 和 Z^2 也是独立的.

例 2.5.8 (参看例 2.4.8)设 $(X,Y) \sim N(\mu_1, \mu_2, \sigma_1^2, \sigma_2^2, \rho)$,求 $f_{Y^*|X^*}(y|x)$ 和 $f_{Y|X}(y|x)$.

解 $(X,Y) \sim N(\mu_1, \mu_2, \sigma_1^2, \sigma_2^2, \rho)$,则 $X \sim N(\mu_1, \sigma_1^2)$,$Y \sim N(\mu_2, \sigma_2^2)$. 先求标准化后的条件密度. 因为 $(X^*, Y^*) \sim N(0,0,1,1,\rho)$ 时,$X^* \sim N(0,1)$,故

$$f_{Y^*|X^*}(y \mid x) = f_{(X^*,Y^*)}(x,y) / f_{X^*}(x)$$

$$= \frac{1}{2\pi\sqrt{1-\rho^2}} \exp\left[-\frac{x^2 - 2\rho xy + y^2}{2(1-\rho^2)}\right] \bigg/ \frac{1}{\sqrt{2\pi}} \exp\left(-\frac{x^2}{2}\right)$$

$$= \frac{1}{\sqrt{2\pi(1-\rho^2)}} \exp\left[-\frac{x^2 - 2\rho xy + y^2}{2(1-\rho^2)} + \frac{x^2(1-\rho^2)}{2(1-\rho^2)}\right]$$

$$= \frac{1}{\sqrt{2\pi(1-\rho^2)}} \exp\left[-\frac{(y-\rho x)^2}{2(1-\rho^2)}\right].$$

由随机向量函数的概率密度函数公式,有
$$f_{Y|X}(y \mid x) = f_{(X,Y)}(x,y) / f_X(x)$$

$$= f_{(X^*,Y^*)}\left(\frac{x-\mu_1}{\sigma_1}, \frac{y-\mu_2}{\sigma_2}\right) \cdot \frac{1}{\sigma_1 \sigma_2} \bigg/ \left[f_{X^*}\left(\frac{x-\mu_1}{\sigma_1}\right) \cdot \frac{1}{\sigma_1}\right]$$

$$= \frac{1}{\sigma_2 \sqrt{1-\rho^2}} \exp\left[-\frac{1}{2(1-\rho^2)}\left(\frac{y-\mu_2}{\sigma_2} - \rho\frac{x-\mu_1}{\sigma_1}\right)^2\right]$$

$$= \frac{1}{\sigma_2 \sqrt{1-\rho^2}} \exp\left\{-\frac{1}{2\sigma_2^2(1-\rho^2)}\left[y - \mu_2 - \rho\frac{\sigma_2}{\sigma_1}(x-\mu_1)\right]^2\right\}. \quad \square$$

由上例可知条件密度是正态密度,故也证明了例 2.4.8 的结论和定理 2.4.1:
$$Y^* \mid X^* \sim N(\rho x, 1-\rho^2).$$

由此可得
$$X^* 与 Y^* 独立 \Leftrightarrow \rho = 0.$$

例 2.5.9 设二维随机向量 (X,Y) 在矩形 $G = \{(x,y) \mid 0 \leqslant x \leqslant 2, 0 \leqslant y \leqslant 1\}$ 上服从均匀分布,试求边长为 X 和 Y 的矩形面积 S 的概率密度 $f(s)$.

解 二维随机向量 (X,Y) 的概率密度为
$$f(x,y) = \begin{cases} \dfrac{1}{2}, & 若 (x,y) \in G, \\ 0, & 其他. \end{cases}$$

设 $F(s)$ 为 S 的分布函数,则:当 $s \leqslant 0$ 时,$F(s) = 0$;当 $s \geqslant 2$ 时,$F(s) = 1$.

现在,设 $0 < s < 2$. 如图 2.5.2 所示,曲线 $xy = s$ 与矩形 G 的上边交于点 $(s,1)$;位于曲线 $xy = s$ 上方的点满足 $xy > s$,位于曲线下方的点满足 $xy < s$,于是利用几何概型将概率变为面积的比,准确地说是阴影面积比矩形 G 的面积. 以 D 表示图中曲边梯形,容易算得

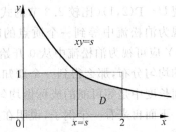

图 2.5.2 G 上均匀分布的随机变量函数

$$F(s) = P(S \leqslant s) = P(XY \leqslant s)$$
$$= (s \cdot 1 + L(D))/L(G) = \left(s + \int_s^2 \frac{s}{x} dx\right) / 2$$
$$= \frac{s}{2}(1 + \ln 2 - \ln s).$$

于是
$$f(s) = \begin{cases} \dfrac{1}{2}(\ln 2 - \ln s), & 0 < s < 2, \\ 0, & 其他. \end{cases}$$

注 用式 (2.5.8) 的二重积分,计算 S 的分布函数如下:
$$F(s) = P(XY \leqslant s) = 1 - P(XY > s)$$
$$= 1 - \iint_{xy>s} \frac{1}{2} dx dy = 1 - \frac{1}{2} \int_s^2 dx \int_{\frac{s}{x}}^1 dy = \frac{s}{2}(1 + \ln 2 - \ln s).$$

例 2.5.10 设 X,Y 为独立同分布,且服从 $\mathrm{Ex}(1)$. 试求 $U = X + Y$ 和 $V = X/(X+Y)$ 的联合分布.

解 由题设知 $f_{(X,Y)}(x,y) = \exp[-(x+y)], x > 0, y > 0$. 二元函数的反解式,当 $u > 0, 0 < v < 1$ 时,

$$\begin{cases} x = uv, \\ y = u - uv, \end{cases} \quad \text{此时} \quad J = \begin{vmatrix} v & u \\ 1-v & -u \end{vmatrix} = -u.$$

由式(2.5.11)并注意 $u = x + y$,有
$$f_{(U,V)}(u,v) = u\exp\{-u\}, \quad u > 0, \quad 0 < v < 1,$$

在其他 (u,v) 点处 $f_{(U,V)}(u,v) = 0$.

注 这里 (U,V) 的概率密度函数为分离变量乘积的形式(参阅例 2.4.10),可知 U 与 V 是独立的. $f_U(u) = u\exp\{-u\} I_{(u>0)}$,而 $V \sim U(0,1)$. 注意到 $U = X + Y$ 和 $V = X/(X+Y) = X/U$,往往会主观臆断它们不独立,这一点应该引起警惕. 进一步,可以发现 $U \sim \Gamma(2,1)$(比较 2.3 节的式(2.3.9),$\lambda = 1, r = 2$). 由泊松流的知识,既然 X 和 Y 都可视为泊松流中等到一个质点的时间,X 和 Y 又独立,利用泊松流的平稳独立增量性,$X+Y$ 应可视为泊松流中从 0 开始等到第二个质点来的时刻. $V = X/(X+Y)$ 服从 $(0,1)$ 上的均匀分布,那么得到一个新知识:泊松流中等到一个质点的时刻在等到两个质点的时间长度中是等可能的或称做均匀的. $\lambda \neq 1$ 时相应的结论仍然成立.

下面再来看一个例子,说明在判断随机变量间的独立性时一定要慎重,不要为表象所迷惑.

例 2.5.11 设 $X = (X_1, X_2)$ 有密度函数 $f_X(x_1, x_2)$,且 $Y_1 = \sqrt{X_1^2 + X_2^2}, Y_2 = X_1/X_2$.
(1) 试求 $Y = (Y_1, Y_2)$ 的密度函数 $f_Y(y_1, y_2)$;
(2) 进一步,设 X_1, X_2 独立同分布且服从 $N(0, \sigma^2)$,问 Y_1 和 Y_2 是否独立?

解 (1) 由题设知
$$y_1 = \sqrt{x_1^2 + x_2^2}, \quad y_2 = \frac{x_1}{x_2}.$$

解得两个反函数
$$x_1^{(1)} = \frac{y_1 y_2}{\sqrt{1+y_2^2}}, \quad x_2^{(1)} = \frac{y_1}{\sqrt{1+y_2^2}};$$
$$x_1^{(2)} = -x_1^{(1)}, \quad x_2^{(2)} = -x_2^{(1)}.$$

容易算出
$$J^{(1)} = \begin{vmatrix} \dfrac{\partial x_1^{(1)}}{\partial y_1} & \dfrac{\partial x_1^{(1)}}{\partial y_2} \\ \dfrac{\partial x_2^{(1)}}{\partial y_1} & \dfrac{\partial x_2^{(1)}}{\partial y_2} \end{vmatrix} = \frac{y_1}{1+y_2^2}, \quad |J^{(1)}| = \frac{|y_1|}{1+y_2^2}.$$

同样,有 $|J^{(2)}| = \dfrac{|y_1|}{1+y_2^2}$. 于是由公式(2.5.4),有

$$f_Y(y_1, y_2) = \begin{cases} \dfrac{y_1}{1+y_2^2}\left[f_X\left(\dfrac{y_1 y_2}{\sqrt{1+y_2^2}}, \dfrac{y_1}{\sqrt{1+y_2^2}}\right) + f_X\left(\dfrac{-y_1 y_2}{\sqrt{1+y_2^2}}, \dfrac{-y_1}{\sqrt{1+y_2^2}}\right) \right], & y_1 \geqslant 0; \\ 0, & y_1 < 0. \end{cases}$$

(2) 进一步，设 $f_X(x_1,x_2) = \frac{1}{2\pi\sigma^2} e^{-\frac{x_1^2+x_2^2}{2\sigma^2}}$，即设 X_1, X_2 独立，有相同的分布 $N(0,\sigma^2)$；显然 $f_X(x_1,x_2) = f_X(-x_1,-x_2)$，代入刚才所得结果，得

$$f_Y(y_1,y_2) = \frac{y_1}{1+y_2^2} \cdot \frac{1}{\pi\sigma^2} \exp\left(-\frac{y_1^2}{2\sigma^2}\right)$$

$$= \frac{y_1}{\sigma^2} \exp\left(-\frac{y_1^2}{2\sigma^2}\right) \cdot \frac{1}{\pi(1+y_2^2)}, \quad \text{如 } y_1 \geqslant 0, \ y_2 \in \mathbb{R};$$

$$f_Y(y_1,y_2) = 0, \quad \text{如 } y_1 < 0, \ y_2 \in \mathbb{R}.$$

由此，还附带得到一个事先不易预见的结论：由于 $f_Y(y_1,y_2)$ 可表示为 y_1 的函数 $\frac{y_1}{\sigma^2} e^{-\frac{y_1^2}{2\sigma^2}}$ 与 y_2 的函数 $\frac{1}{\pi(1+y_2^2)}$ 的乘积，并且定义域也是"分离"的，可见 $Y_1 = \sqrt{X_1^2 + X_2^2}$ 与 $Y_2 = \frac{X_1}{X_2}$ 独立；而且 Y_1 的密度当 $y \geqslant 0$ 时是 $\frac{y}{\sigma^2} \exp\left(-\frac{y^2}{2\sigma^2}\right)$，当 $y < 0$ 时是 0，Y_2 的密度是 $\frac{1}{\pi(1+y^2)}(-\infty < y < +\infty)$. 这个结果所以难以预见是因为 Y_1, Y_2 同是 X_1, X_2 的函数，因此，似乎 Y_1 与 Y_2 应该相关. 然而，上述计算证明，这种表面现象造成了误导. □

2. 几个重要函数的密度公式

(1) 随机变量的和差积商公式

对一般的二维随机向量 (X,Y)，如其概率密度函数为 $f(x,y)$，令 $U = X+Y$ 和 $V = X-Y$，仿上可得 (U,V) 的概率密度函数，再求边际密度，从而得到和 $X+Y$ 及差 $X-Y$ 的密度公式. 总结如下（下面的"$*$"，表示卷积）：

$$f_{X+Y}(z) = \int_{-\infty}^{+\infty} f(z-x, x) \mathrm{d}x = \int_{-\infty}^{+\infty} f(x, z-x) \mathrm{d}x$$

$$= \int_{-\infty}^{+\infty} f_X(z-x) f_Y(x) \mathrm{d}x \stackrel{\text{def}}{=} f_X(z) * f_Y(z). \quad \text{（当 } X \text{ 与 } Y \text{ 独立）} \quad (2.5.12)$$

$$f_{X-Y}(z) = \int_{-\infty}^{+\infty} f(x+z, x) \mathrm{d}x = \int_{-\infty}^{+\infty} f(x, x-z) \mathrm{d}x \quad (2.5.13)$$

$$= \int_{-\infty}^{+\infty} f_X(x+z) f_Y(x) \mathrm{d}x = \int_{-\infty}^{+\infty} f_X(x) f_Y(x-z) \mathrm{d}x. \quad \text{（当 } X \text{ 与 } Y \text{ 独立）}$$

特别地，X 和 Y 非负时，对 $z > 0$，有

$$f_{X+Y}(z) = \int_0^z f_X(z-x) f_Y(x) \mathrm{d}x = \int_0^z f_X(x) f_Y(z-x) \mathrm{d}x. \quad (2.5.12')$$

类似地，可得积和商的公式：

$$f_{XY}(z) = \int_{-\infty}^{+\infty} \frac{1}{|x|} f\left(x, \frac{z}{x}\right) \mathrm{d}x, \quad (2.5.14)$$

第2章 随机变量及其分布

$$f_{X/Y}(z) = \int_{-\infty}^{+\infty} |x| f(xz, x) dx, \tag{2.5.15}$$

及 X 和 Y 独立及非负时的公式. 在反函数不存在处, 补充定义密度函数为 0. 上述公式中的积分限应该作相应调整.

如只是要求 $U = u(X, Y)$ 的密度时, 则可补充令 $V = X$ (或 $V = Y$), 用类似上面方法求得 (U, V) 密度后再求 U 的边际密度而得到. 也可直接计算分布函数

$$F_U(z) = P(u(X, Y) \leqslant z) = \iint_{u(x,y) \leqslant z} f_{(X,Y)}(x, y) dx dy.$$

思考题 通过

$$\begin{cases} U = X + Y, \\ V = X, \end{cases} \quad 及 \quad \begin{cases} U = X + Y, \\ V = Y, \end{cases}$$

两种函数变换方法去求 $X + Y$ 的密度, 看看结果有无不同.

例 2.5.12 设 X 和 Y 相互独立, $X \sim \text{Ex}(\lambda), Y \sim \text{Ex}(\mu)$, 其中 $\lambda > 0, \mu > 0$ 是常数, 令 $Z = I(2X \leqslant Y)$. 求 Z 的分布函数和在 $X = x$ 条件下 Z 的条件分布.

解 I (直接法) 由二元密度的概率意义 (或由式 (2.5.8)), 及题设 X 和 Y 独立且为指数分布, 可得

$$P(Z = 1) = P(2X \leqslant Y) = \iint_{2x \leqslant y} f_X(x) f_Y(y) dx dy$$

$$= \iint_{0 < 2x \leqslant y} \lambda e^{-\lambda x} \mu e^{-\mu y} dx dy = \int_0^{+\infty} \lambda e^{-\lambda x} \left(\int_{2x}^{+\infty} \mu e^{-\mu y} dy \right) dx$$

$$= \int_0^{+\infty} \lambda e^{-\lambda x} e^{-2\mu x} dx = \lambda / (\lambda + 2\mu).$$

故
$$P(Z = 0) = 1 - P(Z = 1) = 2\mu / (\lambda + 2\mu).$$

于是分布函数为

$$F_Z(z) = \begin{cases} 0, & z < 0, \\ \dfrac{2\mu}{\lambda + 2\mu}, & 0 \leqslant z < 1, \\ 1, & z \geqslant 1. \end{cases}$$

当 $x \geqslant 0$ 时,

$$P(Z = 1 \mid X = x) = P(2X \leqslant Y \mid X = x)$$
$$= P(Y \geqslant 2x \mid X = x) = P(Y > 2x) = e^{-2\mu x},$$

从而
$$P(Z = 0 \mid X = x) = 1 - P(Z = 1 \mid X = x) = 1 - e^{-2\mu x}.$$

对其余 x 条件分布无定义 (不存在).

解 II (公式法) 由题设 X 和 Y 独立, 故 $2X$ 和 Y 独立, 而线性函数 $2X$ 的概率密度函

数为
$$f_{2X}(u) = f_X(u/2)/2 = \frac{\lambda}{2}e^{-\lambda u/2}.$$

由差的密度公式,$W=2X-Y$,当 $w>0$ 时
$$f_W(w) = \int_{-\infty}^{+\infty} f_{2X}(w+y)f_Y(y)\mathrm{d}y = \int_0^{+\infty} \frac{\lambda}{2}e^{-\lambda(w+y)/2}\mu e^{-\mu y}\mathrm{d}y$$
$$= \frac{\lambda\mu}{2}e^{-\lambda w/2}\int_0^{+\infty}e^{-(\lambda/2+\mu)y}\mathrm{d}y = \frac{\lambda\mu}{\lambda+2\mu}e^{-\lambda w/2}.$$

故
$$P(Z=0) = P(W>0) = \int_0^{+\infty}\frac{\lambda\mu}{\lambda+2\mu}e^{-\lambda w/2}\mathrm{d}w = \frac{\lambda\mu}{\lambda+2\mu}\cdot\frac{2}{\lambda} = \frac{2\mu}{\lambda+2\mu}.$$

由此仿照解 I 求得 Z 的分布函数和条件分布.

注 此时 Z 的分布列为
$$Z \sim \begin{pmatrix} 0 & 1 \\ \dfrac{2\mu}{\lambda+2\mu} & \dfrac{\lambda}{\lambda+2\mu} \end{pmatrix}.$$

例 2.5.13 设 X,Y 独立同分布且服从 $U(0,1)$.试求 $X+Y$ 的分布.

解 I(直接法) 利用 $F_{X+Y}(z) = \iint\limits_{x+y\leqslant z} f_{(X,Y)}(x,y)\mathrm{d}x\mathrm{d}y$ 和几何概型.

由题设 $f_{(X,Y)}(x,y)=1, 0<x<1, 0<y<1$,而在其他点处为 0.它是图 2.5.3 中正方形 G 上的均匀分布.由几何概型知(注意 $L(G)=1$),当 $0\leqslant z<1$ 时,所求概率为 (X,Y) 的值落在图中有深色阴影的下三角形区域 Δ 上的概率,
$$F_{X+Y}(z) = P(x+y\leqslant z) = L(\Delta)/L(G)$$
$$= L(\Delta) = z^2/2;$$

而当 $1\leqslant z<2$ 时,则所求概率为 (X,Y) 的值落在图中区域 D(有阴影的五边形)上的概率,故

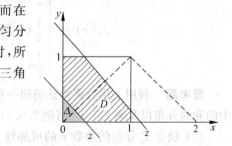

图 2.5.3 $X+Y$ 的概率密度函数

$$F_{X+Y}(z) = L(D) = L(G) - L(\text{右上三角形}) = 1 - \frac{1}{2}(2-z)^2 = 2z - \frac{1}{2}z^2 - 1.$$

又显然 $F_{X+Y}(z)=0, z<0$;$F_{X+Y}(z)=1, z\geqslant 2$.(求导可得到概率密度函数,与下面公式法的结果一致.)

解 II(公式法) 由和的密度公式可得,当 $0<z<2$ 时,

$$f_{X+Y}(z) = f_X(z) * f_Y(z) = \int_{-\infty}^{z} f_X(z-x) f_Y(x) \mathrm{d}x.$$

由 $X, Y \sim U(0,1)$，故 $\begin{cases} 0 < x < 1, \\ 0 < z - x < 1, \end{cases}$ 即 $\begin{cases} 0 < x < 1, \\ z - 1 < x < z. \end{cases}$

故 $0 \vee (z-1) < x < 1 \wedge z$，其中 $\wedge, \vee$ 分别表示取最小值和最大值，即

$$a \wedge b \stackrel{\text{def}}{=} \min\{a, b\}, \quad a \vee b \stackrel{\text{def}}{=} \max\{a, b\}.$$

于是

$$f_{X+Y}(z) = \begin{cases} \int_0^z 1 \mathrm{d}x = z, & 0 < z < 1, \\ \int_{z-1}^1 1 \mathrm{d}x = 2 - z, & 1 \leqslant z < 2. \end{cases} \tag{2.5.16}$$

而在其余点处，概率密度函数为 0. 概率密度函数的图像见图 2.5.3 中的虚线. □

注 解 I 中也可直接计算二重积分 $F_{X+Y}(z) = \iint\limits_{x+y \leqslant z} f_{(X,Y)}(x,y) \mathrm{d}x \mathrm{d}y$，例如，当 $0 \leqslant z < 1$ 时,

$$F_{X+Y}(z) = \int_0^z \mathrm{d}x \int_0^{z-x} \mathrm{d}y = \frac{z^2}{2}.$$

式 (2.5.16) 决定的分布称为**三角分布**.

类似地可求得三个独立同分布且服从 $U(0,1)$ 的随机变量的和的概率密度函数为

$$f_3(x) = \begin{cases} \frac{1}{2} x^2, & 0 \leqslant x < 1, \\ \frac{1}{2}(-2x^2 + 6x - 3), & 1 \leqslant x < 2, \\ \frac{1}{2}(3-x)^2, & 2 \leqslant x < 3. \end{cases}$$

思考题 利用上述公式验证前面一些例题的结果：例 2.5.9 中的积的分布、例 2.5.10 中的和的分布以及例 2.5.10 与例 2.5.11 中的商的分布.

(2) 独立 Γ 分布的参数 r 的可加性

性质 1（Γ 分布的可加性） 设随机变量 $X_i \sim \Gamma(r_i, \lambda), i = 1, 2, \cdots, n$，且相互独立，则

$$\eta_n \stackrel{\text{def}}{=} \sum_{i=1}^n X_i \sim \Gamma\left(\sum_{i=1}^n r_i, \lambda\right).$$

特别地，对独立同分布的随机变量列 $X_i \sim \mathrm{Ex}(\lambda)$，则和 $\eta_n \sim \Gamma(n, \lambda)$.

证明 设 $n = 2$，由非负随机变量独立和的密度公式 $(2.5.12')$，以及 Γ 分布密度定义 （参看定义 2.3.3 和式 (2.3.7)），有

$$f_{\eta_2}(z) = \int_0^z \frac{\lambda^{r_1}}{\Gamma(r_1)} t^{r_1-1} \mathrm{e}^{-\lambda t} \frac{\lambda^{r_2}}{\Gamma(r_2)} (z-t)^{r_2-1} \mathrm{e}^{-\lambda(z-t)} \mathrm{d}t$$

$$= \frac{\lambda^{r_1+r_2} e^{-\lambda z}}{\Gamma(r_1)\Gamma(r_2)} \int_0^z t^{r_1-1}(z-t)^{r_2-1} dt$$

$$\stackrel{t=xz}{=\!=\!=} \frac{\lambda^{r_1+r_2} z^{r_1+r_2-1}}{\Gamma(r_1)\Gamma(r_2)} e^{-\lambda z} \int_0^1 x^{r_1-1}(1-x)^{r_2-1} dx$$

$$\stackrel{\text{def}}{=\!=\!=} c\lambda^{r_1+r_2} z^{r_1+r_2-1} e^{-\lambda z},$$

其中

$$c = \frac{1}{\Gamma(r_1)\Gamma(r_2)} \int_0^1 x^{r_1-1}(1-x)^{r_2-1} dx.$$

它可由概率密度函数性质待定：

$$1 = \int_0^{+\infty} f_{\eta_2}(z) dz = c \int_0^{+\infty} \lambda^{r_1+r_2} z^{r_1+r_2-1} e^{-\lambda z} dz.$$

由 Γ 函数的定义和式(2.3.7)，知 $c=1/\Gamma(r_1+r_2)$.

仿上归纳可证对一般的 n 也成立.

(3) 最大值与最小值的分布

设 $F_{\boldsymbol{X}}(x_1,x_2,\cdots,x_n)$ 是随机向量 $\boldsymbol{X}=(X_1,X_2,\cdots,X_n)$ 的分布函数. 令

$$X_{(n)} = \max_{1\leqslant j\leqslant n} X_j, \quad X_{(1)} = \min_{1\leqslant j\leqslant n} X_j.$$

下面来求 $X_{(n)}$ 和 $X_{(1)}$ 分布.

事实上,

$$F_{(n)}(z) \stackrel{\text{def}}{=\!=\!=} P(X_{(n)} \leqslant z) = P(X_1 \leqslant z, X_2 \leqslant z, \cdots, X_n \leqslant z) = F_{\boldsymbol{X}}(z,z,\cdots,z).$$

(2.5.17)

记 X_j 的分布函数和概率密度函数分别为 F_j 和 f_j，则

$$F_{(n)}(z) = \prod_1^n F_j(z) \quad \text{（当各 } X_j \text{ 独立时）}$$

$$= [F_1(z)]^n, \quad \text{（当各 } X_j \text{ 独立同分布时）} \tag{2.5.18}$$

$$f_{(n)}(z) = n[F_1(z)]^{n-1} f_1(z). \quad \text{（当各 } F_j \text{ 连续可微时）} \tag{2.5.19}$$

由于

$$P(X_{(1)} > z) = P(X_1 > z, X_2 > z, \cdots, X_n > z), \tag{2.5.20}$$

故

$$F_{(1)}(z) \stackrel{\text{def}}{=\!=\!=} P(X_{(1)} \leqslant z) = 1 - P(X_{(1)} > z) = 1 - P(X_1 > z, X_2 > z, \cdots, X_n > z),$$

$$F_{(1)}(z) = 1 - \prod_1^n [1 - F_j(z)] \quad \text{（当各 } X_j \text{ 独立时）}$$

$$= 1 - [1 - F_1(z)]^n. \quad \text{（当各 } X_j \text{ 独立同分布时）} \tag{2.5.21}$$

$$f_{(1)}(z) = n[1 - F_1(z)]^{n-1} f_1(z). \quad \text{（又当各 } F_j \text{ 连续可微时）} \tag{2.5.22}$$

(4) 应用

例 2.5.14 如图 2.5.4 所示,用两个独立的同类设备 S_1 和 S_2 分别组成串联、并联及备用(也即冷储备,先接通一个设备,当其损坏时,系统立即启用另一个设备)系统. 如此类设备的寿命为参数是 λ 的指数分布,试分别求此三系统的寿命的分布.

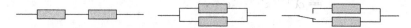

图 2.5.4 不同结构的系统寿命

解 记两设备寿命分别为 X 和 Y,系统寿命为 U.

串联系统 $U=\min\{X,Y\}$. 由式 (2.5.22) 有 $f_U(u)=2\lambda\mathrm{e}^{-\lambda u}\mathrm{e}^{-\lambda u}=2\lambda\mathrm{e}^{-2\lambda u}$, $u>0$.

并联系统 $U=\max\{X,Y\}$. 由式 (2.5.19) 有 $f_U(u)=2\lambda\mathrm{e}^{-\lambda u}(1-\mathrm{e}^{-\lambda u})$, $u>0$.

备用系统 $U=X+Y$. 由 Γ 分布的参数可加性(性质 1,参阅 2.3.2 节)知 $U\sim\Gamma(2,\lambda)$,也可利用式 (2.5.12') 计算卷积求得.

注 由解答可知 $\min\{X,Y\}\sim \mathrm{Ex}(2\lambda)$. 这个结论可作怎样的推广?

例 2.5.15 设随机向量 X 和 Y 相互独立,且分别服从参数为 λ_1 和 λ_2 的指数分布,求 $\min\{X,Y\}$ 和 $\max\{X,Y\}$ 的联合分布.

解 令 $M=\max\{X,Y\}$, $N=\min\{X,Y\}$. 先计算

$$\begin{aligned}
P(M\leqslant t,N>s) &= P(\max\{X,Y\}\leqslant t,\min\{X,Y\}>s)\\
&= P(X\leqslant t,Y\leqslant t,X>s,Y>s) \xlongequal{s<t} P(s<X\leqslant t,s<Y\leqslant t)\\
&= P(s<X\leqslant t)P(s<Y\leqslant t) = (\mathrm{e}^{-\lambda_1 s}-\mathrm{e}^{-\lambda_1 t})(\mathrm{e}^{-\lambda_2 s}-\mathrm{e}^{-\lambda_2 t}).
\end{aligned}$$

倒数第 2 个等号用到独立性,最后的等式由指数分布得到.

于是,当 $0<s<t$ 时,

$$\begin{aligned}
F_{(M,N)}(t,s) &= P(M\leqslant t,N\leqslant s) = P(M\leqslant t) - P(M\leqslant t,N>s)\\
&= P(X\leqslant t)P(Y\leqslant t) - (\mathrm{e}^{-\lambda_1 s}-\mathrm{e}^{-\lambda_1 t})(\mathrm{e}^{-\lambda_2 s}-\mathrm{e}^{-\lambda_2 t})\\
&= (1-\mathrm{e}^{-\lambda_1 t})(1-\mathrm{e}^{-\lambda_2 t}) - (\mathrm{e}^{-\lambda_1 s}-\mathrm{e}^{-\lambda_1 t})(\mathrm{e}^{-\lambda_2 s}-\mathrm{e}^{-\lambda_2 t})\\
&= 1-\mathrm{e}^{-\lambda_1 t}(1-\mathrm{e}^{-\lambda_2 s})-\mathrm{e}^{-\lambda_2 t}(1-\mathrm{e}^{-\lambda_1 s})-\mathrm{e}^{-(\lambda_1+\lambda_2)s},
\end{aligned}$$

当 $0<t<s$ 时,

$$F_{(M,N)}(t,s) = P(M\leqslant t) = (1-\mathrm{e}^{-\lambda_1 t})(1-\mathrm{e}^{-\lambda_2 t}).$$

在其他处,$F_{(M,N)}(t,s)=0$.

例 2.5.16(随机和) 设某昆虫产 k 个卵的概率为 $q_k=\dfrac{\lambda^k \mathrm{e}^{-\lambda}}{k!}$, $k=0,1,2,\cdots$,又设一个虫卵能孵化为昆虫的概率等于 p,若卵的孵化是相互独立的且与产卵数也独立,问此昆虫的下一代有 l 条的概率是多少?

解 令 X:某昆虫产卵数;Y:长为成虫数;计数变量

$$X_i = \begin{cases} 1, & \text{第 } i \text{ 个卵长为成虫,} \\ 0, & \text{其他,} \end{cases}$$

则 $Y = \sum_{i=1}^{X} X_i$. 它是随机多个独立同分布的随机变量的和,称为**随机和**.

由全概率公式、独立性及 $q_k = \dfrac{\lambda^k e^{-\lambda}}{k!}$,有

$$P(Y=l) = \sum_{k=l}^{+\infty} P(X=k) P(Y=l \mid X=k) = \sum_{k=l}^{+\infty} P(X=k) P\Big(\sum_{i=1}^{X} X_i = l \mid X=k\Big)$$

$$= \sum_{k=l}^{+\infty} P(X=k) P\Big(\sum_{i=1}^{k} X_i = l \mid X=k\Big)$$

$$= \sum_{k=l}^{+\infty} P(X=k) P\Big(\sum_{i=1}^{k} X_i = l\Big) \quad \text{(由独立性)}$$

$$= \sum_{k=l}^{+\infty} \frac{\lambda^k}{k!} e^{-\lambda} C_k^l p^l q^{k-l} = p^l e^{-\lambda} \sum_{k=l}^{+\infty} \frac{\lambda^k}{k!} \cdot \frac{k!}{l!(k-l)!} q^{k-l}$$

$$= p^l e^{-\lambda} \sum_{k=l}^{+\infty} \frac{\lambda^l (\lambda q)^{k-l}}{l!(k-l)!} = \frac{(\lambda p)^l}{l!} e^{-\lambda} \sum_{j=0}^{+\infty} \frac{(\lambda q)^j}{j!} = \frac{(\lambda p)^l}{l!} e^{-\lambda} e^{\lambda q}$$

$$= \frac{(\lambda p)^l}{l!} e^{-\lambda p}.$$

可见 $Y \sim P(\lambda p)$. □

习题 2

1. 设在 15 只同类型的零件中有 2 只是次品,在其中取 3 次,每次任取 1 只,做不放回抽样.以 X 表示取出次品的只数.

(1) 求 X 的分布律;

(2) 画出分布律的图形.

2. 一袋中装有 5 只球,编号为 1,2,3,4,5. 在袋中同时取 3 只,试分别求取出的 3 只球中的最大号码 X 的分布及最小号码 Y 的分布.

3. 设 X 是离散型随机变量.

(1) 如果 X 有分布列(古典概型)

$$X \sim \begin{pmatrix} -2 & -1 & 1 & 2 \\ 1/4 & 1/4 & 1/4 & 1/4 \end{pmatrix}.$$

试求其分布函数.

(2) 如果 X 的分布函数如下,试求 X 的分布列:
$$F_X(x) = \begin{cases} 0, & x < 0, \\ 1/10, & 0 \leqslant x < 1/2, \\ 1, & x \geqslant 1/2. \end{cases}$$

4. 将一颗骰子抛掷两次,以 X_1 表示两次所得点数之和,以 X_2 表示两次中得到的小的点数,试分别求出 X_1, X_2 的分布律.

5. 甲、乙二人分别独立射击同一目标一弹,各一次,甲击中的概率为 p_1,乙击中的概率为 p_2,求目标受弹数的分布列、分布函数并做出示意图.

6. 设随机变量 X 的分布函数为
$$F_X(x) = \begin{cases} 0, & x < 1, \\ \ln x, & 1 \leqslant x \leqslant e, \\ 1, & x \geqslant e. \end{cases}$$

(1) 求 $P(X<2)$, $P(0<X\leqslant 3)$, $P(2<X<5/2)$;

(2) 求概率密度 $f_X(x)$.

7. (1) 函数 $f(x) = \dfrac{1}{2}e^{-|x|}$, $-\infty < x < +\infty$,可以是某一个随机变量的概率密度函数吗? 为什么?

(2) 函数
$$F(x) = \begin{cases} 0, & x < 0, \\ (1+x)/2, & 0 \leqslant x < 1, \\ 1, & x \geqslant 1 \end{cases}$$
是分布函数吗? 说明理由.

(3) 设 $F_i(x)$, $f_i(x)$ 分别为分布函数和密度函数,而 a_i 为正实数,$i=1,2$,又 $a_1 + a_2 = 1$. 问下列结论是否成立:

(A) $a_1 F_1(x) + a_2 F_2(x)$ 是分布函数; (B) $F_1(x) F_2(x)$ 是分布函数;
(C) $a_1 f_1(x) + a_2 f_2(x)$ 是密度函数; (D) $f_1(x) f_2(x)$ 是密度函数.

8. 设随机变量 X 的概率密度为

(1) $f(x) = \begin{cases} \dfrac{2}{\pi}\sqrt{1-x^2}, & -1 \leqslant x \leqslant 1, \\ 0, & \text{其他}; \end{cases}$ (2) $f(x) = \begin{cases} x, & 0 \leqslant x < 1, \\ 2-x, & 1 \leqslant x < 2, \\ 0, & \text{其他}. \end{cases}$

求 X 的分布函数 $F(x)$,并画出(2)中的 $f(x)$ 及 $F(x)$ 的图形.

9. 有一繁忙的汽车站,每天有大量汽车通过,设每辆汽车在一天的某段时间内出事故的概率为 0.0001. 在某天的该段时间内有 1000 辆汽车通过,问出事故的次数不小于 2 的概率是多少?(利用泊松定理计算.)

*10. 某一公安局在长度为 t 的时间间隔内收到的紧急呼救的次数 X 服从参数为 $(1/2)t$ 的泊松分布,而与时间间隔的起点无关(单位:h).

(1) 求某一天中午 12 时至下午 3 时没有收到紧急呼救的概率;

(2) 求某一天中午 12 时至下午 5 时至少收到一次紧急呼救的概率.

*11. 电话用户在 $(t, t+\Delta t)$ 这段时间内对电话站呼叫一次的概率等于 $\lambda \Delta t + o(\Delta t)$,并且与时刻 t 以前的呼叫次数无关,而在 $(t, t+\Delta t)$ 这段时间内呼叫两次或两次以上的概率等于 $o(\Delta t)$.求在 $(0, t)$ 这段时间内恰好呼叫 k 次的概率.

12. 某种型号的电子元件的寿命 X(单位:h)具有以下的概率密度:

$$f(x) = \begin{cases} \dfrac{1000}{x^2}, & x > a, \\ 0, & \text{其他}. \end{cases}$$

(1) 试确定常数 a;

(2) 现有一大批此种元件(设电子元件损坏与否相互独立),任取 5 只,问其中至少有 2 只寿命大于 1500h 的概率是多少?

13. 设某车间有同类型设备 100 台,各台工作相互独立,每台设备处于故障状态的概率为 0.01. 又设一台设备的故障可由一名维修人员来修理,求此车间应该配备多少维修人员方可保证设备发生故障不能及时维修的概率小于 0.01.

14. 在计算机上定点计算的舍入误差可认为服从均匀分布.如计算中对数据的小数点后第 3 位做四舍五入,求舍入误差的概率密度函数.

15. 在区间 $[0, a]$ 上任意投掷一个质点.以 X 表示这个质点的坐标.设这个质点落在 $[0, a]$ 中任意小区间内的概率与这个小区间的长度成正比例,试求 X 的分布函数.

16. 设 $X \sim N(3, 2^2)$.

(1) 求 $P(2 < X \leqslant 5), P(-4 < X \leqslant 10), P(|X| > 2), P(X > 3)$;

(2) 确定常数 c,使得 $P(X > c) = P(X \leqslant c)$.

17. 由某机器生产的螺栓的长度(单位:cm)服从参数 $\mu = 10.05, \sigma = 0.06$ 的正态分布,规定长度在范围 10.05 ± 0.12 内为合格品.求一螺栓为不合格品的概率.

18. 一工厂生产的电子元件的寿命 X(单位:h)服从参数 $\mu = 160, \sigma$ 的正态分布.若要求 $P(120 < X \leqslant 200) \geqslant 0.80$,允许 σ 最大为多少?

19. 测量某一目标的距离时发生随机误差 X(单位:m),其概率密度为

$$\varphi(x) = \frac{1}{40\sqrt{2\pi}} e^{-\frac{(x-20)^2}{3200}}, \quad -\infty < x < \infty.$$

求在三次测量中至少有一次误差的绝对值不超过 30m 的概率.

20. 设顾客在某银行的窗口等待服务的时间 X(单位:min)服从指数分布,其概率密度为 $f_X(x) = \dfrac{1}{5} e^{-x/5} I(x > 0)$.某顾客在窗口等待服务,若超过 10min,他就离开.他一个

月要到银行 5 次. 以 Y 表示一个月内他未等到服务而离开窗口的次数. 写出 Y 的分布律，并求 $P(Y \geq 1)$.

21. 设 $X \sim B(2,p), Y \sim B(3,p)$，若 $P(X \geq 1) = 5/9$，则 $P(Y \geq 1) = $ _____ .

22. 设随机变量 (X,Y) 的分布函数为 $F(x,y)$，用它表示下列概率：
   (1) $P(a \leq X < b, c \leq Y < d)$；　　(2) $P(a \leq X \leq b, Y < y)$；
   (3) $P(X = a, Y < y)$；　　(4) $P(-X < a, Y \leq y)$.

23. 设 $f_1(x), f_2(x)$ 都是一元密度函数，为使 $f(x,y) = f_1(x) f_2(y) + h(x,y)$ 成为二元密度函数，$h(x,y)$ 必须且只需满足什么条件？

24. 设随机变量 (X,Y) 的密度函数为

$$f(x,y) = \begin{cases} \dfrac{1}{2}, & 0 \leq x \leq 1, \ 0 \leq y \leq 2, \\ 0, & \text{其他}. \end{cases}$$

求 X 与 Y 中至少有一个小于 $\dfrac{1}{2}$ 的概率.

25. 一台机器制造直径为 X 的轴，另一台机器制造内径为 Y 的轴套. 设 (X,Y) 的密度函数为

$$f(x,y) = \begin{cases} 2500, & 0.49 < x < 0.51, \ 0.51 < y < 0.53, \\ 0, & \text{其他}. \end{cases}$$

如果轴套的内径比轴的直径大 $0.004 \sim 0.036$，则两者就能很好地配合成套. 现随机地选择轴和轴套，问两者能很好地配合的概率是多少.

26. 甲、乙两厂生产的电子元件寿命分别为 X 和 Y（单位：h），它们的概率密度分别为

$$f_X(x) = \frac{1}{32\sqrt{2\pi}} e^{-\frac{(x-160)^2}{2048}}, \quad f_Y(y) = \begin{cases} \dfrac{100}{y^2}, & y > 100, \\ 0, & y \leq 100. \end{cases}$$

假设电子元件的寿命不到 120h 就不合格，今从甲、乙两厂生产的电子元件中各取 1 支，问至少有 1 支不合格的概率是多少？

27. 两名射手各向自己的靶独立射击，直到有一次命中时该射手方停止射击. 如第 i 名射手每次命中概率为 $p_i (0 < p_i < 1), i = 1, 2$. 求两射手均停止射击时各自脱靶（未命中）数 X_1 和 X_2 的联合分布及两射手脱靶总数 X 的分布.

28. 盒子里装有 3 只黑球、2 只红球、2 只白球，在其中任取 4 只球，以 X 表示取到黑球的只数，以 Y 表示取到红球的只数，求 X 和 Y 的联合分布和边际分布.

29. 将一硬币抛掷三次，以 X 表示在三次中出现正面的次数，以 Y 表示三次中出现正面次数与出现反面次数之差的绝对值.

(1) 试分别写出 X 和 Y 的分布律.

(2) 试写出 X 和 Y 的联合分布律,并求边际分布.求得的边际分布与(1)的结果一致吗?

30. 设 (X,Y) 的联合分布律为

Y \ X	1	2
1	0	1/3
2	1/2	1/6

计算关于 X 和 Y 的边缘分布律以及条件分布律.

31. 设随机向量 (X,Y) 在习题图 2.1 所示的区域 G 内服从均匀分布,写出 (X,Y) 的联合密度及边缘密度函数.

32. 设随机向量 (X,Y) 的概率密度为
$$f(x,y) = \begin{cases} ke^{-(3x+4y)}, & x>0, \ y>0, \\ 0, & \text{其他}. \end{cases}$$

(1) 确定常数 k;

(2) 求 (X,Y) 的分布函数;

(3) 求 $P(0<X\leqslant 1, 0<Y\leqslant 1)$.

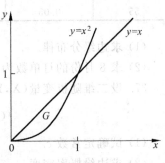

习题图 2.1

33. 设二维随机变量 (X,Y) 的概率密度为
$$f(x,y) = \begin{cases} 4.8y(2-x), & 0\leqslant x\leqslant 1, \ 0\leqslant y\leqslant x, \\ 0, & \text{其他}. \end{cases}$$

求边际概率密度.

34. 设二维随机变量 (X,Y) 的概率密度为
$$f(x,y) = \begin{cases} e^{-y}, & 0<x<y, \\ 0, & \text{其他}. \end{cases}$$

求边际概率密度. X 和 Y 独立吗?为什么?

35. 设离散随机向量 (X,Y) 的分布列为

Y \ X	1	2
1	$\frac{1}{6}$	$\frac{1}{3}$
2	$\frac{1}{9}$	α
3	$\frac{1}{18}$	β

问 α 与 β 取什么值时 X 与 Y 独立?

36. 将某一医药公司 9 月份和 8 月份收到的青霉素针剂的订货单数分别记为 X 和 Y.据以往积累的资料知 X 和 Y 的联合分布律为

Y \ X	51	52	53	54	55
51	0.06	0.05	0.05	0.01	0.01
52	0.07	0.05	0.01	0.01	0.01
53	0.05	0.10	0.10	0.05	0.05
54	0.05	0.02	0.01	0.01	0.03
55	0.05	0.06	0.05	0.01	0.03

(1) 求边缘分布律.

(2) 求 8 月份的订单数为 51 时,9 月份订单数的条件分布律.

37. 设二维随机变量 (X,Y) 的概率密度为

$$f(x,y) = \begin{cases} cx^2 y, & x^2 \leqslant y \leqslant 1, \\ 0, & 其他. \end{cases}$$

(1) 试确定常数 c.

(2) 求边缘概率密度.

(3) 求 $f_{X|Y}(x|y)$;特别地,写出当 $Y=1/2$ 时 X 的条件概率密度.

(4) 求 $f_{Y|X}(y|x)$;特别地,分别写出当 $X=-1/3$ 和 $X=1/2$ 时 Y 的条件概率密度.

(5) 求条件概率 $P(Y \geqslant 1/8 | X=1/2)$.

38. 设随机变量 (X,Y) 的概率密度为

$$f(x,y) = \begin{cases} 1, & |y| < x, \ 0 < x < 1, \\ 0, & 其他. \end{cases}$$

求条件概率密度 $f_{Y|X}(y|x)$ 和 $f_{X|Y}(x|y)$.

39. 雷达的圆形屏幕半径为 r,目标出现点 (X,Y) 在屏幕上是均匀分布的,联合概率密度为

$$f(x,y) = \begin{cases} \dfrac{1}{\pi r^2}, & x^2 + y^2 \leqslant r^2, \\ 0, & 其他. \end{cases}$$

(1) 求 X,Y 的边缘概率密度;

(2) 求条件概率密度 $f_{X|Y}(x|y)$;

(3) 问 X,Y 相互独立吗?

40. 设随机向量 (X,Y) 的联合密度函数为

$$f(x,y) = \begin{cases} x+y, & 0 < x < 1, \ 0 < y < 1, \\ 0, & 其他. \end{cases}$$

求在 $0<X<\dfrac{1}{n}$ 的条件下 Y 的分布函数和密度函数.

41. 设随机向量 (X,Y) 的密度函数为
$$f(x,y)=\begin{cases}24y(1-x-y), & x>0,y>0,x+y<1,\\ 0, & 其他.\end{cases}$$
求在 $X=\dfrac{1}{2}$ 的条件下 Y 的条件密度函数及在 $Y=\dfrac{1}{2}$ 的条件下 X 的条件密度函数.

42. 设随机变量 X 的分布律为

X	-2	-1	0	1	2
p_k	$\dfrac{1}{5}$	$\dfrac{1}{6}$	$\dfrac{1}{5}$	$\dfrac{1}{15}$	$\dfrac{11}{30}$

求 $Y_1=X^2$ 和 $Y_2=8-X^3$ 的分布律.

43. 已知离散型随机变量 X 的分布列为

X	0	$\pi/2$	π
p	$\dfrac{1}{4}$	$\dfrac{1}{2}$	$\dfrac{1}{4}$

求 $U=\dfrac{2}{3}X+2$ 与 $V=\cos X$ 的分布列.

44. 随机变量 X 服从 $(0,1)$ 上的均匀分布,求 $U=-2\ln X$ 的分布函数.

45. 设 X 的概率密度函数为 $f(x)=\dfrac{1}{3\sqrt[3]{x^2}}I_{[1,8]}(x)$,$F(x)$ 是 X 的分布函数.求 $Y=F(X)$ 的分布函数.

提示:直接计算随机变量 $Y=F(X)$ 的分布函数即可发现它是均匀分布.本题结论可以推广,只要 X 的分布函数 $F(x)$ 连续,且为严格单调,则此时有唯一反函数,且反函数连续.此时可证随机变量 $Y=F(X)$ 的分布函数一定是均匀分布.本题和上题,是均匀分布的重要性质,在概率统计计算和随机模拟中很有用.

46. 设 X,Y 独立同分布,且 X 的分布列为 $\begin{pmatrix}0 & 1\\ 2/3 & 1/3\end{pmatrix}$,求随机变量 $Z=\max\{X,Y\}$ 服从的分布.

47. 设电流 I 是一个随机变量,它在 9A~11A 之间均匀分布,若此电流通过 2Ω 的电阻,在其上消耗的功率 $W=2I^2$.求 W 的概率密度.

48. 设随机变量 K 在 $(0,5)$ 上服从均匀分布,求方程 $4x^2+4xK+K+2=0$ 有实根的概率.

49. 某物体的温度 T(单位:℉)是一个随机变量,且有 $T\sim N(98.6,2)$,试求 Θ(单位:℃)的概率密度,已知 $\Theta=(5/9)(T-32)$.

50. 设随机变量 X 的概率密度为

$$f(x) = \begin{cases} e^{-x}, & x > 0, \\ 0, & \text{其他}. \end{cases}$$

求 $Y = X^2$ 的概率密度.

51. 设 $X \sim N(0,1)$. (1) 求 $Y = 2X^2 + 1$ 的概率密度. (2) 求 $Y = |X|$ 的概率密度.

52. 设随机变量 X 在 $(0,1)$ 服从均匀分布.

(1) 求 $Y = e^X$ 的概率密度;

(2) 求 $Y = -2\ln X$ 的概率密度.

53. 通过 $(0,1)$ 点任意作直线与 X 轴相交成 α 角,$0 < \alpha < \pi$. 求这条直线在 X 轴上的截距的概率密度.

54. 设星球 A 至最近的星球 B 的距离 X 的分布函数为

$$F_X(x) = 1 - e^{-\frac{4}{3}\pi\lambda x^3}, \quad x \geqslant 0.$$

求 B 对 A 的引力 $U = \dfrac{k}{X^2} (k > 0,$ 为常数$)$ 的密度函数.

55. 设随机变量 X 的概率密度为

$$f(x) = \begin{cases} \dfrac{2x}{\pi^2}, & 0 < x < \pi, \\ 0, & \text{其他}. \end{cases}$$

求 $Y = \sin X$ 的概率密度.

56. 设 X 和 Y 是两个相互独立的随机变量,X 在 $(0,1)$ 上服从均匀分布,Y 的概率密度为

$$f_Y(y) = \begin{cases} \dfrac{1}{2} e^{-y/2}, & y > 0, \\ 0, & y \leqslant 0. \end{cases}$$

(1) 求 X 和 Y 的联合概率密度.

(2) 设含有 a 的二次方程 $a^2 + 2Xa + Y = 0$,试求 a 有实根的概率.

57. X 和 Y 是相互独立的随机变量,其概率密度分别为

$$f_X(x) = \begin{cases} \lambda e^{-\lambda x}, & x > 0, \\ 0, & \text{其他}; \end{cases} \quad f_Y(y) = \begin{cases} \mu e^{-\mu y}, & y > 0, \\ 0, & y \leqslant 0. \end{cases}$$

其中 $\lambda > 0, \mu > 0$ 是常数,引入随机变量

$$Z = \begin{cases} 1, & Y - X \geqslant 0, \\ -1, & \text{其他}. \end{cases}$$

(1) 求条件概率密度 $f_{X|Y}(x|y)$;

(2) 求 Z 的分布律和分布函数;

(3) 求 $U = \min\{X, 1\}$ 的分布函数. 问 U 为什么既不是连续型也不是离散型随机变量.

58. 设 X 服从 0-1 分布，其分布律为 $P(X=k)=p^k(1-p)^{1-k}, k=0,1$.
(1) 求 X 的分布函数，并做出其图形；
(2) 设诸 $X_i(i=1,2,3)$ 的独立，且与 X 同分布，试求 $U=X_1+X_2+X_3$，$V=X_1X_2X_3$，$M=\max\{X_1,X_2,X_3\}$ 及 $N=\min\{X_1,X_2,X_3\}$ 的分布律.

59. 设随机变量 X,Y 的分布律为

X \ Y	0	1	2	3	4	5
0	0	0.01	0.03	0.05	0.07	0.09
1	0.01	0.02	0.04	0.05	0.06	0.08
2	0.01	0.03	0.05	0.05	0.05	0.06
3	0.01	0.02	0.04	0.06	0.06	0.05

(1) 求 $P(X=2|Y=2), P(Y=3|X=0)$；
(2) 求 $V=\max\{X,Y\}$ 的分布律；
(3) 求 $U=\min\{X,Y\}$ 的分布律；
(4) 求 $W=X+Y$ 的分布律.

60. 设随机变量 $X_1, X_2, \cdots, X_n$ 独立同分布，且具有密度函数. 证明：
$$P(X_n > \min\{X_1, X_2, \cdots, X_{n-1}\}) = 1 - \frac{1}{n}.$$

61. 设离散型随机变量 X 与 Y 的分布列为
$$X \sim \begin{pmatrix} 0 & 1 & 2 \\ \frac{1}{2} & \frac{3}{8} & \frac{1}{8} \end{pmatrix}, \quad Y \sim \begin{pmatrix} 0 & 1 \\ \frac{1}{3} & \frac{2}{3} \end{pmatrix},$$
且 X 与 Y 独立，求 $U=X+Y$ 的分布列.

62. 设 X 和 Y 是两个相互独立的随机变量，其概率密度分别为
$$f_X(x) = \begin{cases} 1, & 0 \leqslant x \leqslant 1, \\ 0, & \text{其他}; \end{cases} \quad f_Y(y) = \begin{cases} e^{-y}, & y > 0, \\ 0, & y \leqslant 0. \end{cases}$$
求随机变量 $Z=X+Y$ 的概率密度.

63. 设随机向量 (X,Y) 的联合分布密度为
$$f(x,y) = \begin{cases} 3x, & 0 < y < x, 0 < x < 1, \\ 0, & \text{其他}. \end{cases}$$
求 $U=X-Y$ 的密度函数.

64. 设 X 和 Y 独立同分布，其概率密度为
$$f(x) = \begin{cases} e^{-x}, & x > 0, \\ 0, & x \leqslant 0. \end{cases}$$

求 $U=X-Y$ 的密度函数.

65. 设 X 和 Y 独立同分布,且服从 $U(-1,1)$,试求 XY 的分布.

66. 设随机变量 X 与 Y 独立,且都服从参数为 λ 的指数分布,求 $Z=X/Y$ 的密度函数.

67. 设 X 和 Y 分别表示两个不同电子器件的寿命(单位:h),并设 X 和 Y 相互独立,且服从同一分布,其概率密度为

$$f(x)=\begin{cases}\dfrac{100}{x^2}, & x>1000,\\ 0, & \text{其他}.\end{cases}$$

求 $Z=X/Y$ 的概率密度.

68. 某种商品一周的需要量是一个随机变量,其概率密度为

$$f(t)=\begin{cases}te^{-t}, & t>0,\\ 0, & t\leqslant 0.\end{cases}$$

设各周的需要量是相互独立的.试分别求出两周、三周的需要量的概率密度.

69. 设 X,Y 是相互独立的随机变量,它们都服从正态分布 $N(0,\sigma^2)$.试验证随机变量 $Z=\sqrt{X^2+Y^2}$ 具有概率密度

$$f_Z(z)=\begin{cases}\dfrac{z}{\sigma^2}e^{-\frac{z^2}{2\sigma^2}}, & z\geqslant 0,\sigma>0,\\ 0, & \text{其他}.\end{cases}$$

称 Z 服从参数 $\sigma(\sigma>0)$ 的瑞利(Rayleigh)分布.

70. 设 $X_1,X_2,\cdots,X_n$ 为相互独立且在 $(0,1)$ 上服从均匀分布的随机变量,并设 $Y_n=\max\{X_1,X_2,\cdots,X_n\}$.求满足 $P(Y_n\geqslant 0.99)\geqslant 0.95$ 的 n.

71. 设某系统在超负荷状态下运行时会发生严重事故.该系统有一保护装置,当保护装置有效时,它会在超负荷状态发生时及时提供保护,以避免系统严重事故发生.否则,当保护装置失效时,它就不能在超负荷状态到来时及时提供保护,结果导致系统发生严重事故.假定:系统和保护装置同时启动,超负荷状态的到来时间 T_1 及保护装置的有效工作时间 T_2 为相互独立的指数分布随机变量,数学期望分别为 μ_1 和 μ_2.求在时间长度 $(t>0)$ 内,系统由于未得到保护而发生严重事故的概率.

72. 设随机变量 X 与 Y 独立同分布,具有密度函数

$$f_X(x)=\begin{cases}e^{-x}, & x>0,\\ 0, & x\leqslant 0.\end{cases}$$

求 $U=X+Y$ 与 $V=X-Y$ 的联合密度函数与边际密度函数.

73. 设二维随机向量 (X,Y) 的联合密度函数为

$$f(x,y) = \begin{cases} \dfrac{1+xy}{4}, & |x|<1, |y|<1, \\ 0, & 其他. \end{cases}$$

证明：X 与 Y 不独立，但 X^2 与 Y^2 独立.

74. 设随机变量 $X_1, X_2, \cdots, X_n$ 独立同分布，且服从 $U(0,1)$，令
$$X_{(1)} = \min\{X_1, X_2, \cdots, X_n\}, \quad X_{(n)} = \max\{X_1, X_2, \cdots, X_n\},$$
试求 $P(X_{(1)} \leqslant 0.1, X_{(n)} \leqslant 0.8)$.

75. 设随机变量 X_1, X_2 独立，$X_1 \sim \text{Ex}(\lambda), X_2 \sim \text{Ex}(\mu)$. 令
$$Y_1 = \min\{X_1, X_2\}, \quad Y_2 = \max\{X_1, X_2\},$$
试求 Y_1 和 Y_2 的联合分布.

76. 设随机变量 X 和 Y 独立，$X \sim \begin{pmatrix} 0 & 1 \\ \dfrac{1}{3} & \dfrac{2}{3} \end{pmatrix}$，$Y \sim N(0,4)$，试求下列随机变量 Z 的分布（可利用 $\Phi(x)$ 表示）：

(1) $Z = X + Y$；　　(2) $Z = XY$.

上述两个分布都是连续型吗？

第 3 章 随机变量的数字特征

在第 2 章中,已经介绍了最常见最重要的随机变量、分布概型、随机向量分布以及随机向量函数的分布的求法. 这些分布中都有一些实的参数,知道了这些参数和分布类型,分布也就完全决定了. 可见进一步了解这些参数是重要的. 另一方面,了解和掌握分布函数对全面认识随机现象的概率规律当然是重要的,但在一些应用场合,例如某寻呼台,我们更想知道的是随机要求服务的呼叫,在高峰期和低谷期(闲淡期)的平均数是多少? 离开此平均数的波动有多大? 知道这些随机现象概率规律中的特征性数量,就可以决定寻呼台的设备配置和在高峰与闲淡期的人员安排. 也就是说,要从概型中"提炼"出一些可以表示特征的实数. 本章就要定义随机变量的这些数字特征,它们与分布中的参数密切相关. 此外,本章还要介绍这些数字特征的性质及它们间的关系.

3.1 数学期望

3.1.1 定义

引例 设某人射击 100 次,成绩如下表. 求他射击的平均成绩.

得分	1	2	3	4
次数	10	20	30	40

解 此人的平均每次射击得分

$$(1 \times 10 + 2 \times 20 + 3 \times 30 + 4 \times 40) / 100 = 3.$$

将上式左方改写为

$$1 \times (10/100) + 2 \times (20/100) + 3 \times (30/100) + 4 \times (40/100),$$

则括号中的数正好是得相应分的频率. 由此可以看到, 此人 100 次射击的平均得分是所有得分的加权和, 权系数是相应得分的频率. 在没有进行实地射击之前, 射手的得分是一个随机变量 X, 设它的分布列为

$$\begin{Bmatrix} 1 & 2 & 3 & 4 \\ p_1 & p_2 & p_3 & p_4 \end{Bmatrix},$$

由频率与概率的关系及频率的稳定性, 则自然认为这个随机变量的平均数是以相应得分的概率为权系数的加权和, 即

$$1 \times p_1 + 2 \times p_2 + 3 \times p_3 + 4 \times p_4. \tag{3.1.1}$$

此数可视为该射手每次射击得分 X 在数学上的可以期望的数值, 它将定义为 X 的数学期望. 在给出一般随机变量 X 的数学期望之前, 先简单介绍斯蒂尔切斯积分 (Stieltjes 积分, 简称 S 积分) 的概念, 这样可使数学期望和矩的定义及讨论有一个统一的形式, 而不要求一般读者熟悉 S 积分. 例如, X 的数学期望定义为下面的式 (3.1.3), 读者可以理解它在离散型时是和式 (3.1.4), 而在连续型时是积分 (3.1.5).

在高等数学里学过的定积分, 实际上叫做黎曼 (Riemann) 积分, 目的是计算曲线 $y = g(x)$ 所围出的曲边梯形的面积, 它定义为一种和的极限. 设 $\{x_1, x_2, \cdots, x_N\}$ 是 $(a,b]$ 的一个分割, d 为它的最大步长, $x_j' \in (x_j, x_{j+1}]$, 如果和式 $\sum_{j=1}^n g(x_j') \Delta x_j$ 在 $d \to 0$ 时的极限存在, 且其值不但与诸 x_j' 在 $(x_j, x_{j+1}]$ 中的选取无关且与分割的选取无关, 则定义这个极限值为函数 $g(x)$ 在 $(a,b]$ 上的黎曼积分, 记作 $\int_a^b g(x) \mathrm{d}x$, 即 $\lim_{\substack{n \to +\infty \\ d \to 0}} \sum_{j=1}^n g(x_j') \Delta x_j = \int_a^b g(x) \mathrm{d}x$. 如果函数 $g(x)$ 与 $F(x)$ 对上述分割构造的如下另一种和式的极限存在, 且极限值与分割及 x_j' 的选取无关, 就称这个极限值为 $g(x)$ 对 $F(x)$ 在 $(a,b]$ 上的 S 积分, 即

$$\lim_{\substack{n \to +\infty \\ d \to 0}} \sum_{j=1}^n g(x_j') \Delta F(x_j) = \int_a^b g(x) \mathrm{d}F(x), \tag{3.1.2}$$

其中 $\Delta F(x_j) = F(x_{j+1}) - F(x_j)$. 这种 S 积分也可像黎曼积分那样推广到全直线上去.

定义 3.1.1 设随机变量 X 的分布函数为 $F_X(x)$, 如果下列 S 积分绝对可积, 即

$$\int_{-\infty}^{+\infty} |x| \mathrm{d}F_X(x) < +\infty,$$

则称 X 的**数学期望** (expectation) 存在, 其值 (记为 EX) 为

$$EX = \int_{-\infty}^{+\infty} x \mathrm{d}F_X(x). \tag{3.1.3}$$

右方积分是在式 (3.1.2) 中取 $g(x) = x$, 而取 F 为 X 的分布函数得到的.

注 1 当 X 是离散型随机变量时, 式 (3.1.3) 为

$$EX = \sum_k x_k p_k; \qquad (3.1.4)$$

当 X 为连续型随机变量时，式(3.1.3)为

$$EX = \int_{-\infty}^{+\infty} x f_X(x) \mathrm{d}x. \qquad (3.1.5)$$

事实上，当 X 为离散型随机变量时，设其所有能取的值为 $\{y_k\}$，不妨设 $y_1 < y_2 < \cdots$. 对每一 k，记 $p_k = P(X = y_k)$. 由于最大步长 $d \to 0$，故当 n 足够大时在每一段 $(x_j, x_{j+1}]$ 中至多只有 $\{y_k\}$ 中的一个点. 如果没有 $\{y_k\}$ 中的点，式(3.1.2)左方和式中相应项为 0，这是因为 $\Delta F_X(x_j) = P(x_j < X \leqslant x_{j+1}) = 0$；如果有一个点 y_k，由于积分存在，可以把式(3.1.2)左方的 x'_j 取为 y_k，注意

$$\Delta F_X(x_j) = P(x_j < X \leqslant x_{j+1}) = P(y_{k-1} < X \leqslant y_k) = F_X(y_k) - F_X(y_{k-1}) = p_k,$$

则式(3.1.2)左方和式相应项为 $y_k p_k$. 这样式(3.1.2)左方和式只留下全部各含 $\{y_k\}$ 中一点的所有项，因此可知当 X 为离散型随机变量时式(3.1.3)为式(3.1.4). 这与式(3.1.1)是一致的. 它是用概率作权系数的加权平均值.

当 X 为连续型随机变量时，因为 $\Delta F_X(x_j) = f_X(x_j) \Delta x_j + o(\Delta x_j)$，式(3.1.3)可写为式(3.1.5)形式的积分. 这种积分，在力学上可解释单位质量的棒形刚体的重心，这里 $f(x)$ 为在截面坐标 x 处有单位质量的刚体的密度.

注 2 引入数学期望的目的是用来表示随机变量的"平均值"，该平均值在式(3.1.4)中是级数的和，它不应该因级数的并项与重排而改变，即式(3.1.4)中的级数应保证可进行任意的并项与重排，从而要求级数有绝对收敛性. 当 X 为连续型随机变量时，同理. 这就是定义中要求绝对可积的根据. 因此，数学期望有个存在性问题. 此时转而考虑中位数(median) x_{med}，其定义为使 $P(X \geqslant x_{\text{med}}) = P(X \leqslant x_{\text{med}})$ 成立的点. 例如密度函数为 $\dfrac{1}{\pi(1+x^2)}$ 的柯西分布，其数学期望不存在，而 $x_{\text{med}} = 0$；如 $X \sim \begin{pmatrix} -1 & 0 & 1 \\ \frac{1}{6} & \frac{2}{3} & \frac{1}{6} \end{pmatrix}$，$x_{\text{med}} = 0$. 当 $X \sim \begin{pmatrix} -1 & 1 \\ \frac{1}{2} & \frac{1}{2} \end{pmatrix}$，$x_{\text{med}}$ 可取 $(-1, 1)$ 之间的所有数，中位数不唯一.

注 3 最后提醒注意，一个随机变量的数学期望不再是随机变量，而是一个确定的实数——随机因素已经加权平均掉了.

如何求一个随机变量 X 的函数 $g(X)$ 的数学期望呢？由引例，如果射手的得分以 10,20,30 及 40 计，即将原来的得分 X 扩大 10 倍，$Y = 10X$（即 $g(X) = 10X$），显然 Y 的平均值只要将式(3.1.1)改写为

$$EY = Eg(X) = 1 \times 10 \times p_1 + 2 \times 10 \times p_2 + 3 \times 10 \times p_3 + 4 \times 10 \times p_4$$

$$= \sum_{k=1}^{4} 10 x_k p_k = \sum_{k=1}^{4} g(x_k) p_k. \qquad (3.1.1')$$

一般地，如果 X 的分布为 $\{p_k\}$，则

$$Eg(X) = \sum_k g(x_k)p_k. \tag{3.1.6}$$

对于连续型随机变量,注意 $f_X(x)dx$ 是 X 在 x 点附近的概率,与 p_k 相当,因此

$$Eg(X) = \int_{-\infty}^{+\infty} g(x)f_X(x)dx. \tag{3.1.7}$$

下面给出更一般的统一的概念.

定义 3.1.2 设随机变量 X 的分布函数为 $F_X(x)$,$y=g(x)$ 是博雷尔(Borel)可测函数. 如果

$$\int_{-\infty}^{+\infty} |g(x)|\, dF_X(x) < +\infty,$$

则称 $Y=g(X)$ 的数学期望存在,其值为

$$Eg(X) \stackrel{def}{=} \int_{-\infty}^{+\infty} g(x)dF_X(x). \tag{3.1.8}$$

但是 Y 既然是随机变量,它的期望在定义 3.1.1 中已经给过,下面说明现在的两个定义不矛盾. 事实上,由于式(3.1.6)中 $g(x_k)$ 也可看作 Y 相应的取值 y_k,注意例 2.5.1,X 与 $Y=g(X)$ 的分布都是 $\{p_k\}$,只是取值分别为 x_k 和 $y_k=g(x_k)$,即 $P(g(X)=y_k)=P(X=x_n)=p_k$. 参见式(3.1.1'),因此式(3.1.6)又可写为

$$Eg(X) = \sum_k g(x_k)p_k = \sum_k y_k P(g(X)=y_k) = \sum_k y_k p_k = EY. \tag{3.1.6'}$$

对于连续型的情形,如 $y=g(x)$ 的反函数记为 $x=h(y)$,则由函数密度公式(2.5.2)及定义 3.1.1,有

$$式(3.1.7)右方 = \int_{-\infty}^{+\infty} yf_X(h(y))|h'(y)|dy = \int_{-\infty}^{+\infty} yf_Y(y)dy = EY. \tag{3.1.7'}$$

一般地,可建立如下关系:

$$Eg(X) = \int_{-\infty}^{+\infty} g(x)dF_X(x) = \int_{-\infty}^{+\infty} ydF_{g(X)}(y) = EY. \tag{3.1.8'}$$

定义 3.1.3 设随机向量 $\boldsymbol{X}=(X_1,X_2,\cdots,X_n)$ 的各分量 X_k 的期望存在,则定义 $\boldsymbol{X}$ 的数学期望为 $E\boldsymbol{X}=(EX_1,EX_2,\cdots,EX_n)$. 又设 $Y=g(X_1,X_2,\cdots,X_n)$ 是随机变量,如果下一 S 积分绝对可积,则称 $Y=g(X_1,X_2,\cdots,X_n)$ 的数学期望存在,其值为

$$Eg(X_1,X_2,\cdots,X_n) = \int_{-\infty}^{+\infty}\int_{-\infty}^{+\infty}\cdots\int_{-\infty}^{+\infty} g(x_1,x_2,\cdots,x_n)dF_X(x_1,x_2,\cdots,x_n). \tag{3.1.9}$$

可写为向量形式,且可建立类似一维时的通用公式(3.1.8'):

$$Eg(\boldsymbol{X}) = \int_{\mathbb{R}^n} g(\boldsymbol{x})dF_{\boldsymbol{X}}(\boldsymbol{x})$$

$$= \int_{-\infty}^{+\infty} ydF_{g(X_1,\cdots,X_n)}(y) = EY, \quad \boldsymbol{x}=(x_1,x_2,\cdots,x_n). \tag{3.1.10}$$

注 类似于一元情形,仿照 2.5 节,可定义 n 元博雷尔集和 n 元博雷尔可测函数. 当

$y=g(x_1,x_2,\cdots,x_n)$ 为 n 元博雷尔可测函数,而 $\boldsymbol{X}=(X_1,X_2,\cdots,X_n)$ 是随机向量时,则 $Y=g(X_1,X_2,\cdots,X_n)$ 是一维随机变量.

3.1.2 性质

以下恒设所涉及的数学期望存在,其中 a.e. 为 almost everywhere 的缩写,表示几乎处处,有时也记为 a.s.(almost sure),意为几乎必定.

定理 3.1.1 (1) $Ec=c$;

(2) 线性:$E(aX+bY)=aEX+bEY$.

(3) 保界性:设 $a\leqslant X\leqslant b$,a.e.,则 $a\leqslant EX\leqslant b$.

(4) 设诸 X_i 独立,则 $E(X_1X_2\cdots X_n)=\prod_1^n EX_j$.

(5) 记 $g(x)=E(X-x)^2$,则 $g(x)$ 在 $x=EX$ 取最小值,即
$$E(X-EX)^2\leqslant E(X-x)^2,\quad \forall x\in\mathbb{R}.$$

证明 既然数学期望是求和或积分,它们都有线性性质,再注意 $\int_{-\infty}^{+\infty}\mathrm{d}F_X(x)=1$,容易证得性质(1)~(3).下面仅对 X 为连续型的情形写出(4)的证明.由式(3.1.9),诸 X_i 独立及式(3.1.5),有

$$\begin{aligned}
E(X_1X_2\cdots X_n)&=\int_{-\infty}^{+\infty}\int_{-\infty}^{+\infty}\cdots\int_{-\infty}^{+\infty}x_1x_2\cdots x_n f_X(x_1,x_2,\cdots,x_n)\mathrm{d}x_1\mathrm{d}x_2\cdots\mathrm{d}x_n\\
&=\int_{-\infty}^{+\infty}\int_{-\infty}^{+\infty}\cdots\int_{-\infty}^{+\infty}x_1x_2\cdots x_n f_{X_1}(x_1)f_{X_2}(x_2)\cdots f_{X_n}(x_n)\mathrm{d}x_1\mathrm{d}x_2\cdots\mathrm{d}x_n\\
&=\prod_{k=1}^n\int_{-\infty}^{+\infty}x_k f_{X_k}(x_k)\mathrm{d}x_k=\prod_{k=1}^n EX_k.
\end{aligned}$$

为证(5),由(2)并注意 $g(x)=E(X-x)^2=EX^2-2xEX+x^2$,其中 EX,EX^2 为常数.故 $g'(x)=-2EX+2x$.令其为 0,及 $g''=2>0$,知(5)成立. □

由性质(5)可知,X 离 EX 的平方距离按概率加权的平均值为最小,这再次表明 EX 是 X 的"中心位置".

3.1.3 例题

例 3.1.1 设 $X\sim B(n,p)$,求 EX.

解 I (直接用定义)由式(3.1.4),有

$$EX=\sum_{k=0}^n kp_k=\sum_{k=1}^n k\mathrm{C}_n^k p^k q^{n-k}.$$

容易验证组合公式
$$kC_n^k = nC_{n-1}^{k-1}, \qquad (3.1.11)$$
由此
$$EX = np\sum_{k=1}^{n} C_{n-1}^{k-1} p^{k-1} q^{n-k} = np(p+q)^{n-1} = np. \qquad □$$

这一结果的解释是：每次试验成功（例如定点投篮命中）的概率为 p，因此重复独立投篮 n 次，可以期望的平均投中次数为 np。既然 X 是 n 重试验中成功的次数，这又一次说明 EX 确为 X 的"平均值"的概念。

解 II （试验分解）定义伯努利计数变量：
$$X_j = \begin{cases} 1, & \text{如第 } j \text{ 次试验成功}, \\ 0, & \text{否则}, \end{cases} \quad j = 1, 2, \cdots, n.$$

诸 X_j 是独立同分布的，$EX_j = P(X_j=1) = p$。它们是一个计数变量，故 $X = \sum_{j=1}^{n} X_j$。由数学期望的线性性质，$EX = \sum_{j=1}^{n} EX_j = np$。 □

显然解 II 比较简单。将一个复杂的随机试验（相应的随机变量）分解成几个简单试验（简单随机变量）的和，再利用数学期望的性质计算或求解，常常可使复杂的问题大为简化，这种方法值得提倡。当然作为由定义直接计算数学期望的级数求和与积分的基本方法和技巧，还是应该熟练掌握的。

例 3.1.2 设 X 是在 n 重伯努利试验中事件 A 出现的次数，$P(A)=p$，令
$$Y = \begin{cases} 0, & X \text{ 为偶数}, \\ 1, & X \text{ 为奇数}, \end{cases}$$
求 EY。

解 设 $EY = P(Y=1) \stackrel{\text{def}}{=} a, P(Y=0) \stackrel{\text{def}}{=} b$，则
$$b - a = \sum_{2k \leqslant n} P(X = 2k) - \sum_{2k+1 \leqslant n} P(X = 2k+1)$$
$$= \sum_{i=0}^{n} C_n^i (-p)^i q^{n-i} = (q-p)^n = (1-2p)^n,$$
故
$$\begin{cases} b + a = 1, \\ b - a = (1-2p)^n, \end{cases}$$
解得 $a = EY = [1-(q-p)^n]/2$。 □

例 3.1.3 两名射手各向自己的靶独立射击，直到有一次命中时该射手方停止射击。如第 i 名射手每次命中概率 $p_i (0 < p_i < 1)$，$i = 1, 2$。求两射手均停止射击时脱靶（未命中）

总数的分布及数学期望.

解 以 X_i 记射手 i 的脱靶数,则 $X_i+1 \sim \text{Ge}(p_i), i=1,2$.

现在求几何分布的数学期望. 设 $Y \sim \text{Ge}(p)$, 求 EX. 直接利用定义. 注意下面的幂级数在 $|y|<1$ 时一致收敛,因此可逐项求导:

$$EY = \sum_{k=1}^{+\infty} k q^{k-1} p = p \sum_{k=1}^{+\infty} (y^k)' \Big|_{y=q} = p \Big(\sum_{k=1}^{+\infty} y^k\Big)' \Big|_{y=q}$$
$$= p(y/(1-y))' \Big|_{y=q} = p \cdot 1/p^2 = 1/p.$$

故 $E(X_i+1) = \dfrac{1}{p_i}, i=1,2$, 于是 $EX_i = E(X_i+1) - 1 = \dfrac{1}{p_i} - 1$, 两射手脱靶总数 $X = X_1 + X_2$ 的期望为

$$EX = EX_1 + EX_2 = \frac{1}{p_1} + \frac{1}{p_2} - 2.$$

最后求 X 的分布. 注意,由题设知 X_1 与 X_2 独立,于是

$$P(X=n) = \sum_{k=0}^{n} P(X_1=k) P(X=n \mid X_1=k) = \sum_{k=0}^{n} P(X_1=k) P(X_2=n-k)$$
$$= \sum_{k=0}^{n} (1-p_1)^k p_1 (1-p_2)^{n-k} p_2 = p_1 p_2 (1-p_2)^n \sum_{k=0}^{n} \Big(\frac{1-p_1}{1-p_2}\Big)^k.$$

当 $p_1 \neq p_2$ 时,

$$P(X=n) = p_1 p_2 (1-p_2)^n \Big[1 - \Big(\frac{1-p_1}{1-p_2}\Big)^{n+1}\Big] \Big/ \Big(1 - \frac{1-p_1}{1-p_2}\Big)$$
$$= \frac{p_1 p_2}{p_1 - p_2} [(1-p_2)^{n+1} - (1-p_1)^{n+1}];$$

当 $p_1 = p_2$ 时,

$$P(X=n) = (n+1) p_1^2 (1-p_1)^n = (n+1) p_1^2 (1-p_1)^n. \qquad \square$$

例 3.1.4 设 $X \sim N(\mu, \sigma^2)$, 求 EX.

解 I (直接用定义) 由式 (3.1.5) 及 $X \sim N(\mu, \sigma^2)$, 有

$$EX = \int_{-\infty}^{+\infty} x \frac{1}{\sqrt{2\pi}\sigma} e^{-\frac{(x-\mu)^2}{2\sigma^2}} dx.$$

令 $(x-\mu)/\sigma = t$, 得

$$EX = \frac{1}{\sqrt{2\pi}} \int_{-\infty}^{+\infty} (\sigma t + \mu) e^{-t^2/2} dt = \frac{\mu}{\sqrt{2\pi}} \int_{-\infty}^{+\infty} e^{-t^2/2} dt = \mu.$$

解 II (标准化法) 回忆 X 的标准化 $X^* \sim N(0,1)$, 其密度关于 y 轴对称, 从而下面积分中的被积函数为奇函数, 故立即得到

$$EX^* = \int_{-\infty}^{+\infty} x \frac{1}{\sqrt{2\pi}} e^{-x^2/2} dx = 0.$$

由期望的线性性质 $EX = E(\sigma X^* + \mu) = \mu$. $\qquad \square$

注 1 先求标准化随机变量的数学期望,再利用数学期望性质求解,也常可使问题简化. 此法在求其他数字特征时,也常常应用.

注 2 设 $Y \sim N(0,1)$. 由标准正态密度关于 y 轴对称及分部积分法可分别得到下面两个结果:
$$\begin{cases} EY^{2n+1} = 0, \\ EY^{2n} = (2n-1)!! = (2n-1)(2n-3)\cdots 3 \times 1. \end{cases} \quad (3.1.12)$$

例 3.1.5 设某网络服务器首次失效时间服从 $\text{Ex}(\lambda)$,现随机购得 4 台这种网络服务器,求下列事件的概率.

(1) 事件 A: 至少有一台其寿命(首次失效时间)等于此类服务器期望寿命.

(2) 事件 B: 有且仅有一台寿命小于此类服务器期望寿命.

解 设服务器首次失效时间为 X,由题设 $X \sim \text{Ex}(\lambda)$.

(1) 由题设 $X \sim \text{Ex}(\lambda)$,故为连续型随机变量. 由于连续型随机变量取任何固定值的概率是 0,因此 $P(X=\text{期望寿命})=0$,从而 $P(A)=0$.

(2) 先求指数分布的数学期望.
$$EX = \int_0^{+\infty} x\lambda e^{-\lambda x} dx = -\int_0^{+\infty} x de^{-\lambda x} = \int_0^{+\infty} e^{-\lambda x} dx = \frac{1}{\lambda},$$

即服务器的期望寿命为 $\frac{1}{\lambda}$.

其次,一台服务器的寿命小于此类服务器期望寿命 EX 的概率为
$$p_0 = \int_0^{\frac{1}{\lambda}} \lambda e^{-\lambda x} dx = 1 - e^{-1} \approx 1 - 0.3679 = 0.6321.$$

而每台服务器的寿命可能小于 EX,也可能超过 EX,由此得到伯努利分布,从而 4 台服务器中寿命小于 EX 的台数应该服从二项分布,故所求概率为
$$C_4^1 p_0 (1-p_0)^3 = 4e^{-3}(1-e^{-1}) = 4 \times 0.3679^3 \times 0.63212 \approx 0.1259. \quad \square$$

例 3.1.6(Laplace 配对) 将 n 只球($1 \sim n$ 号)随机地放进 n 只盒子($1 \sim n$)中去,一只盒子装一只球. 若一只球装入与球同号的盒子中,称为一个配对. 记 X 为总的配对数,求 EX.

解 令计数变量
$$X_i = \begin{cases} 1, & \text{若第 } i \text{ 个配对}, \\ 0, & \text{反之}, \end{cases}$$

则 $X = \sum_1^n X_i$,且由波利亚(Pólya)模型(例 1.3.3,认为袋中只有第 i 号球为红球,取 $c=-1$,第 i 次取中红球的概率与第 1 次取中红球的概率相同),诸 X_i 不独立但同分布,分布为

$$X_i \sim \begin{pmatrix} 0 & 1 \\ 1-\dfrac{1}{n} & \dfrac{1}{n} \end{pmatrix}.$$

由此及数学期望的线性性质知

$$EX = \sum_{1}^{n} EX_i = \sum_{1}^{n} \frac{1}{n} = 1.$$

分析与总结 (1) 利用全概率公式和归纳法直接可证诸 X_i 同分布, 或者利用例 1.2.3 解 Ⅱ, 得到. 注意, 这里的计数变量彼此不是独立的, 因此不是伯努利计数变量.

(2) 本题求解时读者当然会首先想到由数学期望定义直接计算 EX. 这是一个拉普拉斯(Laplace)配对问题(参看例 1.5.7), 但由于 $P(X=k)$ 为恰有 k 个配对的概率(参看习题1), 则

$$q_k = \frac{C_n^k}{n(n-1)\cdots(n-k+1)} \left[\frac{1}{2!} - \frac{1}{3!} + \cdots + (-1)^{n-k} \frac{1}{(n-k)!} \right].$$

可见, 由此虽然可以得到 X 期望的表达式, 但形式很复杂, 不易进一步化简. 因此采用分解法, 将复杂的试验(变量)分解. 由本题再次得到一个经验: 分解法确实是个值得推荐的好方法! 是求解这样问题时的首选方法.

例 3.1.7 在伯努利试验中, 每次试验成功的概率为 p. 试验进行到成功与失败均出现为止, 求试验的平均次数.

解 令 $X=$ 至试验停止(即出现所求事件)时共计进行的试验次数, $X=2,3,\cdots$;

$Y_1=$ 试验在第一次出现成功时停止(即先出现失败直到出现成功为止)所需的试验次数;

$Y_2=$ 试验在第一次出现失败时停止所需的试验次数, $Y_i=2,3,\cdots$;

则在 $n \geq 2$ 时, $Y_1 \sim \text{Ge}(p)$, $Y_2 \sim \text{Ge}(1-p)$, 且事件 $(X=n)=(Y_1=n)+(Y_2=n)$. 故

$$EX = \sum_{n=0}^{+\infty} nP(X=n) = \sum_{n=2}^{+\infty} nP(X=n)$$

$$= \sum_{n=2}^{+\infty} nP(Y_1=n) + \sum_{n=2}^{+\infty} nP(Y_2=n)$$

$$= EY_1 - P(Y_1=1) + EY_2 - P(Y_2=1)$$

$$= \frac{1}{p} - p + \frac{1}{1-p} - (1-p)$$

$$= \frac{1}{p} + \frac{1}{1-p} - 1 = \frac{p^2-p+1}{p(1-p)}.$$

例 3.1.8 设风速 V 在 $(0,a)$ 上服从均匀分布, 飞机机翼受到的正压力 W 是 V 的函数: $W=kV^2(k>0,$ 常数$)$, 求 W 的数学期望.

解 由 $V \sim U(0,a)$，有
$$f(v) = \frac{1}{a}I \quad (0 < v < a).$$

由式(3.1.7)有
$$EW = \int_{-\infty}^{+\infty} kv^2 f(v)\mathrm{d}v = \int_0^a kv^2 \frac{1}{a}\mathrm{d}v = \frac{1}{3}ka^2. \qquad \Box$$

例3.1.9 按季节出售的某种应时商品，每售出 1kg 获利润 b 元. 如到季末尚有剩余商品，则每千克净亏损 c 元. 设某商店在季度内这种商品的销售量 X(单位：kg) 是一个随机变量，在区间 $[s_1,s_2]$ 上服从均匀分布. 为使商店所获得利润的数学期望最大，问商店应进多少货?

解 以 s(单位：kg) 表示进货数，易知应有 $s_1 \leqslant s \leqslant s_2$，进货 s 所得利润记为 $a_s(X)$，则 $a_s(X)$ 是随机变量，而 s 是参数，且有
$$a_s(X) = \begin{cases} bX - c(s-X), & s_1 < X \leqslant s, \\ sb, & s < X \leqslant s_2. \end{cases}$$

X 的概率密度函数为
$$f_X(x) = \frac{1}{s_2 - s_1}I \quad (s_1 < x \leqslant s_2).$$

于是由式(3.1.7)，有
$$\begin{aligned}
E[a_s(X)] &= \int_{s_1}^{s_2} a_x(x)\frac{1}{s_2-s_1}\mathrm{d}x \\
&= \int_{s_1}^{s}[bx - c(s-x)]\frac{1}{s_2-s_1}\mathrm{d}x + \int_{s}^{s_2} sb\frac{1}{s_2-s_1}\mathrm{d}x \\
&= \left[-\frac{b+c}{2}s^2 + (cs_1 + bs_2)s - \frac{b+c}{2}s_1^2\right]\Big/(s_2-s_1).
\end{aligned}$$

为求得 $E[a_s(X)]$ 的极值点，将 $E[a_s(X)]$ 关于 s 求导数，得
$$\frac{\mathrm{d}}{\mathrm{d}s}E[a_s(X)] = [-(b+c)s + cs_1 + bs_2]/(s_2-s_1).$$

令 $(E[a_s(X)])' = 0$，解得 $s = (cs_1 + bs_2)/(b+c) \in (s_1, s_2)$. 即当 s 取此值时获得的利润的数学期望最大. $\qquad\Box$

上例涉及的是带有参数的随机变量函数的数学期望，下面两个例子是求随机向量函数的期望.

例3.1.10 设水电公司在指定时间内限于设备能力，其发电量 X(单位：万 kW)$\sim U[10,30]$，用户用电量 Y(单位：万 kW)$\sim U[10,20]$. 假设 X 与 Y 独立，水电公司每供应 1kW 电获得 0.32 元的利润，空耗 1kW 电损失 0.12 元. 而当用户用电量超过供电量时，公司需从别处补电，1kW 电反而赔 0.20 元. 求在指定时间内，该公司获利 Z 的数学期望.

解 由题设知

$$f_X(x) = \frac{1}{20}I(10 \leqslant x \leqslant 30), \quad f_Y(y) = \frac{1}{10}I(10 \leqslant y \leqslant 20),$$

且 $f_{(X,Y)}(x,y) = f_X(x)f_Y(y)$. 显然 $EX = 20, EY = 15$.

获利

$$Z \stackrel{\text{def}}{=} g(X,Y) = \begin{cases} 3200Y - 1200(X-Y), & X \geqslant Y, \\ 3200X - 2000(Y-X), & \text{其他}. \end{cases}$$

$$\begin{aligned}
EZ &= Eg(X,Y) \\
&= \iint_{x \geqslant y} [3200y - 1200(x-y)]f_{(X,Y)}(x,y)\mathrm{d}x\mathrm{d}y + \\
&\quad \iint_{x < y} [3200x - 2000(y-x)]f_{(X,Y)}(x,y)\mathrm{d}x\mathrm{d}y \\
&= \int_{10}^{20}\mathrm{d}y\int_y^{30}\frac{4400y - 1200x}{20 \times 10}\mathrm{d}x + \int_{10}^{20}\mathrm{d}y\int_{10}^y\frac{5200x - 2000y}{20 \times 10}\mathrm{d}x \\
&= \int_{10}^{20}\mathrm{d}y\left[\int_y^{30}(22y - 6x)\mathrm{d}x + \int_{10}^y(26x - 10y)\mathrm{d}x\right] \\
&= \int_{10}^{20}(-16y^2 + 760y - 4000)\mathrm{d}y = 36667.
\end{aligned}$$

答：在指定时间内，该公司获利的数学期望约为 3.67 万元. □

例 3.1.11 设随机向量 (X,Y) 的概率密度函数为

$$f(x,y) = \begin{cases} x+y, & 0 \leqslant x \leqslant 1, 0 \leqslant y \leqslant 1, \\ 0, & \text{其他}. \end{cases}$$

试求 XY 的数学期望.

解 由式(3.1.7)得

$$E(XY) = \int_{-\infty}^{+\infty}\int_{-\infty}^{+\infty} xyf(x,y)\mathrm{d}x\mathrm{d}y = \int_0^1\int_0^1 xy(x+y)\mathrm{d}x\mathrm{d}y = \frac{1}{3}. \quad \square$$

例 3.1.12 一民航送客车载有 20 位旅客自机场开出，有 10 个车站旅客可以下车. 如到达一个车站没有旅客下车就不停车. 求停车的次数 X 的期望（设每位旅客在各个车站下车是等可能的，且各旅客是否下车相互独立）.

解 引入计数随机变量

$$X_i = \begin{cases} 0, & \text{在第 } i \text{ 站没有人下车}, \\ 1, & \text{在第 } i \text{ 站有人下车}, \end{cases} \quad i = 1,2,\cdots,10.$$

易见 $X = X_1 + X_2 + \cdots + X_{10}$. 按题意，任一旅客在第 i 站不下车的概率为 9/10. 因此 20 位

旅客都不在第 i 站下车的概率为 $(9/10)^{20}$，在第 i 站有人下车的概率为 $1-(9/10)^{20}$，即
$$P(X_i = 0) = 0.9^{20}, \quad P(X_i = 1) = 1 - 0.9^{20}, \quad i = 1, 2, \cdots, 10.$$
由此
$$EX_i = 1 - 0.9^{20}, \quad i = 1, 2, \cdots, 10.$$
进而
$$EX = EX_1 + EX_2 + \cdots + EX_{10} = 10 \times (1 - 0.9^{20}) = 8.784(\text{次}).\quad\square$$

*例 3.1.13（随机和） 设想有一个容量无限的电梯，在底层乘电梯的人数是均值为 10 的泊松分布随机变量，又设此楼共 $N+1$ 层，每一乘客在哪一层楼要求停下离开是等可能的，而且他在哪一层楼停下与其余乘客是否在这一层楼停下是相互独立的，求在所有乘客都走出电梯之前，该电梯停止的次数的期望值.

解 令 Y 为在底层乘电梯的人数，X 为电梯停止的次数，
$$X_i = \begin{cases} 1, & \text{若第 } i \text{ 层停}, \\ 0, & \text{否则}, \end{cases} \quad i = 1, 2, \cdots, N.$$
则 $X = \sum_1^N X_i$，且由波利亚模型可知（例 1.5.4，或者利用全概率公式和归纳法直接证明）诸 X_i 同分布，从而 $EX_i = EX_1$. 于是由数学期望的线性性质，有
$$EX = \sum_1^N EX_i = NP(X_1 = 1).$$
下面计算 $P(X_1 = 1)$，先求 $P(X_1 = 0)$. 令
$$Y_k = \begin{cases} 1, & \text{进入电梯的第 } k \text{ 人在指定层下}, \\ 0, & \text{否则}, \end{cases} \quad k = 1, 2, \cdots,$$
由题设 $Y \sim P(\lambda)$，而每个人在此指定的层下与不下可构成 0-1 变量，则在该层下的人数 $S = \sum_{k=1}^Y Y_k$ 是个随机和（参看例 2.5.16）. 由题设的等可能性和独立性知 $S \sim P(\lambda p)$（参看例 2.5.16，也可利用全概率公式证明），其中 $p = 1/N$. 既然电梯在某指定层不停（$X_1 = 0$）的等价条件是因为无人下（$S = 0$），故
$$P(S = 0) = e^{-\lambda p} = e^{-\lambda/N}, \quad P(X_1 = 1) = 1 - P(S = 0) = 1 - e^{-\lambda/N}.$$
于是（注意 $\lambda = 10$）
$$EX = NP(X_1 = 1) = N(1 - e^{-10/N}).\quad\square$$

注 随机和的直接证明如下：
$$P(X_1 = 0) = \sum_{n=1}^{+\infty} P(Y = n) P(X_1 = 0 \mid Y = n).$$

$$= \sum_{n=1}^{+\infty} P(Y=n) P(X_1 = 0 \mid Y=n)$$

$$= \sum_{n=1}^{+\infty} \frac{\lambda^n}{n!} e^{-\lambda} \left(1 - \frac{1}{N}\right)^n = \sum_{n=1}^{+\infty} \frac{1}{n!} \left[\lambda\left(1-\frac{1}{N}\right)\right]^n e^{-\lambda}$$

$$= \exp\left[\lambda\left(1-\frac{1}{N}\right) - \lambda\right] \xrightarrow{\lambda = 10} \exp(-10/N).$$

*例 3.1.14 设诸 X_i 独立同分布, $P(X_i > 0) = 1$ 且数学期望存在, 试证

$$E\Big(\sum_{k=1}^m X_k \Big/ \sum_{k=1}^n X_k\Big) = \frac{m}{n}, \quad \forall\, m, n(n>m).$$

解 由题设及式(3.1.9),并注意积分的对称性知

$$E\Big(\frac{X_1}{X_1 + X_2 + \cdots + X_n}\Big) = \int_{-\infty}^{+\infty}\int_{-\infty}^{+\infty}\cdots\int_{-\infty}^{+\infty} \frac{x_1}{x_1 + x_2 + \cdots + x_n} \mathrm{d}F_X(x_1, x_2, \cdots, x_n)$$

$$= \int_{-\infty}^{+\infty}\int_{-\infty}^{+\infty}\cdots\int_{-\infty}^{+\infty} \frac{x_k}{x_1 + x_2 + \cdots + x_n} \mathrm{d}F_X(x_1, x_2, \cdots, x_n)$$

$$= E\Big(\frac{X_k}{X_1 + X_2 + \cdots + X_n}\Big).$$

另一方面

$$1 = E\Big(\sum_{k=1}^n X_k \Big/ \sum_{k=1}^n X_k\Big) = \sum_{k=1}^n E\Big(X_k \Big/ \sum_{k=1}^n X_k\Big) = n E\Big(X_1 \Big/ \sum_{k=1}^n X_k\Big),$$

故 $E\Big(X_1 \Big/ \sum_{k=1}^n X_k\Big) = 1/n$. 由此及数学期望的线性性质可证得命题. □

从例 2.5.7 我们发现,当 X_1, X_2 独立同分布且服从 $\mathrm{Ex}(\lambda)$ 时, $X_1/(X_1+X_2) \sim U(0,1)$,因此其期望为 1/2. 本例将这一关于期望的结论, 推广到更为一般的结果. 于是利用本例, 我们知道一个强度为 $\lambda(>0)$ 的泊松流(参看 2.2 节)中第 k 个质点到达的时刻 η_k, 有如下性质

$$E\Big(\frac{\eta_k}{\eta_n}\Big) = \frac{k}{n}.$$

这里只要注意, 从 2.3 节知道 η_k 有 $\Gamma(k,\lambda)$ 分布, 特别地, $\Gamma(1,\lambda) = \mathrm{Ex}(\lambda)$, 并且 $\Gamma(k,\lambda)$ 分布有参数可加性(2.3 节性质 1). 于是 $\eta_k = X_1 + X_2 + \cdots + X_k$, 诸 X_i 独立同分布且服从 $\mathrm{Ex}(\lambda)$, $P(X_i > 0) = 1$ 且期望存在.

注意, 一般地, $E\Big(\frac{X}{Y}\Big) \neq \frac{EX}{EY}$.

3.2 矩与方差

本节恒设所涉及的期望存在,即设相应的积分绝对收敛.

3.2.1 定义

定义 3.2.1 设随机变量 X 的分布函数为 $F_X(x)$,随机变量 $Y=g(X)$ 的数学期望存在,其值为(回忆式(3.1.8)),

$$Eg(X) = \int_{-\infty}^{+\infty} g(x) dF_X(x). \tag{3.2.1}$$

当 $g(x)=x^k$ 时,称式(3.2.1)为 X 的(关于原点的)**k 阶矩**(the k-th moment);而当 $g(x)=|x|^k,(x-EX)^k$ 和 $|x-EX|^k$ 时,分别称式(3.2.1)为 X 的 **k 阶绝对矩**(the k-th absolute moment)、**k 阶中心矩**(the central moment of order k)和 **k 阶绝对中心矩**(the absolute central moment of order k).

特别地,常称二阶中心矩为**方差**(variance),记为 DX,或 var X,即

$$DX = \text{var } X = E(X-EX)^2 = \int_{-\infty}^{+\infty} (x-EX)^2 dF_X(x). \tag{3.2.2}$$

也常表示为 $DX=\sigma^2$,称 $\sigma(\geqslant 0)$ 为 X 的**标准差**(standard deviation)或**均方差**(mean-square deviation).

X 的标准差 σ 与随机变量 X 具有相同的量纲.

易知,若 X 是离散型随机变量,取值 $\{x_i\}$ 而分布为 $\{p_i\}$,即 $p_i = P\{X=x_i\}, i=1, 2,\cdots,n$,则

$$DX = \sum_{i=1}^{n} (x_i - EX)^2 p_i. \tag{3.2.3}$$

对于有概率密度函数 $f_X(x)$ 的连续型随机变量 X,

$$DX = \int_{-\infty}^{+\infty} (x-EX)^2 f_X(x) dx. \tag{3.2.4}$$

除了刻画随机变量"平均值"概念的数学期望之外,一个随机变量离开它"平均值"的分散程度,在理论上和实用中都是很重要的.一个好的篮球运动员(投手)不仅投篮的期望得分高,而且投篮水平的"波动"程度小,即能不受环境和情绪的干扰,稳定地投出自己的

水平. 一个元件的电气性能指标,除了要求的标准值(或设计值)之外,我们还关心它工作时性能指标的正负误差范围是否符合要求. 这样,可以保证该类设备(或系统)可以安全稳定地工作. 在检验棉花的质量时,既要注意纤维的平均长度,又要注意纤维长度与平均长度的偏离程度,这样用它们生产的纺织品才能有可靠的质量. 知道一个寻呼台在一天各段时间内收到的平均寻呼数量和寻呼数量的波动情况,能帮助我们更好地配备服务器和安排服务人员……刻画一个随机变量的"波动"程度或分散程度的一个重要数字特征,就是它的方差.

按定义,随机变量 X 的方差是 X 的取值与其数学期望的平方距离,以 X 取该值的概率作权系数的加权平均. 它刻画了 X 的取值与其数学期望的偏离程度. 回忆期望的性质定理 3.1.1(5)可知,若 X 取值比较集中,则 DX 较小;反之,若取值比较分散,则 DX 较大. 因此,DX 是刻画 X 取值分散程度的一个量. 当然,一阶绝对中心矩 $E|X-EX|$ 也可刻画 X 取值分散程度,但是带有绝对值的运算不方便,因此更常用方差.

3.2.2 方差的性质

定理 3.2.1 (1)
$$DX = EX^2 - (EX)^2. \tag{3.2.5}$$

(2) (切比雪夫(Chebyshev)不等式)设 X 的方差存在,则对于任意正数 ε,

$$P(|X-EX| \geqslant \varepsilon) \leqslant \frac{DX}{\varepsilon^2}, \tag{3.2.6}$$

或

$$P(|X-EX| < \varepsilon) \geqslant 1 - \frac{DX}{\varepsilon^2}. \tag{3.2.6'}$$

(3) $X=C$(常数)(几乎处处成立)的充要条件是 $DX=0$.

(4) (线性和的方差公式)

$$D\sum_{i=1}^{n} c_i X_i = \sum_{i,j=1}^{n} c_i c_j E(X_i - EX_i)(X_j - EX_j)$$

$$= \sum_{i=1}^{n} c_i^2 DX_i + 2\sum_{i<j}^{n} c_i c_j E(X_i - EX_i)(X_j - EX_j). \tag{3.2.7}$$

当诸 X_i 独立时,

$$D\sum_{i=1}^{n} c_i X_i = \sum_{i=1}^{n} c_i^2 DX_i. \tag{3.2.8}$$

特别地,X_1 与 X_2 独立时,

$$D(X_1 \pm X_2) = DX_1 + DX_2. \qquad (3.2.9)$$

证明 (1) $DX = E(X - EX)^2 = E(X^2 - 2XEX + (EX)^2)$

$\qquad\qquad = EX^2 - 2EXEX + (EX)^2$ （数学期望的线性性质）

$\qquad\qquad = EX^2 - (EX)^2.$

(2) $P(|X - \mu| \geqslant \varepsilon) = \int_{|X-\mu| \geqslant \varepsilon} \mathrm{d}F_X(x) \leqslant \int_{|X-\mu| \geqslant \varepsilon} \frac{|x-\mu|^2}{\varepsilon^2} \mathrm{d}F_X(x)$

$\qquad\qquad \leqslant \int_{|X-\mu| \geqslant \varepsilon} \frac{(x-\mu)^2}{\varepsilon^2} \mathrm{d}F_X(x) + \int_{|X-\mu| < \varepsilon} \frac{(x-\mu)^2}{\varepsilon^2} \mathrm{d}F_X(x)$

$\qquad\qquad = \frac{1}{\varepsilon^2} \int_{-\infty}^{+\infty} (x-\mu)^2 \mathrm{d}F_X(x) = \frac{\sigma^2}{\varepsilon^2}.$

(3) 必要性可由直接计算得到. 下面证明充分性. 由式(3.2.6), 得

$$1 \geqslant P(|X - EX| < \varepsilon) \geqslant 1 - \frac{DX}{\varepsilon^2} = 1,$$

即 $P(|X-EX|<\varepsilon)=1$. 由 ε 的任意性知 X 几乎处处为一常数 EX.

(4) $D \sum_{i=1}^{n} c_i X_i \xrightarrow{\text{式}(3.2.2)} E\left(\sum_{i=1}^{n} c_i X_i - E \sum_{i=1}^{n} c_i X_i\right)^2 \xrightarrow{\text{定理}3.1.1\text{之}(2)} E\left(\sum_{i=1}^{n} c_i(X_i - EX_i)\right)^2$

$\qquad = E\left[\sum_{i,j=1}^{n} c_i c_j (X_i - EX_i)(X_j - EX_j)\right] = \sum_{i,j=1}^{n} c_i c_j E(X_i - EX_i)(X_j - EX_j)$

$\qquad = \sum_{i=1}^{n} c_i^2 DX_i + 2\sum_{i<j} c_i c_j E(X_i - EX_i)(X_j - EX_j).$ □

注意

$E(X_i - EX_i)(X_j - EX_j) = E(X_i X_j - X_j EX_i - X_i EX_j + EX_i EX_j)$

$\qquad\qquad = EX_i X_j - EX_i EX_j$

$\qquad\qquad = 0$ （当 X_i 与 X_j 独立时）.

故当诸 X_i 独立时, 式(3.2.8)成立. 式(3.2.9)是式(3.2.8)的直接结果.

3.2.3 例题

例 3.2.1 设 $X \sim B(n, p)$, 求 DX.

解 I （直接用定义 3.2.1）可由式(3.2.3)直接计算. 但利用 3.2.2 节性质(1)则较为简单. 这时先求

$$EX^2 = E[X(X-1) + X] = \sum_{k=0}^{n} k(k-1)p_k + EX$$

$$= \sum_{k=2}^{n} k(k-1) C_n^k p^k q^{n-k} + np.$$

连续两次利用上节的组合公式(3.1.11)可得

$$k(k-1)C_n^k = n(n-1)C_{n-2}^{k-2},$$

从而

$$EX^2 = n(n-1)p^2 \sum_{k=2}^{n} C_{n-2}^{k-2} p^{k-2} q^{n-k} + np = n(n-1)p^2 + np.$$

$$DX = EX^2 - (EX)^2 = n(n-1)p^2 + np - (np)^2 = np - np^2 = npq.$$

解 II （试验分解）定义伯努利计数变量

$$X_j = \begin{cases} 1, & \text{第 } j \text{ 次试验成功,} \\ 0, & \text{否则,} \end{cases} \quad j = 1, 2, \cdots, n.$$

诸 X_j 独立同分布，$EX_j^2 = 1^2 P(X_j = 1) = p$，$DX_j = EX_j^2 - (EX_j)^2 = p - p^2 = pq$ 且 $X = \sum_{j=1}^{n} X_j$. 由 3.2.2 节性质(3)知，$DX = \sum_{j=1}^{n} DX_j = npq.$ □

解 II 的优势是显然的. 对于伯努利计数变量 X_j，易知

$$EX_j^k = P(X_j = 1) = p, \quad \forall k. \tag{3.2.10}$$

这一性质，常使计算大为简化.

例 3.2.2 设 $X \sim P(\lambda)$，求 DX.

解 利用性质(1)计算，有

$$EX = \sum_{k=0}^{+\infty} k \frac{\lambda^k e^{-\lambda}}{k!} = \lambda e^{-\lambda} \sum_{k=1}^{+\infty} \frac{\lambda^{k-1}}{(k-1)!} = \lambda e^{-\lambda} e^{\lambda} = \lambda.$$

又可算得

$$EX^2 = E[X(X-1) + X] = EX(X-1) + EX$$

$$= \sum_{k=0}^{+\infty} k(k-1) \frac{\lambda^k}{k!} e^{-\lambda} + \lambda = \lambda^2 e^{-\lambda} \sum_{k=2}^{+\infty} \frac{\lambda^{k-2}}{(k-2)!} + \lambda$$

$$= \lambda^2 e^{\lambda} e^{-\lambda} + \lambda = \lambda^2 + \lambda.$$

所以方差为

$$DX = EX^2 - (EX)^2 = \lambda.$$

这里我们看到,若 $X \sim P(\lambda)$,则 $EX = DX = \lambda$.

例 3.2.3 设 $X \sim N(\mu, \sigma^2)$,求 DX.

解 I (直接用定义)上节已求得 $EX = \mu$.

$$DX = \int_{-\infty}^{+\infty} (x-\mu)^2 \frac{1}{\sqrt{2\pi}\,\sigma} e^{-\frac{(x-\mu)^2}{2\sigma^2}} dx.$$

令 $(x-\mu)/\sigma = t$,得

$$DX = \frac{\sigma^2}{\sqrt{2\pi}} \int_{-\infty}^{+\infty} t^2 e^{-t^2/2} dt = -\frac{\sigma^2}{\sqrt{2\pi}} \int_{-\infty}^{+\infty} t\, d e^{-t^2/2} = \frac{\sigma^2}{\sqrt{2\pi}} \int_{-\infty}^{+\infty} e^{-t^2/2} dt = \sigma^2.$$

解 II (标准化法)可仿例 3.1.4 的方法先求 X 的标准化 X^* 的数字特征. 注意式(3.1.12),$EX^* = 0$ 而 $EX^{*2} = 1$,故

$$DX^* = EX^{*2} = 1.$$

由随机变量标准化的定义及方差性质(4)之式(3.2.8)及性质(3),有

$$DX = D(\sigma X^* + \mu) = \sigma^2 DX^* + D\mu = \sigma^2. \qquad \square$$

回忆式(3.1.12),当 $Y \sim N(0,1)$ 时,它的高阶矩

$$\begin{cases} EY^{2n+1} = 0, \\ EY^{2n} = (2n-1)!! = (2n-1)(2n-3)\cdots 3 \times 1. \end{cases} \qquad (3.2.11)$$

几种重要随机变量的数学期望及方差计算结果归结为表 3.2.1. 应熟练掌握它们的求法,注意比较它们与分布参数的关系. 例如,正态分布中的两个参数 μ 和 σ^2 分别就是该随机变量的数学期望和方差,因而正态随机变量的分布完全可由它的数学期望和方差确定. 又如,对于服从泊松分布的随机变量,它的数学期望与方差相等,都等于参数 λ. 因此,知道了泊松分布的参数 λ,也就知道了期望与方差. 反之,只要知道它的期望或方差就能完全确定它是泊松分布及它的分布参数,从而完全决定了这个泊松分布.

表 3.2.1 重要分布的数学期望及方差简表

分布	记号	数学期望	方差
二项分布	$B(n,p)$	np	npq
几何分布	$Ge(p)$	$1/p$	q/p^2
泊松分布	$P(\lambda)$	λ	λ
均匀分布	$U(a,b)$	$(a+b)/2$	$(b-a)^2/12$
指数分布	$Ex(\lambda)$	$1/\lambda$	$1/\lambda^2$
正态分布	$N(\mu,\sigma^2)$	μ	σ^2

注 回忆重要分布的产生背景,容易理解并记住它们的数学期望.例如"守株待兔",如果兔子们蜂拥而至,等到兔子的"平均时间"与兔子们的强度 λ 成反比.离散时即与 p 成反比.

在书末附表 1 中列出了更为详细的多种常用分布的数学期望和方差,供读者查阅.

例 3.2.4 设随机变量 X 在 $[a,b]$ 中取值,试证 $DX \leqslant \dfrac{(b-a)^2}{4}$.

解 由题设 $a \leqslant X \leqslant b$,故 $a \leqslant EX \leqslant b$,$0 \leqslant X^2 \leqslant \max\{a^2, b^2\}$,因此 X 的方差存在. 由方差性质知 $DX \leqslant E(X-x)^2, \forall x$. 特别选取 $[a,b]$ 的中点 $x = (a+b)/2$,则

$$DX \leqslant E(X-x)^2 = E\left(X - \frac{a+b}{2}\right)^2.$$

由于 X 在 $[a,b]$ 中取值,因此 X 与 $[a,b]$ 中点的最大距离不超过区间长度的一半,即不超过 $\dfrac{b-a}{2}$,从而 $DX \leqslant \dfrac{(b-a)^2}{4}$. □

例 3.2.5(切比雪夫不等式应用) 设伯努利试验的参数 $p=0.75$.问至少需要进行多少次这种试验,才能使频率在 0.74 到 0.76 之间的概率至少为 0.90?

解 设 n 重伯努利试验中成功的次数为 μ_n,则 $\mu_n \sim B(n,p)$. 依题意,要求 n 使

$$P\left(\left|\frac{\mu_n}{n} - p\right| < 0.01\right) = P(|\mu_n - np| < 0.01n) \geqslant 0.90.$$

由切比雪夫不等式(3.2.6′)及 $E\mu_n = np, D\mu_n = npq$,有

$$P\left(\left|\frac{\mu_n}{n} - p\right| < 0.01\right) \geqslant 1 - D\mu_n/(0.01^2 n^2)$$

$$= 1 - 0.75 \times 0.25/(0.01^2 n) = 1 - 1875/n.$$

令 $1 - 1875/n = 0.90$,解得 $n = 18750$.

答:至少要做 18750 次试验,可保证频率在 (0.74, 0.76) 间的概率至少为 0.90. □

注意,从上例解答中可知

$$P\left(\left|\frac{\mu_n}{n} - p\right| < \varepsilon\right) \geqslant 1 - \frac{pq}{n\varepsilon^2}. \tag{3.2.12}$$

由此,知道 p, n 和要求的把握程度(如上例中的 0.90)就可估计 ε,也可在知道 p, ε 和要求的把握程度时估计 n,等等.

在随机变量 X 的分布未知但知道其期望和方差(第 6 章参数估计将介绍其估计方法)的情况下,切比雪夫不等式给出了事件 $\{|X - EX| < \varepsilon\}$ 的概率的一种估计方法. 例如,设 $EX = \mu, DX = \sigma^2$,在式(3.2.6)中分别取 $\varepsilon = 3\sigma, 4\sigma$ 可分别得到

$$P(|X - \mu| < 3\sigma) \geqslant 8/9 \approx 0.8889, \quad P(|X - \mu| < 4\sigma) \geqslant 0.9375.$$

切比雪夫不等式作为一个理论工具,其应用是普遍的. 在下一章极限定理中将继续介绍.

例 3.2.6 求随机相位正弦波 $X = A\sin(\omega_0 + \Theta)$，其中 ω_0 是常数，随机变量 $\Theta \sim U[-\pi, \pi]$，

$$A \sim \begin{Bmatrix} -1 & 0 & 1 \\ q & r & p \end{Bmatrix},$$

其中 $p, q, r > 0$, $p + q + r = 1$, 且两者独立. 试求 EX 和 DX.

解 I (随机变量函数的独立性和矩公式)

由于随机变量 Θ 与 A 独立，故 $\sin(\omega_0 + \Theta)$ 与 A 独立. 从而由独立随机变量乘积期望的性质和随机变量函数期望的公式

$$EX = EA \cdot E\sin(\omega_0 + \Theta) = EA \cdot \int_{-\infty}^{+\infty} \sin(\omega_0 + \theta) f_\Theta(\theta) d\theta.$$

注意 $\Theta \sim U[-\pi, \pi]$ 以及周期函数的特点：在一个周期 $[\omega_0 - \pi, \omega_0 + \pi]$ 之内有

$$\int_{-\pi}^{\pi} \sin(\omega_0 + \theta) d\theta = 0.$$

于是

$$EX = EA \int_{-\pi}^{\pi} \sin(\omega_0 + \theta) \frac{1}{2\pi} d\theta = 0.$$

由方差性质，注意 $EX = 0$, 及 $\sin^2(\omega_0 + \Theta)$ 与 A^2 的独立性，有

$$DX = EX^2 = EA^2 E\sin^2(\omega_0 + \Theta)$$
$$= (p+q) E\left[\frac{1}{2}(1 - \cos 2(\omega_0 + \Theta))\right] = (p+q)/2.$$

上式中最后一个期望的计算仍然利用了周期函数的特点：$E[\cos 2(\omega_0 + \Theta)] = 0$.

解 II (条件期望公式，参看 3.3.5 节)

利用期望定义和全概率公式得到全期望公式：

$$EX = P(A=1) E[A\sin(\omega_0 + \Theta) \mid A=1] +$$
$$P(A=0) E[A\sin(\omega_0 + \Theta) \mid A=0] +$$
$$P(A=-1) E[A\sin(\omega_0 + \Theta) \mid A=-1],$$

由于随机变量 Θ 与 A 独立，故 $\sin(\omega_0 + \Theta)$ 与 A 独立. 于是

$$E[A\sin(\omega_0 + \Theta) \mid A=1] = E[\sin(\omega_0 + \Theta) \mid A=1] = E[\sin(\omega_0 + \Theta)] = 0.$$

其余两项计算类似，从而 $EX = 0$.

$$EX^2 = P(A=1) E[A^2 \sin^2(\omega_0 + \Theta) \mid A=1] +$$
$$P(A=0) E[A^2 \sin^2(\omega_0 + \Theta) \mid A=0] +$$
$$P(A=-1) E[A^2 \sin^2(\omega_0 + \Theta) \mid A=-1]$$

$$= pE[A^2\sin^2(\omega_0+\Theta)\mid A=1]+qE[A^2\sin^2(\omega_0+\Theta)\mid A=-1]$$

$$= pE[\sin^2(\omega_0+\Theta)]+qE[\sin^2(\omega_0+\Theta)]=\frac{p+q}{2},$$

其中 $E\sin^2(\omega_0+\Theta)=1/2$ 的计算与前面相同. 最后由方差性质,注意 $EX=0$,可得

$$DX = EX^2 = \frac{p+q}{2}.$$

解Ⅲ （随机变量函数的分布及矩的定义）

随机变量 $\Theta\sim U(-\pi,\pi)$,故 $\omega_0+\Theta\sim U[\omega_0-\pi,\omega_0+\pi]$. 设 $\omega_0\in[2k\pi,2k\pi+2\pi]$,从而 $Y=\sin(\omega_0+\Theta)$ 的分布密度为

$$h_1(y)=\begin{cases}2k\pi+\arcsin y, & |y|\leqslant 1,\\ 0, & 其他;\end{cases}$$

$$h_2(y)=\begin{cases}2k\pi+2\pi-\arcsin y, & |y|\leqslant 1,\\ 0, & 其他;\end{cases}$$

$$f_Y(y)=[f_\Theta(h_1(y))+f_\Theta(h_2(y))]|h'(y)|=\begin{cases}\dfrac{1}{\pi\sqrt{1-y^2}}, & |y|\leqslant 1,\\ 0, & 其他.\end{cases}$$

由于随机变量 Θ 与 A 独立,故 Y 与 A 独立,并注意下一积分中被积函数为奇函数,有

$$EX = EAEY = EA\int_{-1}^{1}\frac{y}{\pi\sqrt{1-y^2}}dy = 0,$$

$$EX^2 = EA^2EY^2 = EA^2\int_{-\infty}^{+\infty}y^2 f_Y(y)dy$$

$$= (p+q)\cdot 2\int_0^1\frac{y^2}{\pi\sqrt{1-y^2}}dy = -(p+q)\frac{1}{\pi}\int_0^1 yd(\sqrt{1-y^2})$$

$$= (p+q)\frac{1}{\pi}\int_0^1\sqrt{1-y^2}dy = (p+q)\frac{1}{\pi}(\arcsin 1-\arcsin 0)$$

$$= (p+q)/2.$$

总结 三种解法,解Ⅰ最为简单,解Ⅲ最为麻烦.

例 3.2.7 设 $X_1,X_2,\cdots,X_n$ 独立同分布且服从 $N(\mu,\sigma^2)$,它们的算术平均值记为 $\overline{X}=\dfrac{1}{n}\sum_{k=1}^{n}X_k$. 令 $Y_k=X_k-\overline{X}$,求 $DY_k, k=1,2,\cdots$.

解 由题设,式(2.5.2)及 2.5.2 节推论 2 知, $\left(1-\dfrac{1}{n}\right)X_1,\dfrac{1}{n}X_2,\cdots,\dfrac{1}{n}X_n$ 独立且都

有正态分布. 由方差性质式(3.2.8), 可得

$$DY_1 = D(X_1 - \overline{X}) = D\left(\frac{n-1}{n}X_1 - \frac{1}{n}\sum_{i=2}^{n}X_i\right)$$

$$= \left(\frac{n-1}{n}\right)^2 \sigma^2 + \left(-\frac{1}{n}\right)^2 (n-1)\sigma^2 = \frac{n-1}{n}\sigma^2.$$

由上面的推导及 $X_1, X_2, \cdots, X_n$ 独立同分布, 可知

$$DY_k = \left[\left(\frac{n-1}{n}\right)^2 + \left(-\frac{1}{n}\right)^2 + \cdots + \left(-\frac{1}{n}\right)^2\right]\sigma^2$$

$$= \frac{n-1}{n}\sigma^2 \stackrel{\text{def}}{=} \sigma_1^2, \quad k = 1, 2, \cdots.$$

本例尚可立即得到

$$EY_k = E(X_k - \overline{X}) = EX_k - E\overline{X} = \mu - \frac{1}{n}n\mu = 0.$$

故 $Y_k \sim N(0, \sigma_1^2)$. 由于 $X_1, X_2, \cdots, X_n$ 独立同分布且服从 $N(\mu, \sigma^2)$, 故其联合密度应为边际密度的乘积, 从而由定义 2.4.3 知, $(X_1, X_2, \cdots, X_n)$ 为 n 元正态随机向量. 直接计算可求得 Y_k 的分布函数, 或类似定理 2.5.2 的证明做变换也可求出 Y_k 的概率密度函数. 由此可发现 Y_k 服从一元正态分布, 得到方差 DY_k. 在下一节继续介绍中会有更好的性质可以利用, 从而简洁地得到 Y_k 服从正态分布的结论.

我们知道两个独立随机变量乘积的期望等于它们各自的期望的乘积, 下一个例题提醒我们对于方差, 这个性质不成立, 即两个独立随机变量乘积的方差不等于(实际上是不小于)它们各自方差的乘积.

例 3.2.8 设随机变量 X 与 Y 独立, 方差有限, 则

$$D(XY) = DXDY + DX(EY)^2 + DY(EX)^2.$$

由此可得
$$D(XY) \geqslant DXDY.$$

证明 由方差性质, 可得

$$D(XY) = E(X^2Y^2) - (EXY)^2 = EX^2EY^2 - (EX)^2(EY)^2$$

$$= (DX + (EX)^2)(DY + (EY)^2) - (EX)^2(EY)^2$$

$$= DXDY + DX(EY)^2 + DY(EX)^2.$$

注意方差及二阶矩都是非负的, 即可证得本命题. □

3.3 协方差及相关系数

本节介绍描述多个随机变量之间相互关系的数字特征, 并且像 3.2 节一样, 恒设所涉及的矩存在, 即设相应的积分是绝对收敛的.

3.3.1 定义与性质

1. 定义

描述两个随机变量 X 与 Y 之间相互关系的数字特征,如果用 $E(X+Y)$ 或 $E(X-Y)$,则由于数学期望的线性性质,得到 $EX\pm EY$,从而分开了.因此考虑它们的乘积的"概率加权平均"EXY.而为简便,先将它们中心化后再做概率加权平均,或者先将它们标准化后再做概率加权平均,即分别用 $E[(X-EX)(Y-EY)]$ 或 EX^*Y^* 作为刻画两个随机变量 X 与 Y 之间相互关系的数字特征,这里 X^* 和 Y^* 分别是 X 和 Y 的标准化.另一方面,在 3.2 节方差性质(4)的证明中,已经看到,如果两个随机变量 X 和 Y 是相互独立的,则 $E[(X-EX)(Y-EY)]=0$.这意味着当 $E[(X-EX)(Y-EY)]\neq 0$ 时,X 与 Y 不相互独立,而是存在着一定的关系.

定义 3.3.1 称 $E[(X-EX)(Y-EY)]$ 为随机变量 X 与 Y 的**协方差**(covarance)记为 $\text{cov}(X,Y)$,即

$$\text{cov}(X,Y) = E[(X-EX)(Y-EY)]. \tag{3.3.1}$$

令 $X^* = \dfrac{X-EX}{\sqrt{DX}}, Y^* = \dfrac{Y-EY}{\sqrt{DY}}$,且设 $DX>0, DY>0$.称

$$r_{XY} = EX^*Y^* = \dfrac{\text{cov}(X,Y)}{\sqrt{DX}\sqrt{DY}} \tag{3.3.2}$$

为随机变量 X 与 Y 的**相关系数**(correlation coefficient).如 $r_{XY}=0$,则称 X 与 Y **不相关**.

由式(3.3.2),若记 $DX=\sigma_X^2, DY=\sigma_Y^2$,则

$$\text{cov}(X,Y) = r_{XY}\sigma_X\sigma_Y. \tag{3.3.3}$$

定义 3.3.2 设 X 和 Y 是随机变量,k 和 l 为正整数,若 EX^kY^l 存在,称它为 X 和 Y 的 $k+l$ **阶混合矩**.若 $E[(X-EX)^k(Y-EY)^l]$ 存在,则称之为 X 和 Y 的 $k+l$ **阶混合中心矩**.

显然,协方差 $\text{cov}(X,Y)$ 是 X 和 Y 的二阶混合中心矩.

2. 性质

定理 3.3.1 (1) $\text{cov}(X,Y)=EXY-EXEY$.

(2) 对称性:$\text{cov}(X,Y)=\text{cov}(Y,X)$.

(3) 对单个变量的线性性质:$\text{cov}(aX_1+bX_2,Y)=a\text{cov}(X_1,Y)+b\text{cov}(X_2,Y)$,$a,b$ 是常数;对 Y 也有类似的线性性质.

(4) $D\left(\sum\limits_{i=1}^n c_iX_i\right) = \sum\limits_{i,j=1}^n c_ic_j\text{cov}(X_i,X_j)$.

$$= \sum_{i=1}^n c_i^2 DX_i + 2\sum_{i<j}^n c_i c_j \mathrm{cov}(X_i, X_j).$$

特别地,当各 X_i 不相关时,

$$D\Big(\sum_{i=1}^n c_i X_i\Big) = \sum_{i=1}^n c_i^2 DX_i.$$

证明 将 $\mathrm{cov}(X,Y)$ 的定义式展开,利用数学期望的线性性质,可证性质(1). 由定义可知性质(2)显然. 由性质(1)、性质(2)及数学期望的线性性质可证得性质(3). 而性质(4)则是线性和的方差公式的另一写法,只是要注意不相关的定义要求方差为正,因此不相关一定有协方差为零(见定理 3.3.3,反之亦真). □

定理 3.3.2 (1) $|r_{XY}| \leqslant 1, r_{X^* Y^*} = r_{XY}$.
(2) $|r_{XY}| = 1 \Leftrightarrow Y$ 是 X 的线性函数(a.e.),即存在常数 $a(\neq 0), b$ 使 $P(Y = aX + b) = 1$.

证明 简记 $DX = \sigma_X^2, DY = \sigma_Y^2$,则由定理 3.3.1 中的(4),有

$$0 \leqslant D\Big(\frac{X}{\sigma_X} \pm \frac{Y}{\sigma_Y}\Big) = \frac{DX}{\sigma_X^2} + \frac{DY}{\sigma_Y^2} \pm 2\frac{\mathrm{cov}(X,Y)}{\sigma_X \sigma_Y} = 2(1 \pm r_{XY}). \tag{3.3.4}$$

由此即得(1). 下面证明(2).

先证必要性($\Rightarrow$). 如 $r_{XY} = 1$,则在式(3.3.4)中的"$\pm$"处取"$-$",而当 $r_{XY} = -1$ 时,则取"$+$",可得 $D(X/\sigma_X \pm Y/\sigma_Y) = 0$. 由方差性质(3)知

$$X/\sigma_X \pm Y/\sigma_Y = c \quad (\text{a.e.}),$$

从而 Y 确为 X 的线性函数. 事实上还可发现,当 $r_{XY} = 1$ 时, Y 为正线性函数;当 $r_{XY} = -1$ 时, Y 为负线性函数.

再证充分性($\Leftarrow$). 令 $Y = aX + b, a \neq 0$,则由定理 3.3.1 中的(3)及 X 与常数 b 独立,知

$$\mathrm{cov}(X,Y) = \mathrm{cov}(X, aX+b) = aDX + \mathrm{cov}(X,b) = aDX.$$

又由方差性质知, $DY = a^2 DX$,从而由定义(3.3.2)可求得 $r_{XY} = a/|a|$,即 $|r_{XY}| = 1$. □

定理 3.3.3 下列命题等价:
(1) X 与 Y 不相关;   (2) $\mathrm{cov}(X,Y) = 0$;
(3) $EXY = EXEY$;   (4) $D(X \pm Y) = DX + DY$.

由不相关的定义及方差性质容易证得本定理,请读者自行证明.

3.3.2 例题

例 3.3.1 设 (X,Y) 服从二维正态分布 $N(\mu_1, \mu_2, \sigma_1^2, \sigma_2^2, \rho)$,求相关系数.

解 由 2.4 节中二元正态分布与边际分布的关系知, $X \sim N(\mu_1, \sigma_1^2), Y \sim N(\mu_2, \sigma_2^2)$.

由 4.1 节和 4.2 节，有 $EX=\mu_1, EY=\mu_2, DX=\sigma_1^2, DY=\sigma_2^2$. 又若 X 和 Y 的标准化分别为 X^* 和 Y^*，则 $(X^*,Y^*)\sim N(0,0,1,1,\rho)$，其概率密度为

$$\phi(x,y)=\frac{1}{2\pi\sqrt{1-\rho^2}}\exp\left\{-\frac{x^2-2\rho xy+y^2}{2(1-\rho^2)}\right\},$$

故

$$\begin{aligned}\text{cov}(X^*,Y^*)&=\int_{-\infty}^{+\infty}\int_{-\infty}^{+\infty}xy\phi_{(X^*,Y^*)}(x,y)\mathrm{d}x\mathrm{d}y\\&=\frac{1}{2\pi}\frac{1}{\sqrt{1-\rho^2}}\int_{-\infty}^{+\infty}\int_{-\infty}^{+\infty}xy\mathrm{e}^{-\frac{x^2}{2}}\mathrm{e}^{-\frac{(y-\rho x)^2}{2(1-\rho^2)}}\mathrm{d}y\mathrm{d}x.\end{aligned}$$

令 $t=\dfrac{1}{\sqrt{1-\rho^2}}(y-\rho x)$，则有

$$\begin{aligned}\text{cov}(X^*,Y^*)&=\frac{1}{2\pi}\int_{-\infty}^{+\infty}\int_{-\infty}^{+\infty}(\sqrt{1-\rho^2}\,tx+\rho x^2)\mathrm{e}^{-\frac{x^2}{2}-\frac{t^2}{2}}\mathrm{d}t\mathrm{d}x\\&=\frac{\sqrt{1-\rho^2}}{2\pi}\left(\int_{-\infty}^{+\infty}x\mathrm{e}^{-\frac{x^2}{2}}\mathrm{d}x\right)\left(\int_{-\infty}^{+\infty}t\mathrm{e}^{-\frac{t^2}{2}}\mathrm{d}t\right)+\frac{\rho}{2\pi}\int_{-\infty}^{+\infty}x^2\mathrm{e}^{-\frac{x^2}{2}}\mathrm{d}x\int_{-\infty}^{+\infty}\mathrm{e}^{-\frac{t^2}{2}}\mathrm{d}t\\&=0+\frac{\rho}{2\pi}\sqrt{2\pi}\sqrt{2\pi}=\rho,\end{aligned}$$

即有 $\text{cov}(X,Y)=\text{cov}(\sigma_1 X^*+\mu_1,\sigma_2 Y^*+\mu_2)=\sigma_1\sigma_2\text{cov}(X^*,Y^*)=\rho\sigma_1\sigma_2$,

于是 $r_{XY}=\dfrac{\text{cov}(X,Y)}{\sqrt{DX}\sqrt{DY}}=\rho.$ □

上面例子说明，当 (X,Y) 服从二维正态分布时，X 和 Y 的相关系数就是分布中最后一个参数 ρ，即 $\rho=r_{XY}$. 从 2.4 节的定理 2.4.1 已经知道，若 (X,Y) 服从二维正态分布，那么 X 和 Y 相互独立的充要条件为 $\rho=0$. 因此可以得到二维正态分布的又一个重要性质如下.

定理 3.3.4 二维正态的性质：设 (X,Y) 为二维正态随机向量，则 X 和 Y 的不相关与相互独立是等价的.

上面例子还说明，正态随机向量 (X,Y) 的分布可完全由 X,Y 各自的数学期望、方差以及它们的相关系数所确定.

由以上推导还发现 $r_{X^*Y^*}=\text{cov}(X^*,Y^*)=\rho=r_{XY}$. 对于服从更一般分布的二维随机向量，将各分量变为其线性函数时的相关系数的绝对值，也可证有不变性. 实际上对

$$U=aX+b, \quad V=cY+d, \quad 则\ |r_{UV}|=|r_{XY}|.$$

请参看本章习题.

例 3.3.2 将一枚硬币重复掷 n 次，以 X 和 Y 分别表示正面向上和反面向上的次数，则 X 和 Y 的相关系数等于( ).

(A) -1　　　　(B) 0　　　　(C) $1/2$　　　　(D) 1

分析与解 由于 $X+Y=n$，是负斜率的线性函数，因此 X 和 Y 的相关系数为 -1，故选(A)．

本题构思巧妙，考察对相关系数的理解程度．如果去求 X 和 Y 的分布（都是二项分布）、数学期望、二阶矩及混合矩等，势必很繁杂，且容易出错．事实上，至少在求混合矩 EXY 时应该发现它们间的线性关系，而就此止步、另辟蹊径．

例 3.3.3 某箱装有 100 件产品，其中一等品、二等品和三等品分别为 80 件，10 件和 10 件，现在随机抽取一件，令

$$X_i = \begin{cases} 1, & \text{若抽到 } i \text{ 等品}, \\ 0, & \text{其他}, \end{cases} \quad i=1,2,3.$$

试求 (1) X_1 和 X_2 的联合分布；(2) X_1 和 X_2 的相关系数．

分析 由定义直接计算．注意 X_i 是计数变量，也是事件"抽到 i 等产品"的示性函数，其概率和矩的计算有特别方便之处．

解 (1) $p_{11}=P(X_1=1,X_2=1)=0$，$p_{10}=P(X_1=1,X_2=0)=0.8$，$p_{01}=P(X_1=0,X_2=1)=0.1$，$p_{00}=P(X_1=0,X_2=0)=P(\text{抽出三等品})=0.1$．

(2) 注意 X_i 为计数变量，

$$EX_i^k=P(X_i=1)=p_i, \quad k=1,2, \quad EX_1X_2=P(X_1=1,X_2=1)=p_{11}=0.$$

故 $DX_i=EX_i^2-(EX_i)^2=P(X_i=1)-(P(X_i=1))^2=p_iq_i, i=1,2.$

相关系数 $r=\dfrac{EX_1X_2-EX_1EX_2}{\sqrt{DX_1DX_2}}=\dfrac{0-0.8\times 0.1}{\sqrt{(0.8\times 0.2)(0.1\times 0.9)}}=\dfrac{-8}{\sqrt{8\times 2\times 9}}=-\dfrac{2}{3}.$　□

例 3.3.4 设二维随机向量 (X,Y) 在矩形 $G=\{(x,y)\mid 0\leqslant x\leqslant 2, 0\leqslant y\leqslant 1\}$ 上服从均匀分布（见图 3.3.1），令

$$U=I(X>Y), \quad V=I(X>2Y).$$

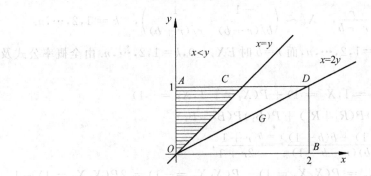

图 3.3.1　均匀分布的随机变量函数

求 U 和 V 的相关系数 r.

解 由题设,注意 U 和 V 是 0-1 变量,可得
$$EU^2 = EU = P(U=1) = 1 - P(X \leqslant Y)$$
$$= 1 - \text{面积}_{\triangle AOC}/2 = 1 - \frac{1}{4} = \frac{3}{4},$$
$$EV^2 = EV = P(V=1) = P(X > 2Y)$$
$$= \text{面积}_{\triangle DOB} \times \frac{1}{2} = \frac{1}{2},$$
$$EUV = P(U=1, V=1) = P(X>Y, X>2Y) = P(X>2Y)$$
$$= \text{面积}_{\triangle DOB} \times \frac{1}{2} = \frac{1}{2}.$$

故
$$DU = EU^2 - (EU)^2 = \frac{3}{4} - \left(\frac{3}{4}\right)^2 = \frac{3}{16},$$
$$DV = EV^2 - (EV)^2 = \frac{1}{2} - \left(\frac{1}{2}\right)^2 = \frac{1}{4},$$
$$\text{cov}(U,V) = EUV - EU \cdot EV = \frac{1}{8},$$

于是
$$r = \frac{\text{cov}(U,V)}{\sqrt{DU \cdot DV}} = \frac{1}{\sqrt{3}}. \qquad \square$$

例 3.3.5 有 n 个袋子,各装 $r+b$ 只球,其中红球 r 只.现从第 1 个袋子随机取一球,放入第 2 个袋子,再从第 2 个袋子随机取一球,放入第 3 个袋子,如此继续.设
$$X_k = \begin{cases} 1, & \text{当第 } k \text{ 次取出红球}, \\ -1, & \text{否则}. \end{cases} \quad k = 1, 2, \cdots, n.$$

(1) 试求 X_k 的分布;(2) 设 $r = b$,求 X_1 和 X_2 的相关系数 ρ.

解 (1) 设 R_k:第 k 次取出红球.本题是 $c=1$ 的波利亚模型,故
$$P(R_k) = P(R_1) = \frac{r}{r+b}, \quad X_k \sim \begin{pmatrix} -1 & 1 \\ b/(r+b) & r/(r+b) \end{pmatrix}, \quad k=1,2,\cdots,n.$$

(2) 注意 $EX_k^2 = 1, k = 1, 2, \cdots, n$,而 $r = b$ 时 $EX_k = 0, k = 1, 2, \cdots, n$.由全概率公式及一般乘法公式,有
$$P(X_1 X_2 = 1) = P(X_1 = 1, X_2 = 1) + P(X_1 = -1, X_2 = -1)$$
$$= P(R_1)P(R_2 \mid R_1) + P(B_1)P(B_2 \mid B_1)$$
$$= \frac{r(r+1) + b(b+1)}{(r+b)(r+b+1)} \xrightarrow{r=b} \frac{r+1}{2r+1},$$
$$\text{cov}(X_1, X_2) = EX_1 X_2 = P(X_1 X_2 = 1) - P(X_1 X_2 = -1) = 2P(X_1 X_2 = 1) - 1$$
$$= \frac{2(r+1) - 2r - 1}{2r+1} = \frac{1}{2r+1},$$

$$\rho = \frac{\operatorname{cov}(X_1, X_2)}{EX_1^2} = \operatorname{cov}(X_1, X_2) = \frac{1}{2r+1}.$$

由独立随机变量的期望性质和方差性质及定理 3.3.3，可知独立一定不相关，但反之一般不真．下面的例子帮助我们进一步理解相关系数和独立性的概念，并且给出一个不相关且不独立的例子．

例 3.3.6 设 $\Theta \sim U(0, 2\pi)$，$X = \cos\Theta$，$Y = \cos(\Theta + \alpha)$，试讨论 X 与 Y 间的关系．

解 由周期函数性质，可得

$$EX = \int_{-\infty}^{+\infty} \cos\theta f_\Theta(\theta) \mathrm{d}\theta = \frac{1}{2\pi} \int_0^{2\pi} \cos\theta \mathrm{d}\theta = 0,$$

类似地，有

$$EY = 0.$$

利用余弦倍角公式可得

$$EX^2 = \frac{1}{2\pi} \int_0^{2\pi} \cos^2\theta \mathrm{d}\theta = \frac{1}{2}, \quad EY^2 = \frac{1}{2}.$$

利用余弦积化和差公式可得

$$EXY = \frac{1}{2\pi} \int_0^{2\pi} \cos\theta \cos(\theta + \alpha) \mathrm{d}\theta = \frac{1}{2} \cos\alpha.$$

从而 $r_{XY} = \cos\alpha$．

当 $\alpha = 0, \pi$ 时，分别有 $r_{XY} = 1, -1$，而 Y 分别为 $\cos\Theta$ 和 $-\cos\Theta$，确为 X 的线性函数；

当 $\alpha = \pi/2, 3\pi/2$ 时，分别有 $r_{XY} = 0$，Y 与 X 不相关．下面对两个重要概念——相关性与独立性，就本例讨论它们间的差别和关系．

首先注意，当 $\alpha = \pi/2$ 时，$Y = -\sin\Theta$，此时 $X^2 + Y^2 = \cos^2\Theta + \sin^2\Theta \equiv 1$．这说明两个随机变量不相关时也可以有函数关系，只是不能是线性函数关系（定理 3.3.2 之(2)）．结合 3.3.4 节最佳预测，还会看到，相关系数只是刻画两个随机变量间线性相依的程度．

本例给出一个不相关但不独立的例子，因此一般地讲，不相关与独立是不等价的．下面来证明，当 $\alpha = \pi/2$ 时，X 与 Y 不相关，但这时 X 与 Y 是不独立的（参看图 3.3.2）．事

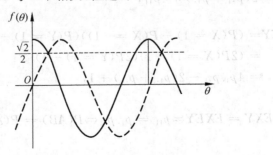

图 3.3.2 不相关但不独立的例子

实上，
$$P(\cos\Theta > \sqrt{2}/2, \quad \sin\Theta > \sqrt{2}/2) = 0,$$
而
$$P(\cos\Theta > \sqrt{2}/2) = 2\int_0^{\pi/4} \frac{1}{2\pi} d\theta = \frac{1}{4}, \quad P(\sin\Theta > \sqrt{2}/2) = \frac{1}{4}.$$
可知 X 与 $-Y$ 不独立，从而 X 与 Y 确实不独立. □

例 3.3.7 设 A,B 是两个随机事件，定义随机变量
$$X = \begin{cases} 1, & \text{若 } A \text{ 出现}, \\ -1, & \text{若 } A \text{ 不出现}, \end{cases} \quad Y = \begin{cases} 1, & \text{若 } B \text{ 出现}, \\ -1, & \text{若 } B \text{ 不出现}. \end{cases}$$
试证明随机变量 X 和 Y 不相关的充分必要条件是 A 与 B 独立.

分析 这里 X 和 Y 都是二值变量（是伯努利变量，但不是计数变量），尝试从 A 与 B 独立或者 X 和 Y 不相关的定义（或不相关的充要条件）出发. 由于事件独立性的内涵丰富，故先从事件独立性分析.

解 I 由事件独立性的性质，下述结论等价：
$$P(AB) = P(A)P(B); \quad P(\bar{A}B) = P(\bar{A})P(B);$$
$$P(A\bar{B}) = P(A)P(\bar{B}); \quad P(\bar{A}\bar{B}) = P(\bar{A})P(\bar{B}).$$
换言之，下述结论等价：
$$p_{11} = P(X=1, Y=1) = P(X=1)P(Y=1) = p_{1\cdot} p_{\cdot 1};$$
$$p_{-11} = p_{-1\cdot} p_{\cdot 1}; \quad p_{1,-1} = p_{1\cdot} p_{\cdot,-1}; \quad p_{-1,-1} = p_{-1\cdot} p_{\cdot,-1}.$$
由于
$$\begin{aligned}
EXY &= P(XY=1) - P(XY=-1) \\
&= p_{11} + p_{-1,-1} - (p_{-11} + p_{1,-1}) \quad \text{（变量的定义）} \\
&= 1 - p_{-11} - p_{1,-1} - (p_{-11} + p_{1,-1}) \quad \text{（联合分布的性质：} \sum_{i,j} p_{ij} = 1\text{）} \\
&= 1 - 2(p_{-11} + p_{1,-1}) \\
&= 1 - 2(p_{\cdot 1} - p_{11} + p_{1\cdot} - p_{11}) \quad \text{（分布性质：} \sum_i p_{i\cdot} = 1 = \sum_j p_{\cdot j}\text{）} \\
&= 1 - 2(p_{\cdot 1} + p_{1\cdot}) + 4p_{11}.
\end{aligned}$$
另一方面
$$\begin{aligned}
EXEY &= (P(X=1) - P(X=-1))(P(Y=1) - P(Y=-1)) \\
&= (2P(X=1) - 1)(2P(Y=1) - 1) \\
&= 4p_{1\cdot} p_{\cdot 1} - 2(p_{1\cdot} + p_{\cdot 1}) + 1,
\end{aligned}$$
可见
$$EXY = EXEY \Leftrightarrow p_{11} = p_{1\cdot} p_{\cdot 1} \Leftrightarrow P(AB) = P(A)P(B).$$
即命题成立.

解Ⅱ 引入 0-1 变量(伯努利计数变量)

$$\frac{X+1}{2} \stackrel{\text{def}}{=\!=} U = \begin{cases} 1, & \text{若 } A \text{ 出现}, \\ 0, & \text{若 } A \text{ 不出现}, \end{cases} \quad \frac{Y+1}{2} \stackrel{\text{def}}{=\!=} V = \begin{cases} 1, & \text{若 } B \text{ 出现}, \\ 0, & \text{若 } B \text{ 不出现}. \end{cases}$$

得到如下关系:

$$X \text{ 与 } Y \text{ 独立} \Leftrightarrow U \text{ 与 } V \text{ 独立};$$
$$E(UV) = P(U=1, V=1) = P(AB);$$
$$EUEV = P(U=1)P(V=1) = P(A)P(B).$$

由此立即得证. □

分析与总结 (1) 解Ⅰ中由事件独立性的性质, A 与 B 独立同时保证(也彼此等价) A 与 $\overline{B}$ 独立, $\overline{A}$ 与 B 独立, 以及 $\overline{A}$ 与 $\overline{B}$ 独立, 即下述结论等价:

$$P(AB) = P(A)P(B); \quad P(\overline{A}B) = P(\overline{A})P(B);$$
$$P(A\overline{B}) = P(A)P(\overline{B}); \quad P(\overline{A}\overline{B}) = P(\overline{A})P(\overline{B}).$$

换言之, 下述结论等价(此乃二值的特点):

$$p_{11} = P(X=1, Y=1) = P(X=1)P(Y=1) = p_1. p_{.1};$$
$$p_{-11} = p_{-1}. p_{.1}; \quad p_{1,-1} = p_1. p_{.-1}; \quad p_{-1,-1} = p_{-1}. p_{.-1}.$$

由此得到一个结论:

事件 A 与事件 B 的独立等价于相应的二值变量 X 和 Y 的独立, 也等价于任何一个联合的概率等于相应边际分布的乘积. 例如 $p_{-11} = p_{-1}. p_{.1}$.

结合要证的命题, 转化为二值变量 X 和 Y 的不相关与独立性等价. 从证明过程得到一个重要结果

$$EXY = EXEY \Leftrightarrow p_{11} = p_1. p_{.1} \Leftrightarrow P(AB) = P(A)P(B).$$

(2) 伯努利计数变量的优越性立即突出地显现出来! 这时对 U 和 V 得出结论 $EUV = P(U=1, V=1) = P(AB)$ 简单明快, 而 EXY 的计算要复杂得多. 因此熟悉从 X, Y 到 U, V 的变换是很值得的!

(3) 从不相关的充要条件, 例如 $EXY = EXEY$ 出发, 也可证得本命题. 注意, 此时

$$P(XY=1) = P(X=1, Y=1) + P(X=-1, Y=-1) = P(AB) + P(\overline{A}\overline{B}),$$

及

$$P(\overline{A}\overline{B}) = P(\overline{A \cup B}) = 1 - P(A) - P(B) + P(AB),$$

读者不妨将此作为一个练习.

3.3.3 n 元正态分布

设随机向量 $\boldsymbol{X} = (X_1, X_2, \cdots, X_n)$, 记 $c_{ij} = \text{cov}(X_i, X_j)$, $r_{ij} = EX_i^* X_j^*$, 分别称 n 阶方阵 $\boldsymbol{C} = (c_{ij})_{n \times n}$, $\boldsymbol{R} = (r_{ij})_{n \times n}$ 为随机向量 $\boldsymbol{X}$ 的**协方差矩阵**和**相关系数矩阵**.

由定义易知, 相关系数为无量纲的量; 协方差矩阵和相关系数矩阵都是对称的.

先将二维正态概率密度改写成另一种形式,以便将它推广到 n 维的情形. 二维正态变量 (X_1, X_2) 的概率密度为

$$\phi(x_1, x_2) = \frac{1}{2\pi\sigma_1\sigma_2\sqrt{1-\rho^2}} \exp\left\{\frac{-1}{2(1-\rho^2)}\left[\frac{(x_1-\mu_1)^2}{\sigma_1^2} - 2\rho\frac{(x_1-\mu_1)(x_2-\mu_2)}{\sigma_1\sigma_2} + \frac{(x_2-\mu_2)^2}{\sigma_2^2}\right]\right\}.$$

现在将上式中花括号内的式子写成矩阵形式,为此引入行向量

$$\boldsymbol{x} = (x_1, x_2), \quad \boldsymbol{\mu} = (\mu_1, \mu_2).$$

(X_1, X_2) 的协方差矩阵为

$$\boldsymbol{C} = \begin{pmatrix} c_{11} & c_{12} \\ c_{21} & c_{22} \end{pmatrix} = \begin{pmatrix} \sigma_1^2 & \rho\sigma_1\sigma_2 \\ \rho\sigma_1\sigma_2 & \sigma_2^2 \end{pmatrix}, \tag{3.3.5}$$

它的行列式 $|\boldsymbol{C}| = \sigma_1^2\sigma_2^2(1-\rho^2)$,而 $\boldsymbol{C}$ 的逆矩阵为

$$\boldsymbol{C}^{-1} = \frac{1}{|\boldsymbol{C}|}\begin{pmatrix} \sigma_2^2 & -\rho\sigma_1\sigma_2 \\ -\rho\sigma_1\sigma_2 & \sigma_1^2 \end{pmatrix}. \tag{3.3.6}$$

经过计算可知,下面矩阵之积(这里矩阵 $(\boldsymbol{x}-\boldsymbol{\mu})^T$ 表示 $(\boldsymbol{x}-\boldsymbol{\mu})$ 的转置矩阵)为

$$(\boldsymbol{x}-\boldsymbol{\mu})\boldsymbol{C}^{-1}(\boldsymbol{x}-\boldsymbol{\mu})^T = \frac{1}{|\boldsymbol{C}|}(x_1-\mu_1, x_2-\mu_2)\begin{pmatrix} \sigma_2^2 & -\rho\sigma_1\sigma_2 \\ -\rho\sigma_1\sigma_2 & \sigma_1^2 \end{pmatrix}\begin{pmatrix} x_1-\mu_1 \\ x_2-\mu_2 \end{pmatrix}$$

$$= \frac{1}{1-\rho^2}\left[\frac{(x_1-\mu_1)^2}{\sigma_1^2} - 2\rho\frac{(x_1-\mu_1)(x_2-\mu_2)}{\sigma_1\sigma_2} + \frac{(x_1-\mu_2)^2}{\sigma_2^2}\right].$$

于是 (X_1, X_2) 的概率密度可写成

$$f(x_1, x_2) = \frac{1}{(2\pi)^{2/2}|\boldsymbol{C}|^{1/2}} \exp\left[-\frac{1}{2}(\boldsymbol{x}-\boldsymbol{\mu})\boldsymbol{C}^{-1}(\boldsymbol{x}-\boldsymbol{\mu})^T\right]. \tag{3.3.7}$$

上式容易推广到 n 维正态随机向量 $\boldsymbol{X} = (X_1, X_2, \cdots, X_n)$ 的情况.

引入行向量

$$\boldsymbol{x} = (x_1, x_2, \cdots, x_n) \quad \text{和} \quad \boldsymbol{\mu} = (\mu_1, \mu_2, \cdots, \mu_n) = (EX_1, EX_2, \cdots, EX_n),$$

n 维正态随机向量 $\boldsymbol{X}$ 的概率密度定义为

$$f(\boldsymbol{x}) = \frac{1}{(2\pi)^{n/2}|\boldsymbol{C}|^{1/2}} \exp\left[-\frac{1}{2}(\boldsymbol{x}-\boldsymbol{\mu})\boldsymbol{C}^{-1}(\boldsymbol{x}-\boldsymbol{\mu})^T\right], \tag{3.3.8}$$

其中

$$\boldsymbol{C} = \begin{pmatrix} c_{11} & c_{12} & \cdots & c_{1n} \\ c_{21} & c_{22} & \cdots & c_{2n} \\ \vdots & \vdots & & \vdots \\ c_{n1} & c_{n2} & \cdots & c_{nn} \end{pmatrix}$$

为 n 维随机向量 $\boldsymbol{X}$ 的**协方差矩阵**,对角线上第 j 个元素为第 j 个分量的方差. 由于 $c_{ij} = c_{ji}$

($i \neq j, i, j = 1, 2, \cdots, n$),因而上述矩阵是对称的.

下面是 n 维正态分布重要性质(证略,详细证明参见参考文献[1]的 12.3 节(三)).

性质 1 随机向量 $(X_1, X_2, \cdots, X_n)$ 服从 n 维正态分布的充要条件是 $X_1, X_2, \cdots, X_n$ 的任意线性组合 $l_1 X_1 + l_2 X_2 + \cdots + l_n X_n$ 服从一维正态分布,此处 $l_j (j = 1, 2, \cdots, n)$ 不全为 0.

性质 2(正态变量的线性变换不变性) 若 $(X_1, X_2, \cdots, X_n)$ 服从 n 维正态分布,设 $Y_1, Y_2, \cdots, Y_k (k < n)$ 是 $X_j (j = 1, 2, \cdots, n)$ 的线性函数,相应系数矩阵的秩为 k,则 $(Y_1, Y_2, \cdots, Y_k)$ 也服从 k 维正态分布.

性质 3 设 $(X_1, X_2, \cdots, X_n)$ 服从 n 维正态分布,则"$X_1, X_2, \cdots, X_n$ 相互独立"与"$X_1, X_2, \cdots, X_n$ 两两不相关"是等价的.

利用上述性质,可以使许多问题大大简化.下面的例子表明,n 元正态分布的这三个性质在应用中的优势.

例 3.3.8 设 $(X, Y) \sim N(\mu_1, \mu_2, \sigma_1^2, \sigma_2^2, \rho)$,问 $U = X + Y$ 与 $V = X - Y$ 能否独立?

分析 利用随机向量的函数变换的密度公式,先求出 (U, V) 的概率密度,再求得边际密度,最后查验联合密度能否等于边际密度的乘积,据此可以判断 U 与 V 能否独立. 或者通过二重积分直接计算 (U, V) 的分布函数. 然后求边际分布函数,最后根据联合分布函数能否等于边际分布函数的乘积做出独立性的判断. 这是在第 2 章提供的方法. 现在利用二元正态分布性质和数字特征的性质来解此问题,完全不用去求分布密度.

解 注意
$$(X, Y) \begin{pmatrix} 1 & 1 \\ 1 & -1 \end{pmatrix} = (X + Y, X - Y) = (U, V).$$

线性变换矩阵为满秩的,由正态变量的线性变换不变性(多元正态分布性质 2),(U, V) 为二元正态分布. 又二元正态分布的独立性与不相关性等价,而不相关的充要条件之一是 $EUV = EUEV$,因此考察后一等式能否成立以及成立的条件.

事实上,
$$\text{左方} = E[(X + Y)(X - Y)] = EX^2 - EY^2$$
$$= (\mu_1^2 + \sigma_1^2) - (\mu_2^2 + \sigma_2^2) = (\mu_1^2 - \mu_2^2) + (\sigma_1^2 - \sigma_2^2),$$
$$\text{右方} = E(X + Y)E(X - Y) = \mu_1^2 - \mu_2^2.$$

因此,U 能与 V 独立,且独立的充要条件是 $\sigma_1^2 = \sigma_2^2$. 注意,此时独立与否同期望值没有关系. □

例 3.3.9 设 X_1, X_2 独立同分布且服从 $N(0, \sigma^2)$,令 $Y_1 = X_1 - \frac{1}{2} X_2$,$Y_2 = \frac{1}{2} X_1 - X_2$,问 Y_1 和 Y_2 是否同分布? 是否独立?

解 由性质 1 知,$Y_1 = X_1 - \frac{1}{2} X_2$,$Y_2 = \frac{1}{2} X_1 - X_2$ 都是正态的. 由期望的线性性质立

即得到 $EY_1 = EY_2 = 0$. 由独立性和方差性质知,

$$DY_1 = \left[1 + \left(-\frac{1}{2}\right)^2\right]\sigma^2 = \frac{5}{4}\sigma^2, \quad DY_2 = DY_1 = \left[1 + \left(\frac{1}{2}\right)^2 + (-1)^2\right]\sigma^2 = \frac{5}{4}\sigma^2,$$

故 Y_1 和 Y_2 同分布且服从 $N\left(0, \frac{5}{4}\sigma^2\right)$.

注意数学期望为 0, 且

$$E(Y_1 Y_2) = E\left[\left(X_1 - \frac{1}{2}X_2\right)\left(\frac{1}{2}X_1 - X_2\right)\right] = \frac{1}{2}EX_1^2 + \frac{1}{2}EX_2^2 = \sigma^2 > 0 = EY_1 EY_2.$$

由性质 2 知, (Y_1, Y_2) 服从二元正态分布. 由例 3.3.1 和定理 3.3.4, 并注意不相关的等价命题(定理 3.3.3), 知 Y_1 与 Y_2 不独立. □

例 3.3.10 设 $X_1, X_2, \cdots, X_n$ 是独立同分布的, $n > 2$, 它们的算术均值为 $\bar{X} = \frac{1}{n}\sum_{i=1}^{n} X_i$.

(1) 试比较 $(X_1 + X_2 + \bar{X})/3$ 和 $\bar{X}$ 的期望与方差的大小.

(2) 如果 $X_1 \sim N(\mu, \sigma^2)$, 试求 $\bar{X} - X_1$ 的分布.

解 (1) 由期望的线性性质及诸 X_i 同分布, 有

$$E\bar{X} = \frac{1}{n}E\sum_{i=1}^{n} X_i = EX_1,$$

$$E[(X_1 + X_2 + \bar{X})/3] = (EX_1 + EX_2 + E\bar{X})/3 = EX_1,$$

可知两者期望相等. 由和的方差的性质及诸 X_i 独立分布, 有

$$D\bar{X} = \frac{1}{n^2}D\left(\sum_{i=1}^{n} X_i\right) = \frac{1}{n}DX_1,$$

$$D[(X_1 + X_2 + \bar{X})/3] = D\left[\left(1 + \frac{1}{n}\right)X_1 + \left(1 + \frac{1}{n}\right)X_2 + \frac{1}{n}X_3 + \cdots + \frac{1}{n}X_n\right]/9$$

$$= \left[2\left(1 + \frac{1}{n}\right)^2 + (n-2)\cdot\frac{1}{n^2}\right]DX_1/9 = \frac{2n+5}{9n}DX_1.$$

当 $n > 2$ 时, $\frac{2n+5}{9} > 1$ 故 $D[(X_1 + X_2 + \bar{X})/3] > D\bar{X}$.

(2) 由于 $\bar{X} - X_1 = \left(\frac{1}{n} - 1\right)X_1 + \frac{1}{n}X_2 + \cdots + \frac{1}{n}X_n$, 故 $\bar{X} - X_1$ 服从正态分布.

$$E(\bar{X} - X_1) = E\bar{X} - EX_1 = 0;$$

$$D(\bar{X} - X_1) = D\left[\left(\frac{1}{n} - 1\right)X_1 + \frac{1}{n}X_2 + \cdots + \frac{1}{n}X_n\right]$$

$$= \left[\left(\frac{1}{n} - 1\right)^2 + (n-1)\cdot\frac{1}{n^2}\right]\sigma^2 = \frac{n-1}{n}\sigma^2.$$

从而 $\bar{X} - X_1 \sim N(0, \sigma^2(n-1)/n)$. □

例 3.3.11 设 $X_1, X_2, \cdots, X_n$ 独立同分布且服从 $N(\mu, \sigma^2)$，求 $E(\sum_{k=1}^{n} |X_k - \overline{X}|)$，其中 $\overline{X} = \frac{1}{n}\sum_{k=1}^{n} X_k$。

解 令 $Y_k = X_k - \overline{X}$，它是 n 个独立正态变量 $X_1, X_2, \cdots, X_n$ 的线性和，例如

$$Y_1 = X_1 - \overline{X} = \frac{n-1}{n}X_1 - \frac{1}{n}X_2 - \cdots - \frac{1}{n}X_n.$$

因此 Y_k 服从正态分布。通过计算可知，$EY_k = 0$，

$$DY_k = \left[\left(\frac{n-1}{n}\right)^2 + \left(-\frac{1}{n}\right)^2 + \cdots + \left(-\frac{1}{n}\right)^2\right]\sigma^2 = \frac{n-1}{n}\sigma^2 \stackrel{\text{def}}{=} \sigma_1^2,$$

即

$$E(|Y_k|) = \int_{-\infty}^{+\infty} |y| \frac{1}{\sqrt{2\pi}\sigma_1} \exp\left(-\frac{y^2}{2\sigma_1^2}\right) dy = \frac{2}{\sqrt{2\pi}\sigma_1} \int_0^{+\infty} y \exp\left(-\frac{y^2}{2\sigma_1^2}\right) dy = \sqrt{\frac{2}{\pi}}\sigma_1,$$

$$E\left(\sum_{k=1}^{n} |X_k - \overline{X}|\right) = \sum_{k=1}^{n} E(|Y_k|) = n\sqrt{\frac{2}{\pi}} \times \sqrt{\frac{n-1}{n}}\sigma = \sqrt{\frac{2n(n-1)}{\pi}}\sigma. \quad \square$$

由上面推导知，在例 3.2.7 中 $Y_k = X_k - \overline{X}$（注意它也是 $X_1, X_2, \cdots, X_n$ 的线性和），是一元正态变量，且

$$Y_k = X_k - \overline{X} \sim N\left(0, \frac{n-1}{n}\sigma^2\right).$$

n 维正态分布在随机过程和数理统计中常会遇到，它是最重要的多元分布，也是分布性质很好且研究深入的多元分布。利用下一章的中心极限定理，不是正态分布的许多问题也可以化为正态分布问题来处理。协方差矩阵是多元正态分布的主要参数之一。另一方面，常常 n 维随机向量的分布是不知道的，或者太复杂，以致在数学上不易处理，但是从抽样数据中可以对期望和协方差做出估计（详见第 6 章），因此在实际应用中协方差矩阵的研究和处理就很重要了。

例 3.3.12 设二维随机变量 (X, Y) 的概率密度函数为

$$f(x, y) = \frac{1}{2}[\varphi_1(x, y) + \varphi_2(x, y)],$$

其中 $\varphi_1(x, y)$ 和 $\varphi_2(x, y)$ 都是二维正态概率密度函数，且它们对应的二维随机变量的相关系数分别为 $1/3$ 和 $-1/3$。它们的边缘概率密度函数所对应的随机变量的数学期望都是 0，方差都是 1。

(1) 求随机变量 X 和 Y 的概率密度函数 $f_1(x)$ 和 $f_2(y)$，及 X 和 Y 的相关系数 ρ（可以直接利用二维正态密度的性质）。

(2) 问 X 和 Y 是否独立？为什么？

解 (1) 由二元正态分布的性质知，以 $\varphi_i(x, y)$ ($i = 1, 2$) 为概率密度的边际分布（分

别记为 $\varphi_{i1}(x)$ 和 $\varphi_{i2}(y)$) 都是标准正态分布, 因此 $\varphi_{11}(x) = \varphi_{21}(x)$, $\varphi_{12}(y) = \varphi_{22}(y)$,

$$f_1(x) = \int_{-\infty}^{+\infty} f(x,y) \mathrm{d}y = \frac{1}{2} \int_{-\infty}^{+\infty} \varphi_1(x,y) \mathrm{d}y + \frac{1}{2} \int_{-\infty}^{+\infty} \varphi_2(x,y) \mathrm{d}y$$

$$= \frac{1}{2} \varphi_{11}(x) + \frac{1}{2} \varphi_{21}(x) = \varphi_{11}(x) = \frac{1}{\sqrt{2\pi}} e^{-x^2/2}.$$

同理

$$f_2(y) = \frac{1}{2} \varphi_{12}(y) + \frac{1}{2} \varphi_{22}(y) = \varphi_{12}(y) = \frac{1}{\sqrt{2\pi}} e^{-y^2/2}.$$

由于 $X \sim N(0,1)$, $Y \sim N(0,1)$, 故 $EX = EY = 0$, $DX = DY = 1$. 而

$$\rho = [E(XY) - EXEY]/\sqrt{DXDY} = E(XY),$$

故所求的相关系数为

$$E(XY) = \int_{-\infty}^{+\infty} \int_{-\infty}^{+\infty} xy f(x,y) \mathrm{d}x\mathrm{d}y$$

$$= \frac{1}{2} \int_{-\infty}^{+\infty} \int_{-\infty}^{+\infty} xy \varphi_1(x,y) \mathrm{d}x\mathrm{d}y + \frac{1}{2} \int_{-\infty}^{+\infty} \int_{-\infty}^{+\infty} xy \varphi_2(x,y) \mathrm{d}x\mathrm{d}y$$

$$= \frac{1}{2} (r_1 + r_2) = \frac{1}{2} \times \left(\frac{1}{3} - \frac{1}{3} \right) = 0.$$

(2) 由于 $f(x,y) = \frac{1}{2} [\varphi_1(x,y) + \varphi_2(x,y)]$, 及

$$X \sim N(0,1), \quad Y \sim N(0,1) \quad 和 \quad r_1 = \frac{1}{3}, \quad r_2 = -\frac{1}{3},$$

故

$$\varphi_1(x,y) = \frac{1}{2\pi \sqrt{(1-r_1^2)}} \exp\left[-\frac{1}{2(1-r_1^2)} (x^2 + y^2 - 2r_1 xy) \right]$$

$$\xrightarrow{r_1 = 1/3} \frac{3}{4\pi \sqrt{2}} e^{-\frac{9}{16}(x^2+y^2-\frac{2}{3}xy)},$$

$$f(x,y) = \frac{1}{2} \varphi_1(x,y) + \frac{1}{2} \varphi_2(x,y)$$

$$= \frac{3}{8\pi \sqrt{2}} \left[e^{-\frac{9}{16}(x^2+y^2-\frac{2}{3}xy)} + e^{-\frac{9}{16}(x^2+y^2+\frac{2}{3}xy)} \right].$$

可见 $f_1(x) f_2(y) \neq f(x,y)$, 因此 X 和 Y 不独立.

分析与总结 (1) 由连续型的式(3.2.4)及题设, 有

$$E[g(X,Y)] = \int_{-\infty}^{+\infty} \int_{-\infty}^{+\infty} g(x,y) f_{(X,Y)}(x,y) \mathrm{d}x\mathrm{d}y$$

$$= \frac{1}{2} \int_{-\infty}^{+\infty} \int_{-\infty}^{+\infty} g(x,y) \varphi_1(x,y) \mathrm{d}x\mathrm{d}y + \frac{1}{2} \int_{-\infty}^{+\infty} \int_{-\infty}^{+\infty} g(x,y) \varphi_2(x,y) \mathrm{d}x\mathrm{d}y,$$

因此 X 和 Y 的各种矩(包括中心矩)以及边际密度都是分别以 $\varphi_i(x,y)(i=1,2)$ 为概率密度相应量的算术平均值.因此可以立即得到 $EX=EY=0, DX=DY=1$,而

$$\rho = (r_1+r_2)/2 = \left(\frac{1}{3}-\frac{1}{3}\right)/2 = 0.$$

(2) 本题有一个误区:总认为 (X,Y) 是二元正态的.由设 $\varphi_i(x,y)$ 是正态,而 (X,Y) 的密度是正态密度的线性和(凸组合),又证明了 X 和 Y 又都是正态的,因此误认为 (X,Y) 为二元正态.但是别忘了:边际分布不能决定联合分布!由于错误认定 (X,Y) 是二元正态,因此从相关系数 $\rho=0$ 立即轻率认定 X 和 Y 独立而造成失误.

本题给出一个分量是正态变量而联合起来不是二元正态变量的例子,也给出一个不相关但是不独立的例子.本题说明:正确掌握概念是何等重要.

切记:边际分布不能决定联合分布,不相关与独立性一般不是等价的.

3.3.4 最佳预测

给一个未知系统输入数据 x,得到输出 y.不同的 x 一般会得到不同的输出 y.因此这里存在一个映射,y 是在此映射下 x 的像.如果选用我们熟悉的函数 g 来刻画这个映射(即刻画此系统),那么对给定的 x,在这个假定下可以预计有输出 $g(x)$,称为 y 的一个预测.但 $g(x)$ 一般与此系统的实际输出 y 会有误差 $y-g(x)$.当输入为随机变量 X 时,系统的真实输出则是随机变量 Y,此时随机误差为 $Y-g(X)$.为免除正负相抵,考察 $(Y-g(X))^2$,以概率做加权平均,则得到 $E(Y-g(X))^2$,通常称之为预测的**均方误差**.如果函数 g^* 满足

$$E(Y-g^*(X))^2 = \min_g E(Y-g(X))^2, \qquad (3.3.9)$$

则称 $Y^*=g^*(X)$ 为 Y 的**最佳预测**.如果 l^* 是一个线性函数,使在线性函数类 L 中它的预测的均方误差最小,即

$$E(Y-l^*(X))^2 = \min_{l\in L} E(Y-l(X))^2, \qquad (3.3.10)$$

则称 $Y^*=l^*(X)$ 为 Y 的**最佳线性预测**.

一般情况下,(X,Y) 的分布不知道,而数字特征却可用统计的方法估计出来(参看第 6 章),即设已知

$$EX=\mu_1, \quad EY=\mu_2, \quad DX=\sigma_1^2, \quad DY=\sigma_2^2, \quad r_{XY}=\rho,$$

在此条件下求 Y 的最佳线性预测.当 (X,Y) 是正态随机变量时,我们在 3.3.5 节性质 2 会看到它还是最佳预测.

设 $l(X)=aX+b$,预测的均方误差

$$Q(a,b) = E[Y-(aX+b)]^2 = EY^2+a^2EX^2+b^2-2aE(XY)-2bEY+2abEX$$
$$= EY^2+a^2EX^2+b^2-2aE(XY)-2bEY+2abEX,$$

由
$$\begin{cases} \dfrac{\partial Q}{\partial a}=0, \\ \dfrac{\partial Q}{\partial b}=0, \end{cases}$$

得
$$\begin{cases} aEX^2+bEX=E(XY), \\ b+aEX=EY. \end{cases}$$

解得
$$\begin{cases} a=\rho\sigma_2/\sigma_1, \\ b=\mu_2-\mu_1\rho\sigma_2/\sigma_1. \end{cases} \tag{3.3.11}$$

则由此 a,b 决定的
$$l(X)=\rho\frac{\sigma_2}{\sigma_1}X+\mu_2-\mu_1\rho\frac{\sigma_2}{\sigma_1}=\mu_2+\rho\frac{\sigma_2}{\sigma_1}(X-\mu_1), \tag{3.3.12}$$

即为 Y 的最佳线性预测, 此时均方误差为
$$Q(a,b)=(1-\rho^2)\sigma_2^2. \tag{3.3.13}$$

由此可见, 当 $|r_{XY}|=1$ 时, 均方误差 $Q=0$, 这说明该系统确实为线性系统, Y 是 X 的线性函数. 当 $|r_{XY}|$ 越接近 1 时, 均方误差 Q 越接近于 0, 该系统越接近于一个线性系统, 而 Y 越接近是 X 的线性函数. 因此相关系数刻画了两个随机变量间线性相依的程度.

3.3.5 条件数学期望

在 2.4.2 节中, 定义了条件分布函数 $F_{Y|X}(y|x)$ 和 $F_{X|Y}(x|y)$, 由此可定义**条件期望** (如果相应积分绝对收敛). 例如,

$$E(Y\mid x)\stackrel{\text{def}}{=\!=}E(Y\mid X=x)\stackrel{\text{def}}{=\!=}\int_{-\infty}^{+\infty}y\mathrm{d}F_{Y|X}(y\mid x), \tag{3.3.14}$$

离散型时
$$E(Y\mid x)=\sum_j y_j P(Y=y_j\mid X=x)$$

连续型时
$$E(Y\mid x)=\int_{-\infty}^{+\infty}y f_{Y|X}(y\mid x)\mathrm{d}y.$$

可见它是 x 的函数, 一般地, 它还是 x 的博雷尔可测函数. 因此如果用随机变量 X 复合, 又可定义一个新的随机变量 Z. 换言之, 定义了一个随机变量 Z, 它在 $X=x$ 时, 取值为 $E(Y|X=x)$. 这个随机变量专门记为 $E(Y|X)$.

若 X 与 Y 独立, 显然有
$$E(Y\mid X=x)=EY.$$

设 X 为离散型随机变量, 其所有能取的值为 $\{x_i\}$, $B_i\stackrel{\text{def}}{=\!=}\{X=x_i\}$, $p_i\stackrel{\text{def}}{=\!=}P(B_i)>0$, 由全概率公式, 有

$$F_Y(y) = P(Y \leqslant y) = \sum_{i=1}^{\infty} P(Y \leqslant y \mid B_i) P(B_i) = \sum_{i=1}^{\infty} F(y \mid B_i) P(B_i).$$

故得

$$EY = \int_{-\infty}^{+\infty} y \, dF(y) = \sum_{i=1}^{\infty} E(Y \mid B_i) P(B_i). \tag{3.3.15}$$

此式称为**全(数学)期望公式**.

下面对连续型随机变量也建立全期望公式. 实际上, 我们将在更为一般的情况下讨论 (初学者可略).

对给定的博雷尔可测函数 $g(y)$, 定义

$$E(g(Y) \mid x) = \int_{-\infty}^{+\infty} g(y) \, dF(y \mid x) \tag{3.3.14'}$$

为在 $X = x$ 的条件下, $g(Y)$ 的**条件数学期望**, 只要右方绝对可积.

设 X 为连续型随机变量, 其概率密度函数为 $f_X(x)$.

$$E(g(Y) \mid x) = \int_{-\infty}^{+\infty} g(y) f(y \mid x) \, dy, \tag{3.3.16}$$

X 代替 x 后, 作为随机变量 X 的函数, $E(g(Y) \mid X)$ 也为连续型随机变量. 它的数学期望是

$$\begin{aligned}
E[E(g(Y) \mid X)] &= \int_{-\infty}^{+\infty} E(g(Y) \mid x) f_X(x) \, dx \\
&= \int_{-\infty}^{+\infty} \left[\int_{-\infty}^{+\infty} g(y) f(y \mid x) \, dy \right] f_X(x) \, dx \\
&= \int_{-\infty}^{+\infty} \int_{-\infty}^{+\infty} g(y) f(x, y) \, dx \, dy = \int_{-\infty}^{+\infty} g(y) f_Y(y) \, dy = Eg(Y),
\end{aligned}$$

其中 $f(x, y)$ 是 (X, Y) 的联合密度. 于是

$$Eg(Y) = E[E(g(Y) \mid X)]. \tag{3.3.15'}$$

由此得到条件期望的重要性质: 条件期望的期望(平均值)等于无条件期望(平均值). 如果 X 与 Y 相互独立, 则因 $F(y \mid x) = F_Y(y)$, 故也有

$$E[g(Y) \mid X] = \int_{-\infty}^{+\infty} g(y) \, dF_Y(y) = Eg(Y). \tag{3.3.17}$$

条件期望在最佳预测中起重要作用. 设一个系统输入为 X, 输出为 Y, 找满足式(3.3.9)的函数 g^*, 以 $g^*(X)$ 作为 Y 的最佳预测, 此时均方误差为

$$\begin{aligned}
E[Y - g(X)]^2 &= \int_{-\infty}^{+\infty} \int_{-\infty}^{+\infty} [y - g(x)]^2 f(x, y) \, dx \, dy \\
&= \int_{-\infty}^{+\infty} f_X(x) \left\{ \int_{-\infty}^{+\infty} [y - g(x)]^2 f_{Y \mid X}(y \mid x) \, dy \right\} dx. \tag{3.3.18}
\end{aligned}$$

注意, 条件概率也是一个概率测度(参看 2.5.2 节), 对此概率测度, 由于假设二阶矩存在, 故有相应的期望性质(5)(定理 3.1.1): 当 $g(x) = E(Y \mid X = x)$ 时, 使

$$E([Y-g(X)]^2 \mid X=x) = \int_{-\infty}^{+\infty}[y-g(x)]^2 f_{Y|X}(y \mid x)\mathrm{d}y$$

达到最小. 从而使式(3.3.18)达到最小. 这就是说,当我们观测到(或者输入)一个值 $X=x$ 时,$g(x)=E(Y|X=x)$ 是一切对 Y 的值的估计中,在均方估计意义下最小的一个. 总结为如下性质.

性质 1 设 (X,Y) 的二阶矩存在,则 $g(X)=E(Y|X)$ 是 Y 的最佳预测(均方误差意义下);在给定 $X=x$ 的条件下,$g(x)=E(Y|X=x)$ 是一切对 Y 的最佳预测值(均方误差意义下).

结合上节结果,注意式(3.3.11)和式(3.3.12),立即得到下面性质.

性质 2 设 (X,Y) 为二元正态,则 Y 的最佳线性预测就是它的最佳预测,此时

$$E(Y \mid X) = \mu_2 + \rho\frac{\sigma_2}{\sigma_1}(X-\mu_1), \quad \text{a.e.} \tag{3.3.19}$$

在给定 $X=x$ 的条件下,

$$g^*(x) = E(Y \mid X=x) = \mu_2 + \rho\frac{\sigma_2}{\sigma_1}(x-\mu_1). \tag{3.3.20}$$

称 $y=E(Y|X=x)$ 为 Y 关于 X 的**回归**.

类似地,可以定义和讨论 $E(X|Y=y)$, $E(X|Y)$ 及相应的预测问题.

例 3.3.13 设 (X,Y) 的概率密度函数为 $f(x,y)=2\exp\{-(x+y)\}, 0<x<y<+\infty$,求条件期望 $E(Y|X=1)$.

解 求边际概率密度函数,

$$f_X(x) = \int_{-\infty}^{+\infty} f(x,y)\mathrm{d}y = \int_x^{+\infty} 2\mathrm{e}^{-(x+y)}\mathrm{d}y = 2\mathrm{e}^{-2x}, \quad x>0,$$

故 $f_{Y|X}(y|1)=f(1,y)/f_X(1)\xlongequal{y\geqslant 1}2\mathrm{e}^{-(1+y)}/2\mathrm{e}^{-2}=\mathrm{e}^{-(y-1)}$.

从而

$$E(Y \mid X=1) = \int_{-\infty}^{+\infty} yf_{Y|X}(y \mid 1)\mathrm{d}y = \int_1^{+\infty} y\mathrm{e}^{-(y-1)}\mathrm{d}y = \int_0^{+\infty}(u+1)\mathrm{e}^{-u}\mathrm{d}u = 2. \quad \square$$

注 由条件概率密度函数可知,在 $X=1$ 的条件下,Y 是参数 $\lambda=1$ 的非中心的指数分布,即 $\lambda=1$ 的指数分布经过平移(向右平移一个长度单位)而得到的. 如令 $Z=Y-1$,则 $Z\sim Ex(1)$. 故 $EY=EZ+1=1+1=2$. 也得到同一结论.

*例 3.3.14 设到某个网站访问的次数可视为参数是 λ(某个正常数)的泊松流. 在 $(s,t]$ 时段内的访问次数记为 $\xi_{(s,t]}, \forall t>s\geqslant 0$.

(1) 试求第 2 次访问此网站的时刻 η_2 的分布;

(2) 如果 $\lambda=5$,利用切比雪夫不等式,求概率 $P(|\lambda\eta_2-2|<\lambda)$ 的下限;

(3) 引入记号 $N_t=\xi_{(0,t]}, \forall t\in[0,+\infty)$,计算 $E(N_t|N_s=k), 0\leqslant s<t<+\infty$.

解 I （1）由重要分布的产生背景，知泊松流中第二次访问时间 $\eta_2 \sim \Gamma(2, \lambda)$.

（2）由泊松流性质，可写 $\eta_2 = X_1 + X_2$，其中 X_i 独立同分布且服从 $\text{Ex}(\lambda)$. 故
$$EX_1 = EX_2 = 1/\lambda, \quad DX_1 = DX_2 = 1/\lambda^2.$$
从而
$$E\eta_2 = EX_1 + EX_2 = 2/\lambda, \quad D\eta_2 = DX_1 + DX_1 = 2/\lambda^2.$$
利用切比雪夫不等式，有
$$P(|\lambda\eta_2 - 2| < \lambda) = P(|\eta_2 - E\eta_2| < 1) \geqslant 1 - D\eta_2.$$
注意 $E\eta_2 = 2/\lambda, D\eta_2 = 2/\lambda^2$，代入可得 $P(|\lambda\eta_2 - 2| < \lambda) \geqslant 1 - 2/\lambda^2$. 当 $\lambda = 5$ 时，
$$P(|\lambda\eta_2 - 2| < \lambda) \geqslant 1 - 2/25 = 23/25 = 0.92,$$
即所求概率的下限为 0.92.

（3）
$$\begin{aligned}
E(N_t \mid N_s = k) &= E(N_s \mid N_s = k) + E(N_t - N_s \mid N_s = k) \\
&= k + E(N_t - N_s) = k + \lambda(t - s), \quad 0 \leqslant s < t < +\infty.
\end{aligned}$$

解 II （1）由泊松定理，有
$$P(\eta_2 > t) = P(\xi_{(0, t]} < 2) = \frac{(\lambda t)^0}{0!} e^{-\lambda t} + \frac{\lambda t}{1} e^{-\lambda t} = (1 + \lambda t) e^{-\lambda t}, \quad t \geqslant 0,$$
$$F_{\eta_2}(t) = 1 - (1 + \lambda t) e^{-\lambda t}, \quad f_{\eta_2}(t) = \lambda^2 t e^{-\lambda t}, \quad t \geqslant 0.$$

（2）由 η_2 的密度直接计算，有
$$E\eta_2 = \int_0^{+\infty} t f_{\eta_2}(t) \mathrm{d}t = \int_0^{+\infty} \lambda^2 t^2 e^{-\lambda t} \mathrm{d}t = 2 \int_0^{+\infty} \lambda t e^{-\lambda t} \mathrm{d}t = 2/\lambda,$$
$$E\eta_2^2 = \int_0^{+\infty} t^2 f_{\eta_2}(t) \mathrm{d}t = \int_0^{+\infty} \lambda^2 t^3 e^{-\lambda t} \mathrm{d}t = 3 \int_0^{+\infty} \lambda t^2 e^{-\lambda t} \mathrm{d}t = (3/\lambda) E\eta_2 = 6/\lambda^2,$$
$$D\eta_2 = E\eta_2^2 - (E\eta_2)^2 = 2/\lambda^2.$$
利用切比雪夫不等式，有
$$P(|\lambda\eta_2 - 2| < \lambda) = P(|\eta_2 - E\eta_2| < 1) \geqslant 1 - D\eta_2.$$
代入 $E\eta_2 = 2/\lambda, D\eta_2 = 2/\lambda^2$，可得 $P(|\lambda\eta_2 - 2| < \lambda) \geqslant 1 - 2/\lambda^2$. 当 $\lambda = 5$ 时，
$$P(|\lambda\eta_2 - 2| < \lambda) \geqslant 1 - 2/25 = 23/25 = 0.92,$$
即所求概率的下限为 0.92.

（3）同解 I. □

例 3.3.15 设 $Z(t) = X - tY, \forall t \in (0, +\infty)$，式中 X, Y 为独立同分布且服从 $N(0,1)$.
（1）试求 $Z(t) - Z(s)$ 的分布，其中 $0 < s < t$.
（2）试证 $E(Z(t) \mid Z(0) = u) = u, 0 < t < +\infty$.

解 (1) 由题设 X,Y 为独立同分布且服从 $N(0,1)$,可知 $Z(t)-Z(s)=(s-t)Y$ 有正态分布,容易得知 $Z(t)-Z(s)\sim N(0,(t-s)^2)$.

(2) 由题设及条件期望的线性性质,并注意 X,Y 为独立同分布,及 $EY=0$,有
$$E(z(t)\mid z(0)=u)=E(X-tY\mid X=u)=E(X\mid X=u)-tE(Y\mid X=u)$$
$$=u-tEY=u.$$

也可直接如下推证.

由题设 X,Y 为独立同分布,且为正态随机变量,而
$$(Z(s),Z(t))=(X,Y)\begin{pmatrix}1 & 1\\ -s & -t\end{pmatrix},$$

因此它为二元正态随机变量,且服从 $N(0,0,(1+s^2),(1+t^2),(1+st)/\sqrt{(1+s^2)(1+t^2)})$,于是
$$(Z(0),Z(t))\sim N(0,0,1,1+t^2,1/\sqrt{1+t^2}),$$
$$f_{(Z(0),Z(t))}(u,v)=\frac{1}{2\pi}\frac{1}{\sqrt{1+t^2}}\frac{1}{\sqrt{1-1/(1+t^2)}}\times$$
$$\exp\left[-\frac{1}{2(1-1/(1+t^2))}\left(u^2-2\frac{1}{\sqrt{1+t^2}}\frac{uv}{\sqrt{1+t^2}}+\frac{v^2}{1+t^2}\right)\right]$$
$$=\frac{1}{2\pi t}\times\exp\left\{-\frac{1}{2t^2}[(u-v)^2+u^2t^2]\right\},$$
$$f_{Z(t)\mid Z(0)}(v\mid u)=f(u,v)/f_{Z(0)}(u)$$
$$=\frac{1}{2\pi t}\times\exp\left\{-\frac{1}{2t^2}[(u-v)^2+u^2t^2]\right\}\Big/\frac{1}{\sqrt{2\pi}}\times\exp\left(-\frac{u^2}{2}\right)$$
$$=\frac{1}{\sqrt{2\pi}t}\times\exp\left[-\frac{1}{2t^2}(v-u)^2\right].$$

即 $Z(t)\mid Z(0)\sim N(u,t^2)$,故也证得命题. 显然,前面一种解法更为简洁,计算失误的风险更小. □

习题 3

1. 设某网络服务器首次失效时间(寿命)服从均值为 θ 的指数分布,在随机购得的 4 台这种服务器中,求下列事件 A 和 B 的概率.

A:至少有一台其寿命等于此类服务器的期望寿命.

B:有且仅有一台其寿命小于此类服务器的期望寿命.

2. 设有 10 台同种设备同时开始做独立的寿命试验. 若此种设备寿命服从期望寿命

为 800 天的指数分布. 求试验开始后 400 天内发现有 3 台设备失效的概率.

3. 设随机变量 X 的分布律为：

X	-2	0	2
p_k	0.4	0.3	0.3

求 $EX, EX^2, E(3X+5)$.

4. 某产品的次品率为 0.1，检验员每天检验 4 次. 每次随机地取 10 件产品进行检验，如发现其中的次品数多于 1，就去调整设备. 以 X 表示一天中调整设备的次数，试求 EX（设诸产品是否为次品是相互独立的）.

5. 设某仪器主要由 A,B,C 三个元件组成. 一个宇宙射线的粒子击中元件 A,B,C 的概率分别为 $0.1, 0.6, 0.3$，元件被击中后就会发生故障. 当元件 A 发生故障或元件 B,C 都发生故障时仪器即停止工作. 求仪器停止工作时击中仪器的粒子数的数学期望.

6. 一本 500 页的书中共有 100 个印刷错误，每页错误个数 X 近似服从泊松分布.

(1) 随机地取一页，求在这一页上错误不少于 2 个的概率；

(2) 随机地取 4 页，求在这 4 页上错误不少于 3 个的概率.

7. 若有 n 把看上去样子相同的钥匙，其中只有一把能打开门上的锁. 用它们去试开门上的锁，设取到每只钥匙是等可能的. 若每把钥匙试开一次后除去. 求试开次数 X 的数学期望.

8. 将 n 只球放入 M 个盒子中去，设每只球落入各个盒子是等可能的，试求有球的盒子数 X 的数学期望.

9. 有 3 只球、4 只盒子，盒子的编号为 $1,2,3,4$. 将球逐个独立地、随机地放入 4 只盒子中去. 以 X 表示其中至少有一只球的盒子的最小号码（例如 $X=3$ 表示第 1 号、第 2 号盒子是空的，第 3 号盒子至少有一只球），试求 EX.

10. 设在某一规定的时间间隔里，某电气设备用于最大负荷的时间 $X(\min)$ 是一个随机变量，其概率密度为

$$f(x) = \begin{cases} x/1500^2, & 0 \leqslant x \leqslant 1500, \\ (3000-x)/1500^2, & 1500 < x \leqslant 3000, \\ 0, & 其他. \end{cases}$$

求 EX.

11. 设随机变量 X 的概率密度为

$$f(x) = \begin{cases} e^{-x}, & x > 0, \\ 0, & x \leqslant 0. \end{cases}$$

求(1)$Y=2X$；(2)$Y=e^{-2X}$的数学期望.

12. 设轮船横向摇摆的随机振幅X有瑞利概率密度

$$f(x)=\begin{cases} ax\exp\left(-\dfrac{x^2}{2\sigma^2}\right), & x>0, \\ 0, & x\leqslant 0. \end{cases}$$

试求(1)常数a；(2)EX；(3)遇到X大于其振幅均值的概率是多少？(4)X大于或小于其平均振幅的概率是否相同？

13. 设随机变量$X\sim N(0,\sigma^2)$，试求EX^n.

14. (1) 设随机变量X的分布律为$P\left(X=(-1)^{j+1}\dfrac{3^j}{j}\right)=\dfrac{2}{3^j}$，$j=1,2,\cdots$，说明$X$的数学期望不存在.

(2) 设随机变量X的概率密度为$f(x)=\dfrac{1}{\pi(1+x^2)}$，$-\infty<x<+\infty$(此种分布称为柯西分布)，说明$X$的数学期望不存在.

15. 一工厂生产的某种设备的寿命X(年)服从指数分布，概率密度为

$$f(x)=\begin{cases} \dfrac{1}{4}e^{-x/4}, & x>0, \\ 0, & x\leqslant 0. \end{cases}$$

工厂规定，出售的设备若是在售出一年之内损坏可予以调换. 若工厂售出一台设备赢利140元，出现调换时厂方需花费260元. 试求厂方出售一台设备净赢利的数学期望.

16. 某车间生产的圆盘，其直径在区间(a,b)服从均匀分布. 试求圆盘面积的数学期望.

17. 对N个人进行验血，如逐个化验必须做N次. 现把每k个人的血样合在一起化验(设N很大，可为k的倍数)，如为阴性即知这k个人的结果均为阴性，否则，再把k个人的血样逐个化验. 假设一个人化验结果为阳性的概率为p(p很小)且个人化验结果互相独立，求化验次数的数学期望. 又如何选取k可使这个期望数最小.

18. (1) 设X为只取非负整数值的随机变量，证明：$EX=\sum\limits_{n=1}^{+\infty}P(X\geqslant n)$.

*(2) 设X为正的随机变量，证明：$EX=\int_0^{+\infty}P(X>x)\mathrm{d}x=\int_0^{+\infty}P(X\geqslant x)\mathrm{d}x$.

19. 设随机变量X_1,X_2的概率密度分别为

$$f_1(x)=\begin{cases} 2e^{-2x}, & x>0, \\ 0, & x\leqslant 0, \end{cases} \quad f_2(x)=\begin{cases} 4e^{-4x}, & x>0, \\ 0, & x\leqslant 0. \end{cases}$$

(1) 求$E(X_1+X_2)$，$E(2X_1-3X_2^2)$.

(2) 又设X_1,X_2相互独立，求$E(X_1X_2)$.

20. 设 (X,Y) 的概率密度为
$$f(x,y)=\begin{cases}12y^2, & 0\leqslant y\leqslant x\leqslant 1,\\ 0, & \text{其他}.\end{cases}$$
求 $EX, EY, E(XY), E(X^2+Y^2)$.

21. 设 X 和 Y 是两个相互独立的随机变量,其概率密度分别为
$$f_1(x)=\begin{cases}2x, & 0\leqslant x\leqslant 1,\\ 0, & \text{其他},\end{cases}\quad f_2(y)=\begin{cases}e^{-(y-5)}, & y>5,\\ 0, & \text{其他}.\end{cases}$$
试求 $E(XY)$.

22. 设二元随机变量 (X,Y) 有密度函数:
$$f(x,y)=\begin{cases}6xy^2, & 0<x<1, 0<y<1,\\ 0, & \text{其他}.\end{cases}$$
求 $E(XY)$.

23. 设随机变量 X 服从几何分布,其分布律为 $P(X=k)=p(1-p)^{k-1}, k=1,2,\cdots$,其中 $0<p<1$ 是常数. 求 EX, DX.

24. 设随机变量 X 的概率密度函数为
$$f(x)=\begin{cases}\dfrac{1}{\pi\sqrt{1-x^2}}, & |x|<1,\\ 0, & \text{其他}.\end{cases}$$
试求 EX, DX.

25. 设随机变量 X 的概率密度为 $f(x)=\dfrac{1}{2}e^{-|x|}, -\infty<x<+\infty$. 试求 EX, DX.

26. 设随机变量 X 服从指数分布,其概率密度为 $f(x)=\dfrac{1}{\theta}e^{-x/\theta}I(x>0)$,其中 $\theta>0$ 是常数,求 EX, DX.

27. 设随机变量 X 服从瑞利分布,其概率密度为
$$f(x)=\frac{x}{\sigma^2}e^{-x^2/2\sigma^2}I\ (x>0),$$
其中 $\sigma>0$ 是常数. 求 EX 和 DX.

28. 设随机变量 X 服从 Γ 分布,其概率密度为
$$f(x)=\begin{cases}\dfrac{\beta}{\Gamma(\alpha)}(\beta x)^{\alpha-1}e^{-\beta x}, & x>0,\\ 0, & x\leqslant 0,\end{cases}$$
其中 $\alpha>0, \beta>0$ 是常数. 求 EX 和 DX.

29. (1) 设随机变量 X 的数学期望为 EX,方差为 $DX(DX>0)$,引入新的随机变量

$$X^* = \frac{X - E(X)}{\sqrt{D(X)}},$$

称 X^* 为 X 的标准化变量. 验证 $EX^* = 0, DX^* = 1$.

(2) 已知随机变量 X 的概率密度为

$$f(x) = \begin{cases} 1 - |1 - x|, & 0 < x < 2, \\ 0, & \text{其他}. \end{cases}$$

求 X^* 的概率密度.

30. 将 n 个球（1～n 号）随机地放进 n 只盒子（1～n）中去, 一个盒子装一个球. 若一个球装入与球同号的盒子中, 称为一个配对. 记 X 为总的配对数, 求 DX.

31. 设 $X_1, X_2, \cdots, X_n$ 是相互独立的随机变量, 且有 $E(X_i) = \mu, D(X_i) = \sigma^2, i = 1, 2, \cdots, n$. 记 $\overline{X} = \frac{1}{n} \sum_{i=1}^{n} X_i, S^2 = \frac{1}{n-1} \sum_{i=1}^{n} (X_i - \overline{X})^2$.

(1) 验证 $E\overline{X} = \mu, D\overline{X} = \sigma^2 / n$.

(2) 验证 $S^2 = \frac{1}{n-1} \left(\sum_{i=1}^{n} X_i^2 - n\overline{X}^2 \right)$, 且 $ES^2 = \sigma^2$.

32. 流水作业线上生产出的每个产品为废品的概率是 p, 生产出 k 件废品后即停工检修一次. 求在两次检修之间产品总数的数学期望与方差.

33. (1) 利用切比雪夫不等式, 估计 $P(|X - EX| < 2\sqrt{DX})$ 的下界；

(2) 设随机变量 X 具有密度函数

$$f(x) = \begin{cases} 6x(1-x), & 0 \leqslant x \leqslant 1, \\ 0, & \text{其他}. \end{cases}$$

求 $P(|X - EX| < 2\sqrt{DX})$.

34. 分子运动速度的绝对值 X 是服从麦克斯威尔分布的随机变量, 其密度函数为

$$f(x) = \begin{cases} \dfrac{4x^2}{\alpha^3 \sqrt{\pi}} e^{-\frac{x^2}{\alpha^2}}, & x > 0, \alpha > 0, \\ 0, & x \leqslant 0. \end{cases}$$

求分子的平均动能（分子的质量为 m）及动能的方差.

35. 设 $X_1, X_2, \cdots, X_n$ 为独立同分布.

(1) 如 X_1 服从泊松分布 $P(\lambda)$, 求 $X_1 - X_2$ 的方差.

(2) 如 X_1 为 0-1 分布（即伯努利分布）, 参数为 p, 令 $\overline{X} = \frac{1}{n} \sum_{i=1}^{n} X_i$, 利用切比雪夫不等式估计 $P(|\overline{X} - p| < \varepsilon)$ 的界限.

36. 设随机变量 X 和 Y 相互独立, 且分别服从均值为 θ 和 ϕ 的指数分布, 求 $E(\max\{X, Y\})$.

37. 设随机向量(X,Y)具有概率密度
$$f(x,y) = \begin{cases} 1, & |y|<x, 0<x<1, \\ 0, & 其他. \end{cases}$$
求 $EX, EY, \text{cov}(X,Y)$.

38. 设随机变量(X,Y)具有概率密度
$$f(x,y) = \begin{cases} \dfrac{1}{8}(x+y), & 0 \leqslant x \leqslant 2, 0 \leqslant y \leqslant 2, \\ 0, & 其他. \end{cases}$$
求 $EX, EY, \text{cov}(X,Y), r_{XY}$ 和 $D(X+Y)$.

39. 随机向量(X,Y)服从二维正态分布，X和Y的期望值分别为1和0，方差分别为1和4，相关系数为 $-\dfrac{1}{2}$，试求 $X-Y$ 的分布.

40. 已知三个随机变量 X,Y,Z 中，$EX=EY=1, EZ=-1, DX=DY=DZ=1, \rho_{XY}=0, \rho_{XZ}=1/2, \rho_{YZ}=-1/2$，求 $E(X+Y+Z), D(X+Y+Z)$.

41. 设二维随机变量(X,Y)的概率密度为
$$f(x,y) = \begin{cases} 1/\pi, & x^2+y^2 \leqslant 1, \\ 0, & 其他. \end{cases}$$
试验证 X 和 Y 是不相关的，但 X 和 Y 不是相互独立的.

42. 设随机变量 X 与 Y 都只取两个数值，则 X 与 Y 不相关时，X 与 Y 独立.

43. 设 A 和 B 是试验 E 的两个事件，且 $P(A)>0, P(B)>0$，并定义随机变量 X,Y 如下：
$$X = \begin{cases} 2, & 若A发生, \\ 0, & 若A不发生, \end{cases} \qquad Y = \begin{cases} 2, & 若B发生, \\ 0, & 若B不发生. \end{cases}$$
证明若 $\rho_{XY}=0$，则 X 和 Y 必定相互独立.

44. 设 $X \sim N(\mu,\sigma^2), Y \sim N(\mu,\sigma^2)$，且设 X,Y 相互独立，试求 $Z_1=\alpha X+\beta Y$ 和 $Z_2=\alpha X-\beta Y$ 的相关系数（其中 α,β 是不为零的常数）.

45. 设 $U=aX+b, V=cY+d$，其中 a,b,c 和 d 都是常数，X 和 Y 为随机变量，试证相关系数之间成立
$$r_{U,V} = \dfrac{ac}{|ac|} r_{X,Y} = \begin{cases} r_{X,Y}, & 若a,c同号, \\ -r_{X,Y}, & 否则. \end{cases}$$

46. 设 X 和 Y 为独立随机变量，期望和方差分别为 μ_1, σ_1^2 和 $\mu_2, \sigma_2^2, \sigma_1\sigma_2>0$.
(1) 试求 $Z=XY$ 和 X 的相关系数；
(2) Z 与 X 能否不相关？能否有严格线性函数关系？若能，试写出条件.

47. 对于两个随机变量 V, W，若 EV^2, EW^2 存在，证明

$$[E(VW)]^2 \leq EV^2 EW^2.$$

这一不等式称为柯西-施瓦茨(Cauchy-Schwarz)不等式.

48. 设随机变量 X 与 Y 分别具有 p 阶矩及 q 阶矩.

(1) 设 $p>1, q>1, \dfrac{1}{p}+\dfrac{1}{q}=1$,则 $E(|XY|) \leq (E|X|^p)^{\frac{1}{p}} \cdot (E|Y|^q)^{\frac{1}{q}}$.

(2) 设 $p \geq 1$,则 $(E|X+Y|^p)^{\frac{1}{p}} \leq (E|X|^p)^{\frac{1}{p}} + (E|Y|^p)^{\frac{1}{p}}$.

49. X 和 Y 的联合概率密度为 $f(x,y) = \dfrac{1}{y} e^{-x/y} e^{-y}, 0 < x, y < +\infty$. 试对给定的 $y>0$,计算条件期望 $E(X|Y=y)$.

50. 设某保险公司按保险合同收取到保险金 500 万元. 又设该公司在 $(0,t]$ 时段内收到客户要求理赔的次数 $N(t), t \geq 0$ 是零初值的泊松过程,强度为 $\lambda (>0)$,即 $N(t) \sim P(\lambda t)$;据以往资料统计知,客户的每项理赔要求属于合理要求的概率为 0.4,且理赔要求是否合理与此泊松过程相互独立. 如果按保险合同,公司对每项合理理赔要求的赔偿金为 1 万元,求在固定时间 T_0 前没有理赔要求的概率和到 T_0 时止公司的平均赢利.

第 4 章 极限定理

4.1 极限定理的概念和意义

本章研究随机变量序列部分和的极限问题.

一个人定点投篮,即便他的命中率很低,但只要他一直投下去,从理论上说,投中的次数是可以想有多少就有多少. 这样的极限就使所有的人和最棒的篮球运动员也都没有区别了. 真正有意义的是记录 n 次投篮中投中的次数. 因此我们考虑部分和的算术平均值的极限,而不是部分和本身的极限. 在第 1 章引言中介绍了频率的稳定性: Galton 钉板试验中, n 个小球落入某格(例如第 3 格)的个数如果为 μ_n,则小球落入此格的频率 $f_n = \mu_n/n$,在 $n \to +\infty$ 时趋向于小球落入此格的概率 p. 一般的问题是,在可列重伯努利试验中,频率的稳定性是指:如在前 n 次试验中事件 A 出现(试验成功)的次数为 μ_n,则频率 $f_n = \mu_n/n \to p, n \to +\infty$,其中 $P(A) = p$.

如令伯努利计数变量

$$X_j = \begin{cases} 1, & \text{第 } j \text{ 次试验成功}, \\ 0, & \text{反之}, \end{cases} \quad j = 1, 2, \cdots, \quad (4.1.1)$$

则诸 X_j 独立同分布,且 $EX_j = p$ 及 $\mu_n = \sum_{j=1}^{n} X_j$,从而

$$\frac{\mu_n}{n} - p = \frac{1}{n} \sum_{j=1}^{n} (X_j - EX_j) \to 0. \quad (4.1.2)$$

对于更一般的随机变量序列(它们不一定是伯努利变量),我们研究其部分和的极限问题时,为使问题简化,也首先考察它们中心化以后的部分和的算术平均值的极限.

注意随机变量实质上是个函数,因此上述收敛是在何种意义下的收

敛性呢？要求点点收敛，即像在高等数学里函数列收敛那样，在每一个 $\omega \in \Omega$ 上都是收敛的，现在就太苛刻了：因为毕竟我们关心的是概率——随机事件发生可能性大小的数量指标，因此至少在一个概率为 0 的 ω-集合上是否收敛，可以不去计较. 这样引入下列概念.

定义 4.1.1 设随机变量列 $\{X_n\}$ 期望存在，

$$\xi_n \stackrel{\text{def}}{=} \frac{1}{n} \sum_{j=1}^{n} (X_j - EX_j), \tag{4.1.3}$$

若 $\{\xi_n\}$ 几乎处处收敛到 0（记为 $\xi_n \to 0(\text{a.e.})$ 或 $\xi_n \xrightarrow{\text{a.e.}} 0$），即

$$P(\lim_{n \to +\infty} \xi_n = 0) = 1, \tag{4.1.4}$$

或

$$P(\lim_{n \to +\infty} \xi_n \neq 0) = 0, \tag{4.1.4'}$$

则称 $\{X_n\}$ 服从**强大数定律**，记为 $X_n \in$ s-LLN(strong law of large numbers). 强大数定律也叫做**强大数定理**.

如 $\{\xi_n\}$ 依概率收敛到 0（记为 $\xi_n \to 0(P)$ 或 $\xi_n \xrightarrow{P} 0$），即

$$\lim_{n \to +\infty} P(|\xi_n| \geq \varepsilon) = 0, \quad \forall \varepsilon > 0 \tag{4.1.5}$$

或

$$\lim_{n \to +\infty} P(|\xi_n| < \varepsilon) = 1, \quad \forall \varepsilon > 0, \tag{4.1.5'}$$

则称 $\{X_n\}$ 服从**大数定律**（或弱大数定律），记为 $X_n \in$ LLN.

注 1 式 (4.1.5) 中左方的概率在 $n = 1, 2, \cdots$ 时是与 ε 有关的数列，因此可进一步描述为：对任意 $\delta > 0$，存在 $N = N(\varepsilon, \delta)$，当 $n > N$，使 $P(|\xi_n| \geq \varepsilon) < \delta$.

注 2 几乎处处收敛的要求，保证事件 $(\lim_{n \to +\infty} \xi_n = 0)$ 几乎是必然的，因此几乎对每一个 $\omega \in \Omega$，都有 $\lim_{n \to +\infty} \xi_n(\omega) = 0$. 而依概率收敛只保证事件 $(|\xi_n| \geq \varepsilon)$ 的概率，对足够大的 n 都可控制在很小，而事件 $(|\xi_n| < \varepsilon)$ 的概率跟 1 接近. 因此几乎处处收敛可以推出依概率收敛，但反之不真. 后面提供的一个反例，说明依概率收敛，但可以不是几乎处处收敛的. 更有甚者，竟然可能是处处不收敛的. 因此强大数定律确实比大数定律要强.

*例 4.1.1（反例：依概率收敛但不是几乎处处收敛） 在定义 1.2.2 的注中我们介绍过，$[0, 1]$ 区间上子集（博雷尔子集）的长度 L，可以看成 $\mathcal{B} \cap [0, 1]$ 上的概率. 定义 $\Omega = [0, 1]$ 上的函数列如下：先令

$$X_{21}(x) = \begin{cases} 1, & x \in [0, 1/2], \\ 0, & x \notin [0, 1/2], \end{cases} \quad X_{22}(x) = \begin{cases} 1, & x \in (1/2, 1], \\ 0, & x \notin (1/2, 1]. \end{cases}$$

然后将 $[0, 1]$ 四等分，定义 4 个函数，第 k 个函数为

$$X_{4k}(x) = \begin{cases} 1, & x \in ((k-1)/2^2, k/2^2], \\ 0, & \text{其他}, \end{cases} \quad k = 1, 2, 3, 4.$$

其中区间左端点为 0 时取为闭区间. 如此继续, 将 $[0,1]$ 2^n 等分时, 定义

$$X_{2^n k}(x) = \begin{cases} 1, & x \in ((k-1)/2^n, k/2^n], \\ 0, & \text{其他}, \end{cases} \quad k = 1, 2, \cdots, 2^n.$$

区间左端点为 0 时的约定与前面相同. 如此继续构造一个无穷函数列. 下面证明这个函数列在 $[0,1]$ 上每个点都不收敛 (因此不是 a.e. 收敛的). 事实上, 任意给定 $x_0 \in [0,1]$ 之后, 对每个 n 总有一个 k_0 使

$$x_0 \in ((k_0-1)/2^n, k_0/2^n].$$

这样在 x_0 处, $X_{2^n k_0}(x_0) = 1$, 而对此 n, 在 x_0 点上, 其他 $2^n - 1$ 个函数值 $X_{2^n k}(x_0) = 0$, $k_0 \neq k$. 于是在 x_0 点得到的无穷数列 $\{X_{2^n k}(x_0)\}$, 虽然随着 n 增大 0 越来越多而 1 越来越稀少, 但 1 却不会消失. 因此由于 x_0 的任意性知, 在每个 $x \in [0,1]$ 处, $\{X_{2^n k}(x)\}$ 都不收敛, 当然更不会几乎处处收敛.

但是 $\forall 0 < \varepsilon < 1$,

$$P(\{x \mid |X_{2^n k}(x)| > \varepsilon\}) = P\left(\left(\frac{k-1}{2^n}, \frac{k}{2^n}\right]\right) = L\left(\frac{k-1}{2^n}, \frac{k}{2^n}\right] = \frac{1}{2^n} \to 0, \quad n \to +\infty,$$

即 $X_{2^n k}(x) \xrightarrow{P} 0$. □

注 依概率收敛的一个性质: 设 $g(x,y)$ 在点 (a,b) 连续, 且

$$X_n \xrightarrow{P} a, \quad Y_n \xrightarrow{P} b, \quad \text{则} \quad g(X_n, Y_n) \xrightarrow{P} g(a,b).$$

现在来考察随机变量部分和的分布函数是否有极限, 若有极限, 分布是什么. 注意

$$\mu_n = \sum_{j=1}^n X_j \sim B(n, p).$$

取 $p = 2/3$, 图 4.1.1 画出 μ_n 的 $n = 1, 2, 4, 8, 32$ 时的离散分布密度图.

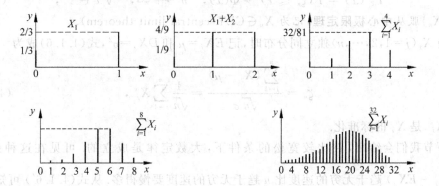

图 4.1.1 $B(n, p)$ 逼近正态

可以发现 $\mu_n = \sum_{j=1}^{n} X_j$ 在 n 足够大时,其分布与正态分布很接近;当 $X_k \sim U(0,1)$ 时,从图 4.1.2 也可以发现 $\sum_{j=1}^{n} X_j$ 的极限分布也可能是正态的.

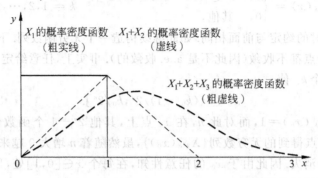

图 4.1.2 均匀分布的独立和的概率密度函数非负部分

为防止这些密度的中心(即数学期望)趋于正无穷以及方差无限增大,我们考察部分和标准化后的极限分布.

定义 4.1.2 设随机变量序列 $\{X_n\}$ 的数学期望和方差存在,

$$\zeta_n \stackrel{\text{def}}{=} \Big(\sum_{j=1}^{n} X_j \Big)^{*} = \frac{\sum_{j=1}^{n} X_j - E \sum_{j=1}^{n} X_j}{\sqrt{D \sum_{j=1}^{n} X_j}}. \tag{4.1.6}$$

如果它们依分布收敛到一个标准正态分布的变量,记为 $\zeta_n \xrightarrow{d} Z \sim N(0,1)$,即

$$F_{\zeta_n}(x) = P(\zeta_n \leqslant x) \to \varPhi(x), \quad n \to +\infty, \quad \forall x \in \mathbb{R}, \tag{4.1.7}$$

则称 $\{X_n\}$ 服从**中心极限定理**,记为 $X_n \in \mathrm{CLT}$(central limit theorem).

当 $X_j (j=1,2,\cdots,n)$ 独立同分布时,记 $EX_j = \mu$ 和 $DX_j = \sigma^2$,式(4.1.6)成为

$$\zeta_n = \frac{\sum_{j=1}^{n}(X_j - \mu)}{\sqrt{n}\,\sigma} = \frac{1}{\sqrt{n}} \sum_{j=1}^{n} X_j^{*}, \tag{4.1.6'}$$

其中 X_j^{*} 是 X_j 的标准化.

下节我们会给出,在比较宽松的条件下,大数定律是成立的.可见在这种条件下 $\sum_{j=1}^{n}(X_j - EX_j)$ 趋于无穷的速度比 n 趋于无穷的速度要慢得多.从式(4.1.6')可知,如中心极限定律成立,则这个和趋于无穷的速度并不比 $\sqrt{n}$ 趋于无穷的速度慢,注意 σ 是一个

常数. 经研究发现在一定条件下它的分布趋于正态分布.

最后,容易发现对独立同分布的、由式(4.1.1)定义的伯努利变量列,式(4.1.3)和式(4.1.6)分别变为(注意 $E\mu_n=np, D\mu_n=npq$)

$$\xi_n = \frac{\mu_n}{n} - p \quad \text{和} \quad \zeta_n = \frac{u_n - np}{\sqrt{npq}}. \tag{4.1.8}$$

若随机变量序列$\{X_n\}$及随机变量X的k阶矩存在,且$E(X_n-X)^k \to 0, n\to +\infty$,则称$\{X_n\}$依($k$阶)矩收敛到$X$.

* **例 4.1.2**(反例:依分布收敛但不是依矩收敛) 设随机变量序列 $X_n \sim \begin{pmatrix} 0 & n \\ 1-1/n & 1/n \end{pmatrix}, n=1,2,\cdots$,则对给定的$x\geq 0$,当$n>x$时,$P(X_n\leq x)=P(X_n=0)=1-1/n\to 1$,即有 $F_n(x)\to I_{[0,\infty)}(x), n\to +\infty$. 可知极限随机变量$X$为单点分布,$P(X=0)=1$. 但此时,$E(X_n-0)^k=E(X_n)^k=n^k\times\frac{1}{n}=n^{k-1}$,不趋于0. 所以不是依$k$阶矩收敛. □

4.2 大数定理和强大数定理

本节介绍几个大数定理及它们的应用.

4.2.1 大数定理和强大数定理

回忆切比雪夫不等式(定理3.2.1(2)),如X的方差存在,则对于任意正数ε,有

$$P(|X-EX|\geq \varepsilon) \leq \frac{DX}{\varepsilon^2}, \tag{4.2.1}$$

或

$$P(|X-EX|<\varepsilon) \geq 1 - \frac{DX}{\varepsilon^2}. \tag{4.2.1'}$$

定理 4.2.1 (切比雪夫)设$\{X_n\}$是不相关列,方差有界,即存在常数c使$DX_n\leq c$,则$\{X_n\}$服从大数定律,即$X_n\in \text{LLN}$.

证明 注意

$$\xi_n = \frac{1}{n}\sum_{j=1}^n (X_j - EX_j) = \frac{1}{n}\sum_{j=1}^n X_j - E\left(\frac{1}{n}\sum_{j=1}^n X_j\right),$$

由式(4.2.1)、方差性质(3)、式(4.2.8)以及方差有界的假设,有

$$P(|\xi_n|\geq \varepsilon) \leq \frac{1}{\varepsilon^2}D\left(\frac{1}{n}\sum_{j=1}^n X_j\right) = \frac{1}{\varepsilon^2 n^2}\sum_{j=1}^n DX_j \leq \frac{nc}{\varepsilon^2 n^2} \to 0, \quad n\to +\infty.$$

依定义知 $X_n \in \text{LLN}$.

推论(伯努利) 可列重伯努利试验中的频率的稳定性,在依概率收敛意义下成立,即
$$\frac{\mu_n}{n} \to p \quad (P).$$

证明 令伯努利计数变量
$$X_j = \begin{cases} 1, & \text{第 } j \text{ 次试验成功}, \\ 0, & \text{反之}, \end{cases} \quad j=1,2,\cdots,n, \tag{4.2.2}$$

则它们相互独立,故为不相关列.又 $DX_j = pq < 1$,定理 4.2.1 条件满足,故由定理结论、式(4.1.8)及例 4.1.1 的注可知,$\xi_n = \frac{\mu_n}{n} - p \to 0(P)$,从而推论成立.

定理 4.2.2(辛钦) 设 $\{X_n\}$ 是独立同分布的随机变量序列,则 $\{X_n\}$ 服从大数定律的充要条件是 X_n 的期望存在.

证略,可参看参考文献[1]3.3 节定理 2.

辛钦大数定理的结论可强化为服从强大数定律(证明可看参考文献[1]3.3 节定理 4).

定理 4.2.3(科尔莫戈洛夫) 设 $\{X_n\}$ 是独立同分布的随机变量序列,则 $\{X_n\}$ 服从强大数定律的充要条件是 X_n 的数学期望存在.

由此可立即推得下面推论.

推论 可列重伯努利试验中的频率的稳定性,在几乎处处收敛意义下成立,即
$$\frac{\mu_n}{n} \to p \quad (a.e.).$$

由定义 4.1.1 节的注 2,几乎处处收敛性保证几乎对每一个 $\omega \in \Omega$,或者由式(4.2.2)定义的 $\{X_n\}$ 的几乎每一个观察值序列 $\{x_n\}$,都有
$$\lim_{n \to +\infty} \frac{\mu_n(\omega)}{n} = p \quad \text{或} \quad \lim_{n \to +\infty} \frac{1}{n} \sum_{j=1}^n x_j = p.$$

4.2.2 大数定理的应用

例 4.2.1 计算定积分 $J = \int_a^b g(x) \mathrm{d}x$,其中 $g(x)$ 是一个任意的可积函数.

说明 在高等数学里,我们遇到过一些定积分,虽然 $g(x)$ 可积,但用微积分公式和积分法(分部积分、变量替换等)求不出精确值来.由于 $g(x)$ 任意,形式可以很复杂,因此一般情况下 J 的计算很困难.现在介绍一个基于强大数定理的概率方法可以求得其近似解.

分析 设 $\{X_n\}$ 是独立同分布的随机变量序列,服从 $U(a,b)$,则由 2.5.2 节推论 2 知 $\{g(X_n)\}$ 也是独立同分布的.

$$Eg(X_n) = \int_{-\infty}^{+\infty} g(x) f_{X_n}(x) \mathrm{d}x = \frac{1}{b-a} \int_a^b g(x) \mathrm{d}x = \frac{J}{b-a}. \tag{4.2.3}$$

由柯氏强大数定理知,$g(X_n) \in$ s-LLN,即 $\dfrac{1}{n} \sum_{i=1}^{n} g(X_i) \xrightarrow{\text{a.e.}} Eg(X_1) = \dfrac{J}{b-a}$. 故当 n 足够大时几乎处处有

$$J \approx \frac{b-a}{n} \sum_{i=1}^{n} g(X_i). \tag{4.2.4}$$

解 设 $\{z_n\}$ 是这种有 $U(0,1)$ 分布的伪随机数列(参看文献[1]6.1节),令 $x_n = a + z_n(b-a)$,则 $\{x_n\}$ 就是有 $U(a,b)$ 分布的伪随机数列,即可以看做 $U(a,b)$ 分布的随机变量的观察值.这样由式(4.2.3)及柯氏强大数定理,只要 n 足够大时就有

$$J \approx \frac{b-a}{n} \sum_{i=1}^{n} g(x_i). \tag{4.2.5}$$

□

对于 n 维空间区域 D 上的积分,可仿上面的方法求得.利用伪随机数还可以求偏微分方程的近似解.利用有 $U(0,1)$ 分布的伪随机数列还可以得到有任意给定分布的伪随机数列,从而成为随机系统模拟、优化的基础.有兴趣的读者请看参考文献[1]第6,7章.

由本例上面的分析可知,若诸 X_n 为独立同分布而 $g(x)$ 为博雷尔函数,则当 $g(X_1)$ 的数学期望存在时,

$$\frac{1}{n} \sum_{j=1}^{n} g(X_j) \xrightarrow{\text{a.e.}} Eg(X_1). \tag{4.2.6}$$

这一结果在5.1节子样性质,6.2节的一致估计以及随机过程里有重要应用.

例 4.2.2(切比雪夫不等式在二项分布计算中的应用) 已知 n 重伯努利试验中参数 $p = 0.75$,问至少应该做多少次试验,才能使试验成功的频率在 0.74 和 0.76 之间的概率不低于 0.90?

解 由题设,求 n 使

$$P\left(0.74 < \frac{\mu_n}{n} < 0.76\right) = P\left(\left|\frac{\mu_n}{n} - 0.75\right| < 0.01\right) \geqslant 0.90.$$

注意到 $\mu_n \sim B(n,p)$,故 $E\mu_n = np$ 而 $D\mu_n = npq$.

由切比雪夫不等式(4.2.1'),取 $\varepsilon = 0.01$,于是

$$P\left(0.74 < \frac{\mu_n}{n} < 0.76\right) \geqslant 1 - \frac{D(\mu_n/n)}{\varepsilon^2} = 1 - \frac{D\mu_n}{n^2 \varepsilon^2} = 1 - \frac{pq}{n\varepsilon^2}.$$

令其不小于 0.90,即 $1 - \dfrac{pq}{n\varepsilon^2} \geqslant 0.90$,则

$$n \geqslant \frac{pq}{\varepsilon^2(1-0.90)} = \frac{0.75 \times 0.25}{0.01^2 \times 0.10} = 18750.$$

可知至少应做 18750 次试验，才能有不低于 0.90 的概率保证试验成功的频率在 0.74 和 0.76 之间. □

由于可以利用计算机进行模拟，虽说 n 很大，进行这种二项分布的试验并没有多大困难. 在下节，利用中心极限定理，我们还可使 n 大大减少.

由此例题可看到，在二项分布中，利用切比雪夫不等式，得到

$$P\left(\left|\frac{\mu_n}{n}-p\right|\geqslant\varepsilon\right)\leqslant\frac{pq}{n\varepsilon^2}. \tag{4.2.7}$$

因此，除此例显示的求试验次数之外，如果已知 n,p 和 ε，还可用来估计试验成功的频率与概率的偏差超过 ε 的概率界限；已知 n 和 p 及规定的概率界限值，可以估计频率与概率的偏差 ε；已知 n 和 ε 及规定的概率界限值，可以估计概率 p（注意 $q=1-p$），等等.

4.3 中心极限定理

本节研究随机变量序列和的分布规律有没有极限，例如随机变量和的分布函数有没有极限？如果有，极限分布是什么分布？从 4.2 节我们看到，在一定的条件下大数定律是成立的，此时 n 个随机变量的算术平均的极限就十分平凡了，这是我们转而考虑随机变量序列部分和标准化后的极限分布的一个理由. 定义 4.1.2 给出了中心极限定理(CLT)的概念.

4.3.1 中心极限定理

设随机变量序列 $\{X_n\}$ 的数学期望和方差存在，如果

$$\zeta_n=\left(\sum_{j=1}^{n}X_j\right)^{*}=\frac{\sum_{j=1}^{n}X_j-E\sum_{j=1}^{n}X_j}{\sqrt{D\sum_{j=1}^{n}X_j}}\xrightarrow{d}Z\sim N(0,1), \tag{4.3.1}$$

即

$$F_{\zeta_n}(x)=P(\zeta_n\leqslant x)\to\Phi(x),\quad n\to+\infty,\quad\forall x\in\mathbb{R}, \tag{4.3.2}$$

其中 $\Phi(x)$ 是标准正态分布函数，则称 $\{X_n\}$ 服从**中心极限定理**，记作 $X_n\in\mathrm{CLT}$. 当 $X_j(j=1,2,\cdots,n)$ 为独立同分布时，若记 $EX_j=\mu$ 和 $DX_j=\sigma^2$，则式(4.3.1)成为

$$\zeta_n=\frac{\sum_{j=1}^{n}(X_j-\mu)}{\sqrt{n}\,\sigma}=\frac{1}{\sqrt{n}}\sum_{j=1}^{n}X_j^{*}. \tag{4.3.3}$$

下面给出几个常用的中心极限定理. 定理 4.3.1 和定理 4.3.3 的证明都用到特征函数，此处略去，有兴趣的读者可看参考文献[1]3.4 节.

定理 4.3.1(林德伯格-勒维,Lindeberg-Levy) 设 $\{X_n\}$ 是独立同分布的随机变量序列,方差有限且为正,则

$$\zeta_n = \frac{\sum_{j=1}^{n}(X_j - \mu)}{\sqrt{n}\,\sigma} = \frac{1}{\sqrt{n}}\sum_{j=1}^{n} X_j^* \xrightarrow{d} Z \sim N(0,1),$$

即 $X_n \in \mathrm{CLT}$,且式(4.3.2)中的收敛,对 $x \in \mathbf{R}$ 是一致的. □

定理 4.3.2(棣莫弗-拉普拉斯(De Moivre-Laplace)积分极限定理) 设参数为 p 的 n 重伯努利试验中的成功的频数为 μ_n,则

$$\lim_{n \to +\infty} P\left(a < \frac{\mu_n - np}{\sqrt{npq}} \leqslant b\right) = \frac{1}{\sqrt{2\pi}} \int_a^b e^{-t^2/2} dt, \tag{4.3.4}$$

或

$$\lim_{n \to +\infty} P(k_1 < \mu_n \leqslant k_2) = \Phi\left(\frac{k_2 - np}{\sqrt{npq}}\right) - \Phi\left(\frac{k_1 - np}{\sqrt{npq}}\right), \tag{4.3.5}$$

及当 n 足够大时

$$P\left(\left|\frac{\mu_n}{n} - p\right| < \varepsilon\right) \approx 2\Phi\left(\varepsilon\sqrt{\frac{n}{pq}}\right) - 1. \tag{4.3.6}$$

证明 设 $\{X_n\}$ 为伯努利试验中的计数变量列,它们是独立同分布的,其 $EX_n = p$, $0 < DX_n = pq < 1$,故满足定理 4.3.1 的条件,因此 $X_n \in \mathrm{CLT}$. 此时

$$\zeta_n = \frac{\sum_{j=1}^{n}(X_j - \mu)}{\sqrt{n}\,\sigma} = \frac{\mu_n - np}{\sqrt{npq}}, \tag{4.3.7}$$

由此可从定理 4.3.1 立即推得式(4.3.4),由此可证全本定理. □

注 对二项分布的随机变量 X 在一个值 k 上的概率 $b(k;n,p)$,也可以给出用正态分布逼近的近似值,依据是棣莫弗-拉普拉斯局部极限定理. 此定理给出

$$b(k;n,p) = C_n^k p^k q^{n-k} \approx \frac{1}{\sqrt{npq}} \Phi(x_k),$$

其中

$$\Phi(s) = \frac{1}{\sqrt{2\pi}} e^{-s^2/2}, \quad x_k = \frac{k - np}{\sqrt{npq}}.$$

当 p 不接近 0 或 1,而 n 不太小时,上述逼近效果较好. 但 n 很大时,这个概率都很小. 因此,真正有意义的逼近是随机变量 X 在一个取值范围内的概率的近似. 因为这个原因,也考虑到式(4.3.5)右方是连续型的,因此在 k_1 右边取"$\leqslant$"号时,式(4.3.5)仍然适用,而换为"$k_1 - 1 <$"反倒有较大误差.

*定理 4.3.3(林德伯格) 设 $\{X_n\}$ 是独立的随机变量序列,满足林德伯格条件:

$$\lim_{n\to+\infty}\frac{1}{B_n^2}\sum_{k=1}^n\int_{|x-\mu_k|>\tau B_n}(x-\mu_k)^2\mathrm{d}F_{X_k}(x)=0,\quad \forall\,\tau>0, \tag{4.3.8}$$

其中
$$\mu_k=EX_k,\quad B_n^2=D\Big(\sum_{k=1}^n X_k\Big),$$

则式(4.3.2)对 $x\in\mathbb{R}$ 一致成立. □

注意,定理 4.3.3 不要求 $\{X_n\}$ 同分布. 在定理 4.3.1 $\{X_n\}$ 为同分布的情况下,$\mu_k=\mu$,$B_n^2=n\sigma^2$,因此林德伯格条件(4.3.8)变为

$$\frac{1}{B_n^2}\sum_{k=1}^n\int_{|x-\mu_k|>\tau B_n}(x-\mu_k)^2\mathrm{d}F_{X_k}(x)=\frac{1}{n\sigma^2}\cdot n\cdot\int_{|x-\mu|>\tau\sigma\sqrt{n}}(x-\mu)^2\mathrm{d}F_{X_1}(x).$$

由于方差存在,后一积分在 n 趋于无穷时趋于 0. 即定理 4.3.3 涵盖定理 4.3.1.

使用上更为方便的是下面两个推论.

推论 1(李雅普诺夫,Lyapunov) 设 $\{X_n\}$ 是独立列,如果存在 $\delta>0$,使

$$\frac{1}{B_n^{2+\delta}}\sum_{k=1}^n E\,|\,X_k-\mu_k\,|^{2+\delta}\to 0, \tag{4.3.9}$$

则式(4.3.2)对 $x\in\mathbb{R}$ 一致成立.

事实上,可以验证此时林德伯格条件满足,故由定理 4.3.3,$X_n\in\mathrm{CLT}$. 实际应用中,常取 $\delta=1$ 或 $\delta=2$.

推论 2 设 $\{X_n\}$ 是独立列,如果存在常数列 $k_n>0$,使

$$\max_{1\leqslant j\leqslant n}|X_j|\leqslant k_n,\quad \lim_{n\to+\infty}\frac{k_n}{B_n}=0, \tag{4.3.10}$$

则式(4.3.2)对 $x\in\mathbb{R}$ 一致成立.

证明 由所设知
$$|\mu_k|=|EX_k|\leqslant E\,|\,X_k\,|\leqslant k_n,\quad k\leqslant n,$$

且对任意 $\varepsilon>0$,存在 N,使 $n>N$ 时 $k_n/B_n<\varepsilon/2$. 注意
$$|X_k-\mu_k|\leqslant |X_k|+|\mu_k|\leqslant 2k_n,$$

因此对此种 n 及一切 $k=1,2,\cdots,n$,有
$$\frac{|X_k-\mu_k|}{B_n}\leqslant\frac{2k_n}{B_n}<\varepsilon,$$

即当 $n>N$ 时,$\{|X_k-\mu_k|\leqslant \varepsilon B_n\}=\Omega,1\leqslant k\leqslant n$. 故

$$\lim_{n\to+\infty}\frac{1}{B_n^2}\sum_{k=1}^n\int_{|x-\mu_k|\leqslant\varepsilon B_n}(x-\mu_k)^2\mathrm{d}F_{X_k}(x)=\lim_{n\to+\infty}\frac{1}{B_n^2}\sum_{k=1}^n DX_k=1.$$

因此式(4.3.8)成立,故式(4.3.2)对 $x\in\mathbb{R}$ 一致成立. □

例 4.3.1 设独立随机变量序列 $X_n \sim \begin{pmatrix} -\sqrt{n} & \sqrt{n} \\ 1/2 & 1/2 \end{pmatrix}$, $n=1,2,\cdots$. 中心极限定理是否成立?

解 $EX_k=0$, $DX_k=E(X_k)^2=k\times\frac{1}{2}+(-\sqrt{k})^2\times\frac{1}{2}=k.$

注意到独立性,有
$$\max_{1\leqslant k\leqslant n}|X_k|=\sqrt{n}\stackrel{\text{def}}{=\!=}k_n, \quad B_n^2=D\sum_1^n X_k=\frac{n(n+1)}{2},$$

故
$$\frac{k_n}{B_n}=\sqrt{n}\times\left(\frac{n(n+1)}{2}\right)^{-1/2}=\sqrt{\frac{2}{n+1}}\to 0.$$

由推论 2 知,$X_n \in \text{CLT}$.

例 4.3.2 经以往检验已确认某公司组装 PC 机的次品率为 0.04,现对该公司所组装的 100 台 PC 机逐个独立地测试.

(1) 试求不少于 4 台次品的概率(写出精确计算的表达式);

(2) 利用极限定理和泊松定理给出此概率的两个近似值.

解 (1) 令 X 为 100 台中的次品数,则 $X \sim B(100, 0.04)$,故
$$P(100 \geqslant X \geqslant 4) = \sum_{k=4}^{100} C_{100}^k \times 0.04^k \times (1-0.04)^{100-k}$$
$$= 1 - \sum_{k=0}^{3} C_{100}^k \times 0.04^k \times 0.96^{100-k} \approx 0.5705.$$

(2) 利用中心极限定理,有
$$P(4 \leqslant X \leqslant 100) \approx \Phi\left(\frac{100-100\times 0.04}{\sqrt{100\times 0.04\times 0.96}}\right) - \Phi\left(\frac{4-100\times 0.04}{\sqrt{100\times 0.04\times 0.96}}\right)$$
$$= 1 - \Phi(0) = 1 - 0.5 = 0.5.$$

利用泊松定理,取 $\lambda=100\times 0.04=4$,则有
$$P(4 \leqslant X \leqslant 100) \approx 1 - \sum_{k=0}^{3} \frac{4^k}{k!} e^{-4}$$
$$\approx 1 - 0.0183\times\left(1+4+8+\frac{32}{3}\right) = 1 - 0.4331 = 0.5669.$$

4.3.2 中心极限定理的应用

1. Galton 钉板试验

在 1.1 节我们通过 Galton 钉板试验,"速写"概率论的内容时,说到当钉子无限加密、落下小球(质量小如面粉颗粒)时,频率直方图的轮廓线将演化成一条曲线,此极限曲线为正态密度曲线.利用 CLT,现在可以给出证明.

例 4.3.3 求 Galton 钉板试验小球落点分布.

解 如图 4.3.1 建立坐标系. 令

$$X_j = \begin{cases} 1, & \text{如第 } j \text{ 次碰钉后小球向右落下}, \\ -1, & \text{其他}, \end{cases}$$

于是 $\eta_n = \sum_{k=1}^{n} X_k$ 表示 n 次碰钉后小球落点离原点的距离. 直方图在竖直线上各处的高度采用频率后, 则此频率极限应为在相应点附近的概率. 因此, 只要证明当 n 足够大时 η_n 有近似正态分布即可.

注意各 X_j 独立同分布

$$X_j \sim \begin{pmatrix} -1 & 1 \\ 1/2 & 1/2 \end{pmatrix}$$

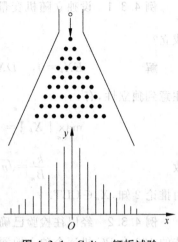

图 4.3.1 Galton 钉板试验

故 $EX_j = 0, DX_j = EX_j^2 = 1.$ 由定理 4.3.1, 知

$$\frac{1}{\sqrt{n}} \sum_{j=1}^{n} X_j^* \xrightarrow{d} Z \sim N(0,1).$$

因此, 当 n 足够大时,

$$\eta_n = \sum_{j=1}^{n} X_j \approx \sqrt{n} \, Z \sim N(0,n). \tag{4.3.11}$$

下面来分析近似的程度. 由式 (4.3.11), 知

$$P(|\eta_n| \leqslant k) = P(|\eta_n|/\sqrt{n} \leqslant k/\sqrt{n}) \approx 2\Phi(k/\sqrt{n}) - 1.$$

当 $n = 16$ 和 $k = 1$ 时, $P(|\eta_{16}| \leqslant 1) \approx 2\Phi(1/4) - 1 \approx 0.1974.$ 如果独立地落下 60 个小球, 则落入 $[-1,1]$ 内的小球数为 $0.1974 \times 60 \approx 12$ 个. 现在我们精确计算 $P(|\eta_{16}| \leqslant 1).$ 当 $n = 16$ (偶数) 时, 落点全在偶数点上, 故在 $[1,1]$ 之间只有一种情况, $\eta_n = \sum_{j=1}^{16} X_j = 0.$ 因此整个下落过程中, 8 次碰钉后右落, 8 次左落, 所以要求 $P(\eta_{16} = 0).$ 注意, 此时 η_n 不是 $B(n,p)$ 分布. 令 $\tilde{X}_j$ 为伯努利计数变量, 则 $\tilde{X}_j = (X_j + 1)/2$, 故

$$\sum_{j=1}^{n} \tilde{X}_j = \frac{1}{2}\eta_n + \frac{n}{2} \sim B\left(n, \frac{1}{2}\right),$$

从而 $P(\eta_n = 0) = P\left(\sum_{j=1}^{n} \tilde{X}_j = \frac{n}{2}\right)$, 于是 $P(\eta_{16} = 0) = C_{16}^{8}\left(\frac{1}{2}\right)^{16} \approx 0.1964$, 可见近似程度相当好.

注意, 这里的 X_j 不是伯努利计数变量 (0-1 变量), 这时的部分和可以表示向右落下的次数与向左落下的次数之差. 在下一个例子中, 这个差表示质点游动的位移.

例 4.3.4（直线上随机游动） 设一个质点在数直线的整数点上做随机游动，每次游动独立，向右游动一个单位长度的概率为 p，向左游动一个单位的概率为 q，$p+q=1$。求 n 次游动后的位移的分布（精确的和近似的）。

解 如令

$$X_i \sim \begin{cases} 1, & \text{第 } i \text{ 次向右}, \\ -1, & \text{第 } i \text{ 次向左}, \end{cases} \quad i=1,2,\cdots,n.$$

则 $X_1, X_2, \cdots, X_n$ 是独立同分布，$X_i \sim \begin{pmatrix} -1 & 1 \\ q & p \end{pmatrix}$，$i=1,2,\cdots,n$，其中 $0<p<1$，$p+q=1$。

n 次游动后的位移 $X = \sum_{i=1}^{n} X_i$。注意，X 不是二项分布。与上例类似，令

$$Y_i = (X_i+1)/2 \sim \begin{pmatrix} 0 & 1 \\ q & p \end{pmatrix},$$

则

$$Y \stackrel{\text{def}}{=} \sum_{i=1}^{n} Y_i = \left(\sum_{i=1}^{n} X_i + n\right)/2 = (X+n)/2.$$

而 Y 有二项分布。故 X 的精确分布为

$$X = 2Y-n \sim \begin{pmatrix} -n & \cdots & 2k-n & \cdots & n \\ q^n & \cdots & C_n^k p^k q^{n-k} & \cdots & p^n \end{pmatrix}.$$

现在求极限分布。

$$EX_i = p-q \stackrel{\text{def}}{=} a, \quad DX_i = EX_i^2 - (EX_i)^2 = 1-(p-q)^2 = 1-a^2.$$

由定理 4.3.1，

$$\frac{1}{\sqrt{n}} \sum_{j=1}^{n} X_j^* = \frac{1}{\sqrt{n}} \sum_{j=1}^{n} \frac{X_j - a}{\sqrt{1-a^2}} \xrightarrow{d} Z \sim N(0,1),$$

因此，当 n 足够大时，$X = \sum_{i=1}^{n} X_i$ 是近似正态的。

$$X = \sum_{j=1}^{n} X_j \approx \sqrt{n(1-a^2)} \, Z + na \sim N(na, n(1-a^2)), \quad (4.3.12)$$

或者按如下方法确定参数：

$$EX = \sum_{i=1}^{n} EX_i = na, \quad DX = \sum_{i=1}^{n} DX_i = n(1-a^2). \qquad \square$$

如果质点从数直线上的原点开始游动，则 X 是 n 次游动后质点的位置。它是例 4.3.4 的一般化：当 $p=q=1/2$ 时，即有对称性的随机游动，与例 4.3.4 的结果一致。

下面考虑连续的随机游动。

设一个质点从原点出发，在数直线的整数点上每隔 Δt 时间做一次随机游动，每次游

动独立,向右游动长度 Δx 的概率为 p,向左 Δx 的概率为 q, $p+q=1$. 求游动到时刻 $t(>0)$ 为止位移的分布.

定义 X_i 同上,则质点在 $(0,t]$ 时段内共有 $n \stackrel{\text{def}}{=\!=} \left[\dfrac{t}{\Delta t}\right]$ 次游动,这里 $[\,\cdot\,]$ 表取整. n 次游动后的位移

$$X \stackrel{\text{def}}{=\!=} \sum_{i=1}^{n} X_i \Delta x = (X_1 + \cdots + X_{\left[\frac{t}{\Delta t}\right]}) \Delta x.$$

现在求近似分布. 首先令 $EX_i = p - q \stackrel{\text{def}}{=\!=} a$, 则

$$DX_i = EX_i^2 - (EX_i)^2 = 1 - (p-q)^2 = 1 - a^2.$$

由题设可知

$$EX = \sum_{i=1}^{n} EX_i \cdot \Delta x = \left[\dfrac{t}{\Delta t}\right] \cdot a \cdot \Delta x,$$

$$DX = \sum_{i=1}^{n} DX_i \cdot (\Delta x)^2 = \left[\dfrac{t}{\Delta t}\right] \cdot (1 - a^2) \cdot (\Delta x)^2. \tag{4.3.13}$$

特别地,对有对称性的随机游动,即 $p = q = 1/2$ 的情况,此时 $a = 0$,并改记游动到时刻 $t > 0$ 的位移 X 为 B_t,则当 $(\Delta x)^2 / \Delta t = c$,并令 $\Delta t \to 0$,此时 $n = \left[\dfrac{t}{\Delta t}\right] \to +\infty$. 由定理 4.3.1,

$$B_t \sim N(0, ct), \quad t > 0. \tag{4.3.14}$$

随机变量随着时间变化,就得到随机过程. 称随机过程 $\{B_t, t \geqslant 0\}$ 为 **Brown(布朗)运动**. 这是与泊松同样重要的随机过程,在科研、通信、生产、经济及社会、人文科学等各个方面都有极为重要的应用,其状态是连续的,而泊松过程的状态是离散的.

2. 在二项分布计算中的应用

在例 4.2.2 中,曾利用切比雪夫不等式计算了至少应做 18750 次的伯努利试验. 现在我们利用 CLT 来求解类似的问题.

例 4.3.5 已知 n 重伯努利试验中参数 $p = 0.75$,问至少应该做多少次试验,才能使试验成功的频率在 0.74 和 0.76 之间的概率不低于 0.95?

解 由题设,求 n 使

$$P\left(0.74 < \dfrac{\mu_n}{n} < 0.76\right) = P\left(\left|\dfrac{\mu_n}{n} - 0.75\right| < 0.01\right) \geqslant 0.95.$$

注意 $\mu_n \sim B(n, p)$, 故由定理 4.3.2 知

$$P\left(\left|\dfrac{\mu_n}{n} - 0.75\right| < 0.01\right) \approx 2\Phi\left(0.01 \times \sqrt{\dfrac{n}{0.75 \times 0.25}}\right) - 1 \geqslant 0.95.$$

问题变为求 n,使

$$\Phi\left(0.01 \times \sqrt{\dfrac{n}{0.1875}}\right) \geqslant 0.975,$$

即至少应该取 n 次,使

$$0.01 \times \sqrt{\frac{n}{0.75 \times 0.25}} \approx 1.96,$$

解得 $n = 1.96^2 \times 0.1875 \approx 7203$.

我们发现要做的试验次数减少到不足原来的 40%,把握程度却提高到 0.95.

例 4.3.6 设某车间有同型号车床 200 台,独立工作,开工率 0.8,开工时每台车床耗电 1kW. 问应该至少供多少电,可以 99.9% 的概率保证该车间不因供电不足而影响生产?

解 由题设可假定该车间于工作中的车床数 $X \sim B(200, 0.8)$. 因为开工时每台车床耗电 1kW,因此实际处于工作中的车床数即为供电的千瓦数. 如果允许处于工作中的车床数不超过 r 台,则依式(4.3.5),有

$$P(0 \leq \mu_n \leq r) \approx \Phi\left(\frac{r - 200 \times 0.8}{\sqrt{200 \times 0.8 \times 0.2}}\right) - \Phi\left(\frac{0 - 200 \times 0.8}{\sqrt{200 \times 0.8 \times 0.2}}\right)$$

$$= \Phi\left(\frac{r - 160}{\sqrt{32}}\right) - \Phi\left(-\frac{160}{\sqrt{32}}\right) \approx \Phi\left(\frac{r - 160}{\sqrt{32}}\right) \geq 0.999.$$

令上式最后等号成立,查正态分布表知 $\frac{r - 160}{\sqrt{32}} = 31$,求得 $r = 177.5$,故取 $r = 178$.

答: 应该至少供电 178kW.

3. 近似数定点运算的误差分析

例 4.3.7 设对十进制的 x_j 的小数点后第 6 位数四舍五入,得到 x_j 的近似数 y_j,误差为 $\varepsilon_j = x_j - y_j \in (-0.5 \times 10^{-5}, 0.5 \times 10^{-5})$. 试求 n 个数做舍入处理的累积误差的估计.

解 I 在计算方法中,一般累积误差估计如下. 由题设知

$$\eta = \sum_{j=1}^{n} \varepsilon_j,$$

故

$$|\eta| \leq \sum_{j=1}^{n} |\varepsilon_j| \leq n \times 0.5 \times 10^{-5}.$$

当 $n = 10000$ 时,$|\eta| \leq 0.05$.

解 II 认为舍入误差 ε_j 是随机变量,且独立同分布,服从 $U(-0.5 \times 10^{-5}, 0.5 \times 10^{-5})$. 故

$$E\varepsilon_j = 0, \quad \sigma^2 = D\varepsilon_j = E\varepsilon_j^2 = (0.5 \times 10^{-5})^2 / 3.$$

由林德伯格-勒维定理,有

$$P(|\eta / \sqrt{n} \sigma| < k) = P\left(\left|\sum_{j=1}^{n} \varepsilon_j\right| < k\sqrt{n} \sigma\right) \approx 2\Phi(k) - 1.$$

取 $k = 3$,则此概率近似为 0.997,故有 99.7% 的把握断言

$$|\eta| = \left|\sum_{j=1}^{n}\varepsilon_j\right| \leqslant 3\times\sqrt{n}\times 0.5\times 10^{-5}/\sqrt{3}.$$

当 $n=10000$ 时,

$$|\eta| = \left|\sum_{j=1}^{n}\varepsilon_j\right| \leqslant \sqrt{3}\times 0.50\times 10^{-5} \approx 0.8660\times 10^{-3} \approx 0.00087. \quad \square$$

4. 大数定理与中心极限定理的关系

大数定理与中心极限定理的关系如何？当 $\{X_n\}$ 是独立同分布的随机变量序列,方差 $DX_n=\sigma^2$ 存在且为正时,两个定理都成立. 这时可以作比较.

LLN 断言,对任意的 $\varepsilon>0$,

$$\lim_{n\to+\infty} P\left(\left|\frac{1}{n}\sum_{j=1}^{n}(X_j-EX_j)\right|\leqslant\varepsilon\right) = 1.$$

CLT 给出

$$P\left(\left|\frac{1}{n}\sum_{j=1}^{n}(X_j-EX_j)\right|\leqslant\varepsilon\right) = P\left(\left|\frac{1}{\sigma\sqrt{n}}\sum_{j=1}^{n}(X_j-EX_j)\right|\leqslant\frac{\varepsilon\sqrt{n}}{\sigma}\right)$$

$$= P\left(|\zeta_n|\leqslant\frac{\varepsilon\sqrt{n}}{\sigma}\right) \approx 2\Phi\left(\frac{\varepsilon\sqrt{n}}{\sigma}\right)-1. \quad (4.3.15)$$

可见,CLT 给出了收敛的速度(精度)估计,而 LLN 没有给出估计,只是说它收敛到 1. 我们知道,在所给条件下,LLN 虽可以强化为 s-LLN,它也不能给出收敛速度的估计. 它的优点是断言中心化后的算术平均

$$\xi_n = \frac{1}{n}\sum_{j=1}^{n}(X_j-EX_j)$$

在 Ω 上几乎处处收敛到 1,不收敛的可能性是 0.

习题 4

1. 设 $X_1,X_2,\cdots,X_n$ 为独立同分布,且期望存在,记为 μ.

(1) 令 $M(n)=\frac{1}{n}\sum_{i=1}^{n}X_i$,试利用大数定律证明 $E(M(n))=\mu$,$M(n)\xrightarrow[n\to+\infty]{P}\mu$(依概率收敛). 实际上后一收敛性尚可强化为几乎处处收敛.

(2) 如果 X_1 服从参数为 2 的指数分布,则当 $n\to+\infty$ 时,$Y_n=\frac{1}{n}\sum_{i=1}^{n}X_i^2$ 依概率收敛于_____.

2. 利用切比雪夫不等式证明：掷 1000 次均匀的硬币,出现正面的次数在 400 到 600

之间的把握在 97% 以上.

3. 设 X 为非负随机变量,期望存在,试证:对某个固定的 $x>0$,成立
$$P(X\leqslant x)\geqslant 1-EX/x.$$
上述结论可作如下推广:设 X 为随机变量,$g(x)$ 为非负连续函数,$E(g(X))$ 存在,则对某个固定的 $x>0$,$P(g(X)\geqslant x)\leqslant Eg(X)/x$ 成立.

特别地,对某个固定的 $r>0$ 和任意的 $\varepsilon>0$,成立马尔可夫不等式
$$P(|X|\geqslant \varepsilon)\leqslant E|X|^r/\varepsilon^r.$$
提示:仿照切比雪夫不等式的证明.

4. 根据以往的经验,某种电器元件的寿命服从均值为 100h 的指数分布.现随机地取 16 只,设它们的寿命是相互独立的,求这 16 只元件的寿命的总和大于 1920h 的概率.

5. 一部件包括 10 部分,每部分的长度是一个随机变量,它们相互独立,且服从同一分布,其数学期望为 2mm,均方差为 0.05mm.规定总长度为 (20 ± 0.1)mm 时产品合格,试求产品合格的概率.

6. 计算器在进行加法运算时,将每个加数四舍五入最靠近它的整数.设所有舍入误差是独立的且在 $(-0.5, 0.5)$ 上服从均匀分布.(1)若将 1500 个数相加,问误差总和的绝对值超过 15 的概率是多少?(2)最多可有几个数相加使得误差总和的绝对值小于 10 的概率不小于 0.90?

7. 设备零件的重量都是随机变量,它们相互独立,且服从相同的分布,其数学期望为 0.5kg,均方差为 0.1kg.问 5000 只零件的总重量超过 2510kg 的概率是多少?

8. 某单位设置一电话总机,共有 200 部电话分机.设每部电话分机是否使用外线通话是相互独立的,每时刻每部分机有 5% 的概率要使用外线通话,问总机需要多少外线才能以不低于 90% 的概率保证每部分机要使用外线时可供使用?

9. 一个复杂的系统由 100 个相互独立起作用的部件所组成.在整个运行期间每个部件损坏的概率为 0.10.为了使整个系统起作用,至少必须有 85 个部件正常工作,求整个系统起作用的概率.

10. 某药厂断言,该厂生产的某种药品对于医治一种疑难的血液病的治愈率为 0.8. 医院检验员任意抽查 100 个服用此药品的病人,如果其中多于 75 人治愈,就接受这一断言,否则就拒绝这一断言.

(1)若实际上此药品对这种疾病的治愈率是 0.8,问接受这一断言的概率是多少?

(2)若实际上此药品对这种疾病的治愈率是 0.7,问接受这一断言的概率是多少?

11. 某计算机系统有 120 个终端,每个终端有 10% 的时间在使用,若各个终端合用与否是相互独立的,试求有 10 个或更多终端在使用的概率.

12. 种子中良种占 1/6，我们有 99% 的把握断定在 6000 粒种子中良种所占的比例与 1/6 之差是多少？这时相应的良种粒数落在哪个范围内？

13. 设有 30 个电子器件 $D_1, D_2, \cdots, D_{30}$，它们的使用情况如下：D_1 损坏 D_2 立即使用；D_2 损坏 D_3 立即使用等。设器件 D 的寿命是服从参数为 $\lambda = 0.1/h$ 的指数分布的随机变量，令 T 为 30 个器件使用的总计时间。求 T 超过 350h 的概率。

第 5 章 数理统计的基本概念

引言

概率论(基础)讨论了如下问题：对随机现象进行研究，在数学上建立概率的公理化体系；引入基本概念、揭示常见各类随机现象的规律性，总结为基本的随机模型和分布律，并研究它们的性质及数字特征；对大量随机因素综合影响的结果，以极限定理为内容作了介绍.这样对随机现象的研究，已经有了基本的概念、思想方法和工具.但当我们实际动手去研究并解决一个实际问题时，会立即遇到下面的问题：

1. 这个随机现象可以用什么样的分布律来刻画，这种分布律的选用合理吗？

2. 所选用的这一分布律的参数是多少？如何估计和确定这些参数？

我们对要研究并解决的这个实际问题往往所知其少，这样只能求助于观测，合理地取得一些数据，据此做出统计上的推断，回答上述问题，增进对这一实际问题中随机现象的了解与把握，从而着手去解决问题.而这就是数理统计的基本且主要的任务.更准确地说，数理统计的主要内容是：

1. 试验的设计和研究，即研究如何更合理、更有效地抽取样本，从而获得观测数据和资料的方法.

2. 统计推断，即如何利用一定的数据资料，对所关心的问题，得出尽可能精确且可靠的统计结论：

(1) 估计——从局部观测资料的统计特征，推断所观测对象的总体的特征，包括总体分布与数字特征；

(2) 假设检验——依据抽样数据资料，对总体的某种假设作检验，从而决定对此假定是拒绝还是接受.

5.1 总体和样本

本节介绍两个基本概念：总体和样本，并讨论它们之间的关系.

5.1.1 总体和样本的概念

总体：研究对象的全体，例如某灯具厂生产的一批荧光灯全体. 如果我们关心的是这批荧光灯的使用寿命，那么总体也就是这批荧光灯的使用寿命的全体. 常以 X 记总体.

个体：组成总体的每个基本单元，如上例中的每支荧光灯，或其寿命（例如，使用的小时数）.

样本：总体中抽取出来进行观测的个体.

样本容量：抽取的个体的数目.

也称总体为**母体**，样本为**子样**，而样本容量为**样本大小**.

假定从该厂这批荧光灯中随机地抽取 5 支荧光灯，依序编号后做实际使用寿命的试验，得到如下寿命(h)数据：725,520,683,992,842. 一般地，记为 $x_1, x_2, \cdots, x_5$，称为观测值. 如又随机抽取 5 支，可得另一组观测值 $x'_1, x'_2, \cdots, x'_5$. 再抽取 5 支，又有观测值 $x''_1, x''_2, \cdots, x''_5$，如此可继续抽取. 一般地，各组观测值是彼此不同的. 并且，每组中的第一支荧光灯的寿命 $x_1, x'_1, x''_1, \cdots$ 也是彼此不同的. 这样，泛指所抽取的第一支荧光灯的寿命应该是一个随机变量，记为 X_1. 同样，第二支荧光灯的寿命是随机变量 X_2，如此得到一组随机变量，$X_1, X_2, \cdots, X_5$，称作**大小为 5 的样本**. 改变 5 为一般的 n，则有**大小（容量）为 n 的样本** $X_1, X_2, \cdots, X_n$，而称 $x_1, x_2, \cdots, x_n$ 为**样本观测值**，或样本的一个现实.

上面这样抽取的样本，如能切实保证其随机性，那么 $X_1, X_2, \cdots, X_n$ 应该是彼此独立的，且能反映总体的随机规律性，即所有样本彼此独立且与总体同分布. 这种样本，我们称之为**简单样本**，这种抽样方法，叫做**简单抽样**. 注意，在有限总体（如该批产品数量十分有限）中，各观察结果可能不独立. 除此之外的抽样方法，还有分层抽样，序贯抽样等，考察一个大的系统或设备的可靠性时，为节省时间和经费，常对部件进行分层或序贯抽样. 本书只讨论简单抽样，因此说到样本，均指简单样本. 对其他抽样有需要或有兴趣的读者，请参阅有关试验设计方面的文献[7].

通过抽样观察，对要解决的且又所知不多的随机问题，可以取得一批样本数据，从而有了大小为 n 的样本——n 个独立同分布的随机变量. 基于概率论基础提供的理论和方法，我们来观察样本能够"透露"出总体一些什么信息. 首先，考察样本与总体的关系，这也包括由样本构造的简单方便又有明显概率意义的那些样本函数 $g(X_1, X_2, \cdots, X_n)$，并研究它们的包括分布和矩在内的随机规律性,以及与总体在随机规律性上的关系.

5.1.2 样本的数字特征与分布

既简单又方便的样本函数 $g(X_1, X_2, \cdots, X_n)$,当然是 $X_1, X_2, \cdots, X_n$ 的一次和二次(以及有时需要的更高次的)的线性函数.由于(简单)样本是"平等"的,因此在选用的样本函数中,它们应该有相等的权系数.而一次等权的线性函数,就是样本的算术平均值,它明显地可以减少随机抽样带来的波动性.二次等权的线性函数也还常做中心化.它们都有明显的概率意义.现引入下列概念.

定义 5.1.1 设 $X_1, X_2, \cdots, X_n$ 为总体 X 的大小为 n 的样本,分别称

$$\bar{X} = \frac{1}{n} \sum_{i=1}^{n} X_i \quad \text{和} \quad S^2 = \frac{1}{n-1} \sum_{i=1}^{n} (X_i - \bar{X})^2 \tag{5.1.1}$$

为**样本的均值**及**样本的方差**.并依次称

$$M_k = \frac{1}{n} \sum_{i=1}^{n} X_i^k, \quad N_k = \frac{1}{n} \sum_{i=1}^{n} (X_i - \bar{X})^k \quad \text{和} \quad S_n^2 = \frac{1}{n} \sum_{i=1}^{n} (X_i - \bar{X})^2 \tag{5.1.2}$$

为**样本的 k 阶矩**,**样本的 k 阶中心矩**及**样本的二阶中心矩**.

请注意,$X_1, X_2, \cdots, X_n$ 为独立同分布的随机变量,$\bar{X} = M_1$,而 $S_n^2 = N_2$.这里没有把 S_n^2 叫做样本的方差,其原因在下一章估计量的评选标准中说明.另外还要注意,样本的均值、方差及 k 阶矩等都是随机变量,并且因 n 有限而总是存在的.但总体的期望、方差及 k 阶矩等是作为一个随机变量的相应的矩来定义的,离散型时为求和,连续型时为积分,它们未必绝对收敛,因此不一定存在.即便存在,它们也都只是实数值,而非随机变量.引入总体 X 的 k 阶矩和 k 阶中心矩的记号如下:

$$\mu_k = EX^k = \int_{-\infty}^{+\infty} x^k \, dF_X(x)$$

和

$$\sigma_k = E(X - EX)^k = \int_{-\infty}^{+\infty} (x - \mu)^k \, dF_X(x), \tag{5.1.3}$$

其中 $\mu = \mu_1$ 是数学期望,并注意这里 σ_2 实际是 σ^2.

在样本的上述矩中代入观测值时,可建立相应的**矩的观测值**的概念,记号改为对应的小写,例如样本均值的观测值为 $\bar{x}$,而 k 阶矩的观测值为 m_k.

性质 1 如果总体 k 阶矩存在,则样本的 k 阶矩的数学期望等于总体的 k 阶矩,而当 n 趋于无穷时,样本的 k 阶矩依概率收敛到总体的 k 阶矩,即

$$EM_k = \mu_k, \quad M_k \xrightarrow[n \to +\infty]{p} \mu_k.$$

实际上后一收敛性尚可强化为几乎处处收敛.

证明 由 $X_1, X_2, \cdots, X_n$ 相互独立且与 X 同分布,故

$$EM_k = \frac{1}{n}\sum_{i=1}^{n} EX_i^k = \mu_k,$$

且 $X_1^k, X_2^k, \cdots, X_n^k$ 相互独立. 对 $\{X_i^k\}$ 利用辛钦大数定理(定理 4.2.2)可得关于收敛性的结论. 利用科尔莫戈洛夫强大数定理(定理 4.2.3)知,此结论可强化为几乎处处收敛. □

由简单样本的定义,易证样本分布的下一性质.

性质 2 $F_{X_j}(x) = F_X(x)$ 且 $F_{(X_1, X_2, \cdots, X_n)}(x_1, x_2, \cdots, x_n) = \prod_{j=1}^{n} F_X(x_j)$.

上面两个性质告诉我们,只要知道样本的分布与矩,就可以求出总体的分布与矩,问题似乎已经解决了. 但细想一下,样本的分布和样本矩的期望如何去求,仍然是个问题. 为求样本矩,还是需要先知道总体的分布:

$$EM_k = \int_{-\infty}^{+\infty}\int_{-\infty}^{+\infty}\cdots\int_{-\infty}^{+\infty} \frac{1}{n}\sum_{j=1}^{n} x_j^k \, dF_{(X_1, X_2, \cdots, X_n)}(x_1, x_2, \cdots, x_n).$$

因此,问题并未解决. 只有性质 1 的关于强化为几乎处处收敛的结论 $P(M_k \to \mu_k) = 1$,保证几乎总有 $\lim_{n \to +\infty} \frac{1}{n}\sum_{i=1}^{n} x_i^k = \mu_k$,因此能帮助我们从几乎每一组观测值求得总体的矩的近似值(只要 n 足够大):

$$\frac{1}{n}\sum_{i=1}^{n} x_i^k \approx \mu_k.$$

以 5.1.1 节中所列 5 支荧光灯数据,样本均值的观测值为

$$\bar{x} = \frac{1}{5} \times (725 + 520 + 683 + 992 + 842) = 752.4,$$

而样本方差的观测值由 $s^2 = \frac{1}{n-1}\sum_{i=1}^{n}(x_i - \bar{x})$ 算得. 当样本确为简单样本时,性质 1 保证样本容量 $n \to +\infty$ 时,几乎对样本均值的每个观测值 $\bar{x}$(它实际与 n 有关),序列都趋向于总体期望:$\bar{x} \to \mu$.

例 5.1.1 设某种电子元件的抗击穿强度 X 的分布为 $N(\mu, \sigma^2)$. 从某日抽取的 9 只测得的抗击穿强度数据 $x_1, \cdots, x_9$ 算得

$$\sum_{i=1}^{9} x_i = 370.80, \quad \sum_{i=1}^{9} x_i^2 = 15280.17.$$

试求样本均值和样本方差的观测值.

解 注意 $s^2 = \frac{1}{n-1}\sum_{i=1}^{n}(x_i - \bar{x})^2 = \frac{1}{n-1}\left(\sum_{i=1}^{n} x_i^2 - n\bar{x}^2\right)$.

由题设 $\sum_{i=1}^{9} x_i = 370.80, \sum_{i=1}^{9} x_i^2 = 15280.17,$ 可知

$$\bar{x} = \frac{1}{n}\sum_i x_i = \frac{1}{9} \times 370.80 = 41.20,$$

从而

$$s^2 = \frac{1}{9-1}(15280.17 - 9 \times 41.20^2) = 0.40125. \qquad \square$$

例 5.1.2 设 $X_1, X_2, \cdots, X_n$ 是总体 X 的简单样本,而总体

$$X \sim \begin{pmatrix} -1 & 0 & 1 \\ q & r & p \end{pmatrix}, \quad \text{其中 } 0 < p, q < 1, r \geqslant 0, p+q+r=1.$$

(1) 求 $X_1, X_2, \cdots, X_n$ 的最大值 M 的分布;
(2) 设 $r=0$,求样本均值的分布.

解 (1) 由题设知 M 取值也为 $-1, 0$ 和 1. 注意,各 $X_i(i=1,2,\cdots,n)$ 独立同分布.

$$P(M=-1) = P(X_1=-1, X_2=-1, \cdots, X_n=-1) = q^n.$$

从而 $P(M=1) = 1 - P(M \neq 1) = 1 - P(X_1 < 1, \cdots, X_n < 1) = 1 - (1-p)^n,$
$$P(M=0) = 1 - P(M=-1) - P(M=1)$$
$$= 1 - q^n - [1-(1-p)^n] = (1-p)^n - q^n.$$

故所求 M 的分布为

$$M \sim \begin{pmatrix} -1 & 0 & 1 \\ q^n & (1-p)^n - q^n & 1-(1-p)^n \end{pmatrix}.$$

(2) 由题设 $r=0$,故可用例 4.3.4 的结果. $W = \sum_{i=1}^n X_i$ 不是二项分布,但令

$$Y_i = (X_i+1)/2 \sim \begin{pmatrix} 0 & 1 \\ q & p \end{pmatrix},$$

则各 Y_i 为独立同分布,且 $Y = \sum_{i=1}^n Y_i$ 有二项分布. 此时

$$Y = \sum_{i=1}^n Y_i = \left(\sum_{i=1}^n X_i + n\right)/2 = (W+n)/2.$$

故样本均值 $\bar{X} = \frac{1}{n}\sum_{i=1}^n X_i = \frac{W}{n}$ 的精确分布为

$$\bar{X} = \frac{W}{n} = \frac{2}{n}Y - 1 \sim \begin{pmatrix} -1 & \cdots & \frac{2k}{n}-1 & \cdots & 1 \\ q^n & \cdots & C_n^k p^k q^{n-k} & \cdots & p^n \end{pmatrix},$$

上式矩阵第一行的 $k=0,1,2,\cdots,n$.

下面求近似分布. 当 n 足够大时,因为 $W = \sum_{i=1}^n X_i$ 是近似正态的, $EX_i = p-q, DX_i = 1-(p-q)^2 = 4pq,$

$$W = \sum_{j=1}^{n} X_j \overset{d}{\approx} N(n(p-q), 4npq),$$

这里 $\overset{d}{\approx}$ 表示"近似服从". 故 $\overline{X} = W/n$ 也是近似正态的,

$$\overline{X} = W/n \overset{d}{\approx} N\left(p-q, \frac{4}{n}pq\right). \qquad \square$$

例 5.1.3 设总体 $X \sim P(\lambda)$,$X_1, X_2, \cdots, X_n$ 是其一组简单样本,$\overline{X}$ 为样本均值. 试用切比雪夫不等式估计 $P(|\overline{X} - \lambda| < \varepsilon)$ 的下界.

解 由题设知 $X_1, X_2, \cdots, X_n$ 为独立同分布,且服从 $P(\lambda)$,故 $EX_i = DX_i = \lambda$. 由期望的线性性及线性和的方差性质(定理 3.2.1 式(3.2.8)),有

$$E\overline{X} = \frac{1}{n}\sum_{i=1}^{n} EX_i = \lambda, \quad D\overline{X} = \frac{1}{n^2}\sum_{i=1}^{n} DX_i = \frac{\lambda}{n}.$$

由切比雪夫不等式(定理 3.2.1 式(3.2.6)),有

$$P(|\overline{X} - \lambda| < \varepsilon) \geqslant 1 - D\overline{X}/\varepsilon^2 = 1 - \lambda/(n\varepsilon^2).$$

所求下界为 $1 - \lambda/(n\varepsilon^2)$. $\qquad \square$

例 5.1.4 从正态总体 $N(3.4, 6^2)$ 中抽取容量为 n 的样本,如果要求其样本均值位于区间 $(1.4, 5.4)$ 内的概率不小于 0.95,问样本容量 n 至少应取多大?

解 以 $\overline{X}$ 表示该样本均值,则 $\frac{\overline{X} - 3.4}{6}\sqrt{n} \sim N(0,1)$. 从而有

$$P(1.4 < \overline{X} < 5.4) = P(-2 < \overline{X} - 3.4 < 2)$$

$$= P(|\overline{X} - 3.4| < 2) = P\left(\frac{|\overline{X} - 3.4|}{6}\sqrt{n} < \frac{2\sqrt{n}}{6}\right)$$

$$= 2\Phi\left(\frac{\sqrt{n}}{3}\right) - 1 \geqslant 0.95,$$

故 $\Phi\left(\frac{\sqrt{n}}{3}\right) \geqslant 0.975$,由此得 $\frac{\sqrt{n}}{3} \geqslant 1.96$,即

$$n \geqslant (1.96 \times 3)^2 \approx 34.57,$$

所以 n 至少应取 35. $\qquad \square$

5.1.3 顺序统计量与经验分布函数

虽然有 $F_{X_i}(x) = F_X(x)$,但是无法得到 $F_{X_i}(x)$,因此得不到总体分布 $F_X(x)$. 要求总体分布,还得另想办法. 这当然还得从样本和样本的观测值出发,为此引入经验分布函数的概念.

定义 5.1.2 设 $x_1, x_2, \cdots, x_n$ 是总体 X 的容量为 n 的样本观测值,将它们以从小到大的顺序重新排列,记为 $x_1^{(n)} \leqslant x_2^{(n)} \leqslant \cdots \leqslant x_n^{(n)}$. $\forall x \in \mathbb{R}$,令

$$F_n^*(x, x_1, x_2, \cdots, x_n) = \begin{cases} 0, & x < x_1^{(n)}, \\ k/n, & x_k^{(n)} \leqslant x < x_{k+1}^{(n)}, \quad k = 1, 2, \cdots, n-1, \\ 1 & x_n^{(n)} \leqslant x, \end{cases}$$

(5.1.4)

并称之为由 $x_1, x_2, \cdots, x_n$ 决定的**经验分布函数**,也简记为 $F_n^*(x)$.

由定义可知,当 $x \in [x_k^{(n)}, x_{k+1}^{(n)})$ 时,$(-\infty, x]$ 中包含的样本点(观测值)的个数为 k,故 $F_n^*(x)$ 是累积的样本点频率.

容易验证,$F_n^*(x)$ 满足一元分布函数的三个条件(非降、右连续以及分布函数的边界极端性质,即 x 趋向 $\pm\infty$ 时函数值分别是 1 和 0),因此它确为分布函数.以本节开始所列 5 支荧光灯的寿命数据为例,可画出经验分布函数图形如图 5.1.1 所示.

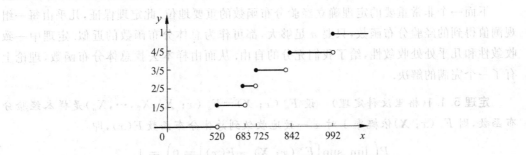

图 5.1.1 经验分布函数

既然经验分布函数 $F_n^*(x)$ 也是分布函数,故由存在定理(参看 2.1 节分布函数的性质的注 1)知有概率空间 $(\Omega, \mathscr{F}, P)$ 及其上定义的随机变量 X^*,其分布函数即为 $F_n^*(x)$. 实际上此 X^* 必为离散型的,且其分布列为

$$X^* \sim \begin{pmatrix} x_1^{(n)} & x_2^{(n)} & \cdots & x_n^{(n)} \\ \frac{1}{n} & \frac{1}{n} & \cdots & \frac{1}{n} \end{pmatrix} \Rightarrow \begin{pmatrix} x_1 & x_2 & \cdots & x_n \\ \frac{1}{n} & \frac{1}{n} & \cdots & \frac{1}{n} \end{pmatrix},$$

(5.1.5)

这反映了样本抽取是随机的、平等的.

我们知道,随机变量实际是一个函数,因此类似高等数学中的函数复合,可建立如下概念.

定义 5.1.3 用 $X_1, X_2, \cdots, X_n$ 替换 $x_1, x_2, \cdots, x_n$,可以从由样本观测值 $x_1, x_2, \cdots, x_n$ 决定的经验分布函数 $F_n^*(x, x_1, x_2, \cdots, x_n)$ 得到由样本决定的经验分布函数

$$F_n^*(x, \boldsymbol{X}) = F_n^*(x, X_1, X_2, \cdots, X_n),$$

简称为**样本经验分布函数**.以从小到大的顺序重新排列的一个样本,称为**顺序统计量**,记

为 $X_1^{(n)}, X_2^{(n)}, \cdots, X_n^{(n)}$.

注意,在样本经验分布函数 $F_n^*(x, \boldsymbol{X})$ 中,当 x 固定时,它是随机变量;当固定 $\omega \in \Omega$ (从而 $X_i(\omega)$ 有固定值)而让 x 在实数域变化,则它是相对于某一组观测值的实值函数.

性质 3 经验分布函数的 k 阶矩等于样本的 k 阶矩,即 $\int x^k \mathrm{d} F_n^*(x, \boldsymbol{X}) = M_k$.

证明 设 $x_1, x_2, \cdots, x_n$ 为样本的一组观测值,依序排列为 $x_1^{(n)}, x_2^{(n)}, \cdots, x_n^{(n)}$ (即顺序统计量的观测值). 由式(5.1.5),有

$$E(\boldsymbol{X}^*)^k = \int x^k \mathrm{d} F_n^*(x, x_1, \cdots, x_n)$$

$$= \sum_{j=1}^{n} (x_j^{(n)})^k \frac{1}{n} = \frac{1}{n} \sum_{j=1}^{n} (x_j)^k = m_k,$$

其中, $\boldsymbol{X}^*$ 为由 $F_n^*(x, x_1, \cdots, x_n)$ 决定的随机变量. 用样本替换样本观测值,则证得本性质 3. □

下面一个非常重要的定理确立经验分布函数的重要地位. 此定理保证,几乎由每一组观测值得到的经验分布函数,只要 n 足够大,都可作为总体分布函数的近似. 定理中一致收敛性和几乎处处收敛性,给了我们充分的自由. 从而由样本去找总体分布函数,理论上有了一个完满的解决.

定理 5.1.1(格里汶科定理) 设 $F_n^*(x; \boldsymbol{X}) = F_n^*(x; X_1, X_2, \cdots, X_n)$ 是样本经验分布函数,则 $F_n^*(x; \boldsymbol{X})$ 依概率 1 对 x 一致地收敛到总体分布函数 $F(x)$,即

$$P\left(\lim_{n \to +\infty} \sup_x |F_n^*(x; \boldsymbol{X}) - F(x)| = 0 \right) = 1.$$

此定理说明对由几乎所有观测值 $x_1, x_2, \cdots, x_n$ 得到的经验分布函数 $F_n^*(x_1, x_2, \cdots, x_n)$,与总体分布函数 $F(x)$ 在整个数轴上差的上确界 $d_n^* \to 0 (n \to +\infty)$. 参看图 5.1.2,定理的证明见参考文献[1]中 5.1 节定理 1.

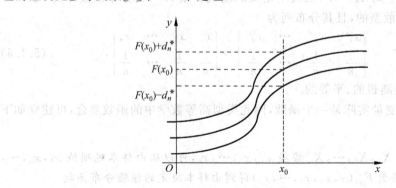

图 5.1.2 经验分布函数收敛到总体分布函数

5.2 数据整理与直方图

本节介绍如何依据抽样数据,从图形上初步估计总体的分布.

设 $x_1, x_2, \cdots, x_n$ 是总体 X 的一个容量为 n 的样本观测值.下面通过例题来具体地叙述处理问题的方法和步骤.

例 5.2.1 从某厂生产的某种型号的铆钉中,随机地抽取 120 个,测得其直径的数据(单位:mm)如下(标有下划线者,为最大值或最小值).

```
13.40  13.39  13.52  13.37  13.62  13.48  13.40  13.35  13.44  13.54
13.47  13.29  13.53  13.50  13.32  13.51  13.45  13.48  13.34  13.26
13.46  13.57  13.58  13.80  13.14  13.40  13.56  13.20  13.40  13.41
13.34  13.55  13.48  13.43  13.43  13.43  13.42  13.63  13.51  13.57
13.57  13.23  13.36  13.28  13.38  13.29  13.39  13.45  13.33  13.29
13.38  13.44  13.54  13.50  13.38  13.39  13.33  13.51  13.37  13.45
13.59  13.43  13.20  13.41  13.42  13.32  13.25  13.24  13.34  13.64
13.32  13.44  13.47  13.51  13.40  13.48  13.48  13.47  13.35  13.46
13.39  13.29  13.69  13.44  13.28  13.49  13.40  13.31  13.52  13.51
13.40  13.52  13.48  13.29  13.46  13.56  13.44  13.50  13.38  13.46
13.60  13.31  13.50  13.35  13.28  13.53  13.48  13.30  13.55  13.62
13.58  13.62  13.51  13.42  13.48  13.45  13.32  13.43  13.31  13.38
```

试初步分析该厂生产的这种型号铆钉的直径 X 服从什么分布?

分析 上面所列 120 个铆钉直径,是该厂生产的这种型号铆钉直径 X 的一个容量 $n=120$ 的样本观测值.样本的容量相当大,应该能很好地提供总体分布规律的信息.

我们的任务是对这些看上去杂乱无章的数据,进行科学地整理和归纳,揭示蕴藏在这批数据里的总体分布规律.对于由试验或观察得来的数据,一般按下述步骤先进行整理,再画出直方图.

5.2.1 数据整理

数据整理的一般步骤

(1) 找出样本的最小值和最大值,分别记为 $x_{(1)}$ 和 $x_{(n)}$,用以确定样本的取值范围.

对于例 5.2.1,通过观察可以得到

$$x_{(1)} = \min_{1\leqslant i\leqslant 120} x_i = 13.14, \quad x_{(n)} = \max_{1\leqslant i\leqslant 120} x_i = 13.69.$$

一般地,当该厂生产的这种型号的铆钉足够多时,可以认为铆钉的直径可以取得包含 $[13.14, 13.69]$ 在内的某个区间上的任何值,即认为 X 是连续型随机变量.

(2) 确定分组组数 K

对于连续型随机变量 X,由于 $P(X=x)=0$,所以只能考虑它落在某些区间上的概率.对应地,由"频率的稳定性",当 n 足够大时,可以用样本落在这些区间上的频率来近似总体落在这些区间上的概率.因此,一般把样本的变化范围 $[x_{(1)}, x_{(n)}]$ 等分为 K 个小区间,从而把观测值 $x_1, x_2, \cdots, x_n$ 分成 K 组,然后计算样本值落在各个区间上的频率.

分组的组数 K 可以根据样本的容量按下列经验规律选取.

当 $n \leqslant 20$ 时, 取 $K = 5 \sim 6$;

当 $n = 20 \sim 60$ 时, 取 $K = 6 \sim 8$;

当 $n = 60 \sim 100$ 时, 取 $K = 8 \sim 10$;

当 $n = 100 \sim 500$ 时, 取 $K = 10 \sim 20$.

Sturges 建议按以下公式选取 K:

$$K = 1 + 3.3 \lg n. \tag{5.2.1}$$

按这个公式,$n=80$ 时,$K=7.28$,选取分组数 K 为 7 或 8;$n=100$ 时,$K=7.6$,选取 K 为 8.从实际应用情况看,此公式的分组数一般偏小.n 和 K 的这种关系不是完全确定的,允许有一定的灵活性.一般来讲,每个组中至少应该有 1 个样本观测值,而以有 5 个以上观测值为好.对此例,$n=120$,取 $K=10$.

(3) 定组距 $\Delta x = (b-a)/K$

一般取等间隔作为组距 Δx,本例

$$\Delta x = \frac{13.69 - 13.14}{10} = \frac{0.55}{10} = 0.055.$$

但取 $\Delta x = 0.06$,一方面可使计算简化,另一方面,考虑到样本的随机性,X 的实际取值应该将 $[x_{(1)}, x_{(n)}]$ 向外略作延伸.取 $\Delta x = 0.06$ 时,$0.06 \times 10 = 0.60$,比 0.55 大 0.05.把多出的 0.05 作为延伸部分(可均分,也可某一端多分些),使分组的总范围 $[a,b]$ 包含 $[x_{(1)}, x_{(n)}]$.现在取 $[a,b] = [x_{(1)} - 0.01, x_{(n)} + 0.04] = [13.13, 13.73]$,并将 $[a,b]$ 分成 10 个小区间,这些小区间是

$[13.13, 13.19]$, $(13.19, 13.25]$, $(13.25, 13.31]$, $\cdots$, $(13.67, 13.73]$.

取 $e_0 = 13.13$,第 $i+1$ 个小区间记为 $(e_{i-1}, e_i]$,则经验分布函数在 e_i 的值

$$F_n^*(e_i) = [e_0, e_i] \text{ 中的累积频率}. \tag{5.2.2}$$

(4) 列样本观测值的分组频率分布表

例 5.2.1 的分组频率分布表如表 5.2.1 所示.

表 5.2.1

组限 $(e_{i-1}, e_i]$	组中值 $\tilde{x}_i = \dfrac{e_i + e_{i-1}}{2}$	频数 m_i	累积频数	频率 $f_i = m_i/n$	累积频率 $F_n^*(e_i)$
13.13~13.19	13.16	1	1	0.0083	0.0083
13.19~13.25	13.22	5	6	0.0417	0.0500
13.25~13.31	13.28	13	19	0.1083	0.1583
13.31~13.37	13.34	14	33	0.1167	0.2750
13.37~13.43	13.40	27	60	0.2250	0.5000
13.43~13.49	13.46	25	85	0.2083	0.7083
13.49~13.55	13.52	19	104	0.1583	0.8667
13.55~13.61	13.58	10	114	0.0833	0.9500
13.61~13.67	13.64	5	119	0.0417	0.9917
13.67~13.73	13.70	1	120	0.0083	1.0000
$\sum$		120		1.0000	

表中的 e_i 是第 i 个小区间的右端点,或称第 i 组的组上限.

$$\tilde{x}_i = \frac{e_i + e_{i-1}}{2}$$

是第 i 个小区间的中值,在分析计算中有时用到.

这种表一般可以大致给出样本的分布规律.从表 5.2.1 不难发现,频数和频率均呈"两头小,中间大,两边近似对称"的样子,因此总体可能服从正态分布(也可能是 5.3 节介绍的 t 分布.但当样本数大于 30 时,可以认为这两个分布没有什么差别).从这类表的频数和频率的走势,常能粗略估计总体分布,包括指数分布、χ^2 分布(参见 5.3 节),以及离散型的二项分布、泊松分布、几何分布及负二项分布(帕斯卡分布)等.利用由 5.1.3 节介绍的专用的概率纸,可以对粗估的分布作进一步的核查,更为科学可靠的办法是将在第 7 章介绍的假设检验.

5.2.2 直方图

关于分布函数 $F(x)$ 的近似求法已由格里汶科定理解决,现在来讨论分布密度的近似计算问题,并介绍实际中常用的直方图.

首先设 X 是离散型的随机变量,分布列(也称为密度矩阵)为

$$\begin{pmatrix} a_1 & a_2 & \cdots \\ p_1 & p_2 & \cdots \end{pmatrix},$$

其中 $p_i(i=1,2,\cdots)$ 未知.对 X 作 n 次独立的观察而得 $X_1, X_2, \cdots, X_n$.令 f_i(依赖于 n)为满足 $X_j = a_i$ 的 j 的个数,即事件($X = a_i$)在此 n 次独立观察中的出现次数,则由强大数定理

$$\lim_{n\to+\infty}\frac{f_i}{n}=p_i,\quad i=1,2,\cdots,\quad \text{a.s.}$$

由此可见,当 n 充分大后,图 5.2.1 的(a) 和(b) 两个图应很相似(图中假定 X 只取 4 个值,$\sum_{i=1}^{4}p_i=1$).

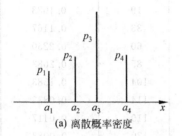
(a) 离散概率密度

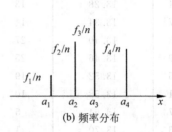
(b) 频率分布

图 5.2.1

其次设 X 是连续型的随机变量,但是概率密度函数 $f(x)$ 未知. 对任一有限区间 (a,b),用下列分点将其分成 m 个子区间($m<n$),其长度可以不相等:
$$a=x_0<x_1<\cdots<x_{m-1}<x_m=b.$$
对 X 的 n 次独立观察 $X_1,X_2,\cdots,X_n$,落于 $(x_i,x_{i+1}]$ 中的设为 f_i 个,因而事件$(x_i<X\leqslant x_{i+1})$ 的频率为 f_i/n. 由强大数定理,有
$$\lim_{n\to+\infty}\frac{f_i}{n}=P(x_i<X\leqslant x_{i+1})=\int_{x_i}^{x_{i+1}}f(x)\mathrm{d}x,\quad \text{a.s.}.$$
因此,若 $f(x)$ 连续,则当 n 充分大时,有
$$\frac{f_i}{n}\approx\Delta x_i f(x_i),\quad \text{其中}\quad \Delta x_i=x_{i+1}-x_i,$$
即
$$\frac{f_i}{n}\frac{1}{\Delta x_i}\approx f(x_i).$$
令
$$\varphi_n(x)=\frac{f_i}{n}\Big/\frac{1}{\Delta x_i}I_{(x_i,x_{i+1}]}(x),$$
并称 $\varphi_n(x),x\in(a,b]$ 的图形为 $(a,b]$ 上的**直方图**. 当 n 及 m 充分大时,在 $(a,b]$ 上,此图近似于 $f(x)$ 的图形(见图 5.2.2).

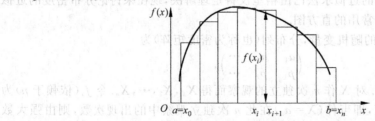

图 5.2.2 直方图逼近密度函数

直方图可以更直观、更形象地描绘出频数和频率的特征,帮助我们认识总体的分布.

直方图有两种:频数直方图和频率直方图.

在横坐标上标出组限,纵坐标上标出各组的频数 m_i,在 x 轴的上方,分别画出以组距为底,对应频数 m_i 为高的矩形,这样做出的图形称为**频数直方图**.若纵坐标上标出的是"频率 f_i/组距 Δx",在 x 轴上方分别画出以组距为底,以对应的"频率 f_i/组距 Δx"为高的矩形,则这种图形称为**频率直方图**.在纵坐标轴上采用两种适当的刻度,当然也可以把这两种直方图画成一张图.注意频率直方图中所有矩形的面积之和等于1,即

$$\sum_{i=1}^{K} \frac{f_i}{\Delta x} \cdot \Delta x = \sum_{i=1}^{K} f_i = 1.$$

例 5.2.1 的直方图如图 5.2.3 所示.

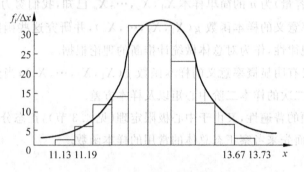

图 5.2.3 频率直方图

图 5.2.3 中直方图的特点是:两边低,中间高,单峰,左右近似对称.直方图显示这一特点比表 5.2.1 表现得更为直观.由于铆钉直径 X 是连续型随机变量,因此,若加大样本容量,缩小组矩,直至 $n \to +\infty$ 且每个矩形的宽趋于零时,频率直方图的上边缘将以光滑的曲线为极限.这条光滑曲线就是总体的概率密度函数.例 5.2.1 的这种近似光滑曲线在图 5.2.3 中也已画出.它的形状很像正态概率密度函数曲线,这进一步说明总体很可能服从正态分布.

与几种常用分布接近的直方图走势见图 5.2.4.

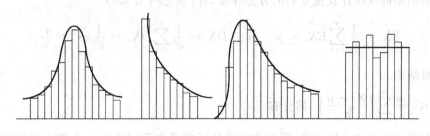

图 5.2.4 直方图轮廓

5.3 抽样分布与统计量

从抽样数据对总体的分布或参数作估计和推断,以及从抽样数据对总体或其参数的某个假定做检验和推断,是数理统计的几项主要任务. 做统计推断的两个出发点,一个是概率论提供的概率规律,再一个就是抽样数据. 后者抽象成了随机变量——(简单)样本. 如何更好的利用数据呢?我们先来进一步研究从抽样样本去构造一些样本函数,了解它们是什么分布,依此设法去建立估计和检验的理论根据和方法. 这就是说,假定从总体 X 独立抽取的大小(容量)为 n 的简单样本 $X_1, X_2, \cdots, X_n$ 已知,我们努力去构造它们的简单方便又有明显概率意义的样本函数 $g(X_1, X_2, \cdots, X_n)$,并研究这些函数的包括它们分布和矩在内的随机规律性,作为对总体做统计推断的理论根据.

最简单方便又有明显概率意义的样本函数 $g(X_1, X_2, \cdots, X_n)$,当然是 5.1 节介绍的一次的样本均值、二次的样本二阶中心矩以及样本方差.

由于误差问题的普遍性,又由于中心极限定理(见 4.3 节),正态分布在概率论中有特殊的重要意义. 下面先来考察正态总体的常用的样本函数.

5.3.1 正态总体常用的样本函数

设总体 $X \sim N(\mu, \sigma^2)$.

1. 样本均值 $\bar{X} = \dfrac{1}{n}\sum_{i=1}^{n} X_i \sim N(\mu, \sigma^2/n)$,从而 $Z = \dfrac{\bar{X} - \mu}{\sigma/\sqrt{n}} \sim N(0, 1)$

证明 因为 $X_1, X_2, \cdots, X_n$ 为独立同分布且服从 $N(\mu, \sigma^2)$,故 $(X_1, X_2, \cdots, X_n)$ 是 n 元正态分布,从而其分量的线性组合是一元正态的,因此等权的线性组合 $\bar{X}$ 是一元正态分布.

又由期望的线性性及独立和的方差性质,有(参见图 5.3.1)

$$E\bar{X} = \frac{1}{n}\sum_{i=1}^{n} EX_i = \mu \quad \text{和} \quad D\bar{X} = \frac{1}{n^2}\sum_{i=1}^{n} DX_i = \frac{1}{n^2} n\sigma^2 = \frac{\sigma^2}{n}.$$

从而证得结论. □

2. $K_n^2 \xlongequal{\text{def}} \sum_{i=1}^{n} \left(\dfrac{X_i - \mu}{\sigma}\right)^2$ 的分布

现在考虑样本的二次函数. 将样本标准化后作平方和,K_n^2 是 n 个独立的标准正态变量的平方和.

定理 5.3.1 K_n^2 的概率密度函数为(参见图 5.3.2)

$$f_{\chi^2}(x) = \begin{cases} 0, & x < 0, \\ \dfrac{1}{2^{\frac{n}{2}} \Gamma\left(\dfrac{n}{2}\right)} x^{\frac{n}{2}-1} e^{-\frac{x}{2}}, & x \geqslant 0, \end{cases} \quad (5.3.1)$$

其中 $\Gamma\left(\dfrac{n}{2}\right)$ 为伽马常数,$\Gamma(x) = \displaystyle\int_0^{+\infty} \lambda^x t^{x-1} e^{-\lambda t} dt, x > 0.$

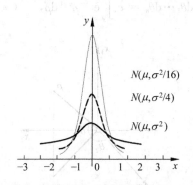

图 5.3.1　样本均值密度与 n 关系

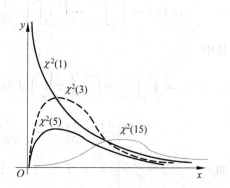

图 5.3.2　χ^2 分布密度函数

证明 I　利用 Γ 分布的可加性(2.3.2 节性质 1)来证明. 由例 2.5.4,对标准化正态随机变量 X_i^*,$(X_i^*)^2 \sim \Gamma(1/2, 1/2)$. 因为各 X_i^* 独立,故各个 $(X_i^*)^2$ 独立. 从而由 Γ 分布的可加性,有

$$K_n^2 \sim \Gamma(n/2, 1/2). \quad (5.3.2)$$

由式(2.3.9) Γ 分布的定义,证得式(5.3.1)为真.

*证明 II　利用 2.5 节随机向量函数的概率密度函数的求法和极坐标变换,来证 K_n^2 有概率密度函数

$$\left(\dfrac{1}{\sqrt{2\pi}}\right)^n e^{-\frac{1}{2} \sum_{i=1}^n x_i^2},$$

于是其分布函数(注意对 $x > 0$,记 x 为 y^2)

$$G_n(x) = P(K_n^2 \leqslant y^2)$$

$$= \underset{\sum_{i=1}^n x_i^2 \leqslant y^2}{\int \cdots \int} \left(\dfrac{1}{\sqrt{2\pi}}\right)^n \exp\left(-\dfrac{1}{2} \sum_{i=1}^n x_i^2\right) dx_1 \cdots dx_n.$$

为计算此 n 重积分,做极坐标变换(当 $n=3$ 时,ρ,θ_1,θ_2 的几何意义见图 5.3.3)

$$x_1 = \rho\cos\theta_1\cos\theta_2\cdots\cos\theta_{n-1},$$
$$x_2 = \rho\cos\theta_1\cos\theta_2\cdots\sin\theta_{n-1},$$
$$\vdots$$
$$x_n = \rho\sin\theta_1.$$

$$G_n(y) = \int_{-\pi}^{\pi}\int_{-\pi/2}^{\pi/2}\cdots\int_{-\pi/2}^{\pi/2}\int_0^y \left(\frac{1}{\sqrt{2\pi}}\right)^n e^{-\frac{\rho^2}{2}}\rho^{n-1} J\,d\rho\,d\theta_1\cdots d\theta_n = c_n\int_0^y e^{-\frac{\rho^2}{2}}\rho^{n-1}\,d\rho, \quad (*)$$

其中

$$c_n = \int_{-\pi}^{\pi}\int_{-\pi/2}^{\pi/2}\cdots\int_{-\pi/2}^{\pi/2} \left(\frac{1}{\sqrt{2\pi}}\right)^n J\,d\theta_1\cdots d\theta_{n-1},$$

而

$$J = \frac{1}{\rho^{n-1}}\begin{vmatrix} \frac{\partial x_1}{\partial \rho} & \frac{\partial x_1}{\partial \theta_1} & \cdots & \frac{\partial x_1}{\partial \theta_{n-1}} \\ \vdots & \vdots & & \vdots \\ \frac{\partial x_n}{\partial \rho} & \frac{\partial x_n}{\partial \theta_1} & \cdots & \frac{\partial x_n}{\partial \theta_{n-1}} \end{vmatrix}.$$

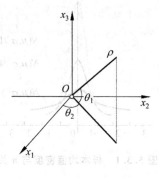

图 5.3.3 极坐标

为求 c_n,于式(*)中令 $y\to+\infty$,得

$$1 = \lim_{y\to+\infty} G_n(y) = c_n\int_0^{+\infty} e^{-\frac{\rho^2}{2}}\rho^{n-1}\,d\rho.$$

令 $t = \frac{\rho^2}{2}, \rho = \sqrt{2t}, d\rho = \frac{dt}{\sqrt{2t}}$,由上式得

$$1 = c_n 2^{\frac{n}{2}-1}\int_0^{+\infty} e^{-t}t^{\frac{n}{2}-1}\,dt = c_n 2^{\frac{n}{2}-1}\Gamma\left(\frac{n}{2}\right),$$

其中 $\Gamma\left(\frac{n}{2}\right)$ 为 Γ 函数:

$$\Gamma(p) = \int_0^{+\infty} t^{p-1}e^{-t}\,dt, \quad p > 0$$

在 $\frac{n}{2}$ 的值,以 $c_n = \left(2^{\frac{n}{2}-1}\Gamma\left(\frac{n}{2}\right)\right)^{-1}$ 代入式(*),得

$$G_n(y) = \frac{1}{2^{\frac{n}{2}-1}\Gamma\left(\frac{n}{2}\right)}\int_0^y e^{-\frac{\rho^2}{2}}\rho^{n-1}\,d\rho, \quad y > 0.$$

$G_n(y)$ 微分后,并注意 $y^2=x$,可得式(5.3.1).   □

定义 5.3.1 把 n 个独立的标准正态变量的平方和的分布或者以式(5.3.1)为概率密度函数的分布称为自由度为 n 的 **χ^2 分布**,记为 $\chi^2(n)$.于是

$$K_n^2 = \sum_{i=1}^n \left(\frac{X_i - \mu}{\sigma}\right)^2 \sim \chi^2(n). \tag{5.3.3}$$

3. $K^2 = (n-1)S^2/\sigma^2$ 的分布及 $\overline{X}$ 和样本方差 S^2 的独立性

在 $K_n^2 = \sum_{i=1}^n \left(\frac{X_i - \mu}{\sigma}\right)^2$ 中,当 μ 未知时,只好用样本均值 $\overline{X}$ 来代替 μ:

$$\sum_{i=1}^n \frac{(X_i - \overline{X})^2}{\sigma^2} = \frac{(n-1)S^2}{\sigma^2} = K^2. \tag{5.3.4}$$

于是从 K_n^2 自然引出样本函数 K^2.此时 $\overline{X}$ 是随机变量,因此,K^2 的分布也有变化,不再是 K_n^2 所服从的 $\chi^2(n)$ 了.

定理 5.3.2 $\overline{X}$ 和样本方差 $S^2 = \frac{1}{n-1}\sum_{i=1}^n (X_i - \overline{X})^2$ 相互独立,且

$$K^2 = \frac{(n-1)S^2}{\sigma^2} \sim \chi^2(n-1). \tag{5.3.5}$$

***证明** 设 $X_1, X_2, \cdots, X_n$ 为样本,其标准化记为 $Z_1, Z_2, \cdots, Z_n$,它们独立同分布且服从 $N(0,1)$.

$$\overline{Z} = \frac{1}{n}\sum_{i=1}^n Z_i = \frac{\overline{X} - \mu}{\sigma},$$

$$\frac{(n-1)S^2}{\sigma^2} = \frac{\sum_{i=1}^n (X_i - \overline{X})^2}{\sigma^2} = \sum_{i=1}^n \left[\frac{X_i - \mu - (\overline{X} - \mu)}{\sigma}\right]^2$$

$$= \sum_{i=1}^n (Z_i - \overline{Z})^2 = \sum_{i=1}^n Z_i^2 - n\overline{Z}^2.$$

对 $\mathbf{Z} = (Z_1, Z_2, \cdots, Z_n)$ 做正交变换 $\mathbf{A}$:$\mathbf{Y} = \mathbf{ZA}$,且选取 $\mathbf{A} = (a_{ik})_{n\times n}$ 第 1 列的元素全部为 $1/\sqrt{n}$,其中 $\mathbf{Y} = (Y_1, Y_2, \cdots, Y_n)$.由线性变换下正态不变性及 $\mathbf{A}$ 满秩,可知 $\mathbf{Y}$ 也是 n 维正态随机向量.

$$EY_i = \sum_{k=1}^n a_{ik}EZ_k = 0.$$

由协方差对单个变量的线性性(定理 3.3.1)、正态变量的独立与不相关等价(3.3.3 节的性质 3)及不相关的等价命题(定理 3.3.3),有

$$\text{cov}(Y_i, Y_j) = \sum_{k=1}^{n}\sum_{l=1}^{n} a_{ik} a_{jl} \text{cov}(Z_k, Z_l)$$

$$= \sum_{k=1}^{n}\sum_{l=1}^{n} a_{ik} a_{jl} \delta_{kl} = \sum_{k=1}^{n} a_{ik} a_{jk} = \delta_{ij},$$

其中若 $k=l, \delta_{kl}=1$;若 $k\neq l, \delta_{kl}=0$. 最后一个等式是由于 $\boldsymbol{A}$ 的正交性. 这样各 $Y_i \sim N(0,1)$,且相互间不相关,从而是独立的.

$$Y_1 = \sum_{k=1}^{n} a_{1k} Z_k = \frac{1}{\sqrt{n}} \sum_{k=1}^{n} Z_k = \sqrt{n}\, \overline{Z},$$

$$\sum_{i=1}^{n} Y_i^2 = (\boldsymbol{ZA})(\boldsymbol{ZA})' = \boldsymbol{ZAA'Z'} = \boldsymbol{ZZ'} = \sum_{i=1}^{n} Z_i^2,$$

故

$$K^2 = \frac{(n-1)S^2}{\sigma^2} = \sum_{i=1}^{n} Z_i^2 - n\overline{Z}^2 = \sum_{i=1}^{n} Y_i^2 - Y_1^2 = \sum_{i=2}^{n} Y_i^2. \tag{5.3.6}$$

此结论说明 K^2 与 Y_1,从而与 $\overline{X}$ 独立,还说明 K^2 是 $n-1$ 个独立标准正态随机变量的平方和. 由定义 5.3.1 知,$K^2 \sim \chi^2(n-1)$. □

注意,$X_i - \mu$ 与 $X_i - \overline{X}$ 不同,当 $i=1,2,\cdots,n$ 时,后一个随机变量列一般是不独立的,而前者是独立的.

4. $T = \dfrac{\overline{X}-\mu}{S/\sqrt{n}}$ 的分布

段 1 中 $Z = \dfrac{\overline{X}-\mu}{\sigma/\sqrt{n}}$ 有标准正态分布,它是一个简单且很方便的样本函数. 一般 n 可在抽样前决定,从样本观测值可以得到 $\overline{X}$ 的观测值 $\overline{x}$. 此外这里还有两个参数 μ 和 σ. 如果知道其中一个,由于 Z 的概率规律的限定,可以帮助我们对另外一个参数做出统计推断. 但是当两个参数 μ 和 σ 都不知道时,就要另想办法. 如果参数 σ^2 未知,我们知道它是刻画总体离开 μ 的波动程度,而样本二阶中心矩 S_n^2 和样本方差 S^2 是刻画样本偏离样本均值 $\overline{X}$ 的量,因此考虑用 S_n^2 或 S^2 代替 σ^2. 由于 S^2 是 σ^2 的无偏估计(参见 6.2 节),这样很自然地去考虑用 S 代替 Z 中的 σ,从而引入样本函数 $T = \dfrac{\overline{X}-\mu}{S/\sqrt{n}}$. 此时从样本观测值可以算出 S^2 的观测值 s^2,从而 T 中只有一个参数 μ 未知了. 注意 S^2 是随机变量,T 因此不再是

正态分布.

另一方面，容易看到

$$T = \frac{\overline{X}-\mu}{S/\sqrt{n}} = \frac{\overline{X}-\mu}{\sigma/\sqrt{n}} \left(\sqrt{\frac{(n-1)S^2}{\sigma^2}\Big/(n-1)}\right)^{-1}$$

$$= \frac{Z}{\sqrt{K^2/(n-1)}} = \frac{Z}{K/\sqrt{(n-1)}}.$$

注意分母用了开方，使分子、分母都是一次的，同量纲，从而商为无量纲. 又 $K^2 = (n-1)S^2/\sigma^2$ 有 $\chi^2(n-1)$ 分布，它可化为 $n-1$ 个独立的标准正态变量的平方和. 为消除随机变量个数的影响，分母根号内将 K^2 除以 $n-1$. 否则，因 $K^2 > 0$，当 n 足够大时，它也会足够大，从而使商足够小，Z 的作用很轻微. 由式(5.3.6)可以发现 $K^2/(n-1)$ 是 $n-1$ 个独立的标准正态变量平方和的算术平均值. 由此，可以给出一般的 t 分布的定义.

定义 5.3.2 设随机变量 U 与 V^2 独立，且分别服从 $N(0,1)$ 和 $\chi^2(n)$，则称下面商的分布或者以式(5.3.8)为概率密度函数的分布为自由度是 n 的 **t 分布**，记成 $t(n)$.

$$T_n = \frac{U}{\sqrt{V^2/n}} \sim t(n), \tag{5.3.7}$$

$$f_{T_n}(x) = \frac{\Gamma\left(\frac{n+1}{2}\right)}{\sqrt{n\pi}\,\Gamma\left(\frac{n}{2}\right)} \left(\frac{x^2}{n}+1\right)^{-\frac{n+1}{2}}, \quad x \in \mathbb{R}. \tag{5.3.8}$$

这里式(5.3.8)是从 T_n 定义及 2.5 节随机向量函数的分布密度的求法得到的，也就是说可以建立如下定理.

定理 5.3.3 设随机变量 U 与 V^2 独立，且分别服从 $N(0,1)$ 和 $\chi^2(n)$，则

$$T_n = \frac{U}{\sqrt{V^2/n}}$$

的概率密度函数为式(5.3.8).

***证明** 由所设知，V^2 有概率密度函数(5.3.1)，故由定理 2.5.1 求得 $\sqrt{V^2/n}$ 的概率密度函数，当 $y \geqslant 0$ 时为

$$\frac{\sqrt{2n}}{\Gamma\left(\frac{n}{2}\right)} \left(\frac{y\sqrt{n}}{\sqrt{2}}\right)^{n-1} e^{-\frac{ny^2}{2}}.$$

由 2.5 节商的密度公式(2.5.15),有

$$f_{T_n}(x) = \int_0^{+\infty} y \frac{\sqrt{2n}}{\Gamma\left(\frac{n}{2}\right)} \left[\frac{y\sqrt{n}}{\sqrt{2}}\right]^{n-1} e^{-\frac{ny^2}{2}} \frac{1}{\sqrt{2\pi}} e^{-\frac{(yx)^2}{2}} dy$$

$$= \frac{1}{\sqrt{n\pi}\,\Gamma\left(\frac{n}{2}\right)} \int_0^{+\infty} \left[\frac{y\sqrt{n}}{\sqrt{2}}\right]^{n-1} e^{-\frac{ny^2}{2}\left(1+\frac{x^2}{n}\right)} ny\,dy.$$

令 $u = \frac{ny^2}{2}\left(1+\frac{x^2}{n}\right)$,

$$上式 = \frac{\left(1+\frac{x^2}{n}\right)^{-\frac{n+1}{2}}}{\sqrt{n\pi}\,\Gamma\left(\frac{n}{2}\right)} \int_0^{+\infty} u^{\frac{n-1}{2}} e^{-u} du,$$

采用 Γ 常数的记号,即得式(5.3.8).

由定义 5.3.2 和定理 5.3.3 可得

定理 5.3.4 设 $\overline{X}$ 和 S^2 分别是正态总体的样本均值和样本方差,则 $\overline{X}$ 与 S^2 独立,且

$$T = \frac{\overline{X} - \mu}{S/\sqrt{n}} \sim t(n-1), \tag{5.3.9}$$

其概率密度函数为式(5.3.8)(但变 n 为 $n-1$).

t 分布也叫学生(student)律,因最早研究者的署名为 Student 而得名,其图形见图 5.3.4.

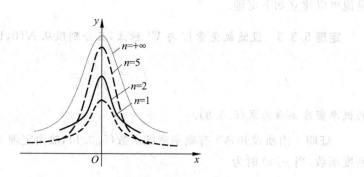

图 5.3.4 $t(n)$ 的概率密度函数

顺便指出,在构造新样本函数时,除一次和二次之外,我们自然想到构造样本的积或商.对比 2.5.2 节中商的密度公式,被积函数的自变量为积的形式,而由于需要反解式,使积的密度公式中被积函数的自变量却为商的形式,不方便,因此考虑构造样本函数商的密度公式.这也是引入 t 分布的理由之一.

5. $F_{n_1,n_2} = \dfrac{\sigma_2^2 S_1^2}{\sigma_1^2 S_2^2}$ 的分布

我们会遇到依据抽样数据对两个总体的参数作比较,要求对它们给出统计推断.本书只考虑两个独立总体的情形.

设 X_1 和 X_2 是两个独立总体,参数分别为 μ_i 和 σ_i^2,$i=1,2$. 又从 X_i 中独立抽取的容量为 n_i 的样本为 $X_1^{(i)}, X_2^{(i)}, \cdots, X_{n_i}^{(i)}$,样本均值和方差分别为 $\overline{X}_i$ 和 S_i^2,$i=1,2$.

下面构造样本函数的商作为新样本函数.注意段 3,为消除自由度的影响,仍将相应的 K_i^2 除以 n_i-1,得

$$K_i^2/(n_i-1) = \frac{(n_i-1)S_i^2}{\sigma_i^2} \Big/ (n_i-1) = \frac{S_i^2}{\sigma_i^2}.$$

于是构造

$$F_{n_1,n_2} = \frac{S_1^2/\sigma_1^2}{S_2^2/\sigma_2^2} = \frac{\sigma_2^2 S_1^2}{\sigma_1^2 S_2^2}. \tag{5.3.10}$$

定义 5.3.3 设随机变量 U^2 与 V^2 独立,且分别服从 $\chi^2(n)$ 和 $\chi^2(m)$ 分布,则称下面商的分布或者以式(5.3.12)为概率密度函数的分布为自由度是 n 和 m 的 F 分布,记作 $F(n,m)$.

$$F \stackrel{\text{def}}{=} \frac{U^2/n}{V^2/m} \sim F(n,m); \tag{5.3.11}$$

$$f_F(x) = \begin{cases} 0, & x < 0, \\ \dfrac{\Gamma\left(\dfrac{n+m}{2}\right)}{\Gamma\left(\dfrac{n}{2}\right)\Gamma\left(\dfrac{m}{2}\right)} \left(\dfrac{n}{m}\right) \left(\dfrac{n}{m}x\right)^{\frac{n}{2}-1} \left(1+\dfrac{n}{m}x\right)^{-\frac{n+m}{2}}, & x \geq 0. \end{cases} \tag{5.3.12}$$

下面证明式(5.3.11)中 F 有概率密度函数(5.3.12),初学者可先略过.

事实上,由所设知,当 $x<0$ 时的结论显然.下面设 $x>0$. 由式(5.3.1)及线性变换密度公式可知,U^2/n 的概率密度函数为

$$f_{\chi^2}(y) = \begin{cases} 0, & y < 0, \\ \dfrac{n^{\frac{n}{2}}}{2^{\frac{n}{2}}\Gamma\left(\dfrac{n}{2}\right)} y^{\frac{n}{2}-1} e^{-\frac{ny}{2}}, & y \geqslant 0. \end{cases} \tag{5.3.13}$$

V^2/m 的概率密度函数类似,只要将上式中 n 换为 m. 由 2.5 节商的密度公式,有

$$f(x) = c\int_0^{+\infty} y(xy)^{\frac{n}{2}-1} e^{-\frac{nxy}{2}} y^{\frac{m}{2}-1} e^{-\frac{my}{2}} dy$$

$$= cx^{\frac{n}{2}-1} \int_0^{+\infty} y^{\frac{n+m}{2}-1} e^{-\frac{y}{2}(nx+m)} dy.$$

上式中常数 $c = \dfrac{n^{\frac{n}{2}} m^{\frac{m}{2}}}{2^{\frac{n+m}{2}}\Gamma\left(\dfrac{n}{2}\right)\Gamma\left(\dfrac{m}{2}\right)}$. 令 $z = y(nx+m)$,则

$$f(x) = c\,\frac{x^{\frac{n}{2}-1}}{(nx+m)^{\frac{n+m}{2}}} \int_0^{+\infty} z^{\frac{n+m}{2}-1} e^{-\frac{z}{2}} dz = c\,\frac{x^{\frac{n}{2}-1}}{(nx+m)^{\frac{n+m}{2}}} 2^{\frac{n+m}{2}}\Gamma\left(\dfrac{n+m}{2}\right).$$

由此并代入常数 c 的值,可证得式(5.3.12).

定理 5.3.5 设 $S_i^2(i=1,2)$ 为独立的总体 $N(\mu_i,\sigma_k^2)$ 的样本方差,则

$$F_{n_1 n_2} = \frac{S_1^2 \sigma_2^2}{S_2^2 \sigma_1^2} \sim F(n_1-1, n_2-1), \tag{5.3.14}$$

且其概率密度函数为式(5.3.13)(但以 n_1-1, n_2-1 分别代替 n 和 m).

$F(n,m)$ 的图形见图 5.3.5.

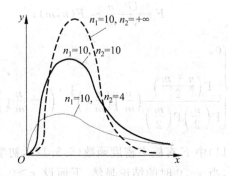

图 5.3.5 $F(n,m)$ 的概率密度函数

例 5.3.1 设 $X_1, X_2, \cdots, X_{20}$ 是来自总体 $X \sim N(0, \sigma^2)$ 的简单随机样本，则统计量 $\sum_{i=1}^{10}(-1)^i X_i \Big/ \sqrt{\sum_{i=11}^{20} X_i^2}$ 服从何种分布？

解 由题设 $X_1, X_2, \cdots, X_{20}$ 为独立同分布且服从 $N(0, \sigma^2)$，故线性和 $\sum_{i=1}^{10}(-1)^i X_i \sim N(0, 10\sigma^2)$，$\sum_{i=1}^{10}(-1)^i X_i / \sqrt{10}\,\sigma \sim N(0,1)$，又 $X_i/\sigma \sim N(0,1)$，故 $\sum_{i=11}^{20}(X_i/\sigma)^2 \sim \chi^2(10)$.

根据 t 分布定义，注意下式分子与分母独立，知

$$\sum_{i=1}^{10}(-1)^i X_i \Big/ \sqrt{\sum_{i=11}^{20} X_i^2} = \frac{\sum_{i=1}^{10}(-1)^i X_i}{\sqrt{10}\,\sigma} \left(\frac{\sqrt{\sum_{i=11}^{20} X_i^2 / 10}}{\sigma} \right)^{-1} \sim t(10).$$

注 实际上由于分子有正态分布而分母的根号下有平方，就我们已经学过的分布而言，可快速估计有 t 分布。再由分母中出现 10 个独立的（标准）正态变量的平方和，故估计自由度为 10.

5.3.2 χ^2 分布、t 分布和 F 分布的性质

性质 1 t 分布的概率密度函数是对称的，$f_t(-x) = f_t(x)$，且 n 趋于无穷时的极限为正态分布。

事实上，由 t 分布的概率密度函数

$$\left(1 + \frac{t^2}{n}\right)^{-(n+1)/2} \to e^{-t^2/2}, \quad \text{当} \ n \to +\infty,$$

系数因子可直接计算，从而知其极限为 $1/\sqrt{2\pi}$，也可由极限为概率密度函数而确定系数因子是 $1/\sqrt{2\pi}$，从而证得性质 1.

一般地，$n \geqslant 30$ 时，近似的效果就很好。但是，n 在较小时，它们还是不同的，此时

$$P(|T| \geqslant t_0) \leqslant P(|Z| > t_0), \quad Z \sim N(0,1).$$

性质 2 分布 $t(n)$ 只有 $k < n$ 阶矩，$n = 1$ 时的 t 分布 $t(1)$ 是柯西分布，即有

$$\frac{1}{\pi(1+x^2)}, \quad x \in \mathbb{R}.$$

性质3 χ^2 分布和 F 分布不对称,在 $x<0$ 时它们为 0. 且 $\chi^2(n) = \Gamma\left(\dfrac{n}{2}, \dfrac{1}{2}\right)$.

事实上,后一关系可由式(5.3.13)和第 2 章的式(2.3.8)比较两分布的概率密度函数得到. 或由例 2.5.4 知 $\chi^2(1) = \Gamma\left(\dfrac{1}{2}, \dfrac{1}{2}\right)$,再由 χ^2 分布和 Γ 分布的可加性证得.

性质4 χ^2 分布的可加性(Cochran 定理):设随机变量 U 与 V 独立,且分别服从 $\chi^2(n)$ 和 $\chi^2(m)$,则 $U+V$ 服从分布 $\chi^2(n+m)$.

由于 $\chi^2(n)$ 实际上是 n 个独立同标准正态变量的平方和的分布,由 U 与 V 独立知它们决定的那些(共有 $n+m$ 个)标准正态变量都是独立的,立即得证 χ^2 分布的这一重要性质.

由 F 分布和 t 分布的定义,或由它们的概率密度函数可以验证下面列出的 F 分布与 t 分布平方之间的关系.

性质5 $F(1,m) = t^2(m)$.

百分位点

设随机变量 X 的概率密度函数为 $f(x)$,分布函数为 $F(x)$. 对给定的实数 $\alpha \in (0, 0.5)$,使

$$P(X > y) = \int_y^{+\infty} f_X(x)\,\mathrm{d}x = \alpha$$

成立的点 y,称为 X 或其分布的**上百分位 α 点**,记为 F_α. 特别地,对于 $N(0,1), t(n), \chi^2(n)$ 和 $F(n,m)$ 分布的上百分位点分别记为 $z_\alpha, t_\alpha(n), \chi^2_\alpha(n)$ 和 $F_\alpha(n,m)$. 使

$$P(X > y) = \int_y^{+\infty} f_X(x)\,\mathrm{d}x = 1-\alpha$$

成立的点 y,称为 X 或其分布的**下百分位 α 点**,记为 $F_{1-\alpha}$. 对于上述的特别分布类似可定义如下的下百分位点:$z_{1-\alpha}, t_{1-\alpha}(n), \chi^2_{1-\alpha}(n)$ 和 $F_{1-\alpha}(n,m)$.

上述百分位点的值,可由专门的表查得. 例如,从书末的附表 3 的 t 分布表查得 $t_{0.05}(10) = 1.8125, t_{0.025}(14) = 2.1448$,由 F 分布表查得 $F_{0.025}(12,16) = 2.89$ 等. 对正态分布不能由书末的附表直接查得,而只能查得正态分布函数值. 要查 $z_{0.025}$,应该在表中找到 $1-0.025 = 0.975$,然后在边栏的对应列和行上分别找到要查的 $z_{0.025}$ 的整数和小数部分,从而得到 $z_{0.025}$ 值为 1.96. 对于 $z_{0.975}$ 和 $t_{0.95}(10)$,则利用下面性质 6 的对称性分别由 $z_{0.025}$ 的相反数和 $t_{0.05}(10)$ 的相反数给出,而由性质 8 可求得 $F_{0.975}(16,12) = (F_{0.025}(12,16))^{-1} =$

$(2.89)^{-1} = 0.3460$.

百分位数还可编制程序去计算(参看参考文献[6]第2章,但注意那里的分位数 x_p 实际上定义为 $F(x_p) = p$,因此,计算统计需要的百分位还要做简单换算). 特别对连续型分布,称百分位0.5点,即 $F_{0.5}$ 为分布的中位数.

中位数一般定义为使 $P(X \geq y) = P(X \leq y)$ 成立的点 y,称为 X 或其分布的**中位数**,或者记为 $X_{1/2}$. 对于对称分布,如 $N(0, 1)$, $t(n)$ 及离散型

$$X \sim \begin{pmatrix} -1 & 0 & 1 \\ 1/4 & 1/2 & 1/4 \end{pmatrix}$$

的中位数为0. 连续型分布,中位数存在且唯一,中位数 $X_{1/2} = F_{0.5}$ (上百分位0.5点). 而离散型未必,例如前例存在且唯一,而对

$$X \sim \begin{pmatrix} 0 & 1 \\ 1/2 & 1/2 \end{pmatrix} \quad \text{和} \quad X \sim \begin{pmatrix} 0 & 1 \\ 1/4 & 3/4 \end{pmatrix},$$

前者中位数全体为区间(0, 1),后者不存在.

注意,连续型分布中位数总是存在的,而期望却未必存在,例如 $t(1)$ 分布,即柯西分布,期望不存在而中位数为0,因此中位数概念的引入是研究的需要,也是弥补数学期望的不足.

百分位点(图示请见图5.3.6~图5.3.8)的主要性质如下:

性质6 由分布的对称性,$z_{1-\alpha} = -z_\alpha$, $t_{1-\alpha}(n) = -t_\alpha(n)$;而由分布的非负性,

$$0 < \chi^2_{1-\alpha}(n) < \chi^2_\alpha(n) \quad \text{及} \quad 0 < F_{1-\alpha}(n, m) < F_\alpha(n, m).$$

性质7(费希尔(Fisher)) n 趋于无穷时,χ^2 分布的极限为一个正态分布的平方,且 n 足够大时,

$$\chi^2_\alpha(n) \approx \frac{1}{2}(z_\alpha + \sqrt{2n-1})^2.$$

因此书末的 χ^2 分布表只给出 $n = 45$ 之前的数据. 对更大的 n,可用上式近似计算. 例如,

$$\chi^2_{0.05}(50) \approx \frac{1}{2}(z_{0.05} + \sqrt{2 \times 50 - 1})^2 = \frac{1}{2} \times (1.645 + \sqrt{99})^2 = 67.221.$$

用更详细的表可查得 $\chi^2_{0.05}(50) = 67.505$,可见确实很接近.

性质8 $F_{1-\alpha}(n, m) = [F_\alpha(m, n)]^{-1}$.

证明 由式(5.3.11)和百分位点的定义,有

$$P\left(\frac{U^2/n}{V^2/m} > F_{1-\alpha}(n,m)\right)$$
$$= P\left(\frac{V^2/m}{U^2/n} < \frac{1}{F_{1-\alpha}(n,m)}\right)$$
$$= 1 - \alpha.$$

因此

$$\alpha = 1 - P\left(\frac{V^2/m}{U^2/n} < \frac{1}{F_{1-\alpha}(n,m)}\right) = P\left(\frac{V^2/m}{U^2/n} > \frac{1}{F_{1-\alpha}(n,m)}\right).$$

由上百分位 α 点的定义得证性质 8.

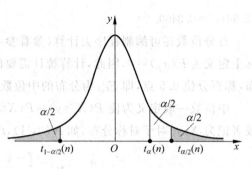

图 5.3.6 t 分布的百分位点

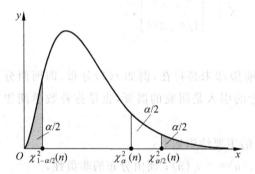

图 5.3.7 χ^2 分布的百分位点

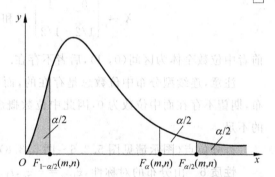

图 5.3.8 F 分布的百分位点

5.3.3 例题

例 5.3.2 设 $X_1, X_2, \cdots, X_{2n}$ 是来自总体 $X \sim N(0, \sigma^2)$ 的简单随机样本,求统计量

$$\sum_{i=1}^{n}(-1)^i X_{2i-1} \Big/ \sqrt{\sum_{i=1}^{n} X_{2i}^2}$$

的分布.

解 由题设知 $X_1, X_2, \cdots, X_{20}$ 为独立同分布,且服从 $N(0, \sigma^2)$,故线性和

$$\sum_{i=1}^{n}(-1)^i X_{2i-1} \sim N(0, n\sigma^2), \quad \left(\sum_{i=1}^{10}(-1)^i X_{2i-1}\right)\Big/\sqrt{n}\sigma \sim N(0,1).$$

又
$$X_i/\sigma \sim N(0,1),$$
故
$$\sum_{i=1}^n (X_{2i}/\sigma)^2 \sim \chi^2(n).$$

依 t 分布定义(定义 5.3.2),注意下式分子与分母独立,知

$$\Big(\sum_{i=1}^n (-1)^i X_{2i-1}\Big) \Big/ \sqrt{\sum_{i=1}^n X_{2i}^2} = \frac{\sum_{i=1}^n (-1)^i X_{2i-1}}{\sqrt{n}\,\sigma} \left[\frac{\sqrt{\sum_{i=1}^n X_{2i}^2/n}}{\sigma}\right]^{-1} \sim t(n). \qquad \square$$

注 实际上,由于分子有正态分布而分母的根号下有平方,从而可快速判定有 t 分布. 再由分母中出现 n 个独立的标准正态分布变量的平方和,而确定自由度为 n.

例 5.3.3 设 $X_1, X_2, \cdots, X_{n+1}$ 是正态总体的简单样本,$X_1, X_2, \cdots, X_n$ 的样本均值和样本二阶中心矩分别为 $\overline{X}$ 和 S_n^2.

(1) 试求 $(n-1)(X_1-\mu)^2 \Big/ \Big[\sum_{i=2}^n (X_i-\mu)^2\Big]$ 的分布.

(2) 试求 $\dfrac{X_{n+1}-\overline{X}}{S_n} \sqrt{\dfrac{n-1}{n+1}}$ 的分布.

解 (1) 注意 $(X_1-\mu)/\sigma \sim N(0,1)$,而 $\sum_{i=2}^n (X_i-\mu)^2/\sigma^2 \sim \chi^2(n-1)$,且两者独立,由定义 5.3.3,有

$$\frac{(n-1)(X_1-\mu)^2}{\sum_{i=2}^n (X_i-\mu)^2} = \frac{[(X_1-\mu)/\sigma]^2}{\Big[\sum_{i=2}^n \Big(\dfrac{X_i-\mu}{\sigma^2}\Big)^2\Big]/(n-1)} \sim F(1, n-1).$$

(2) 由题设 $X_1, X_2, \cdots, X_{n+1}$ 为同一总体的简单样本,故 X_{n+1} 与 $X_1, X_2, \cdots, X_n$ 独立,从而与 $\overline{X}$ 独立,也与样本方差 S^2 独立. 又总体为 $N(\mu, \sigma^2)$,故 $\overline{X} \sim N(\mu, \sigma^2/n)$,进而

$$X_{n+1} - \overline{X} \sim N\Big(0, \frac{n+1}{n}\sigma^2\Big).$$

即
$$\frac{X_{n+1}-\overline{X}}{\sigma\sqrt{(n+1)/n}} = \frac{\sqrt{n}(X_{n+1}-\overline{X})}{\sigma\sqrt{n+1}} \sim N(0,1).$$

因为 $X_{n+1}, \overline{X}, S^2$ 相互独立,故 $X_{n+1} - \overline{X}$ 与 S 独立.

由 t 分布的定义,并注意 $nS_n^2 = (n-1)S^2$,有

$$\frac{X_{n+1}-\overline{X}}{S_n}\sqrt{\frac{n-1}{n+1}} = \frac{(X_{n+1}-\overline{X})\sqrt{n}/\sqrt{n+1}}{\sqrt{nS_n^2/(n-1)}}$$

$$= \frac{(X_{n+1}-\overline{X})\sqrt{n}/(\sigma\sqrt{n+1})}{\sqrt{(n-1)S^2/(\sigma^2(n-1))}} \sim t(n-1).$$

即所求分布是参数为 $n-1$ 的 t 分布. □

*例 5.3.4　设 $K_n^2 \sim \chi^2(n)$,则

$$\sqrt{2}K_n - \sqrt{2n-1} \xrightarrow{d} Z \sim N(0,1), \tag{5.3.15}$$

故

$$\chi_\alpha^2(n) \approx \frac{1}{2}(z_\alpha + \sqrt{2n-1})^2. \tag{5.3.16}$$

证明　由 $K_n^2 \sim \chi^2(n)$,可写 $K_n^2 = \sum_{i=1}^n Z_i^2$,其中各 Z_i 独立同分布且服从 $N(0,1)$. 故

$$EK_n^2 = \sum_{i=1}^n EZ_i^2 = n, \quad DK_n^2 = \sum_{i=1}^n DZ_i^2 = n[EZ_1^4 - (EZ_1^2)^2] = n(3-1) = 2n.$$

从而 $Z_i^2 \in \mathrm{CLT}$, 即 $\zeta_n = \dfrac{K_n^2 - n}{\sqrt{2n}} \xrightarrow{d} Z \sim N(0,1)$. 但

$$\Phi(x) = \lim P\left(\frac{K_n^2 - n}{\sqrt{2n}} \leqslant x\right) = \lim P\left(\frac{K_n^2 - n}{\sqrt{2n}} \leqslant x + \frac{x^2-1}{2\sqrt{2n-1}}\right)$$

$$= \lim P\left(\frac{K_n^2 - n}{\sqrt{2n-1}} \leqslant x + \frac{x^2-1}{2\sqrt{2n-1}}\right) = \lim P\left(K_n^2 \leqslant n + x\sqrt{2n-1} + \frac{x^2-1}{2}\right)$$

$$= \lim P(2K_n^2 \leqslant 2n-1 + 2x\sqrt{2n-1} + x^2) = \lim P(\sqrt{2}K_n \leqslant x + \sqrt{2n-1}),$$

此即为式(5.3.15). 由上述推导知,对足够大的 n

$$\Phi(x) \approx P\left(\frac{K_n^2 - n}{\sqrt{2n}} \leqslant x\right) = P(2K_n^2 \leqslant (x + \sqrt{2n-1})^2)$$

$$= P\left(K_n^2 \leqslant \frac{1}{2}(x + \sqrt{2n-1})^2\right) = F_{K_n^2}\left(\frac{1}{2}(x + \sqrt{2n-1})^2\right),$$

取 $x = z_\alpha$,则由百分位点的定义知,

$$\chi_\alpha^2(n) \approx \frac{1}{2}(z_\alpha + \sqrt{2n-1})^2. \qquad □$$

习题 5

1. 在总体 $N(52, 6.3^2)$ 中随机抽取一个容量为 36 的样本,求样本的均值 $\overline{X}$ 落在 50.8 到 53.8 之间的概率.

2. 设总体服从 $N(\mu, 0.5)$,如果要以 99.7% 的概率保证偏差 $|\overline{X} - \mu| < 0.1$,应该抽取多大容量的样本?

3. 在总体 $N(12,4)$ 中随机抽取一个容量为 5 的样本 $X_1, X_2, \cdots, X_5$.
(1) 求样本均值与总体平均值之差的绝对值大于 1 的概率.
(2) 求 $P(\max\{X_1, X_2, \cdots, X_5\} < 15)$.
(3) 求 $P(\min\{X_1, X_2, \cdots, X_5\} < 10)$.

4. 求总体 $N(20,3)$ 的容量分别为 $10, 15$ 的两独立样本均值差的绝对值大于 0.3 的概率.

5. 设 $X_1, X_2, \cdots, X_n$ 是总体 X 的简单样本, 给定总体如下两种分布, 完成下表填空.

总体 X 的分布	和 $\sum_{i=1}^{n} X_i$ 的分布	n 足够大时样本均值 $\overline{X}$ 的近似分布
设 X 为 0-1 分布		
设 $X \sim P(\lambda)$		

6. 设 $x_1, x_2, \cdots, x_n$ 是一样本值, 令 $\overline{x}_0 = 0, \overline{x}_k = \frac{1}{k}\sum_{i=1}^{k} x_i$. 证明递推公式

$$\overline{x}_k = \overline{x}_{k-1} + \frac{1}{k}(x_k - \overline{x}_{k-1}), \quad k = 1, 2, \cdots, n.$$

7. 设 $X_1, X_2, \cdots, X_n$ 为来自泊松分布 $P(\lambda)$ 的一个样本, $\overline{X}, S^2$ 分别为样本均值和样本方差. 求 $E\overline{X}, D\overline{X}$ 和 ES^2.

8. 设 $X_1, X_2, \cdots, X_{10}$ 为 $N(0, 0.3^2)$ 的一个样本, 求 $P\left(\sum_{i=1}^{10} X_i^2 > 1.44\right)$.

9. 设 $X_1, X_2, \cdots, X_n$ 是来自 $\chi^2(n)$ 分布的总体的样本. 求样本均值 $\overline{X}$ 的期望和方差.

10. 设在总体 $N(\mu, \sigma^2)$ 中抽取一个容量为 16 的样本, 这里 μ, σ^2 均未知.
(1) 求 $P(S^2/\sigma^2 \leqslant 2.041)$, 其中 S^2 为样本方差;
(2) 求 DS^2.

11. 已知 $X \sim t(n)$, 求证 $X^2 \sim F(1, n)$.

12. 设 $X_1, X_2, \cdots, X_9$ 是来自正态总体 X 的简单随机样本,

$$Y_1 = \frac{1}{6}(X_1 + X_2 + \cdots + X_6), \quad Y_2 = \frac{1}{3}(X_7 + X_8 + X_9),$$

$$S^2 = \frac{1}{2}\sum_{i=7}^{9}(X_i - Y_2)^2, \quad Z = \frac{\sqrt{2}(Y_1 - Y_2)}{S},$$

证明统计量 $Z \sim t(2)$.

13. 设总体 X 服从正态分布 $N(\mu, \sigma^2)$ $(\sigma > 0)$, 从该总体中抽取简单随机样本 $X_1, X_2, \cdots, X_{2n}$ $(n \geqslant 2)$, 其样本均值为 $\overline{X} = \frac{1}{2n}\sum_{i=1}^{2n} X_i$, 求统计量 $Y = \sum_{i=1}^{n}(X_i + X_{n+i} - \overline{X})$ 的数

学期望.

14. 设随机变量 $X \sim t(n)(n>1)$，$Y = \dfrac{1}{X^2}$，则下面四个结论中正确的是（　　）.

(A) $Y \sim \chi^2(n)$；　　　　　(B) $Y \sim \chi^2(n-1)$；
(C) $Y \sim F(n,1)$；　　　　　(D) $Y \sim F(1,n)$.

15. 利用式(5.3.16)求 $\chi^2_{0.10}(25)$，并与直接查 χ^2 分布表的结果作比较.

16. 设总体 X 服从正态分布 $N(\mu_1, \sigma^2)$，总体 Y 服从正态分布 $N(\mu_2, \sigma^2)$，$X_1, X_2, \cdots, X_{n_1}$ 和 $Y_1, Y_2, \cdots, Y_{n_2}$ 分别是来自总体 X 和 Y 的简单随机样本，S_1^2, S_2^2 分别是它们的样本方差，则

(1) $E\left[\dfrac{\sum\limits_{i=1}^{n_1}(X_i - \overline{X})^2 + \sum\limits_{j=1}^{n_2}(Y_j - \overline{Y})^2}{n_1 + n_2 - 2}\right] = \underline{\qquad}$；

(2) 如果 X 与 Y 独立，则 $D(S_1^2 - S_2^2) = \underline{\qquad}$.

第6章 参数估计

统计推断的基本问题有两大类：估计问题和假设检验问题. 本章讨论总体参数的点估计和区间估计. 要求理解这两种估计的思想，掌握求参数估计量的方法和评判估计量好坏的标准.

6.1 点估计

6.1.1 问题的提出

设灯泡寿命 $X \sim N(\mu, \sigma^2)$，但参数 μ 和 σ^2 未知. 现在要求通过对总体抽样得到的大小为 n 的样本 $X_1, X_2, \cdots, X_n$，对 X 的期望和方差做出估计，即对未知参数向量 $\boldsymbol{\theta} = (\mu, \sigma^2)$ 做出估计. 参数的所有可能值组成一个**参数空间**

$$\Theta = \{\boldsymbol{\theta} = (\mu, \sigma^2) \mid -\infty < \mu < +\infty, \sigma^2 > 0\}. \tag{6.1.1}$$

若将总体的分布函数写成 $\Phi(\cdot; \mu, \sigma^2)$，$\mu, \sigma^2 > 0$ 是实数，则形成一族分布函数

$$F_\Theta = \{\Phi(\cdot; \mu, \sigma^2) \mid \boldsymbol{\theta} = (\mu, \sigma^2) \in \Theta\}. \tag{6.1.2}$$

现在的问题是基于样本 $\boldsymbol{X} = (X_1, X_2, \cdots, X_n)$，设法从参数空间 Θ 中确定一个合适的 $\boldsymbol{\theta}$. 或者说构造两个适当的样本函数 $T_i(\boldsymbol{X}) = T_i(X_1, X_2, \cdots, X_n)(i=1,2)$，作为未知参数 μ 和 σ^2 的估计，并称之为 $\boldsymbol{\theta}$ 的**估计量**，记为 $\hat{\boldsymbol{\theta}}$. 于是得到总体未知参数 μ 和 σ^2 的估计量 $\hat{\mu}$ 和 $\hat{\sigma}^2$. 代入样本观测值 $\boldsymbol{x} = (x_1, x_2, \cdots, x_n)$，得到相应的总体未知参数 μ 和 σ^2 的**估计值**. 在不致混淆的情况下统称估计量和估计值为**估计**，估计值也常记 $\hat{\mu}$ 为和 $\hat{\sigma}^2$. 注意，估计量实际上是个随机变量或随机向量，而对于不同的样本观测值，$\boldsymbol{\theta}$ 的估计值往往是不同的.

上面参数向量、参数空间、估计量以及估计值的概念可以一般化，

即对一般的总体 X（未必是正态）和分布的参数（未必是期望和方差,也未必是二维的）来建立这些概念. 一般地,我们的问题是: 假设总体分布函数的形式已知(它可由理论分析和过去经验得到,或者从抽样数据的直方图和概率纸描点初步估计出),但它的一个或多个参数未知,借助于总体的一个样本值,构造适当的样本函数来估计总体 X 未知参数值的问题,称为参数的**点估计问题**.

下面介绍两种常用的构造估计量的方法: 矩估计法和极大似然估计法.

6.1.2 矩估计

设总体 X 的 k 阶矩存在,

$$\mu_k = EX^k = \int_{-\infty}^{+\infty} x^k \mathrm{d}F(x, \boldsymbol{\theta}), \tag{6.1.3}$$

这里 $\boldsymbol{\theta} = (\theta_1, \theta_2, \cdots, \theta_m)$ 为未知参数向量. 可见 μ_k 是 $\boldsymbol{\theta}$ 的函数,因此实际上它也是一个未知的函数,改记为 $\mu_k(\boldsymbol{\theta})$. 如果 X 为连续型随机变量,其概率密度函数可写为 $f(x; \theta_1, \theta_2, \cdots, \theta_m)$; X 为离散型随机变量时,其分布律写为 $P(X=x) = p(x; \theta_1, \theta_2, \cdots, \theta_m)$,其中 $\theta_1, \theta_2, \cdots, \theta_m$ 为待估参数, $x \in R_X$, R_X 是 X 可能取值的全体. 于是,分别有

$$\mu_k(\boldsymbol{\theta}) = \int_{-\infty}^{+\infty} x^k f(x; \theta_1, \theta_2, \cdots, \theta_m) \mathrm{d}x \quad (X \text{ 为连续型}), \tag{6.1.3'}$$

或

$$\mu_k(\boldsymbol{\theta}) = \sum_{x \in R_X} x^k p(x; \theta_1, \theta_2, \cdots, \theta_m) \quad (X \text{ 为离散型}). \tag{6.1.3''}$$

设 $X_1, X_2, \cdots, X_n$ 是来自 X 的样本, $\boldsymbol{X} = (X_1, X_2, \cdots, X_n)$,那么如何构造样本函数 $T(\boldsymbol{X}) = T(X_1, X_2, \cdots, X_n)$ 作为 $\hat{\mu}_k(\boldsymbol{\theta})$ 的估计量,即如何选取 $T(\boldsymbol{X})$,使 $T(\boldsymbol{X}) = \hat{\mu}_k(\boldsymbol{\theta})$,然后据此得到参数 $\boldsymbol{\theta}$ 的估计呢?

在检测灯泡寿命的例子中,假如随机抽出 10 个灯泡做寿命试验,测得寿命(第一次失效时间,单位: h)分别为 166,185,232,242,264,268,270,275,285,312. 那么很自然会想到这 10 个灯泡的平均寿命为

$$(166+185+232+242+264+268+270+275+285+312)/10 = 249.9(\mathrm{h}).$$

这实际上是样本均值 $\overline{X}$ 的观测值 $\bar{x}$. 既然(简单)样本是从总体中独立抽取的,又有代表性(与总体同分布),因此很自然地认为总体的期望寿命 μ 是 249.9h,即认为 $\mu = \bar{x}$. 回到随机变量,即认为 $\overline{X}$ 是 μ 的估计量: $\hat{\mu} = \overline{X}$.

这个很自然的想法,对独立同分布的 $X_1^k, X_2^k, \cdots, X_n^k$ 和总体 k 阶矩 $\mu_k(\boldsymbol{\theta})$ 也适用. 而这就是矩估计的思想和方法的出发点: 用样本的 k 阶矩 $M_k = \dfrac{1}{n} \sum_{i=1}^{n} X_i^k$ 作为总体的 k 阶矩 $\mu_k(\boldsymbol{\theta})$ 的估计量. 如果未知参数有 m 个,即 $\boldsymbol{\theta}$ 为 m 维的,则可建立 m 个方程(如果总体

的 m 阶矩存在）

$$\hat{\mu}_k(\boldsymbol{\theta}) = M_k, \quad k=1,2,\cdots,m. \tag{6.1.4}$$

这是一个包含 m 个未知参数 $\theta_1, \theta_2, \cdots, \theta_m$ 的 m 个方程的方程组．一般来讲，我们可以从中解出 $\theta_1, \theta_2, \cdots, \theta_m$，并改记为 $\hat{\theta}_1, \hat{\theta}_2, \cdots, \hat{\theta}_m$，分别作为 $\theta_1, \theta_2, \cdots, \theta_m$ 的估计量，这种估计量称为**矩估计量**．在强调 $\hat{\theta}_j$ 是由矩估计方法得到的时候，也常增加下标 M 记为 $\hat{\theta}_{jM}$．矩估计量的观测值称为**矩估计值**．

代入样本观测值，即可得到各个未知参数估计量的估计值．

由 5.1 节性质 1，样本矩 M_k 依概率收敛于相应的总体矩 μ_k，则样本矩的连续函数依概率收敛于相应的总体矩的连续函数，并且，这种收敛性实际上还可加强为几乎处处收敛，从而保证从几乎每一次容量足够大的样本观测值，都可得到相应总体参数的近似值．我们就用样本矩作为相应的总体矩的估计量，而以样本矩的连续函数作为相应的总体矩的连续函数的估计量．这样可以保证由式(6.1.4)解出的待估参数 θ_j 在 n 足够大时具有良好的收敛性质．

例 6.1.1 设 $X \sim B(1,p), X_1, X_2, \cdots, X_n$ 是来自 X 的一个样本，试求参数 p 的矩估计量 $\hat{p}_M$．

解 只有一个未知参数，且 $EX = p$．故由式(6.1.4)，得到

$$\hat{p}_M = \frac{1}{n}\sum_{i=1}^{n} X_i = \overline{X}. \qquad \square$$

例 6.1.2 设总体 X 的二阶矩存在，求总体 X 的数学期望 μ 和方差 σ^2 的矩估计量，即求 $\hat{\mu}$ 和 $\hat{\sigma^2}$．

解 有两个未知参数，故取 $m=2$，并注意 $\mu_2 = \mu^2 + \sigma^2$，由式(6.1.4)得到

$$\begin{cases} \hat{\mu} = M_1 = \overline{X}, \\ (\hat{\mu})^2 + \hat{\sigma^2} = \hat{\mu}_2 = M_2 = \dfrac{1}{n}\sum_{j=1}^{n} X_j^2. \end{cases}$$

解得

$$\begin{cases} \hat{\mu} = \overline{X}, \\ \hat{\sigma^2} = \dfrac{1}{n}\sum_{j=1}^{n} X_j^2 - \overline{X}^2 = \dfrac{1}{n}\sum_{j=1}^{n}(X_j - \overline{X})^2 = S_n^2. \end{cases} \tag{6.1.5}$$
$\square$

例 6.1.2 说明，不论总体 X 有什么样的分布，只要它的期望 μ 和方差 σ^2 存在，则 μ 和 σ^2 的矩估计量 $\hat{\mu}$ 和 $\hat{\sigma^2}$，都分别是其样本均值 $\overline{X}$ 和样本的二阶中心矩 S_n^2．

为突出是矩估计量，相应地写为 $\hat{\mu}_M$ 和 $\hat{\sigma}_M^2$．特别地，当 $X \sim N(\mu, \sigma^2)$ 时，如参数 μ 和 σ^2 未知，则它们的矩估计量分别为

$$\hat{\mu}_M = \overline{X} \quad \text{和} \quad \hat{\sigma}_M^2 = S_n^2 = \frac{1}{n}\sum_{i=1}^n (X_i - \overline{X})^2. \tag{6.1.6}$$

例 6.1.3 设总体 $X \sim U[0,\theta]$，θ 未知，$X_1, X_2, \cdots, X_n$ 是一个样本，试求 θ 的矩估计量.

解 由 $X \sim U[0,\theta]$，故 $\mu = EX = \theta/2$. 由式 (6.1.4) 或直接由例 6.1.2 的结果，令 $\hat{\theta}/2 = \overline{X} = \frac{1}{n}\sum_{i=1}^n X_i$，解得 θ 的矩估计量 $\hat{\theta}_M = 2\overline{X}$.

注 考虑更一般的情形，$X \sim U(a,b)$，a 和 b 都是未知参数. 由式 (6.1.4) 有
$$\mu = EX = (a+b)/2,$$
$$\mu_2 = EX^2 = DX + (EX)^2 = (b-a)^2/12 + (a+b)^2/4;$$
令
$$\frac{a+b}{2} = M_1 = \frac{1}{n}\sum_{i=1}^n X_i,$$
$$\frac{(b-a)^2}{12} + \frac{(a+b)^2}{4} = M_2 = \frac{1}{n}\sum_{i=1}^n X_i^2,$$
即
$$\begin{cases} a+b = 2M_1, \\ b-a = \sqrt{12(M_2 - M_1^2)}. \end{cases}$$
解上述联立方程组，得到 a, b 的矩估计量分别为
$$\hat{a} = M_1 - \sqrt{3(M_2 - M_1^2)} = \overline{X} - \sqrt{\frac{3}{n}\sum_{i=1}^n (X_i - \overline{X})^2},$$
$$\hat{b} = M_1 + \sqrt{3(M_2 - M_1^2)} = \overline{X} + \sqrt{\frac{3}{n}\sum_{i=1}^n (X_i - \overline{X})^2}. \quad \square$$

6.1.3 极大似然估计法

看一个射击的例子. 假如一个人来靶场，我们不知道他的射击水平(等级). 很自然我们可以请他打几枪试试，由此来估计他的射击水平等级(未知参数). 如果他 5 枪射击环数为 9, 10, 9, 9, 10，据此我们可推断他应是一级(假定这是最高等级)，因为只有一级射手打出这种成绩的可能性(概率)最大. 而如果 5 枪射击环数是 4, 1, 3, 3, 2，则会想到他很可能只是一个三级而已(假定这是最低水平的等级). 也就是说，这个未知参数应该是 3 才合理，而认为他的射击水平等级(即参数)为 1 和 2，都是不可想像的. 这就是极大似然估计法的出发点：已经得到的事实(样本)，应该最可能出现；总体的未知参数应该取这样的

值,它使我们已经得到的样本有最大的概率.

若总体 X 为离散型,其分布 $P(X=x)=p(x;\theta)$ $(\theta\in\Theta)$ 的形式已知,θ 为待估参数,一般地它是向量,其可能取值的范围记为 Θ.

设 $x_1,x_2,\cdots,x_n$ 是相应于样本 $X_1,X_2,\cdots,X_n$ 的一个样本值,易知样本 $X_1,X_2,\cdots,X_n$ 取到观测值 $x_1,x_2,\cdots,x_n$ 的概率,亦即事件 $(X_1=x_1,X_2=x_2,\cdots,X_n=x_n)$ 发生的概率为

$$L(\boldsymbol{x},\boldsymbol{\theta}) = L(x_1,x_2,\cdots,x_n;\boldsymbol{\theta}) = \prod_{i=1}^{n} p(x_i;\boldsymbol{\theta}), \quad \boldsymbol{\theta}\in\Theta. \quad (6.1.7)$$

这一概率随 θ 的取值而变化,它是 θ 的函数.称此函数 $L(\boldsymbol{x},\boldsymbol{\theta})$ 为样本的**似然函数**.

由费希尔引进的极大似然估计法,就是固定样本观测值 $x_1,x_2,\cdots,x_n$,在 θ 取值的可能范围内挑选使概率 $L(x_1,x_2,\cdots,x_n;\theta)$ 达到最大的参数值 $\hat{\theta}$,作为参数 θ 的估计值 $\hat{\theta}$.即取 $\hat{\theta}$,使

$$L(x_1,x_2,\cdots,x_n;\hat{\theta}) = \max_{\theta\in\Theta} L(x_1,x_2,\cdots,x_n;\theta). \quad (6.1.8)$$

这样得到的 $\hat{\theta}$ 与样本值 $x_1,x_2,\cdots,x_n$ 有关,常记为 $\hat{\theta}=\theta(x_1,x_2,\cdots,x_n)$,称为参数 θ 的**极大似然估计值**,而相应的统计量 $\hat{\theta}(X_1,X_2,\cdots,X_n)$ 称为参数 θ 的**极大似然估计量**,也记为 $\hat{\theta}$ 或 $\hat{\theta}_L$.

若总体 X 属连续型,其概率密度函数 $f(x;\theta)$ $(\theta\in\Theta)$ 的形式已知,待估参数 θ 的可能取值范围为 Θ.设 $X_1,X_2,\cdots,X_n$ 是来自 X 的样本,$x_1,x_2,\cdots,x_n$ 是相应的一个样本值,则随机点 $(X_1,X_2,\cdots,X_n)$ 落在点 $(x_1,x_2,\cdots,x_n)$ 的微分邻域(边长分别是 $\mathrm{d}x_1,\mathrm{d}x_2,\cdots,\mathrm{d}x_n$ 的 n 维立方体)内的概率为

$$f(\boldsymbol{x},\theta)\mathrm{d}\boldsymbol{x} = f(x_1,x_2,\cdots,x_n;\theta)\mathrm{d}x_1\mathrm{d}x_2\cdots\mathrm{d}x_n = \prod_{i=1}^{n} f(x_i;\theta)\mathrm{d}x_i, \quad \theta\in\Theta, \quad (6.1.9)$$

其值随 θ 的取值而变化.与离散型的情况一样,我们取 θ 的估计值 $\hat{\theta}$ 使概率(6.1.9)取到最大值,但因子 $\prod_{i=1}^{n}\mathrm{d}x_i$ 不随 θ 而变,故只需考虑函数

$$L(\boldsymbol{x},\theta) \stackrel{\mathrm{def}}{=\!=} L(x_1,x_2,\cdots,x_n;\theta) = \prod_{i=1}^{n} f(x_i;\theta) \quad (6.1.10)$$

的最大值.这里 $L(\boldsymbol{x},\theta)$ 称为样本的**似然函数**.若 $\hat{\theta}$ 使下式成立,

$$L(\boldsymbol{x},\hat{\theta}) = \max_{\theta\in\Theta} L(\boldsymbol{x},\theta) = \max_{\theta\in\Theta} L(x_1,x_2,\cdots,x_n;\theta), \quad (6.1.11)$$

则称 $\hat{\theta}(x_1,x_2,\cdots,x_n)$ 为 θ 的极大似然估计值,而称 $\hat{\theta}(X_1,X_2,\cdots,X_n)$ 为 θ 的极大似然估计

量，一般都记为 $\hat{\theta}$ 或 $\hat{\theta}_L$.

注 似然函数中的变量是未知参数 θ，而给定观察后诸 x_i 是确定的常数.

在很多情形下，$p(x;\theta)$ 和 $f(x;\theta)$ 关于 θ 可微，这时 $\hat{\theta}$ 也可以从方程

$$\frac{\mathrm{d}}{\mathrm{d}\theta}L(\boldsymbol{x},\theta)=0 \tag{6.1.12}$$

解出极值可疑点（θ 为向量时上式为求偏导），对于具体的函数判断它是否使 $L(\boldsymbol{x},\theta)$ 取得最大值. 在概率统计中，对于一个实际的分布，其参数总是客观存在的，因此从式(6.1.12)得到的解应该可以确定要估计的参数值. 又因 $L(\boldsymbol{x},\theta)$ 与 $\ln L(\boldsymbol{x},\theta)$ 在同一 θ 处取到极值，因此，θ 的极大似然估计 $\hat{\theta}$ 也可以从方程

$$\frac{\mathrm{d}}{\mathrm{d}\theta}\ln L(\boldsymbol{x},\theta)=0 \tag{6.1.13}$$

求得，注意式(6.1.10)右边是连乘积的形式，因此式(6.1.13)往往求解更方便. 式(6.1.12)和式(6.1.13)都称为**似然方程**. 注意，当未知参数多于1，则 θ 为向量 $\boldsymbol{\theta}$，如果它们是 m 维的，则当 $p(\boldsymbol{x};\boldsymbol{\theta})$ 和 $f(\boldsymbol{x};\boldsymbol{\theta})$（从而似然函数）关于 $\boldsymbol{\theta}$ 可微时，式(6.1.12)和式(6.1.13)都是两个由 m 个方程组成的方程组：

$$\frac{\partial}{\partial \theta_i}L=0, \quad i=1,2,\cdots,m,$$

和

$$\frac{\partial}{\partial \theta_i}\ln L=0, \quad i=1,2,\cdots,m.$$

解上述方程组之一，即可得到各未知参数 $\theta_i(i=1,2,\cdots,m)$ 的极大似然估计值 $\hat{\theta}_i$. 以 X_j 代替 $x_j,j=1,2,\cdots,n$，得到极大似然估计量 $\hat{\theta}_i$.

例 6.1.4 设 $X \sim B(1,p)$. $X_1,X_2,\cdots,X_n$ 是来自 X 的一个样本，试求参数 p 的极大似然估计量 $\hat{p}_L$.

解 由于 $X \sim B(1,p)$，故可写 X 的分布律为

$$P(X=x)=p^x(1-p)^{1-x}, \quad x=0,1. \tag{6.1.14}$$

设 $x_1,x_2,\cdots,x_n$ 是相应于样本的一个样本值，故似然函数为

$$L(\boldsymbol{x},p)=\prod_{i=1}^{n}p^{x_i}(1-p)^{1-x_i}=p^{\sum_{i=1}^{n}x_i}(1-p)^{n-\sum_{i=1}^{n}x_i},$$

而

$$\ln L(\boldsymbol{x},p)=\Big(\sum_{i=1}^{n}x_i\Big)\ln p+\Big(n-\sum_{i=1}^{n}x_i\Big)\ln(1-p).$$

令 $\dfrac{\mathrm{d}}{\mathrm{d}p}\ln L(\boldsymbol{x},p)=0$，即

$$\frac{\sum_{i=1}^{n} x_i}{p} - \frac{n - \sum_{i=1}^{n} x_i}{1-p} = 0,$$

解得 p 的极大似然估计值

$$\hat{p}_L = \frac{1}{n}\sum_{i=1}^{n} x_i = \bar{x}.$$

因此 p 的极大似然估计量为

$$\hat{p}_L = \frac{1}{n}\sum_{i=1}^{n} X_i = \bar{X}.$$

我们看到这一估计量与矩估计量(例 6.1.1)是相同的。

例 6.1.5 设 $X \sim N(\mu, \sigma^2)$ 的一个样本值为 $x_1, x_2, \cdots, x_n$. 求未知数 μ, σ^2 的极大似然估计量 $\hat{\mu}_L, \widehat{\sigma_L^2}$.

解 总体 X 的概率密度函数为

$$\frac{1}{\sqrt{2\pi}\sigma} \exp\left[-\frac{1}{2\sigma^2}(x-\mu)^2\right],$$

故似然函数为

$$L(\boldsymbol{x}, \mu, \sigma^2) = \prod_{i=1}^{n} \frac{1}{\sqrt{2\pi}\sigma} \exp\left[-\frac{1}{2\sigma^2}(x_i - \mu)^2\right].$$

而

$$\ln L = -\frac{n}{2}\ln(2\pi) - \frac{n}{2}\ln\sigma^2 - \frac{1}{2\sigma^2}\sum_{i=1}^{n}(x_i-\mu)^2.$$

令

$$\begin{cases} \dfrac{\partial}{\partial \mu}\ln L = \dfrac{1}{\sigma^2}\left(\sum_{i=1}^{n} x_i - n\mu\right) = 0, \\ \dfrac{\partial}{\partial \sigma^2}\ln L = -\dfrac{n}{2\sigma^2} + \dfrac{1}{2(\sigma^2)^2}\sum_{i=1}^{n}(x_i - \mu)^2 = 0. \end{cases}$$

由前一式解得 $\hat{\mu}_L = \frac{1}{n}\sum_{i=1}^{n} x_i = \bar{x}$, 代入后一式得 $\sigma_L^2 = \frac{1}{n}\sum_{i=1}^{n}(x_i - \bar{x})^2$. 因此得 μ, σ^2 的极大似然估计量分别为

$$\hat{\mu}_L = \bar{X}, \quad \widehat{\sigma_L^2} = \frac{1}{n}\sum_{i=1}^{n}(X_i - \bar{X})^2. \tag{6.1.15}$$

它们也与相应的矩估计(6.1.6)相同。

此外,极大似然估计具有下述性质:设 X 的概率密度函数 $f(x; \theta)$ 的形式已知,X 的一个样本值为 $x_1, x_2, \cdots, x_n$, $\hat{\theta}_L$ 是 f 中未知参数 θ 的极大似然估计值. 又设 θ 的函数 $u = u(\theta), \theta \in \Theta$, 具有单值反函数 $\theta = \theta(u), u \in \Theta^{-1}$, 则 $\hat{\mu}_L = u(\hat{\theta}_L)$ 是 $u = u(\theta)$ 的极大似然估

计值.

事实上,由题设,$\hat{\theta}_L$ 是已给样本值 $x_1, x_2, \cdots, x_n$ 时 θ 的极大似然估计,故
$$L(x_1, x_2, \cdots, x_n; \hat{\theta}_L) = \max_{\theta \in \Theta} L(x_1, x_2, \cdots, x_n; \theta),$$
考虑到 $\hat{u}_L = u(\hat{\theta}_L)$,而 $u = u(\theta), \theta \in \Theta$ 有单值反函数,即有 $\hat{\theta}_L = \theta(\hat{u}_L)$,上式可写成
$$L(x_1, x_2, \cdots, x_n; \theta(\hat{u}_L)) = \max_{\theta \in \Theta} L(x_1, x_2, \cdots, x_n; \theta(u)).$$
这就证明了 $\hat{u}_L = u(\hat{\theta}_L)$ 是 $u(\theta)$ 的极大似然估计.

当总体分布中含有多个未知参数时,也具有上述性质. 我们从本例中已得到 σ^2 的极大似然估计,应用此性质去得到 σ 的极大似然估计. 事实上,由于
$$\hat{\sigma}_L^2 = \frac{1}{n}\sum_{i=1}^n (X_i - \overline{X})^2,$$
函数 $u = u(\sigma^2) = \sqrt{\sigma^2}$ 有单值反函数 $\sigma^2 = u^2 (u \geqslant 0)$. 根据上述性质,得到标准差 σ 的极大似然估计为
$$\hat{\sigma}_L = \sqrt{\hat{\sigma}_L^2} = \sqrt{\frac{1}{n}\sum_{i=1}^n (X_i - \overline{X})^2}.$$

例 6.1.6 设总体 $X \sim U[0, \theta], \theta(>0)$ 未知,$X_1, X_2, \cdots, X_n$ 是一个样本,试求 θ 的最大似然估计量 $\hat{\theta}_L$.

解 设 $x_1, x_2, \cdots, x_n$ 是题设样本的样本值,容易得到似然函数为
$$L(\boldsymbol{x}, \theta) = \begin{cases} \dfrac{1}{\theta^n}, & 0 \leqslant x_1, x_2, \cdots, x_n \leqslant \theta, \theta > 0, \\ 0, & \text{其他}. \end{cases}$$

对给定的样本值 $x_1, x_2, \cdots, x_n$,当 θ 不小于所有 x_j,即 $\theta \geqslant x_{(n)} \stackrel{\text{def}}{=\!=} \max\{x_1, x_2, \cdots, x_n\}$ 时,$L(\boldsymbol{x}, \theta)$ 是 θ 的降函数(见图 6.1.1),而 θ 在 $(0, x_{(n)})$ 内,$L(\boldsymbol{x}, \theta)$ 是 0. 因此 θ 的最大似然估计量为
$$\hat{\theta}_L = X_{(n)} = \max\{X_1, X_2, \cdots, X_n\}. \qquad \square$$

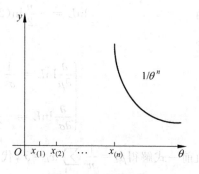

图 6.1.1 似然函数

从上述例题我们发现对同一分布的同一参数,矩估计法和最大似然估计法有时给出相同的估计. 例如对例 6.1.1 和例 6.1.4,$X \sim B(1, p)$,参数 p 的矩估计量和极大似然估计量都是
$$\hat{p}_M = \hat{p}_L = \frac{1}{n}\sum_{i=1}^n X_i = \overline{X}.$$

从例 6.1.2 和例 6.1.5,对 $X \sim N(\mu, \sigma^2)$ 都有

$$\hat{\mu} = \overline{X} \quad \text{和} \quad \hat{\sigma}^2 = S_n^2 = \frac{1}{n}\sum_{i=1}^n (X_i - \overline{X})^2.$$

但有时却给出不同的估计,例如,例 6.1.3 和例 6.1.6,对 $X \sim U[0,\theta]$ 的 θ,给出不同的估计量:$\hat{\theta}_M = 2\overline{X}$ 和 $\hat{\theta}_L = X_{(n)} = \max\{X_1, X_2, \cdots, X_n\}$.

在面对不同的结论时,我们将如何做出选择呢?这将引出下一节的讨论:估计量的选取标准.

注 对于更一般的情形,$X \sim U(a,b)$,这里 a,b 未知,$x_1, x_2, \cdots, x_n$ 是一个样本值,试求 a,b 的极大似然估计量.

记 $x_{(1)} = \min\{x_1, x_2, \cdots, x_n\}$,$x_{(n)} = \max\{x_1, x_2, \cdots, x_n\}$. X 的概率密度是

$$f(x;a,b) = \begin{cases} \dfrac{1}{b-a}, & a \leqslant x \leqslant b, \\ 0, & \text{其他}. \end{cases}$$

由于 $a \leqslant x_1, x_2, \cdots, x_n \leqslant b$,等价于 $a \leqslant x_{(1)}, x_{(n)} \leqslant b$. 作为 a,b 函数的似然函数为

$$L(a,b) = \begin{cases} \dfrac{1}{(b-a)^n}, & a \leqslant x_{(1)}, x_{(n)} \leqslant b, \\ 0, & \text{其他}. \end{cases}$$

于是对于满足条件 $a \leqslant x_{(1)}, x_{(n)} \leqslant b$ 的任意 a,b 有

$$L(a,b) = \frac{1}{(b-a)^n} \leqslant \frac{1}{(x_{(n)} - x_{(1)})^n},$$

即 $L(a,b)$ 在 $a = x_{(1)}, b = x_{(n)}$ 时取到最大值 $(x_{(n)} - x_{(1)})^{-n}$. 故 a,b 的极大似然估计值为

$$\hat{a} = x_{(1)} = \min_{1 \leqslant i \leqslant n} x_i, \quad \hat{b} = x_{(n)} = \max_{1 \leqslant i \leqslant n} x_i.$$

a,b 的极大似然估计量为

$$\hat{a} = \min_{1 \leqslant i \leqslant n} X_i, \quad \hat{b} = \max_{1 \leqslant i \leqslant n} X_i.$$

例 6.1.7 设总体 X 的概率密度函数为

$$f(x) = \begin{cases} 0, & x < \mu, \\ \lambda e^{-\lambda(x-\mu)}, & \mu \leqslant x, \end{cases}$$

这里 μ 和 $\lambda(>0)$ 都是参数. 又设 $X_1, X_2, \cdots, X_n$ 为该总体的简单样本,而 $x_1, x_2, \cdots, x_n$ 为其样本观测值.

(1) 设 λ 已知,求 μ 的极大似然估计 $\hat{\mu}_L$;

(2) 设 μ 已知,求 λ 的矩估计 $\hat{\lambda}_M$.

解 现在的总体为非中心的指数分布,它是 2.3 节定义的指数分布经过平移一个值 μ 得到的.

(1) 似然函数

$$\ln L(\boldsymbol{x};\lambda,\mu) = \sum_{i=1}^{n}\ln f(x_i) = \begin{cases} n\ln\lambda - \lambda\Big(\sum_{i=1}^{n}x_i - n\mu\Big), & \text{当 } \mu \leqslant x_i, i=1,2,\cdots,n, \\ -\infty, & \text{其他}. \end{cases}$$

令 $x_{(1)} = \min\{x_1, x_2, \cdots, x_n\}$. 注意 λ 和 $x_1, x_2, \cdots, x_n$ 已知,作为 μ 的函数,L 在 $(-\infty, x_{(1)}]$ 为升函数,因此 L 在 $x_{(1)}$ 取得极大值. 故 μ 的极大似然估计量

$$\hat{\mu}_L = X_{(1)} \stackrel{\text{def}}{=\!=} \min\{X_1, X_2, \cdots, X_n\}.$$

(2) 令 $Y = X - \mu$,易知 $Y \sim \text{Ex}(\lambda)$(参数为 λ 的指数分布). 故 $EY = 1/\lambda$. 从而 $EX = 1/\lambda + \mu$. 由矩估计法,注意 μ 已知,故 λ 的矩估计 $\hat{\lambda}_M = 1/(\overline{X} - \mu)$. □

注 1 EX 也可直接由定义计算如下:

$$EX = \int_{\mu}^{+\infty} x\lambda\exp[-\lambda(x-\mu)]\mathrm{d}x = \int_{0}^{+\infty}(y+\mu)\lambda\exp(-\lambda y)\mathrm{d}y = \frac{1}{\lambda} + \mu.$$

注 2 由于分布中的未知参数是客观存在的,也由于连续型随机变量的概率密度函数不是唯一的,因此当概率密度函数为下一形式时(只在 $x=\mu$ 点的定义不同),

$$f(x) = \lambda \mathrm{e}^{-\lambda(x-\mu)} I(\mu < x),$$

μ 的极大似然估计仍然是 $\hat{\mu}_L = X_{(1)} \stackrel{\text{def}}{=\!=} \min\{X_1, X_2, \cdots, X_n\}.$

例 6.1.8 设总体的分布函数为

$$F(x;\lambda,\theta) = \begin{cases} 0, & x \leqslant \theta, \\ 1 - (\theta/x)^{\lambda}, & \theta < x, \end{cases}$$

其中 $\theta > 0, \lambda > 0$ 都是未知参数. 设 $X_1, X_2, \cdots, X_n$ 为简单样本,求 θ 和 λ 的极大似然估计: $\hat{\lambda}_L$ 和 $\hat{\theta}_L$;

解 概率密度函数为

$$f(x) = \lambda \theta^{\lambda} x^{-(\lambda+1)} I(\theta < x),$$

故当样本观测值为 $x_1, x_2, \cdots, x_n$ 时,记 $\boldsymbol{x} = (x_1, x_2, \cdots, x_n)$,则似然函数为

$$L(\boldsymbol{x};\lambda,\theta) = \prod_{i=1}^{n}\lambda\theta^{\lambda}(x_i)^{-(\lambda+1)}, \quad \theta < x_i, i = 1, 2, \cdots, n.$$

令 $x_{(1)} = \min\{x_1, x_2, \cdots, x_n\}$,则当 $\theta < x_{(1)}$ 时,L 为正,且是 $\theta(>0)$ 的升函数. 故对每个给定的 $\lambda(>0)$,当 $\theta = x_{(1)}$ 时 L 为最大,即应该取估计量 $\hat{\theta}_L = X_{(1)}$.

$$\ln L(\boldsymbol{x};\lambda,\theta) = n\ln\lambda + n\lambda\ln\theta - (\lambda+1)\sum_{i=1}^{n}\ln x_i, \quad \theta < x_i, \quad i = 1, 2, \cdots, n.$$

由 $\frac{\partial}{\partial \lambda}\ln L(\boldsymbol{x};\lambda,\theta)=0$，得

$$\frac{n}{\lambda}+n\ln\theta-\sum_{i=1}^{n}\ln x_i=0 \quad \text{或} \quad \frac{1}{\lambda}=\frac{1}{n}\sum_{i=1}^{n}\ln x_i-\ln\theta.$$

故最大似然估计量 $\hat{\lambda}_L=\left(\frac{1}{n}\sum_{i=1}^{n}\ln X_i-\ln X_{(1)}\right)^{-1}$. □

6.2 估计量的评选标准

从 6.1 节可以看到，对于同一分布的同一参数，用不同的估计方法求出的估计量，可能不相同. 例如，例 6.1.3 和例 6.1.6，对 $X\sim U[0,\theta]$ 的 θ 估计量，矩估计法和最大似然估计法给出不同的结果：$\hat{\theta}_M=2\bar{X}$ 和 $\hat{\theta}_L=X_{(n)}=\max\{X_1,X_2,\cdots,X_n\}$. 在面对不同的结论时，我们将如何做出选择？如何对我们的选择给出评价？另一方面，即便在矩估计法和最大似然估计法给出相同结论的地方，我们也应该知道，所给出的结论真的好吗？它究竟有什么样的优点和性质呢？更何况除了矩估计法和最大似然法之外，还可以用别的方法去作参数估计. 事实上，任何统计量（即没有任何未知参数的样本函数），原则上都可以作为未知参数的估计量. 于是我们自然会问：采用哪一个估计量更好呢？估计量的选取应该有什么标准？这种标准下选择的估计量有什么性质和优点？这便是本节要讨论的内容.

6.2.1 无偏性

估计量是随机变量，对于不同的样本值就会得到不同的估计值，而刻画一个随机现象的分布函数的参数，虽然未知，却是客观存在的. 这样，我们自然希望估计值在未知参数的真实值附近，并且，在这个估计量取得的它所有可能值按概率加权的平均值，应该就是这个未知参数的真值，即我们希望未知参数的这个估计量的数学期望等于该未知参数的真值. 这就导致无偏性这个标准.

定义 6.2.1 设 $\theta\in\Theta$（θ 的取值范围）是包含在总体 X 的分布中的待估参数，而 X_1, $X_2,\cdots,X_n$ 是 X 的一个样本. 若估计量 $\hat{\theta}=\hat{\theta}(X_1,X_2,\cdots,X_n)$ 的数学期望 $E\hat{\theta}$ 存在，且 $\forall\theta\in\Theta$，

$$E\hat{\theta}=\theta, \tag{6.2.1}$$

则称 $\hat{\theta}$ 是 θ 的**无偏估计量**.

在科学技术中 $E\hat{\theta}-\theta$ 称为以 $\hat{\theta}$ 作为 θ 的估计的**系统误差**,它是由抽样引起的.无偏估计的实际意义就是无系统误差:按抽样值得到的估计值,以取此抽样值的概率为权系数,作加权平均,与真值没有区别.

例 6.2.1 设总体 X 的 k 阶矩 $\mu_k = EX^k (k \geqslant 1)$ 存在.又设 $X_1, X_2, \cdots, X_n$ 是 X 的一个样本.试证明不论总体服从什么分布,k 阶样本矩 $M_k = \dfrac{1}{n}\sum\limits_{i=1}^{n}X_i^k$ 一定是 k 阶总体矩 μ_k 的无偏估计.

证明 $X_1, X_2, \cdots, X_n$ 与 X 同分布,故有
$$EX_i^k = EX^k = \mu_k, \quad i=1,2,\cdots,n,$$
即有
$$EM_k = \frac{1}{n}\sum_{i=1}^{n}EX_i^k = \mu_k. \tag{6.2.2}$$

特别地,不论总体 X 服从什么分布,只要它的数学期望存在,$\overline{X}$ 一定是总体 X 的数学期望 $\mu = \mu_1 = EX$ 的无偏估计量.

实际上在 5.1.2 节性质 1 中已经给出了 $EM_k = \mu_k$ 的结论了.

例 6.2.2 对于均值 μ 和方差 $\sigma^2 (>0)$ 都存在的总体,若 μ 和 σ^2 均为未知,则

(1) σ^2 的矩估计量和最大似然估计量 $\widehat{\sigma^2} = S_n^2 = \dfrac{1}{n}\sum\limits_{i=1}^{n}(X_i - \overline{X})^2$ 不是无偏的;

(2) $S^2 = \dfrac{n}{n-1}S_n^2$,即 $S^2 = \dfrac{1}{n-1}\sum\limits_{i=1}^{n}(X_i - \overline{X})^2$,是 σ^2 的无偏估计量.

证明 (1) $\sigma^2 = \dfrac{1}{n}\sum\limits_{i=1}^{n}X_i^2 - \overline{X}^2 = M_2 - \overline{X}^2$,其中记号 $\overline{X}^2 = (\overline{X})^2 = \left(\dfrac{1}{n}\sum\limits_{i=1}^{n}X_i\right)^2$ 与 $\overline{X^2} = \dfrac{1}{n}\sum\limits_{i=1}^{n}X_i^2$ 不同.由式(6.2.2),可知
$$EM_2 = \mu_2 = \sigma^2 + \mu^2,$$
又 $E\overline{X}^2 = D\overline{X} + (E\overline{X})^2 = \dfrac{\sigma^2}{n} + \mu^2$ 及 $S_n^2 = \dfrac{1}{n}\sum\limits_{i=1}^{n}X_i^2 - \overline{X}^2$,故
$$ES_n^2 = E(M_2 - \overline{X}^2) = EM_2 - E\overline{X}^2 = \frac{n-1}{n}\sigma^2 \neq \sigma^2, \tag{6.2.3}$$
所以用 S_n^2 作 σ^2 的估计量是有偏的.

(2) 若以 $\dfrac{n}{n-1}$ 乘以 S_n^2,利用期望的线性性质,易知这样所得到的估计量就是无偏的

(这种方法称为**无偏化**):

$$E\left(\frac{n}{n-1}\hat{\sigma^2}\right) = \frac{n}{n-1}E\hat{\sigma^2} = \sigma^2. \tag{6.2.4}$$

例 6.2.2 告诉我们,虽然对正态总体的未知参数,矩估计和似然估计都给出同一个结论 S_n^2,但这个估计却不是"好"的估计,它有偏. 在进行无偏性判别时,我们却有新的发现: 发现了 σ^2 的新估计量 $\frac{n}{n-1}\hat{\sigma^2}$,它是 σ^2 的无偏估计. 容易看到 $\frac{n}{n-1}\hat{\sigma^2}$ 就是第 5 章中定义的样本方差 S^2:

$$S^2 = \frac{1}{n-1}\sum_{i=1}^n (X_i - \overline{X}^2).$$

这就是说 S^2 是 σ^2 的无偏估计. 正因为如此,称 S^2 为 X 的样本方差,并取 S^2 作为方差 σ^2 的估计量. 这个重要结果,与 $\overline{X}$ 是 μ 的无偏估计这个事实一道,在今后的估计与检验中起到至关重要的作用,务请读者注意.

例 6.2.3 设总体 X 服从 $\mathrm{Ex}(\lambda)$(指数分布),未知参数 $\lambda = \frac{1}{\theta} > 0$,故概率密度函数为

$$f(x,\theta) = \frac{1}{\theta} e^{-x/\theta} I \quad (x > 0).$$

又设 $X_1, X_2, \cdots, X_n$ 是来自 X 的样本,试证 $\overline{X}$ 和 $nX_{(1)}$ 都是 θ 的无偏估计量,其中 $X_{(1)} = \min\{X_1, X_2, \cdots, X_n\}$.

证明 注意 $X \sim \mathrm{Ex}(\lambda)$,故 $EX = \frac{1}{\lambda} = \theta$,又因为 $E\overline{X} = EX = \theta$,所以 $\overline{X}$ 是 θ 的无偏估计量. 由独立同分布的 n 个随机变量最小值的概率密度函数公式(2.5.22)(见 2.5 节)及 $X \sim \mathrm{Ex}(1/\theta)$ 可知,对 $x > 0$,

$$f_{X_{(1)}}(x,\theta) = n[1 - F_{X_1}(x,\theta)]^{n-1} f_{X_1}(x,\theta) = n e^{-x(n-1)/\theta} \cdot \frac{1}{\theta} e^{-x/\theta},$$

即

$$f_{X_{(1)}}(x,\theta) = \frac{n}{\theta} e^{-nx/\theta} I \quad (x > 0).$$

故 $X_{(1)} \sim \mathrm{Ex}(n/\theta)$,从而

$$EX_{(1)} = \frac{\theta}{n}, \quad E(nX_{(1)}) = \theta.$$

即 $nX_{(1)}$ 也是参数 θ 的无偏估计.

由此可见一个未知参数可以有不同的无偏估计量. 事实上,在本例中 $X_1, X_2, \cdots, X_n$ 中的每一个都可以作为 θ 的无偏估计量. 无偏性反映按取值概率加权的"平均值",就是要估的参数真值.

例 6.2.4(续例 6.1.8) 设总体的分布函数为 $F(x;\lambda,\theta)=1-\left(\dfrac{\theta}{x}\right)^\lambda I(\theta<x)$. 设 λ 已知,问例 6.1.8 求得的 θ 的极大似然估计 $\hat\theta_L$ 是否是 θ 的无偏估计?

解 例 6.1.8 求得的 θ 的极大似然估计 $\hat\theta_L=X_{(1)}$. 由最小值密度公式,有

$$f_{X_{(1)}}(y)=n[1-F_X(y)]^{n-1}f_X(y)\xrightarrow{y\geqslant\theta}n[\theta^\lambda y^{-\lambda}]^{n-1}\lambda\theta^\lambda y^{-(\lambda+1)}=n\lambda\theta^{n\lambda}y^{-n\lambda-1},$$

$$E\hat\theta_L=EX_{(1)}=\int_{-\infty}^{+\infty}yf_{X_{(1)}}(y)\mathrm dy=\int_\theta^{+\infty}yn\lambda\theta^{n\lambda}y^{-n\lambda-1}\mathrm dy$$

$$=n\lambda\theta^{n\lambda}\int_\theta^{+\infty}y^{-n\lambda}\mathrm dy=\dfrac{n\lambda\theta^{n\lambda}}{-n\lambda+1}(y^{-n\lambda+1})\Big|_\theta^{+\infty}=\dfrac{n\lambda\theta^{n\lambda}}{n\lambda-1}\cdot\theta^{-n\lambda+1}=\dfrac{n\lambda\theta}{n\lambda-1}.$$

注意 $\lambda>0$,上述 $\hat\theta_L$ 不是 θ 的无偏估计. □

6.2.2 有效性

我们已经看到,同一个未知参数可以有不同的无偏估计量. 这种情况下,如何判定这些无偏估计量的优劣?

设 $\hat\theta_1$ 和 $\hat\theta_2$ 都是参数 θ 的无偏估计量,如果在样本容量 n 相同的情况下,$\hat\theta_1$ 的观测值较 $\hat\theta_2$ 更密集在真值 θ 的附近,即偏离真值 θ 的程度更小,我们当然认为 $\hat\theta_1$ 较 $\hat\theta_2$ 理想. 由于方差是一个随机变量的取值与其数学期望的平均偏离程度的度量,而估计量的无偏性保证它的期望值就是这个待估参数的真值,所以无偏估计量中以方差小者为好. 这就引出了估计量的又一评选标准:**有效性**.

定义 6.2.2 设 $\hat\theta_1=\hat\theta_1(X_1,X_2,\cdots,X_n)$ 与 $\hat\theta_2=\hat\theta_2(X_1,X_2,\cdots,X_n)$ 都是 θ 的无偏估计量,若有 $D(\hat\theta_1)<D(\hat\theta_2)$,则称对 θ 的估计 $\hat\theta_1$ 较 $\hat\theta_2$ 有效. 如果 $\hat\theta_1$ 较其他任何一个 θ 的无偏估计量都有效,则称 $\hat\theta_1$ 是有最小方差的 θ 的估计量.

可以证明,对总体 X 为连续型随机变量,当 $\dfrac{\partial F(x,\theta)}{\partial\theta}$ 存在,且其微分与积分次序可交换时,则存在正数

$$c=\left[nE\left(\dfrac{\partial}{\partial\theta}\ln f(X,\theta)\right)^2\right]^{-1}, \tag{6.2.5}$$

对 X 分布的参数 θ 的任一估计量 $\hat\theta$,都有 $D\hat\theta\geqslant c$.

因此,如果参数 θ 的某个估计量 $\hat\theta$ 是无偏的,且 $D\hat\theta=c$,则称 $\hat\theta$ 为达到方差下界的 θ 的无偏估计.

现在,利用无偏性和有效性标准,我们可以对 6.1 节提出的问题:均匀分布参数的矩估计量和最大似然估计量(参看例 6.1.3 和例 6.1.6)哪个更好,给出裁决了.

例 6.2.5 设 $X \sim U[0,\theta]$,参数 θ 未知,$X_1, X_2, \cdots, X_n$ 是其大小为 n 的样本.则

(1) 矩估计量 $\hat{\theta}_M = 2\bar{X}$ 是无偏的;

(2) 似然估计 $\hat{\theta}_L = X_{(n)} = \max\{X_1, X_2, \cdots, X_n\}$ 不是参数 θ 的无偏估计.但 $\frac{n+1}{n}\hat{\theta}_L = \frac{n+1}{n}X_{(n)}$ 是比 $\hat{\theta}_M = 2\bar{X}$ 有效的估计量.

证明 (1) 注意 $X \sim U[0,\theta]$,$EX_j = \frac{\theta}{2}$,故

$$E\hat{\theta}_M = 2E\bar{X} = \frac{2}{n}\sum_{j=1}^n EX_j = \frac{2}{n} \cdot n \cdot \frac{\theta}{2} = \theta.$$

(2) 由独立同分布的 n 个随机变量最大值的概率密度函数公式(2.5.19),可知

$$f_{X_{(n)}}(x) = n[F_{X_1}(x)]^{n-1}f_{X_1}(x).$$

故当 $0 < x < \theta$ 时,

$$f_{X_{(n)}}(x) = n \cdot \left(\frac{x}{\theta}\right)^{n-1} \cdot \frac{1}{\theta} = \frac{nx^{n-1}}{\theta^n}.$$

于是

$$E\hat{\theta}_L = \int_{-\infty}^{+\infty} x f_{X_{(n)}}(x)\mathrm{d}x = \frac{n}{\theta^n}\int_0^\theta x^n \mathrm{d}x = \frac{n}{\theta^n} \cdot \left(\frac{x^{n+1}}{n+1}\bigg|_0^\theta\right) = \frac{n\theta}{n+1}. \tag{6.2.6}$$

可见似然估计不是 θ 的无偏估计.作无偏化,知 $\frac{n+1}{n}\hat{\theta}_L = \frac{n+1}{n}X_{(n)}$ 是无偏的.为了证明它比 $\hat{\theta}_M = 2\bar{X}$ 有效,还应证明它的方差比矩估计量的方差小.

由式(6.2.6)容易证得

$$E(\hat{\theta}_L)^2 = \int_0^\theta x^2 f_{X_{(n)}}(x)\mathrm{d}x = \frac{n}{\theta^n}\left(\frac{x^{n+2}}{n+2}\bigg|_0^\theta\right) = \frac{n\theta^2}{n+2}.$$

故

$$D\hat{\theta}_L = E(\hat{\theta}_L)^2 - (E\hat{\theta}_L)^2 = \frac{n\theta^2}{n+2} - \left(\frac{n\theta}{n+1}\right)^2 = \frac{n\theta^2}{(n+1)^2(n+2)}.$$

从而

$$D\left(\frac{n+1}{n}\hat{\theta}_L\right) = \left(\frac{n+1}{n}\right)^2 D\hat{\theta}_L = \frac{\theta^2}{n(n+2)}.$$

另一方面,$DX_1 = \frac{1}{\theta}\int_0^\theta \left(x - \frac{\theta}{2}\right)^2 \mathrm{d}x = \frac{1}{\theta}\left[\frac{(x-\theta/2)^3}{3}\bigg|_0^\theta\right] = \frac{2}{\theta} \cdot \frac{\theta^3}{3 \cdot 2^3} = \frac{\theta^2}{3 \times 4}$,

$$D(\hat{\theta}_M) = D(2\bar{X}) = \frac{4}{n^2} \cdot n \cdot DX_1 = \frac{\theta^2}{3n}.$$

而当 $n>1$ 时,$\dfrac{1}{n(n+2)}<\dfrac{1}{3n}$,故得欲证

$$D\left(\dfrac{n+1}{n}\hat{\theta}_L\right)<D\hat{\theta}_M.$$

□

例 6.2.6(续例 6.2.3) 试证当 $n>1$ 时,对于 θ 的估计,$\overline{X}$ 较 $nX_{(1)}$ 有效.

证明 由例 6.2.3 知 $\overline{X}$ 和 $nX_{(1)}$ 都是 θ 的无偏估计量,故计算它们的方差可判断估计的有效性.由于 $DX=\theta^2$,故有 $D\overline{X}=\theta^2/n$.再者,仍由例 6.2.3 知 $X_{(1)}\sim \text{Ex}(n/\theta)$,故 $DX_{(1)}=\theta^2/n^2$,于是 $D(nX_{(1)})=\theta^2$.当 $n>1$ 时 $D(nX_{(1)})>D\overline{X}$,故 $\overline{X}$ 较 $nX_{(1)}$ 有效. □

6.2.3 一致性

前面讲的无偏性与有效性,都是在样本容量 n 固定的前提下提出的.我们自然希望随着样本容量的增大,估计量可以越来越接近这个未知参数的真值,而当样本容量 n 足够大以后,估计量的值稳定于待估参数的真值.这样,对估计量又有下述一致性的要求.

定义 6.2.3 设 $\hat{\theta}=\hat{\theta}(X_1,X_2,\cdots,X_n)$ 为参数 θ 的估计量,若对于任意 $\theta\in\Theta$,当 $n\to+\infty$ 时 $\hat{\theta}$ 依概率收敛于 θ,则称 $\hat{\theta}$ 为 θ 的**一致估计量**,也称 $\hat{\theta}$ 为 θ 有**相合性的估计量**.

例如,由 5.1.2 节性质 1 知,样本 $k(k\geqslant 1)$ 阶矩 M_k 是总体 X 的 k 阶矩 $\mu_k=EX^k$ 的一致估计量.进而,若待估参数 $\theta=g(\mu_1,\mu_2,\cdots,\mu_k)$,其中 g 为连续函数,则可以证明 θ 的矩估计量 $\hat{\theta}=g(\hat{\mu}_1,\hat{\mu}_2,\cdots,\hat{\mu}_k)=g(M_1,M_2,\cdots,M_k)$ 是 θ 的一致估计量.

由极大似然估计法得到的估计量,在一定条件下也具有一致性.其详细讨论从略.

我们自然希望一个估计具有一致性.不过估计量的一致性,只有当样本容量足够大时,才能得到较好的近似.这在一些实际问题中往往难以做到.因此,在工程实际中常用无偏性和有效性这两个标准:有效性自然更好,而能得到一个参数的达到方差界的估计量,实在是一件很理想的事情了.

上述无偏性、有效性、一致性是评价估计量的一些基本标准,还有其他的一些标准,本书略去.有兴趣的读者可阅读参考文献[4,5,7].

6.3 区间估计

6.3.1 问题的提出与区间估计的概念

总体中未知参数的估计,前两节似乎已经给出了一个完整而又理想的结论:既可用矩估计法也可用似然估计法对未知参数进行估计,并能给出估计"好坏"的判断,这样常可

选出更为满意的估计量,事情似乎很完美了.可惜实际情况却远非如此.例如,对正态总体 $X \sim N(\mu,\sigma^2)$ 的均值 μ 的估计,矩估计法和最大似然估计法给出相同的建议,$\hat{\mu}=\bar{X}$,并且这个估计量确有很好的性质:无偏且有一致性,其方差 $D\bar{X}=\sigma^2/n$ 也很小,特别当 n 较大时更是如此.但是,当我们在实际估计这个未知参数的值时,每进行一次容量为 n 的抽样,得到的估计值是不同的.由抽样值 $x_1, x_2, \cdots, x_n$,得到 $\bar{x}$;又一次抽样,由抽样值 $x'_1, x'_2, \cdots, x'_n$ 会得到 $\bar{x}'$;再一次抽样,又有 $\bar{x}''$,依次进行下去,于是我们可以得到许多样本均值的观测值 $\bar{x}, \bar{x}', \bar{x}'', \cdots$. 我们如此辛苦地测到这么多样本均值的观测值,它们中哪个会是真值 μ 呢?我们能有幸测到真值 μ 吗?答案竟然是"不"!为什么?请注意 $\bar{X} \sim N(\mu, \sigma^2/n)$,而连续型随机变量取任何一个给定值的概率是 0,因此

$$P(\bar{X} = \mu) = 0.$$

无偏性只是告诉我们,如果能把 $\bar{X}$ 所有能取的值都取到,并按取这些值的概率加权平均,这个平均值就是真值 μ. 但是 $\bar{X}$ 取值于所有实数;我们也不能知道取这些观测值附近的概率(用为权系数),因为分布中有未知参数而无法计算.至于一致性,也只是保证在样本容量足够大时,点估计与真值 μ 可以足够接近.一方面,我们常常不能有足够多观测值,另一方面,即便我们能作足够多次观测,为保证有足够精度,如何选取样本容量也成为一个新的问题.同样,由于分布中有未知参数,这个问题的解决,并不轻松.

上面出现的问题,对所有连续型分布都存在,不只是正态分布才有.对离散型分布,仿照上面的讨论,我们会发现,尴尬的局面并没有多大改进.例如伯努利分布 $B(1,p)$, $EX=p$. 但在 $P(\bar{X}=p)$ 中,我们发现只有当未知参数 p 恰好能使 np 是正整数时,这个概率才有非零值.注意二项分布对第一参数(试验次数)的可加性,当 $X_j \sim B(m,p)$ 时,$\sum_{j=1}^{n} X_j \sim B(mn,p)$. 故如其期望值 nmp 等于正整数(例如 k)时,才有正的概率,其值

$$P(\bar{X}=k/n) = P\left(\sum_{j=1}^{n} X_j = k\right) = C_{nm}^{k} p^k q^{mn-k} > 0,$$

可知这种可能性也不大,而在其他 nmp 不是正整数的情形,概率也为 0.

这些原因,使我们转而考虑:既然不能从样本观测值确知未知参数的真值,那么能不能在给定样本容量的条件下,给出真值所在的一个取值范围呢?由于样本观测的随机性,我们当然只能在一定的概率之下,保证这个取值范围正确.也就是说,能不能有足够大的把握(大到足够让我们放心、足以满足所研究问题的需要)断言真值的变化范围?这就是参数的区间估计要解决的问题.

定义 6.3.1 设总体 X 的分布函数 $F(x,\theta)$ 含有一个未知参数 θ. 对于给定值 α,$0<\alpha<1$,若由样本 $X_1, X_2, \cdots, X_n$ 确定的两个统计量 $\underline{\theta}=\underline{\theta}(X_1, X_2, \cdots, X_n)$ 和 $\bar{\theta}=\bar{\theta}(X_1,$

$X_2, \cdots, X_n$)满足

$$P(\underline{\theta}(X_1, X_2, \cdots, X_n) < \theta < \bar{\theta}(X_1, X_2, \cdots, X_n)) = 1-\alpha, \quad (6.3.1)$$

则称随机区间$(\underline{\theta}, \bar{\theta})$是$\theta$的置信度为$1-\alpha$的**置信区间**,$\bar{\theta}$和$\underline{\theta}$分别称为置信度为$1-\alpha$的**双侧(置信区间)的置信下限和置信上限**.

若由样本$X_1, X_2, \cdots, X_n$确定的统计量$\underline{\theta} = \underline{\theta}(X_1, X_2, \cdots, X_n)$和$\bar{\theta} = \bar{\theta}(X_1, X_2, \cdots, X_n)$满足

$$P(\underline{\theta}(X_1, X_2, \cdots, X_n) < \theta) = 1-\alpha, \quad (6.3.2)$$

和

$$P(\theta < \bar{\theta}(X_1, X_2, \cdots, X_n)) = 1-\alpha, \quad (6.3.2')$$

则称随机区间$(\underline{\theta}, +\infty)$和$(-\infty, \bar{\theta})$是$\theta$的**置信度为$1-\alpha$的单侧**[或分别称右侧和左侧]**置信区间**,$\underline{\theta}$和$\bar{\theta}$则分别称为相应的**单侧置信下限和单侧置信上限**.

由定义可知,置信区间是一个随机区间,用它来覆盖参数的真值.置信度$1-\alpha$就是可信任的程度,即我们断言参数取值范围的把握程度.对于不同的问题,会有不同的要求.如果α为 0.10 和 0.05,那么我们统计推断的把握就分别是 90% 和 95%. 置信度应该大到足以满足所研究问题的需要,或者足够让我们放心.式(6.3.1)表明事件$(\underline{\theta} < \theta < \bar{\theta})$的概率为$1-\alpha$.也可以粗略解释如下:若反复抽样多次(各次限定样本的容量不变,都是n),每个容量为n的样本值,都确定一个置信区间$(\underline{\theta}, \bar{\theta})$的观测值.每个这样的区间(图 6.3.1 中的短竖线.请注意,样本值确定后,这区间也就是确定的了),要么包含θ的真值,要么不包含θ的真值.根据伯努利大数定理,频率几乎处处收敛到概率,在这样多的区间中,包含θ真值的约占$100(1-\alpha)\%$,不包含θ真值的则约仅占$100\alpha\%$.例如,若$\alpha=0.01$,反复抽样 1000 次,则得到的 1000 个区间中不包含θ真值的约仅为 10 个(参见示意图 6.3.1).

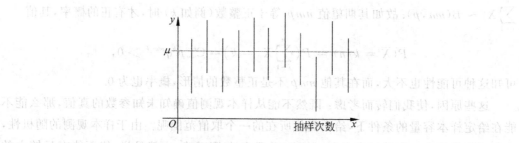

图 6.3.1 置信区间与真值

如何找出合适的统计量$\underline{\theta} = \underline{\theta}(X_1, X_2, \cdots, X_n)$和$\bar{\theta} = \bar{\theta}(X_1, X_2, \cdots, X_n)$,是我们作区间估计成败的关键,也是本节下面主要讨论的内容.

6.3.2 一个正态总体参数的置信区间

我们先讨论最常见的正态总体的情形. 以下恒设 $X_1, X_2, \cdots, X_n$ 是来自总体 $X \sim N(\mu, \sigma^2)$ 的样本.

1. 求 μ 的置信度为 $1-\alpha$ 的置信区间

1) 方差 σ^2 已知

(1) 双侧置信区间

我们知道 $\overline{X}$ 是 μ 的无偏估计, $E\overline{X} = \mu$. 既然数学期望是按概率加权的平均值,因此尽管 $P(\overline{X} = \mu) = 0$,我们还是比较有把握认定 $\overline{X}$ 应与 μ 不远. 用 $(\overline{X} - c, \overline{X} + c)$ 设法将 μ 盖住,即我们希望找到常数 c 使得有足以让我们放心的把握程度 $(1-\alpha)$ 断言 $\mu \in (\overline{X} - c, \overline{X} + c)$,即

$$P(\overline{X} - c < \mu < \overline{X} + c) = 1 - \alpha.$$

由于总体 $X \sim N(\mu, \sigma^2)$,知 $\overline{X} \sim N(\mu, \sigma^2/n)$,或

$$Z \stackrel{\text{def}}{=} \frac{\overline{X} - \mu}{\sigma / \sqrt{n}} \sim N(0, 1). \tag{6.3.3}$$

因此

$$1 - \alpha = P(-c < \overline{X} - \mu < c) = P\left(\left| \frac{\overline{X} - \mu}{\sigma / \sqrt{n}} \right| < \frac{c}{\sigma / \sqrt{n}} \right)$$

$$= P\left(|Z| < \frac{c}{\sigma / \sqrt{n}} \right).$$

根据标准正态分布的上 α 分位点的定义,有(参看图 6.3.2)

$$P(-z_{\alpha/2} < Z < z_{\alpha/2}) = 1 - \alpha, \tag{6.3.4}$$

因此

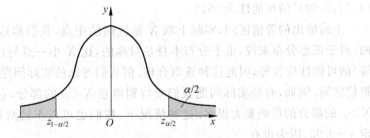

图 6.3.2 百分位点

$$\frac{c}{\sigma/\sqrt{n}} = z_{\alpha/2} \quad \text{或} \quad c = z_{\alpha/2}\sigma/\sqrt{n}.$$

这样,如果选取 $\underline{\mu} = \overline{X} - z_{\alpha/2}\dfrac{\sigma}{\sqrt{n}}$ 和 $\overline{\mu} = \overline{X} + z_{\alpha/2}\dfrac{\sigma}{\sqrt{n}}$,我们就得到了 μ 的一个置信度为 $1-\alpha$ 的(双侧)置信区间

$$(\underline{\mu}, \overline{\mu}) = \left(\overline{X} - z_{\alpha/2}\frac{\sigma}{\sqrt{n}}, \ \overline{X} + z_{\alpha/2}\frac{\sigma}{\sqrt{n}}\right), \tag{6.3.5}$$

此时

$$P(\overline{X} - z_{\alpha/2}\sigma/\sqrt{n} < \mu < \overline{X} + z_{\alpha/2}\sigma/\sqrt{n}) = 1 - \alpha. \tag{6.3.6}$$

这样的置信区间常简单地写成

$$\left(\overline{X} \pm z_{\alpha/2}\frac{\sigma}{\sqrt{n}}\right). \tag{6.3.7}$$

例如取 $\alpha = 0.05$,即 $1-\alpha = 0.95$ 时,查表可得 $z_{\alpha/2} = z_{0.025} = 1.96$. 如果 $\sigma = 1, n = 16$,则得到一个置信度为 0.95 的置信区间

$$\left(\overline{X} \pm 1.96 \times \frac{1}{\sqrt{16}}\right), \quad \text{即} \quad (\overline{X} \pm 0.49). \tag{6.3.8}$$

若由大小为 16 的一个样本值,算得样本均值的观测值 $\bar{x} = 5.20$,则得到一个区间

$$(5.20 \pm 0.49), \quad \text{即} \quad (4.71, 5.69).$$

注意,这已经不是随机区间了,它是置信度为 0.95 的置信区间的观测值. 不过,在不致混淆的地方,我们仍简称它为置信度为 0.95 的置信区间. 若反复抽样多次,每个样本值($n = 16$)按式 (6.3.8) 都确定一个区间. 在这么多的区间中,包含 μ 的约占 95%,不包含 μ 的仅约占 5%. 现在抽样得到区间 (4.71, 5.69),则该区间属于那些包含 μ 的区间的可信程度为 95%,或"该区间包含 μ"这一事实的可信程度为 95%. 也可以给出这样的解释: 事件 $\left(\overline{X} - z_{\alpha/2}\dfrac{\sigma}{\sqrt{n}} < \mu < \overline{X} + z_{\alpha/2}\dfrac{\sigma}{\sqrt{n}}\right)$ 发生的概率为 95%,因此 "$4.71 < \mu < 5.69$" 或者说出现 "$\mu \in (4.71, 5.69)$" 的可能性为 95%.

上面给出的置信区间,实际上取 $\overline{X}$ 是区间的中点,我们称这种置信区间为**双侧对称**的. 对于正态分布来说,由于分布本身是对称的,比 $\overline{X}$ 小一点与比 $\overline{X}$ 大一点(其差数量相等)的可能性应相等,因此这种选取合理. 但我们考虑的实际问题,有时需要选取非对称的置信区间. 例如,有些实际问题我们要特别留意 $\overline{X} < \mu$ 的部分,它对实际问题的影响远比 $\overline{X} > \mu$ 的部分的影响要大得多. 这种情况下,我们也可以不选对称的置信区间. 例如对给定 $\alpha = 0.05$,因为也有

$$P\left\{-z_{0.01} < \frac{\overline{X} - \mu}{\sigma/\sqrt{n}} < z_{0.04}\right\} = 0.95,$$

即
$$P\left(\overline{X} - z_{0.04}\frac{\sigma}{\sqrt{n}} < \mu < \overline{X} + z_{0.01}\frac{\sigma}{\sqrt{n}}\right) = 0.95.$$

故
$$(\underline{\mu}, \overline{\mu}) = \left(\overline{X} - z_{0.04}\frac{\sigma}{\sqrt{n}}, \quad \overline{X} + z_{0.01}\frac{\sigma}{\sqrt{n}}\right) \tag{6.3.9}$$

也是 μ 的置信度为 0.95 的置信区间. 我们将它与式(6.3.6)中有同样信度的置信区间相比较,可知由式(6.3.6)所确定的区间(图 6.3.3 中横轴的虚线所示)的长度为

$$2 \times \frac{\sigma}{\sqrt{n}} z_{0.025} = 3.92 \times \frac{\sigma}{\sqrt{n}},$$

它比区间(6.3.9)的长度

$$\frac{\sigma}{\sqrt{n}}(z_{0.04} + z_{0.01}) = 4.08 \times \frac{\sigma}{\sqrt{n}}$$

短. 这一点,由正态分布的概率密度函数的图像也可看出(参看图 6.3.3). 在给定同一置信度的条件下,置信区间短表示估计的精度高. 故由式(6.3.5)给出的对称置信区间较区间(6.3.9)为优. 事实上,像 $N(0,1)$ 分布那样,其概率密度函数的图形是单峰且对称的,当 n 固定时,形如式(6.3.5)的对称置信区间的长度最短,因此较任何不对称的置信区间为优. 这当然只是从数学上的考虑,而没有顾及实际问题的需要.

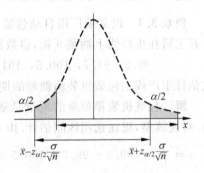

图 6.3.3 对称与非对称区间比较

若以 L 记置信区间(6.3.6)的长度,即有

$$L = \frac{2\sigma}{\sqrt{n}} z_{\alpha/2} \quad \text{或} \quad n = \left(\frac{2\sigma}{L} z_{\alpha/2}\right)^2. \tag{6.3.10}$$

由此可见在 α 给定,即信度给定时,要使置信区间具有预先给定的长度(或者说估计的精度),可由式(6.3.10)确定样本容量 n. 由式(6.3.10)还可知,置信度区间长度 L 随 n 的增加而减少. 若希望区间长度小,n 就必须取得大. 由于 L 与 $\sqrt{n}$ 成反比,因此想要缩小长度的代价颇大. 例如 n 由 100 增至 400,L 才能减小一半.

(2) 单侧置信区间

不对称置信区间的极端情形是单侧置信区间. 在考虑产品的平均寿命时,μ 当然是越大越好,特别要关心的是平均寿命 μ 不小于多少,即 μ 的下限是多少,否则不能出厂或达不到设计的等级. 这就要求

$$P\left(\overline{X} - z_\alpha \frac{\sigma}{\sqrt{n}} < \mu\right) = 0.95.$$

从而置信度 $1-\alpha$ 的单侧[右侧]置信区间为

$$(\underline{\mu}, +\infty) = \left(\overline{X} - z_\alpha \frac{\sigma}{\sqrt{n}}, +\infty\right). \tag{6.3.11}$$

从而对上面给定的数据（$\sigma=1, n=16$，样本均值的观测值 $\overline{x}=5.20$ 和 $\alpha=0.05$），注意 $z_{0.05}=1.64$，一个单侧[右侧]置信区间（观测值）为

$$(\underline{\mu}, +\infty) = \left(\overline{x} - z_{0.05} \frac{\sigma}{\sqrt{n}}, +\infty\right) = (5.20 - 1.64/4, +\infty) = (4.79, +\infty).$$

类似地，μ 的单侧上限为

$$\overline{\mu} = \overline{X} + z_{0.05} \frac{\sigma}{\sqrt{n}}. \tag{6.3.12}$$

对给定数据 $\overline{\mu} = 5.20 + 1.64/4 = 5.61$。在考虑误差问题、污染指数或是废品数（废品率）等问题中，我们自然更加注意参数的单侧上限，即需要参数的单侧置信区间的上限。

例 6.3.1 设某糖厂用自动包装机装箱外运糖果，由以往经验知标准差为 1.15kg。某日开工后在生产线上抽测 9 箱，得数据如下（单位：kg）

99.3，98.7，100.5，101.2，98.3，99.7，99.5，102.1，100.5，

试估计生产线上包装机装箱糖果的期望重量（取 $\alpha=0.05$）。

解 包装机装箱糖果的重量是随机的，为对称的误差分布，因此可以认为是正态分布。对连续型，现在选用区间估计。由 $\sigma=1.15, \mu$ 未知，要求 μ 的区间估计。

$$\overline{x} = \frac{1}{9} \times (99.3 + 98.7 + 100.5 + 101.2 + 98.3 + 99.7 + 99.5 + 102.1 + 100.5)$$

$$= \frac{899.8}{9} = 99.98,$$

由 $\alpha=0.05, z_{0.025}=1.96$，从而

$$\underline{\mu} = \overline{x} - z_{0.025} \frac{\sigma}{\sqrt{n}} = 99.98 - 1.96 \times 1.15/\sqrt{9} = 99.98 - 0.7513 = 99.23,$$

$$\overline{\mu} = \overline{x} + z_{0.025} \frac{\sigma}{\sqrt{n}} = 99.98 + 0.7513 = 100.73.$$

μ 的置信度为 95% 的置信区间为 (99.23, 100.73)，即有 95% 的把握断言，每箱糖果重量在 99.23kg 到 100.73kg 之间。□

注 1 估计装箱糖果的期望重量，可以用矩估计和似然估计。由 6.1 节，用这两种点估计方法给出的估计结果都是 $\overline{X}$。由于本节开始所说的原因，对连续型，$P(\overline{X}=\mu)=0$，所以现在选用区间估计。

注 2 如果考虑单侧，强调每箱糖果重量必须多于多少，即求 μ 区间估计的下限，则

$$\underline{\mu} = \bar{x} - z_{0.05}\frac{\sigma}{\sqrt{n}} = 99.98 - 1.64 \times 1.15/\sqrt{9} = 99.98 - 0.6287 = 99.35.$$

(3) 区间估计的一般步骤

综上所述,双侧对称置信区间是基本的,非对称及其他单侧置信区间问题可在此基础上调整得到. 当正态分布参数 σ^2 已知时,求未知参数 μ 的置信度为 $1-\alpha$ 的双侧对称置信区间具体步骤如下:

① 找一个样本 $X_1, X_2, \cdots, X_n$ 的函数(6.3.3) $Z = \dfrac{\bar{X} - \mu}{\sigma/\sqrt{n}} \sim N(0,1)$,它包含待估参数 μ,但不含其他未知参数(注意此处 σ 是已知的),并且 Z 的分布已知且分布 $N(0,1)$ 不依赖于任何未知参数;

② 基于式(6.3.4), $P\left\{\left|\dfrac{\bar{X}-\mu}{\sigma/\sqrt{n}}\right| < z_{\alpha/2}\right\} = 1-\alpha$. 对于给定的置信度 $1-\alpha$,查表得到百分位点 $z_{\alpha/2}$(注意单侧时为 z_α). 代入已知参数 σ 和 n,由式(6.3.5)得到 μ 的对称双侧置信区间

$$(\underline{\mu}, \bar{\mu}) = \left(\bar{X} - z_{\alpha/2}\frac{\sigma}{\sqrt{n}}, \quad \bar{X} + z_{\alpha/2}\frac{\sigma}{\sqrt{n}}\right).$$

2) 方差 σ^2 未知

此时样本函数(6.3.5)中 σ 未知,我们有的只是样本,因此有样本均值 $\bar{X}$ 和样本方差 S^2,而 S^2 是 σ^2 的无偏估计,很自然想到将式(6.3.5)中的 σ 换成 $S = \sqrt{S^2}$. 由于 S 是随机变量,替换后的样本函数不再是正态分布了. 由式(5.3.9),知

$$\frac{\bar{X} - \mu}{S/\sqrt{n}} \sim t(n-1), \tag{6.3.13}$$

并且右边的分布 $t(n-1)$ 不依赖于任何未知参数. 取这个样本函数,可得(参见图 6.3.4(a))

$$P\left\{-t_{\alpha/2}(n-1) < \frac{\bar{X}-\mu}{S/\sqrt{n}} < t_{\alpha/2}(n-1)\right\} = 1-\alpha, \tag{6.3.14}$$

即

$$P\left(\bar{X} - \frac{S}{\sqrt{n}}t_{\alpha/2}(n-1) < \mu < \bar{X} + \frac{S}{\sqrt{n}}t_{\alpha/2}(n-1)\right) = 1-\alpha.$$

于是,μ 的置信度为 $1-\alpha$ 的双侧置信区间为

$$\left(\bar{X} \pm \frac{S}{\sqrt{n}}t_{\alpha/2}(n-1)\right). \tag{6.3.15}$$

左侧和右侧(单侧)置信区间的置信下限和置信上限分别为

$$\underline{\mu} = \bar{X} - \frac{S}{\sqrt{n}}t_\alpha(n-1) \quad \text{和} \quad \bar{\mu} = \bar{X} + \frac{S}{\sqrt{n}}t_\alpha(n-1). \tag{6.3.16}$$

2. 方差 σ^2 的置信度 $1-\alpha$ 的置信区间

(1) μ 已知的情形

因为 σ^2 是二次量,自然考虑二次的样本函数. 在 μ 已知的条件下,为充分利用这条已知信息,注意到 $\dfrac{X_i-\mu}{\sigma} \sim N(0,1)$ 及各 X_i 独立同分布,我们构造它们的平方和作为选取的样本函数. 由式(5.3.3),它有自由度为 n 的 χ^2 分布.

$$K_n^2 \stackrel{\text{def}}{=} \sum_{i=1}^n \left(\frac{X_i-\mu}{\sigma}\right)^2 \sim \chi^2(n), \tag{6.3.17}$$

并且上式右端的分布不依赖于任何未知参数. 仿式(6.3.14),可以建立

$$P(\chi^2_{1-\alpha/2}(n) < K_n^2 < \chi^2_{\alpha/2}(n)) = 1-\alpha, \tag{6.3.18}$$

即

$$P\left(\sum_{i=1}^n (X_i-\mu)^2/\chi^2_{\alpha/2}(n) < \sigma^2 < \sum_{i=1}^n (X_i-\mu)^2/\chi^2_{1-\alpha/2}(n)\right) = 1-\alpha. \tag{6.3.19}$$

注意,χ^2 分布不是对称分布. 但由于离开未知参数的两边的偏离应是等可能的,一般地,我们选取 $\chi^2(n)$ 的百分位点,使此样本函数 K_n^2 的样本值落在两个百分位点之外的概率相等,都是 $\alpha/2$,因此这两个百分位点是 $\chi^2_{1-\alpha/2}(n)$ 和 $\chi^2_{\alpha/2}(n)$. 但由于 χ^2 分布的概率密度函数的非对称性,这样确定的置信区间的长度并不最短,只是此时求最短置信区间的计算过于麻烦,一般不去求了. 当然,要对估计问题的实际背景去作特别的考虑时,我们会选取非对称的甚至单侧的置信区间. 这样,当 μ 已知时,σ^2 的双侧置信区间为

$$\left(\sum_{i=1}^n (X_i-\mu)^2/\chi^2_{\alpha/2}(n),\ \sum_{i=1}^n (X_i-\mu)^2/\chi^2_{1-\alpha/2}(n)\right), \tag{6.3.20}$$

而单侧的两个置信限为

$$\underline{\sigma^2} = \sum_{i=1}^n (X_i-\mu)^2/\chi^2_\alpha(n) \quad \text{和} \quad \overline{\sigma^2} = \sum_{i=1}^n (X_i-\mu)^2/\chi^2_{1-\alpha}(n) \tag{6.3.21}$$

(参见图 6.3.4(b)). 注意单侧时的百分位点与双侧的不同.

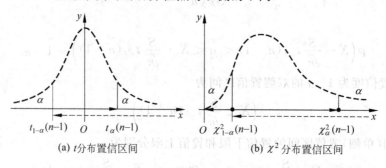

(a) t 分布置信区间   (b) χ^2 分布置信区间

图 6.3.4

(2) μ 未知的情形

在实际问题中,如果方差 σ^2 未知,期望值 μ 也往往是不知道的.因此 μ 未知时区间估计问题更加有实际意义.当然,如果期望值 μ 事先确实已知,这个已知条件还是应该利用的,因为它毕竟给出了总体的重要且真实的信息.

简单的、二次的样本函数就只有二阶矩 M_2、二阶中心矩 S_n^2 和样本方差 S^2. 既然 S^2 是 σ^2 的无偏估计,由式(5.3.4)又知

$$K^2 \stackrel{\text{def}}{=} \frac{(n-1)S^2}{\sigma^2} \sim \chi^2(n-1), \tag{6.3.22}$$

故

$$P\left(\chi^2_{1-\alpha/2}(n-1) < \frac{(n-1)S^2}{\sigma^2} < \chi^2_{\alpha/2}(n-1)\right) = 1-\alpha, \tag{6.3.23}$$

即

$$P\left(\frac{(n-1)S^2}{\chi^2_{\alpha/2}(n-1)} < \sigma^2 < \frac{(n-1)S^2}{\chi^2_{1-\alpha/2}(n-1)}\right) = 1-\alpha. \tag{6.3.24}$$

这就是方差 σ^2 的一个置信度为 $1-\alpha$ 的置信区间

$$\left(\frac{(n-1)S^2}{\chi^2_{\alpha/2}(n-1)}, \frac{(n-1)S^2}{\chi^2_{1-\alpha/2}(n-1)}\right). \tag{6.3.25}$$

注 我们看到:总体的波动 σ^2 的置信区间是对样本的总的波动 $(n-1)S^2 = \sum_{i=1}^{n}(X_i - \bar{X})^2$ 作的两个折扣 $1/\chi^2_{\alpha/2}(n-1)$ 和 $1/\chi^2_{1-\alpha/2}(n-1)$ 构成的,当 μ 已知时,样本总的波动是 $\sum_{i=1}^{n}(X_i - \mu)^2$.

注意,在式(6.3.17)中用 $\bar{X}$ 代替 μ (如它未知),就得到式(6.3.22).这使我们选用 K^2 更自然.

容易得到单侧置信区间的上限和下限分别为

$$\underline{\sigma}^2 = (n-1)S^2/\chi^2_{\alpha}(n-1) \quad \text{和} \quad \bar{\sigma}^2 = (n-1)S^2/\chi^2_{1-\alpha}(n-1). \tag{6.3.26}$$

由式(6.3.25)和式(6.3.26),还容易得到标准差 σ 的相应的置信区间.

例 6.3.2 求例 6.3.1 中总体标准差 σ(设未知)的置信度为 0.95 的置信区间.

解 现在 $\alpha/2 = 0.025, 1-\alpha/2 = 0.975, n-1 = 8$,查表得 $\chi^2_{0.025}(8) = 17.535$, $\chi^2_{0.975}(8) = 2.180$. 又 $s = 1.2122$,利用式(6.3.25),将区间上、下限开方,可得所求的标准差 σ 的置信区间为 $(0.81, 2.32)$. □

注意 $(n-1)S^2 = \sum_{i=1}^{n}(X_i - \bar{X})^2$,这样在 μ 已知和 μ 未知的两种情况下,对 σ^2 的区间估计可以比较地记忆.这两种情况在应用时的区别,前面已经指出过.

区间估计小结 综上所述,我们知道:作正态总体的参数的区间估计,都是从其无偏估计出发的.例如对期望 μ,考虑其无偏估计且有平均值概念的 $\bar{X}$,因 $\bar{X} \sim N(\mu, \sigma^2/n)$,故

引出样本函数 $Z = \dfrac{\overline{X} - \mu}{\sigma/\sqrt{n}} \sim N(0,1)$. σ^2 已知时,由此去找置信区间;σ^2 未知时,用无偏估计 S 代替 σ,这时因为出现新的随机变量而使原来的样本函数的分布有变化,对称性没有改变,于是有 $T = \dfrac{\overline{X} - \mu}{S/\sqrt{n}} \sim t(n-1)$. 由此,也可以找 μ 的置信区间.

而求 $(\underline{\sigma}^2, \overline{\sigma}^2)$ 时,因为方差 σ^2 是二次的,因此从二次的且刻画样本波动的 $K_n^2 = \sum\limits_{i=1}^{n} \left(\dfrac{X_i - \mu}{\sigma} \right)^2 \sim \chi^2(n)$ 出发,在 μ 已知时,得到置信区间. 而 μ 未知时,用 $\overline{X}$ 代替 μ,$K^2 = \sum\limits_{i=1}^{n} \left(\dfrac{X_i - \overline{X}}{\sigma} \right)^2 = \dfrac{(n-1)S^2}{\sigma^2} \sim \chi^2(n-1)$.

可见,无偏估计和参数的概率意义,是我们选用样本函数的主要出发点. 抓住这一点,就不会在处理区间估计及第 7 章假设检验问题时,为样本函数很多、记不住而困惑和苦恼. 至于它们应该服从的分布,我们知道样本函数的次数(量纲)也是大有好处的,例如 K_n^2 和 K^2 都是二次的,所以服从 χ^2 分布. 在下一段两个正态总体时参数的区间估计,以及下一章假设检验中我们会有进一步的体会.

6.3.3 两个独立正态总体参数差异性的置信区间

对两个总体 $N(\mu_1, \sigma_1^2)$,$N(\mu_2, \sigma_2^2)$ 的情况,如果只是关心它们各自的参数估计问题,那么只要分别对两个总体作抽样,然后按 6.3.2 节中的四种情况分别作区间估计就可以了. 这里所要讨论的是两个总体参数之间的差别,在实际问题中我们常常会遇到这个问题. 例如,已知产品的某一质量指标服从正态分布,现在设计一条新的流水线,或者由于原料、设备及操作人员不同,引起总体参数改变. 我们想知道产品质量指标与以前相比,均值有多大差别、指标的波动程度(方差)是否减小,这就需要考虑两个正态总体参数差异性的估计问题. 为使参数差异性的比较公平和简单,我们应该保证两总体的独立性.

设已给定置信度为 $1 - \alpha$,并设 $X_1, X_2, \cdots, X_{n_1}$ 是来自第一个总体的样本;$Y_1, Y_2, \cdots, Y_{n_2}$ 是第二个总体的样本,且设这两个总体相互独立,从而它们的样本相互独立. 又记两个样本均值和样本方差分别是 $\overline{X}, \overline{Y}$ 和 S_1^2, S_2^2,可知 $\overline{X}$ 与 $\overline{Y}$ 独立,S_1^2 与 S_2^2 独立. 而由定理 5.3.2 可知,$\overline{X}$ 与 S_1^2、$\overline{Y}$ 与 S_2^2 也是独立的.

为了叙述方便,下面只讨论双侧对称的置信区间. 单侧及非对称的情形,可仿照 6.3.2 节的相应办法,由下面双侧对称的置信区间的结果不难得到. 所有情况的结论可对比关于假设检验的附录 2,比较、学习和记忆.

1. 两个总体均值差 $\mu_1 - \mu_2$ 的置信区间

对 $\mu_1 - \mu_2$ 作区间估计,自然考虑样本函数 $\overline{X} - \overline{Y}$.

(1) 设 σ_1^2, σ_2^2 均为已知

因 $\bar{X}, \bar{Y}$ 分别为 μ_1, μ_2 的无偏估计,故 $\bar{X} - \bar{Y}$ 是 $\mu_1 - \mu_2$ 的无偏估计。由 $\bar{X}, \bar{Y}$ 的独立性以及 $\bar{X} \sim N(\mu_1, \sigma_1^2/n_1), \bar{Y} \sim N(\mu_2, \sigma_2^2/n_2)$,得

$$\bar{X} - \bar{Y} \sim N\left(\mu_1 - \mu_2, \frac{\sigma_1^2}{n_1} + \frac{\sigma_2^2}{n_2}\right)$$

或

$$Z \stackrel{\text{def}}{=} \frac{(\bar{X} - \bar{Y}) - (\mu_1 - \mu_2)}{\sqrt{\frac{\sigma_1^2}{n_1} + \frac{\sigma_2^2}{n_2}}} \sim N(0,1). \tag{6.3.27}$$

于是,仿照 6.3.2 节 1,$\mu_1 - \mu_2$ 的置信度为 $1-\alpha$ 的置信区间为

$$\left(\bar{X} - \bar{Y} \pm z_{\alpha/2} \sqrt{\frac{\sigma_1^2}{n_1} + \frac{\sigma_2^2}{n_2}}\right). \tag{6.3.28}$$

(2) 设 $\sigma_1^2 = \sigma_2^2 = \sigma^2$,但 σ^2 未知

模仿上面方法,有

$$U = \frac{(\bar{X} - \bar{Y}) - (\mu_1 - \mu_2)}{\sigma\sqrt{\frac{1}{n_1} + \frac{1}{n_2}}} \sim N(0,1).$$

又

$$K_i^2 = \frac{(n_i - 1)S_i^2}{\sigma^2} \sim \chi^2(n_i - 1), \quad i = 1, 2, \tag{6.3.29}$$

由于两个总体独立,故 K_1^2 和 K_2^2 独立,由 Cochran 定理(见 5.3.2 节性质 4)知

$$K_1^2 + K_2^2 \sim \chi^2(n_1 + n_2 - 2). \tag{6.3.30}$$

于是由 U 与 $K_1^2 + K_2^2$ 的独立性,依式(5.3.5),有

$$T = \frac{U}{\sqrt{(K_1^2 + K_2^2)/(n_1 + n_2 - 2)}} \sim t(n_1 + n_2 - 2). \tag{6.3.31}$$

注意 $(K_1^2 + K_2^2)/(n_1 + n_2 - 2) = S_w^2/\sigma^2$,其中

$$S_w^2 = \frac{(n_1 - 1)S_1^2 + (n_2 - 1)S_2^2}{n_1 + n_2 - 2}$$

$$= (n_1 + n_2 - 2)^{-1}\left[\sum_{i=1}^{n_1}(X_i - \bar{X})^2 + \sum_{i=1}^{n_2}(Y_i - \bar{Y})^2\right]. \tag{6.3.32}$$

它是 S_1^2 和 S_2^2 按照自由度的加权和(故下标有 w),也是"合并"两个总体抽样的样本方差。记 $S_w = \sqrt{S_w^2}$,于是

$$\frac{(\bar{X} - \bar{Y}) - (\mu_1 - \mu_2)}{S_w\sqrt{\frac{1}{n_1} + \frac{1}{n_2}}} \sim t(n_1 + n_2 - 2). \tag{6.3.33}$$

从而可得 $\mu_1 - \mu_2$ 的一个置信度为 $1-\alpha$ 的置信区间为

$$\left(\overline{X} - \overline{Y} \pm t_{\alpha/2}(n_1+n_2-2) S_w \sqrt{\frac{1}{n_1}+\frac{1}{n_2}} \right). \tag{6.3.34}$$

(3) 设 σ_1^2, σ_2^2 均未知,且不知它们是否相等

此时只要 n_1, n_2 都很大(实用上一般大于 50 即可),则由中心极限定理仍然可认为样本和有正态分布,从而可以将 σ_1^2, σ_2^2 分别直接换为 S_1^2, S_2^2,用

$$\left(\overline{X} - \overline{Y} \pm z_{\alpha/2} \sqrt{\frac{S_1^2}{n_1}+\frac{S_2^2}{n_2}} \right) \tag{6.3.35}$$

作为 $\mu_1 - \mu_2$ 的置信度为 $1-\alpha$ 的近似的置信区间.

如果 n_1, n_2 不大,问题较为麻烦.此时可以证得近似结果

$$\left(\overline{X} - \overline{Y} \pm t_{\alpha/2}(v) S_w \sqrt{\frac{1}{n_1}+\frac{1}{n_2}} \right), \tag{6.3.36}$$

其中 S_w 仍由式(6.3.32)决定,而自由度

$$v = \left(\frac{S_1^2}{n_1}+\frac{S_2^2}{n_2} \right)^2 \left(\frac{(S_1^2/n_1)^2}{n_1-1}+\frac{(S_2^2/n_2)^2}{n_2-1} \right)^{-1}. \tag{6.3.37}$$

例 6.3.3 为比较 I,II 两种型号步枪子弹的枪口速度,随机地取 I 型子弹 10 发,得到枪口速度的平均值为 $\bar{x}_1 = 500 (\text{m/s})$ 和标准差 $s_1 = 1.10 (\text{m/s})$,随机取 II 型子弹 20 发,得到相应的观测值为 $\bar{x}_2 = 496 (\text{m/s})$ 和 $s_2 = 1.20 (\text{m/s})$.设两总体都可认为近似地服从正态分布,且由生产过程可认为它们的方差相等.求两总体均值差 $\mu_1 - \mu_2$ 的置信度为 0.95 的置信区间.

解 按题设情况,可认为两个总体相互独立,从而它们的样本相互独立.又由题设两总体的方差相等,但数值未知,故可用式(6.3.34)求均值差的置信区间.由于 $1-\alpha = 0.95, \alpha/2 = 0.025, n_1 = 10, n_2 = 20, n_1+n_2-2 = 28$,查表得 $t_{0.025}(28) = 2.0484$.算得 $s_w^2 = (9 \times 1.10^2 + 19 \times 1.20^2)/28$,故 $s_w = \sqrt{s_w^2} = 1.1688$,所求的两总体均值差 $\mu_1 - \mu_2$ 的置信度为 0.95 的置信区间是

$$\left(\bar{x}_1 - \bar{x}_2 \pm s_w \times t_{0.025}(28) \sqrt{\frac{1}{10}+\frac{1}{20}} \right) = (4 \pm 0.93),$$

即 (3.07, 4.93). □

本题中得到的 $\mu_1 - \mu_2$ 的置信区间的下限大于零,在实际中我们就可认为 μ_1 比 μ_2 大.如果置信区间包括 0,则可认为 μ_1 与 μ_2 实际上没有多大差别.

例 6.3.4 为提高某一化学生产过程的得率,试图采用一种新的催化剂.为慎重起见,在实验工厂先进行试验.设采用原来的催化剂进行了 $n_1 = 8$ 次试验,得率的平均值 $\bar{x}_1 = 91.73$,样本方差 $s_1^2 = 3.89$.又在其他试验条件不变的情况下独立地采用新的催化剂

进行了 $n_2=8$ 次试验,得率的均值 $\bar{x}_2=93.75$,样本方差 $s_2^2=4.02$.假设两总体都可认为服从正态分布,且方差相等,试求两总体均值差 $\mu_1-\mu_2$ 的置信度为 0.95 的单侧置信下限.

解 现在
$$s_w^2 = \frac{(n_1-1)s_1^2 + (n_2-1)s_2^2}{n_1+n_2-2} = 3.96,$$
而 $t_{0.05}(14)=1.7613$,故仿照式(6.3.34)得到所求的单侧下限为
$$\bar{x}_1 - \bar{x}_2 - t_{0.05}(14)s_w\sqrt{\frac{1}{8}+\frac{1}{8}} = -2.02 - 1.7613 \times \sqrt{3.96} \times 0.5 = 3.6414. \quad \square$$

2. 两个总体方差比 σ_1^2/σ_2^2 的置信区间

与一个正态总体的情况类似,当总体方差为未知参数时,在实际问题中往往其均值也是未知的.因此我们先讨论总体均值 μ_1,μ_2 为未知的情况.方差的问题自然想到 S_1^2 和 S_2^2,从而想到下面两个样本函数及它们的分布:
$$(n_1-1)S_1^2/\sigma_1^2 \sim \chi^2(n_1-1),$$
$$(n_2-1)S_2^2/\sigma_2^2 \sim \chi^2(n_2-1).$$

要讨论两个总体方差的差别,首先会想到 $\sigma_1^2-\sigma_2^2$,但这会引起 $S_1^2-S_2^2$ 分布的探讨,较为困难.换一个办法,考虑方差比 σ_1^2/σ_2^2,它们也能反映两个方差的差别.由于两个总体独立,因而 $(n_1-1)S_1^2/\sigma_1^2$ 与 $(n_2-1)S_2^2/\sigma_2^2$ 相互独立,构造它们的比,由 F 分布的定义(定义5.3.3),知

$$\frac{S_1^2/\sigma_1^2}{S_2^2/\sigma_2^2} = \frac{\dfrac{(n_1-1)S_1^2}{\sigma_1^2}\Big/(n_1-1)}{\dfrac{(n_2-1)S_2^2}{\sigma_2^2}\Big/(n_2-1)} \sim F(n_1-1,n_2-1), \quad (6.3.38)$$

由此得
$$P\left(F_{1-\alpha/2}(n_1-1,n_2-1) < \frac{S_1^2/\sigma_1^2}{S_2^2/\sigma_2^2} < F_{\alpha/2}(n_1-1,n_2-1)\right) = 1-\alpha, \quad (6.3.39)$$
即
$$P\left(\frac{S_1^2}{S_2^2}\frac{1}{F_{\alpha/2}(n_1-1,n_2-1)} < \frac{\sigma_1^2}{\sigma_2^2} < \frac{S_1^2}{S_2^2}\frac{1}{F_{1-\alpha/2}(n_1-1,n_2-1)}\right) = 1-\alpha.$$
$$(6.3.40)$$

于是得 σ_1^2/σ_2^2 的一个置信度为 $1-\alpha$ 的置信区间为
$$\left(\frac{S_1^2}{S_2^2}\frac{1}{F_{\alpha/2}(n_1-1,n_2-1)}, \ \frac{S_1^2}{S_2^2}\frac{1}{F_{1-\alpha/2}(n_1-1,n_2-1)}\right)$$
$$= \left(\frac{S_1^2}{S_2^2} \times \frac{1}{F_{\alpha/2}(n_1-1,n_2-1)}, \ \frac{S_1^2}{S_2^2} \times F_{\alpha/2}(n_2-1,n_1-1)\right). \quad (6.3.41)$$

最后一个等式,由 F 分布百分位点的性质

$$F_{\alpha/2}(n_2-1,n_1-1) = \frac{1}{F_{1-\alpha/2}(n_1-1,n_2-1)} \tag{6.3.42}$$

得到.注意,一般地,选用的 α 较小,$1-\alpha/2$ 或 $1-\alpha$ 则较大(离 1 较近).它们的 F 分布百分位点的值都没有直接编在 F 分布表中,而要经过像上面那样的转换求得.

注 从式(6.3.41)可知总体方差(波动)比的置信区间,是由它们的样本方差比 S_1^2/S_2^2 作两个折扣构成的.这个折扣因子与 α 选取有关.

单侧的置信区间可仿 6.3.2 节得到.注意,有 χ^2 分布和 F 分布这两种分布的随机变量都是非负且非对称的,因此左侧置信区间以零为左端点,而取百分位 α 或 $1-\alpha$ 点作为右端点,而不是分布的 $\alpha/2$ 或 $1-\alpha/2$ 点.所有上述置信区间的结果可参看关于假设检验的附录 2,比较地学习和记忆.

例 6.3.5 研究由机器 A 和机器 B 生产的钢管的内径.随机抽取机器 A 生产的管子 18 只,测得样本方差 $s_1^2=0.34(\text{mm}^2)$;抽取机器 B 生产的管子 13 只,测得样本方差 $s_2^2=0.29(\text{mm}^2)$.设两样本相互独立,且由机器 A、机器 B 生产的管子的内径分别服从 $N(\mu_1,\sigma_1^2)$,$N(\mu_2,\sigma_2^2)$,这里 $\mu_i,\sigma_i^2(i=1,2)$ 均未知.试求方差比 σ_1^2/σ_2^2 的置信度为 0.90 的置信区间.

解 这里 $n_1=18$, $s_1^2=0.34$, $n_2=13$, $s_2^2=0.29$, $\alpha=0.10$,

$$F_{\alpha/2}(n_1-1,n_2-1) = F_{0.05}(17,12) = 2.59,$$

$$F_{1-\alpha/2}(17,12) = F_{0.95}(17,12) = \frac{1}{F_{0.05}(12,17)} = \frac{1}{2.38},$$

于是由式(6.3.41)得 σ_1^2/σ_2^2 的一个置信度为 0.90 的置信区间为

$$\left(\frac{0.34}{0.29}\times\frac{1}{2.59},\ \frac{0.34}{0.29}\times 2.38\right),$$

即 $(0.45, 2.79)$.

由于 σ_1^2/σ_2^2 的置信区间包含 1,在一些实际问题中我们也可以认为 σ_1^2,σ_2^2 两者没有显著差别.

6.3.4 0-1 分布参数的区间估计

对于非正态总体参数的区间估计问题,一般较为复杂.如果一般容量较大,例如 $n>50$,则由中心极限定理,可以认为简单样本 $X_1,X_2,\cdots,X_n$ 的和有正态分布,从而化为正态分布的相应估计问题,得到近似结果.一般地,对于统计推断来讲,这种近似都还是令人满意的.

我们以 0-1 分布为例,介绍区间估计的思路和方法.设有一容量 $n>50$ 的大样本,它来自 0-1 分布的总体 X,其分布律可写为

$$f(x;p) = p^x(1-p)^{1-x}, \quad x = 0, 1, \tag{6.3.43}$$

其中 p 为未知参数. 现在来求 p 的置信度为 $1-\alpha$ 的置信区间.

已知 0-1 分布的均值和方差分别为

$$\mu = p \quad \text{和} \quad \sigma^2 = p(1-p), \tag{6.3.44}$$

设 $X_1, X_2, \cdots, X_n$ 是一个样本. 因样本容量 n 较大, 由中心极限定理, 知

$$\zeta_n = \frac{\sum_{i=1}^n X_i - np}{\sqrt{np(1-p)}} = \frac{n\overline{X} - np}{\sqrt{np(1-p)}} \tag{6.3.45}$$

近似地服从 $N(0,1)$ 分布. 于是有

$$P\left(\left|\frac{n\overline{X} - np}{\sqrt{np(1-p)}}\right| < z_{\alpha/2}\right) \approx 1-\alpha. \tag{6.3.46}$$

式 (6.3.46) 左边刻画事件的不等式等价于

$$(n + z_{\alpha/2}^2)p^2 - (2n\overline{X} + z_{\alpha/2}^2)p + n\overline{X}^2 < 0. \tag{6.3.47}$$

式 (6.3.47) 左边是 p 的二次三项式, 其两个根为

$$p_1 = \frac{1}{2a}(-b - \sqrt{b^2 - 4ac}) \quad \text{和} \quad p_2 = \frac{1}{2a}(-b + \sqrt{b^2 - 4ac}), \tag{6.3.48}$$

此处 $a = n + z_{\alpha/2}^2 > 0$, $b = -(2n\overline{X} + z_{\alpha/2}^2)$, $c = n\overline{X}^2$, 于是利用式 (6.3.46) 得到 p 的近似的、置信度为 $1-\alpha$ 的置信区间为 (p_1, p_2).

下面看一个具体数据的例子.

例 6.3.6 设随机取自一大批产品的 100 个样品中, 有一级品 60 个, 求这批产品的一级品率 p 的置信度为 0.95 的置信区间.

解 每一产品, 可能是一级品也可能不是一级品, 从而视为有 0-1 分布, 一级品率 p 是 0-1 分布的参数. 注意, 此处 $n=100$, $\overline{x}=60/100=0.6$, $\alpha/2=0.025$, $z_{\alpha/2}=1.96$, 于是

$$a = n + z_{\alpha/2}^2 = 103.84, \quad b = -(2n\overline{x} + z_{\alpha/2}^2) = -123.84, \quad c = n\overline{x}^2 = 36.$$

根据式 (6.3.48) 求得 $p_1 = 0.50$, $p_2 = 0.69$. 故得 p 的置信度为 0.95 的近似置信区间为 $(0.50, 0.69)$. □

习题 6

1. 随机地取 8 只活塞环, 测得它们的直径 (单位: mm) 为:

   74.001, 74.005, 74.003, 74.001, 74.000, 73.998, 74.006, 74.002.

试求总体均值 μ 及方差 σ^2 的矩估计值, 并求样本方差 S^2.

2. 设总体 X 服从二项分布 $B(m,p)$, $X_1, X_2, \cdots, X_n$ 为其样本, 试用矩法求 m 及 p 的

估计量.

3. 设 $X_1, X_2, \cdots, X_n$ 为总体的一个样本. 求下述各总体的密度函数或分布律中的未知参数的矩估计量.

(1) $f(x) = \begin{cases} \theta c^\theta x^{-(\theta+1)}, & x < c, \\ 0, & 其他, \end{cases}$ 其中 $c(>0)$ 已知, $\theta(>1)$ 为未知参数.

(2) $f(x) = \begin{cases} \sqrt{\theta} x^{\sqrt{\theta}-1}, & 0 \leq x \leq 1, \\ 0, & 其他, \end{cases}$ 其中 $\theta(>0)$ 为未知参数.

(3) $f(x) = \begin{cases} \dfrac{x}{\theta^2} e^{-x^2/(2\theta^2)}, & x > 0, \\ 0, & 其他, \end{cases}$ 其中 $\theta(>0)$ 为未知参数.

(4) $f(x) = \begin{cases} \dfrac{1}{\theta} e^{-(x-\mu)/\theta}, & x > \mu, \\ 0, & 其他, \end{cases}$ 其中 $\theta(>0), \mu$ 是未知参数.

(5) $P(X=x) = C_m^x p^x (1-p)^{m-x}, x=0,1,2,\cdots,m, 0<p<1, p$ 为未知参数.

4. 设 X 为几何分布, 其参数 p 未知, 求 p 的矩估计和似然估计.

5. 设总体分布函数为
$$F(x) = \begin{cases} 0, & x \leq \theta, \\ 1-(\theta/x)^\lambda, & \theta < x, \end{cases}$$ 其中 $\theta(>0), \lambda(>0)$ 都是未知参数.
又设 $X_1, X_2, \cdots, X_n$ 为其简单样本, 求 θ 和 λ 的极大似然估计.

6. 已知随机变量 X 的概率密度函数为
$$f(x) = \begin{cases} (\beta+1)x^\beta, & 0 < x < 1, \\ 0, & 其他, \end{cases}$$
其中 β 为未知参数. 现抽取容量为 6 的样本, 其数据为: $0.1, 0.2, 0.9, 0.8, 0.7, 0.7$. 试分别用矩估计法和极大似然估计法, 估计 β.

7. 求第 3 题中各未知参数的极大似然估计值和估计量.

8. 设 $X_1, X_2, \cdots, X_n$ 是来自参数为 λ 的泊松分布总体的一个样本. 试求 λ 的极大似然估计量及矩估计量.

9. 一地质学家为研究密歇根湖湖滩地区的岩石成分, 随机地自该地区取 100 个样品, 每个样品有 10 块石子, 其中有的是石灰石石子. 该地质学家记录下每个样品(即 10 个石子)中的石灰石个数, 并整理得到如下数据:

样品中观察到的石灰石个数	0	1	2	3	4	5	6	7	8	9	10
样品个数	0	1	6	7	23	26	21	12	3	1	0

假设这 100 次观察相互独立,并且由过去经验知,它们都服从参数为 $n=10, p$ 的二项分布,p 是这地区一块石子是石灰石的概率. 求 p 的极大似然估计值.

提示:表中数据,例如第 3 列,含义为共计有 6 个样品,每个样品的 10 个石子中有 2 个是石灰石石子. 此表将 100 个样品的观测结果,按照所含石灰石石子的个数作了分类,便于以后的统计计算,在实际问题中常常采用此类表.

10. (1) 设 $X_1, X_2, \cdots, X_n$ 是来自总体 X 的一个样本,且 $X \sim P(\lambda)$. 求 $P(X=0)$ 的极大似然估计.

(2) 某铁路局证实一个扳道员在五年内所引起的严重事故的次数服从泊松分布. 求一个扳道员在五年内未引起严重事故的概率 p 的极大似然估计, 使用下面 122 个观测值. 下表中, r 表示一扳道员某五年中引起严重事故的次数, m 表示观察到的扳道员人数.

r	0	1	2	3	4	5
m	44	42	21	9	4	2

11. (1) 设 $Z = \ln X \sim N(\mu, \sigma^2)$, 即 X 服从对数正态分布, 验证 $EX = \exp\left(\mu + \frac{1}{2}\sigma^2\right)$.

(2) 设自(1)中的总体 X 中取一容量为 n 的样本 $x_1, x_2, \cdots, x_n$, 求 EX 的极大似然估计. 此处设 μ, σ^2 均未知.

(3) 已知在文学家萧伯纳的《An Intelligent Woman's Guide to Socialism》一书中,一个句子的单词数近似地服从对数正态分布,参数 μ 及 σ^2 未知. 今自该书中随机地取 20 个句子. 这些句子中的单词数分别为

$$52 \quad 24 \quad 15 \quad 67 \quad 15 \quad 22 \quad 63 \quad 26 \quad 16 \quad 32$$
$$7 \quad 33 \quad 28 \quad 14 \quad 7 \quad 29 \quad 10 \quad 6 \quad 59 \quad 30$$

问这本书中,一个句子字数均值的极大似然估计值等于多少?

12. 设总体 X 在区间 $(0, 2\theta)$ 上服从均匀分布, X_1, X_2, X_3 为其样本. 试证明样本均值 $\overline{X}$ 与 $\frac{2}{3} \max_{1 \leq i \leq 3} X_i$ 都是 θ 的无偏估计量, 并比较它们谁更有效.

13. 设样本 $(X_1, X_2, \cdots, X_n)$ 来自某指数分布 $Ex(\lambda)$, 其参数 λ 未知. 求 λ 的极大似然估计.

14. 设总体 $X \sim P(\lambda), X_1, X_2, \cdots, X_n$ 是总体 X 的样本, 试用极大似然估计法求未知参数 λ 的估计量, 并问此估计量是否达到方差界的无偏估计?

15. 设 $X_1, X_2, \cdots, X_n$ 是均值 μ 已知的正态总体的一个样本, 试用极大似然估计法求参数 σ^2 的估计量 $\hat{\sigma}^2$, 并验证它是否达到方差界的无偏估计量.

16. 设总体 $X \sim N(\mu, \sigma^2), X_1, X_2, \cdots, X_n$ 是来自 X 的一个样本. 试确定常数 c 使

$c\sum_{i=1}^{n-1}(X_{i+1}-X_i)^2$ 为 σ^2 的无偏估计.

17. 设 $\hat{\theta}$ 是参数 θ 的无偏估计,且有 $D(\hat{\theta})>0$,试证 $\hat{\theta}^2=(\hat{\theta})^2$ 不是 θ^2 的无偏估计.

18. 试证明均匀分布

$$f(x)=\begin{cases} 1/\theta, & 0<x\leqslant\theta, \\ 0, & \text{其他} \end{cases}$$

中未知参数 θ 的极大似然估计量不是无偏的.

19. 设从均值为 μ,方差为 $\sigma^2>0$ 的总体中,分别抽取容量为 n_1,n_2 的两独立样本. $\bar{X}$ 和 $\bar{Y}$ 分别是两样本的均值. 试证,对于任意常数 $a,b(a+b=1)$,$U=a\bar{X}+b\bar{Y}$ 都是 μ 的无偏估计,并确定常数 a,b 使 DU 达到最小.

20. 设分别自总体 $N(\mu_1,\sigma^2)$ 和 $N(\mu_2,\sigma^2)$ 中抽取容量为 n_1,n_2 的两独立样本. 其样本方差分别为 S_1^2,S_2^2. 试证,对于任意常数 $a,b(a+b=1)$,$Z=aS_1^2+bS_2^2$ 都是 σ^2 的无偏估计,并确定常数 a,b 使 DZ 达到最小.

21. 设有 k 台仪器. 已知用第 i 台仪器测量时,测定值总体的标准差为 $\sigma_i(i=1,2,\cdots,k)$. 用这些仪器独立地对某一物理量 θ 各观察一次,分别得到 $X_1,X_2,\cdots,X_k$. 设仪器都没有系统误差,即 $EX_i=\theta(i=1,2,\cdots,k)$. 问 $a_1,a_2,\cdots,a_k$ 应取何值,才能使用 $\hat{\theta}=\sum_{i=1}^{k}a_iX_i$ 估计 θ 时,$\hat{\theta}$ 是无偏的,并且 $D\hat{\theta}$ 最小?

22. 设某种清漆的 9 个样品,其干燥时间(单位:h)分别为

 6.0, 5.7, 5.8, 6.5, 7.0, 6.3, 5.6, 6.1, 5.0.

设干燥时间总体服从正态分布 $N(\mu,\sigma^2)$. 求 μ 的置信度为 0.95 的置信区间.

(1) 由以往经验知 $\sigma=0.6$(h).

(2) σ 未知.

23. 分别使用金球和铂球测定引力常数(单位:$10^{-11}\text{N}\cdot\text{m}^2/\text{kg}^2$)

(1) 用金球测定观测值为 6.683, 6.681, 6.676, 6.678, 6.679, 6.672.

(2) 用铂球测定观测值为 6.661, 6.661, 6.667, 6.667, 6.664.

设测定值总体为 $N(\mu,\sigma^2)$,μ 和 σ^2 均未知. 试就(1)、(2)两种情况分别求 μ 的置信度为 0.9 的置信区间,并求 σ^2 的置信度为 0.9 的置信区间.

24. 随机地取某种炮弹 9 发做试验,得炮口速度的样本标准差 $s=11$(m/s),设炮口速度服从正态分布. 求这种炮弹炮口速度的标准差 σ 置信度为 0.95 的置信区间.

25. 在 24 题中,设用金球和用铂球测定时测定值总体的方差相等. 求两个测定值总体均值差的置信度为 0.90 的置信区间.

26. 随机地从 A 批导线中抽取 4 根,又从 B 批导线中抽取 5 根,测得电阻(Ω)为

A 批导线：0.143，0.142，0.143，0.137；
B 批导线：0.140，0.142，0.136，0.138，0.140.

设测定数据分别来自分布 $N(\mu_1,\sigma^2),N(\mu_2,\sigma^2)$，且两样本相互独立. 又 μ_1,μ_2,σ^2 均未知. 试求 $\mu_1-\mu_2$ 的置信度为 0.95 的置信区间.

27. 研究两种固体燃料火箭推进器的燃烧率，设两者都服从正态分布，并且已知燃烧率标准差均近似地为 0.05cm/s. 取样本容量为 $n_1=n_2=20$，得燃烧率的样本均值分别为 $\bar{x}_1=18$cm/s，$\bar{x}_2=24$cm/s，求两燃烧率总体均值差 $\mu_1-\mu_2$ 的置信度为 0.95 的置信区间.

28. 设两位化验员 A,B 独立地对某种聚合物含氯量用相同的方法各做 10 次测定，其测定值的样本方差依次为 $s_A^2=0.5419,s_B^2=0.6065$，设 σ_A^2,σ_B^2 分别为 A,B 所测定的方差，且总体均为正态的. 求方差比 σ_A^2/σ_B^2 置信度为 0.95 的置信区间.

29. 在一批货物的容量为 100 的样本中，经检验发现有 16 只次品，试求这批货物次品率的置信度为 0.95 的置信区间.

30. (1) 求 22 题中 μ 的置信度为 0.95 的单侧置信上限.

(2) 求 26 题中 $\mu_1-\mu_2$ 的置信度为 0.95 的单侧置信下限.

(3) 求 28 题中方差比 σ_A^2/σ_B^2 的置信度为 0.95 的单侧置信上限.

31. 为研究某种汽车轮胎的磨损特性，随机地选择 16 只轮胎，每只轮胎行驶到磨坏为止. 记录所行驶的路程(单位：km)如下：

41250 40187 43175 41010 39265 41872 42654 41287
38970 40200 42550 41095 40680 43500 39775 40400

假设这些数据来自正态总体 $N(\mu,\sigma^2)$，其中 μ,σ^2 未知，试求 μ 的置信度为 0.95 的单侧置信下限.

32. 设总体 X 服从指数分布，其概率密度为

$$f(x)=\begin{cases}\dfrac{1}{\theta}e^{-x/\theta}, & x>0(\theta>0\text{ 未知}),\\ 0, & \text{其他},\end{cases}$$

现从总体中抽取一容量为 n 的样本 $X_1,X_2,\cdots,X_n$.

(1) 证明 $\dfrac{2n\bar{X}}{\theta}\sim\chi^2(2n)$.

(2) 求 θ 的置信度为 $1-\alpha$ 的单侧置信下限.

(3) 某种元件的寿命(单位：h)服从上述指数分布，现从中抽得一容量 $n=16$ 的样本，测得样本均值为 5010(h)，试求元件的平均寿命的置信度为 0.90 的单侧置信下限.

33. 科学上的重大发现往往是由年轻人做出的，下面列出了自 16 世纪中叶至 20 世纪早期的 12 项重大发现的发现者和他们发现时的年龄.

发现	发现者	发现日期/年	年龄/岁
1. 地球绕太阳运转	哥白尼(Copernicus)	1543	40
2. 望远镜、天文学的基本定律	伽利略(Galileo)	1600	34
3. 运动原理、重力、微积分	牛顿(Newton)	1665	23
4. 电的本质	富兰克林(Franklin)	1746	40
5. 燃烧是与氧气联系着的	拉瓦锡(Lavoisier)	1774	31
6. 地球是渐进过程演化成的	莱尔(Lyell)	1830	33
7. 自然选择控制演化的证据	达尔文(Darwin)	1858	49
8. 光的场方程	麦克斯韦(Maxwell)	1864	33
9. 放射性	居里(Curie)	1896	34
10. 量子论	普朗克(Plank)	1901	43
11. 狭义相对论,$E=mc^2$	爱因斯坦(Einstein)	1905	26
12. 量子论的数学基础	薛定谔(Schröedinger)	1926	39

设样本来自正态总体,试求发现时发现者的平均年龄 μ 的置信度为 0.95 的单侧置信上限。

第 7 章 假设检验

在参数估计一章,我们给出了估计一个人射击水平(未知参数)的例子.看他在靶场的射击成绩记录,如果 5 枪射击环数为 9,10,9,9,10,据此我们可有相当大的把握推断他为一级(假定这是最高等级),因为一级射手打出这种成绩的概率最大.如果问题改为:一个人自报家门,说他是一级射手,我们是否相信他自己所说的呢?我们同样可以请他打 5 枪,从他的射击成绩来检验是否真是一级.或者说假设他是一级,我们通过试验数据(采用数据)来检验这个假设是否可以接受.如果射击的结果是 9,10,9,9,10 环,我们自然会接受他是一级射手的结论.如果射击的结果是 7,4,8,6,5 环,我们自然会怀疑他是否真是一级,而他很可能会解释:昨晚没睡好,或这杆枪他不熟悉,或是现在风太大等,这样倒也不能拒绝他是一级的说法,毕竟抽样结果有不确定性.但要是射击结果是 4,1,3,3,2 环,我们当然可以理直气壮地推翻他的申言.因为一名一级射手打出这样成绩的概率实在是太小了!

上面遇到的问题就是参数的假设检验:对未知参数的预先给定的一个假设(称为**原假设**),根据抽样数据,决定是否拒绝这个假设——当拒绝这个假设的时候,应该有充足的根据,应该是理直气壮的.为此我们要在对未知参数的这个假设下,构造一个小概率事件,依据抽样看到的事实,判定小概率事件是否发生.如果小概率事件发生了,则拒绝这个假设.这就是假设检验的目的和思想.

这里自然有个界限要确定:多大的概率算是小概率?一般来讲,如果小概率事件的概率记为 α,常取 $\alpha=0.05,0.10,0.15,0.20$,其选取与我们的实际问题有关.也会遇到 α 取得更大或是更小的情况.当接受一个假设时可能出现的风险过大,使得这个统计的决定举足轻重时,我们自然要慎而又慎.此时,我们自然要求小概率事件的概率稍稍大一些,使得它更容易出现,这样我们就会更多地拒绝.而当接受假设时可能出现的不良后果并不十分严重,这样 α 就可以稍稍取得小一些. α 的选取还与我们在这个问题中所处的地位、"身份"有关:以上面检验射击运动员等级为例,对于运动员来说,当然希望能顺利通过检验,拒绝的概率即 α 小点;而作为检验的验收方,当然希望检验严格些,不能"蒙混过关",因此拒绝的概率 α 要大点,检验方与被检验方是一对矛盾统一体.这时,双方就要商谈,共同选定 α. 在一些工业、商业等领域,也常遇到作为"国家标准""部级标准",甚至国际间的通行标准来规范 α 的选取,以解决这一矛盾.称 α 为假设检验的**显著性水平**.

7.1 一个正态总体参数的假设检验

7.1.1 引例与参数假设检验问题

回忆第 6 章参数区间估计的例 6.3.1,现在来看一个数据和背景与它几乎相同,但目的却是做参数的假设检验的例子.注意比较它们的不同之处.

例 7.1.1 设某糖厂用自动包装机装箱外运糖果,由以往经验知标准差为 1.15kg. 某日开工后在生产线上抽测 9 箱,得数据如下(单位:kg):

$$99.3, 98.7, 100.5, 101.2, 98.3, 99.7, 99.5, 102.1, 100.5.$$

如果规定包装机每箱装糖重量为 100kg,问由抽测数据能否有 95% 的把握判断生产线上包装机工作是否正常?(取 $\alpha=0.05$.)

分析 与例 6.3.1 明显不同的是这里有一个规定的装糖重量.包装机工作正常与否,就看每箱装糖重量是否为规定的 100kg. 每箱装糖重量当然是随机变量,并且由于其误差可以是对称的(即多出的公斤数与短缺相同的公斤数的可能性是一样的),因此可以认为每箱装糖重量服从正态分布,而要求其数学期望值为 100kg. 现在的问题是要依据抽测到的数据,对这个给定的参数值作统计推断:是否接受 $\mu=100$kg 的假设.

我们把要检验的这个假设,称为**原假设**,或**零假设**,并记为 H_0. 于是 $H_0: \mu=100$(一般地,此常数记为 μ_0).

首先我们要构造一个小概率事件.因为希望在拒绝 $\mu=100$ 的假设时,我们应有充足的根据.这就要求,如果这个假设是对的,$\mu=100$,那么在这个前提下,不该发生的事件是不应该在一次实际的观测中就出现.也就是说,如果实际抽测的数据,在这个假设下,它们出现的可能性应该很小而现在一次抽测就出现了这些数据,我们就拒绝这个假设.因此我们可以去构造一个在这个假设下是小概率的事件,看这种小概率事件是否出现了,据此做出我们的统计推断.

其次,讨论如何构造小概率事件.

如果 H_0 是对的,那么样本均值 $\overline{X}$ 与总体的期望值 μ_0 之差应该较小,或者说,样本均值与在此假设下的总体的期望值之差的绝对值较大的可能性应该较小,即概率应该较小. 这个绝对值的下限记为 c. 由此可以构造小概率事件: $(|\overline{X}-\mu_0|>c)$,使得
$$P(|\overline{X}-\mu_0|>c)=\alpha.$$

由于
$$U \stackrel{\text{def}}{=} \frac{\overline{X}-\mu_0}{\sigma/\sqrt{n}} \sim N(0,1), \tag{7.1.1}$$

故由 $N(0,1)$ 的百分位点定义(见 5.3 节)
$$\alpha = P(|U|>z_{\alpha/2}) = P\left(\left|\frac{\overline{X}-\mu_0}{\sigma/\sqrt{n}}\right|>z_{\alpha/2}\right) = P\left(|\overline{X}-\mu_0|>z_{\alpha/2}\frac{\sigma}{\sqrt{n}}\right) \tag{7.1.2}$$

知,可以选取 $c=z_{\alpha/2}\sigma/\sqrt{n}$. 此时
$$P\left(\overline{X}>\mu_0+z_{\alpha/2}\frac{\sigma}{\sqrt{n}} \text{ 或 } \overline{X}<\mu_0-z_{\alpha/2}\frac{\sigma}{\sqrt{n}}\right)=\alpha, \tag{7.1.3}$$

于是小概率事件又可表示为一个和事件
$$\left(\overline{X}>\mu_0+z_{\alpha/2}\frac{\sigma}{\sqrt{n}}\right) \cup \left(\overline{X}<\mu_0-z_{\alpha/2}\frac{\sigma}{\sqrt{n}}\right). \tag{7.1.4}$$

现在可以依据样本的观测值,来判断小概率事件是否发生,进而给出统计推断:是否接受原假设. 如果依据样本的观测值算得 $\bar{x}$ 比 $\mu_0+z_{\alpha/2}\frac{\sigma}{\sqrt{n}}$ 大,或者比 $\mu_0-z_{\alpha/2}\frac{\sigma}{\sqrt{n}}$ 小,那么小概率事件就发生了,从而拒绝原假设. 这样
$$\left(-\infty, \mu_0-z_{\alpha/2}\frac{\sigma}{\sqrt{n}}\right) \text{ 和 } \left(\mu_0+z_{\alpha/2}\frac{\sigma}{\sqrt{n}}, +\infty\right) \tag{7.1.5}$$

称为原假设 H_0 的**拒绝域**(也分别称为左拒绝域和右拒绝域);反之,如果 $\bar{x}$ 不在上述两个区间之内,则不拒绝. 当然,如果离开两个临界值 $\mu_0 \pm z_{\alpha/2}\sigma/\sqrt{n}$ 较远:比小的大得多,而比大的小得多,则立即接受 H_0,即认为 $\mu=100$,包装机工作正常. 离临界值较近时,为慎重起见,我们只是暂时不拒绝,有条件、有可能时还应该再作检验.

容易看到,从式(7.1.2)提供的小概率事件也可以得到一个拒绝域
$$(-\infty, -z_{\alpha/2}) \text{ 和 } (z_{\alpha/2}, +\infty), \tag{7.1.6}$$

称为**统计量 U 的拒绝域**,也常记为 $|u|>z_{\alpha/2}$.

上面所选取的样本函数,在 H_0 下它是不含未知参数的样本函数,称为**统计量**. 特别称式(7.1.1)左边的统计量为 **U 统计量**,相应的检验称为 **u 检验**.

完整的解题步骤如下.

解 包装机装箱糖果的重量是随机的、对称的误差分布,因此可以认为是正态分布.
$$H_0: \mu=100.$$

选取统计量：因 σ^2 已知，选取 U 统计量．

计算统计量观测值：由已知 $n=9, \sigma=1.15$ 及所给样本值，

$$\bar{x} = \frac{1}{9} \times (99.3 + 98.7 + 100.5 + 101.2 + 98.3 + 99.7 + 99.5 + 102.1 + 100.5)$$
$$= 899.8/9 = 99.98,$$

故
$$|u| = \left|\frac{\bar{x} - \mu_0}{\sigma/\sqrt{n}}\right| = \left|\frac{99.98 - 100}{1.15/\sqrt{9}}\right| = 0.0522.$$

确定拒绝域：统计量的拒绝域为 $(-\infty, -z_{\alpha/2})$ 和 $(z_{\alpha/2}, +\infty)$．

查表计算：由 $\alpha = 0.05$，查表得 $z_{0.025} = 1.96$．

统计推断：$|u| = 0.0522 < 1.96 = z_{0.025}$，不在（统计量的）拒绝域内，故不拒绝 H_0．由于 0.0522 与 1.96 相差较大，所以接受包装机工作正常的结论． □

也可计算

$$\mu_0 - z_{0.025} \frac{\sigma}{\sqrt{n}} = 100 - 1.96 \times 1.15/\sqrt{9} = 100 - 0.7513 = 99.2487 \approx 99.25,$$

$$\mu_0 + z_{0.025} \frac{\sigma}{\sqrt{n}} = 100 + 0.7513 = 100.7513 \approx 100.75,$$

此时 $99.98 > 99.25$ 且 $99.98 < 100.75$，因此 $\bar{x}$ 不在 H_0 的拒绝域 $(-\infty, 99.25)$ 和 $(100.75, +\infty)$ 之内，因此不拒绝 $\mu = 100$ 的假设．

比较两个拒绝域，我们发现 H_0 的拒绝域实际意义明显，它表示如 $\bar{x}$ 比 μ_0 小则不能小于 99.25，比 μ_0 大则不能大于 100.75．而统计量的拒绝域在计算上更为方便．特别地，当只是变更 α 值时，只要重新查表得到新的百分位点，而 u 的计算不变，这样判断起来更快．进一步，依据 $|u|$ 的值，从分布表上还可以反过来查出临界的百分位点，使我们知道，依据已经观测到的这组数据，显著性水平最大可以选为多大．这个值往往可以作为决策的依据．例如国内外许多地方的天气预报，就是由观测数据给出降雨的概率(因为实用，作了粗略的近似)，对于不同的农、林、牧、渔、生产行业和经济管理等部门，或是个人情况，可以根据这个临界概率，决定自己的对策．这个临界概率，在一些科学技术和经济管理问题的研究中，也往往给出分析问题从而解决问题的重要依据．因此，我们当然更推荐在假设检验中使用统计量的拒绝域．

7.1.2 一个正态总体参数的双侧检验

引例实际给出了一个正态总体当方差已知时，参数 μ 的假设检验的依据和步骤．参照参数区间估计中样本函数的选取办法，仿照引例，我们可以得到一个正态总体参数的假设检验的所有情形的结论．把它们的要点列于下面，不再赘述．

1. $H_0: \mu = \mu_0$

(1) 设 σ^2 已知：采用 u 检验.

在 H_0 下选 U 统计量 (7.1.1) $U = \dfrac{\overline{X} - \mu_0}{\sigma/\sqrt{n}} \sim N(0,1)$，则统计量的拒绝域为 $(-\infty, -z_{\alpha/2})$ 和 $(z_{\alpha/2}, +\infty)$，而 H_0 的拒绝域为 $\left(-\infty, \mu_0 - z_{\alpha/2}\dfrac{\sigma}{\sqrt{n}}\right)$ 和 $\left(\mu_0 + z_{\alpha/2}\dfrac{\sigma}{\sqrt{n}}, +\infty\right)$.

(2) 设方差 σ^2 未知：采用 t 检验.

因为 S^2 是 σ^2 的无偏估计，故将式 (7.1.1) 中的 σ 换成 $S = \sqrt{S^2}$，从而在 H_0 下得到 T 统计量

$$T \stackrel{\text{def}}{=\!=} \dfrac{\overline{X} - \mu_0}{S/\sqrt{n}} \sim t(n-1). \tag{7.1.7}$$

于是统计量的拒绝域为

$$(-\infty, -t_{\alpha/2}(n-1)) \quad \text{和} \quad (t_{\alpha/2}(n-1), +\infty), \tag{7.1.8}$$

而 H_0 的拒绝域为 $\left(-\infty, \mu_0 - t_{\alpha/2}(n-1)\dfrac{S}{\sqrt{n}}\right)$ 和 $\left(\mu_0 + t_{\alpha/2}(n-1)\dfrac{S}{\sqrt{n}}, +\infty\right)$.

2. $H_0: \sigma^2 = \sigma_0^2$

(1) 设 μ 已知：采用 χ_n^2 检验.

因为 σ^2 是二次量，为充分利用 μ 已知的条件，选取统计量

$$K_n^2 \stackrel{\text{def}}{=\!=} \sum_{i=1}^{n} \left(\dfrac{X_i - \mu}{\sigma_0}\right)^2 \sim \chi^2(n), \tag{7.1.9}$$

则统计量 K_n^2 的拒绝域为

$$(0, \chi_{1-\alpha/2}^2(n)) \quad \text{和} \quad (\chi_{\alpha/2}^2(n), +\infty). \tag{7.1.10}$$

请注意，χ^2 分布不是对称分布. 但由于离开未知参数的两边的偏离可以认为是等可能的，因此一般地还是使统计量落在左右两个拒绝域的概率相等，各为 $\alpha/2$.

(2) 设 μ 未知：采用 χ^2 检验.

将式 (7.1.9) 中的 μ 换为其无偏估计 $\overline{X}$，并注意

$$\sum_{i=1}^{n}(X_i - \mu)^2 \Rightarrow \sum_{i=1}^{n}(X_i - \overline{X})^2 = (n-1)S^2 = nS_n^2, \tag{7.1.11}$$

则在 H_0 下，统计量

$$K^2 \stackrel{\text{def}}{=\!=} \dfrac{(n-1)S^2}{\sigma_0^2} \sim \chi^2(n-1). \tag{7.1.12}$$

统计量 K^2 的拒绝域为

$$(0, \chi_{1-\alpha/2}^2(n-1)) \quad \text{和} \quad (\chi_{\alpha/2}^2(n-1), +\infty). \tag{7.1.13}$$

这里仍然选取 K^2 落在左右两个拒绝域的概率相等，各为 $\alpha/2$.

μ 已知和 μ 未知的两种情况,在应用时的区别,参看区间估计 6.3.2 节 2 之②,即如果 μ 确实已知,应充分利用此真实信息,选式(7.1.9)的统计量.

思考题 试写出对 $H_0: \sigma^2 = \sigma_0^2$ 问题假设检验的拒绝域.

继续讨论某糖厂使用自动包装机的引例 7.1.1 的如下检验问题:

① 如果方差未知,仍然在 $H_0: \mu = 100$ 的双侧检验.

此时选用 t 检验. 算得 $|t| = \left| \dfrac{\bar{x} - \mu_0}{s/\sqrt{n}} \right| = \dfrac{100 - 99.98}{1.2122/\sqrt{9}} = 0.0495$,因为 $|t| < 2.3060 = t_{0.025}(8)$,因此接受 H_0,即仍然认为生产线上包装机工作正常(取 $\alpha = 0.05$).

② 从抽测的数据,作方差的双侧检验 $H_0: \sigma^2 = 1.15^2$.

因为 μ 未知,此时选用 χ^2 检验. 算得 $k^2 = \dfrac{(n-1)s^2}{\sigma_0^2} = 8 \times \left(\dfrac{1.2122}{1.15}\right)^2 = 8.8888$,因为 $k^2 > 2.180 = \chi_{0.975}^2(8)$,且 $k^2 < 17.523 = \chi_{0.025}^2(8)$,因此接受 H_0,即仍可以认为包装机工作的方差为 1.15^2(取 $\alpha = 0.05$).

7.1.3 一个正态总体参数的单侧检验

和单侧置信区间问题对应的,我们也常需要单侧的假设检验. 实际问题常出现这种情况:需要我们只是关心大于某个参数值或者小于某个参数值的情形,譬如生产的一批某种电子元件的击穿电压,其平均值(期望值)按照出厂标准,不能小于某个数,否则不合格;而设计装入某个系统的这种元件,我们又希望它的另外一项性能参数的波动程度越小越好,且一定不能太大,否则会影响整个系统性能的稳定性. 这类实际问题,在作参数区间估计时,我们遇到的是单侧区间估计问题,这在上节已经介绍过了. 而在需要作参数假设检验时,则相应地遇到的是单侧假设检验问题.

下面以一个例子来说明:(1)如何做单侧检验;(2)双侧检验和单侧检验的差别;(3)显著性水平选取对统计结论的影响.

例 7.1.2 正常生产条件下,某产品的生产指标 $X \sim N(\mu_0, \sigma_0^2)$,其中 $\sigma_0 = 0.23$. 现在改变了生产工艺,产品的生产指标变为 $X' \sim N(\mu, \sigma^2)$,且与 X 独立. 从新工艺产品中任意抽取 10 件,测得均方差为 0.33. 试在显著性水平 $\alpha = 0.05$ 下检验: $(1) \sigma^2$ 无明显变化; $(2) \sigma^2$ 明显增大.

分析 虽然新老工艺下产品的生产指标,成为两个独立的正态总体,但是抽样只是对新工艺下的产品进行的,目的也是对新工艺下生产指标的方差 σ^2 与数 0.23^2 之间的大小,进行统计检验,因此还是一个正态总体的假设检验问题. 现在要做的检验有两个,分别对两个问题做出回答: σ^2 等于 $\sigma_0^2 (= 0.23^2)$ 还是不等于 σ_0^2? σ^2 大于 σ_0^2 还是不大于 σ_0^2? 对

另外一个参数 μ,虽然未知,却不关心,无需回答任何问题.请注意,从抽取的 10 件中"测得"均方差为 0.33,当然是指样本的均方差,即 S 的观测值 $s=0.33$,而不是总体的均方差 σ.

第 1 个检验问题是双侧检验,而第 2 个则是单侧的.

解 (1) $H_0: \sigma^2 = \sigma_0^2 (=0.23^2)$.

这里 μ 未知,故属于上列情况 2 的 (2),选取 K^2 统计量,由式 (7.1.12) 算得其观测值,

$$k^2 \stackrel{\text{def}}{=\!=} \frac{(n-1)s^2}{\sigma_0^2} = \frac{(10-1) \times 0.33^2}{0.23^2} = 18.527.$$

查表 $\chi^2_{\alpha/2}(n-1) = \chi^2_{0.025}(9) = 19.023$ 和 $\chi^2_{1-\alpha/2}(n-1) = \chi^2_{0.975}(9) = 2.700$. $k^2 = 18.527$ 显然不在双侧的拒绝域 $(0, 2.700)$ 和 $(19.023, +\infty)$ 之内.因此,不拒绝 H_0,即不拒绝新老工艺下指标的方差无明显不同的统计结论. □

在做第 2 个检验之前,我们先来分析一下对第 1 个假设检验所得到的统计结论:不拒绝.虽然不拒绝 H_0,但是我们发现,统计量的样本观测值 18.527,离开右拒绝域的临界点 19.023 毕竟太近了!如果取显著性水平 $\alpha = 0.10$,则 $\chi^2_{\alpha/2}(n-1) = \chi^2_{0.05}(9) = 16.919 <$ 18.527.此时样本观测值就落在拒绝域内(参看图 7.1.1),从而拒绝 H_0,即认为新老工艺下指标的方差是有明显不同的.我们看到,显著性水平的选取十分重要,它可能带来截然不同的统计推断!显著性水平实际上是认同假设的一个能够容忍的限度;当概率小于 α(包含 α),就毅然推翻原假设.同时也明白,为什么一个假设检验,当统计量的观测值虽不在拒绝域但离开临界点很近时,我们不去轻易地接受假设,而只是审慎地不拒绝它——此时我们实际上持有一定的保留态度.

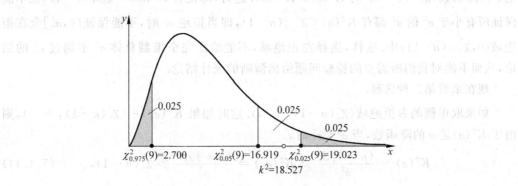

图 7.1.1 双侧与单侧 α 值的影响比较

现在来看第 2 个检验问题.我们的目的是要回答新工艺下的方差是不是明显增大(注意问题的提法常反映受检方或检验方的利益,现在只是根据已经给出的问题,寻找和安排假设检验的方法).换言之,要在 $\sigma^2 > \sigma_0^2$ 和 $\sigma^2 \leq \sigma_0^2$ 之中,即 σ^2 在 $(\sigma_0^2, +\infty)$ 和 $(0, \sigma_0^2]$ 之中做

出选择. 凭什么做出选择呢? 当然需要它们之中有一个并且只有一个, 落在拒绝域里, 就可作统计推断. 换言之, 要么所有大于 σ_0^2 的 σ^2, 即 $(\sigma_0^2, +\infty)$ 都在拒绝域内, 要么所有不大于 σ_0^2 的 σ^2, 即 $(0, \sigma_0^2]$ 都在拒绝域内, 两者必居其一. 由此可见, 这与第 1 个假设检验问题完全不同, 那里只是对 σ_0^2 这一个值做出判断, 现在却是对此值左边或右边的"成片"的值即 $(\sigma_0^2, +\infty)$ 和 $(0, \sigma_0^2]$ 做出判定. 总体的真实参数 σ^2 是客观存在的, 只是我们不知道它在何处、不知道它在 σ_0^2 的哪一边. 需要哪一片的值落在拒绝域里就能给出"σ^2 是否明显增大"的统计推断呢? 首先我们注意到, 由于样本函数

$$K^2(\sigma) \stackrel{\text{def}}{=\!=} (n-1)S^2/\sigma^2$$

只在 σ^2 已知时才是统计量. 这时代入样本观测值, 才能算得一个数(统计量的观测值), 然后将这个值与拒绝域的临界点(百分位点)作比较, 由此确定是否拒绝对这个方差值的假设. 因此对 σ_0^2 肯定是要作检验的: 取方差为 σ_0^2 时, 我们就可以得到统计量 $K^2(\sigma_0)$. 由样本观测值可算出 $k^2(\sigma_0)$, 将它与拒绝域的临界点比较, 从而就可对 σ_0 给出统计推断. 这样一来如果包括 σ_0^2 的 $(0, \sigma_0^2]$ 都在拒绝域内, 我们就能做出拒绝的判断了. 我们把这写在原假设中, $H_0: (0<)\sigma^2 \leqslant \sigma_0^2$, 使我们在 H_0 下代入 σ_0^2 值作计算时有依据.

在第一个检验问题中我们选取双侧拒绝域, 现在则由于对 σ 的两个结论有方向性, 因此取单侧拒绝域了: 取左拒绝域或者取右拒绝域, 我们有两个选择.

如果取单侧的左拒绝域 $(0, \chi_{1-\alpha}^2(n-1))$, 临界点是 $\chi_{1-\alpha}^2(n-1)$. 由于

$$K^2(\sigma) \stackrel{\text{def}}{=\!=} \frac{(n-1)S^2}{\sigma^2}$$

是 σ 的降函数, 故当 $\sigma^2 < \sigma_0^2$ 时 $K^2(\sigma) > K^2(\sigma_0)$. 这时, 即便有 $K^2(\sigma_0) < \chi_{1-\alpha}^2(n-1)$, 也不能保证所有小于 σ_0^2 的 σ^2 都有 $K^2(\sigma) < \chi_{1-\alpha}^2(n-1)$, 即当拒绝 σ_0 时, 不能保证 $(0, \sigma_0^2]$ 全在拒绝域 $(0, \chi_{1-\alpha}^2(n-1))$ 中. 这样, 选择左拒绝域, 不能给出完全推翻总体 σ^2 不超过 σ_0^2 的结论, 从而不能对我们所需要的检验问题给出清晰的统计结论.

现在来看第二种选择.

如果取单侧的右拒绝域 $(\chi_\alpha^2(n-1), +\infty)$. 这时如果 $K^2(\sigma_0) \in (\chi_\alpha^2(n-1), +\infty)$, 则由于 $K^2(\sigma)$ 是 σ 的降函数, 当 $\sigma^2 < \sigma_0^2$ 时,

$$K^2(\sigma) = \frac{(n-1)S^2}{\sigma^2} > K^2(\sigma_0) = \frac{(n-1)S^2}{\sigma_0^2} > \chi_\alpha^2(n-1), \qquad (7.1.14)$$

从而保证 $(0, \sigma_0^2]$ 全在拒绝域 $(\chi_\alpha^2(n-1), +\infty)$ 中. 可见选择右拒绝域时, 可以保证: 当 σ_0^2 被拒绝, 那么 $(0, \sigma_0^2]$ 便全被拒绝, 从而知道总体真实的 σ^2 不会比 σ_0^2 小, 即 σ^2 一定明显比 σ_0^2 大. 这样, 能给出我们所需要的检验: 对"σ^2 是否明显增大", 给出统计推断.

这种单侧检验, 要选择一个合适的单侧拒绝域, 而以一个参数的已知值"测试". 如果统计量代入此参数的这个值时, 统计量的值落在拒绝域中, 则可以使这个参数值某一侧的

值,即大于或小于这个参数值的所有值全部落在拒绝域中.因为要将作测试的参数值代入样本函数,因此将含有这个值的那一个推断$(0,\sigma_0^2]$,全写在原假设 H_0 中,对它作检验.另外将对立的结论"$\sigma^2 < \sigma_0^2$"也写出来,称为**对立假设**或者**备选假设**,记为 H_1. 现在我们可以写出问题(2)的解了.

解 (2) $\qquad H_0: \sigma^2 \leqslant \sigma_0^2 (= 0.23^2); \qquad H_1: \sigma^2 > \sigma_0^2.$

选右拒绝域$(\chi_\alpha^2(n-1), +\infty)$. 查表 $\chi_\alpha^2(n-1) = \chi_{0.05}^2(9) = 16.919$, 代入 σ_0^2 计算统计量的观测值

$$k^2 \stackrel{\text{def}}{=\!=} \frac{(n-1)s^2}{\sigma_0^2} = \frac{(10-1) \times 0.33^2}{0.23^2} = 18.527.$$

统计推断:因为 $k^2 = 18.527 > 16.919 = \chi_{0.05}^2(9)$. 故拒绝 H_0, 即认为 σ^2 明显增大. □

我们看到在作检验时,虽然理论上要对$(0, \sigma_0^2]$上的所有值作检验,但是实际上只代入 σ_0^2 的值去计算样本函数值,从而完成检验就可以了.因此原假设可以保留双侧检验时的形式不变,写成 $H_0: \sigma^2 = \sigma_0^2$. 为了表明这是单侧检验,并且反映出,如果原假设一旦被拒绝,我们将接受何种结论,这个结论就是备选假设 H_1. 这样,单侧检验问题(2),可以写为如下形式:

$$H_0: \sigma^2 = \sigma_0^2(= 0.23^2); \qquad H_1: \sigma^2 > \sigma_0^2.$$

H_1 提醒我们理解 H_0 的完整意思实际是 $\sigma^2 \leqslant \sigma_0^2$.

如果对本例再提一个检验问题:(3)方差是否明显地不比原来的方差小?则可仿照以上分析,可知问题化为要在 $\sigma^2 < \sigma_0^2$ 和 $\sigma^2 \geqslant \sigma_0^2$ 之中,即 σ^2 在 $(0, \sigma_0^2)$ 中或者在 $[\sigma_0^2, +\infty)$ 中,做出一个统计判断.此时,我们的假设应该写成

$$H_0: \sigma^2 \geqslant \sigma_0^2; \qquad H_1: \sigma^2 < \sigma_0^2.$$

而拒绝域应该选为左拒绝域$(0, \chi_{1-\alpha}^2(n-1))$, 即将在 $\sigma^2 = \sigma_0^2$ 条件下算得的统计量观测值 k^2 与 $\chi_{1-\alpha}^2(n-1)$ 比较.如果 $k^2 < \chi_{1-\alpha}^2(n-1)$, 则拒绝总体的真实方差 $\sigma^2 \geqslant \sigma_0^2$ 的结论,从而接受 $H_1: \sigma^2 < \sigma_0^2$. 这里,由于选择了合适的拒绝域,使我们只检验一个值 σ_0^2, 而能在其被拒绝时,可以否定一个区间$[\sigma_0^2, +\infty)$, 从而认定总体真实参数不在此区间中.

由于 $k^2 = 18.527 \gg 3.325 = \chi_{0.95}^2(9) = \chi_{1-\alpha}^2(n-1)$, 不在拒绝域内,并且离开临界值很远,因此接受 H_0, 认为 $\sigma^2 \geqslant \sigma_0^2$, 方差没有变小.

截至现在,我们依据抽到的容量为 10 的样本,对方差作了一个双侧和两个单侧的检验,它们分别要求回答新工艺下产品的生产指标中方差的三个问题:在显著性水平 $\alpha = 0.05$ 下检验,(1) σ^2 无明显变化;(2) σ^2 明显比原来的方差 σ_0^2 增大;(3)方差明显地不比 σ_0^2 小.而根据检验结果我们的统计结论分别是:不拒绝(1),接受推断(2),(拒绝(2)的 H_0)及接受推断(3)"方差比原来小".后两个结论是一致的,而与第一个结论似乎矛盾.这

是什么原因呢？我们已经指出当显著性水平 $\alpha=0.10$ 时,则拒绝"σ^2 无明显变化"的结论.可见对新工艺的认识应该还是清楚的.这里可以看到**显著性水平 α 的选取至关重要**,并且由于 α 一般都比较小.因此假设检验对原假设有相当大的保护.事实上,即便取 $\alpha=0.20$,也仍然很小:只在概率比 0.20 还小时,才"忍无可忍"地拒绝原假设.正是这个原因,我们在**作假设检验时必须根据问题的需要和我们的利益,认真选择显著性水平 α**,并且我们的检验结论也是"明显"如何如何,突出显著性水平的作用.

注意,在 σ^2 假设检验的另外一种情况,当 μ 已知时,样本函数也是 σ 的降函数.

$$K_n^2(\sigma) \stackrel{\text{def}}{=} \sum_{i=1}^n \left(\frac{X_i-\mu}{\sigma}\right)^2 \downarrow \quad (\text{当 } \mu \text{ 已知}).$$

而在对 μ 的假设检验的两种情况,样本函数也都是等待检验的参数的降函数:

$$U(\mu) \stackrel{\text{def}}{=} \frac{\overline{X}-\mu}{\sigma/\sqrt{n}} \downarrow \quad (\sigma^2 \text{ 已知});\quad T(\mu) \stackrel{\text{def}}{=} \frac{\overline{X}-\mu}{S/\sqrt{n}} \downarrow \quad (\sigma^2 \text{ 未知}).$$

这样,在作相应参数的单侧检验时,其单侧拒绝域方向的选择,有共同的规律:看 H_1 中对已经给出的参数值 μ_0 或 σ_0^2 的方向,如果在它的左方,就选左拒绝域;如果在它的右方,就选右拒绝域.例如,对

$$H_0: \mu=\mu_0;\quad H_1: \mu>\mu_0.$$

选右拒绝域 $(z_\alpha,+\infty)$.各种情况下的单侧检验的统计量、拒绝域也都列在附录中.重要的是掌握上面的方法,而不必去逐一死记硬背.

双侧检验时,也可视为 $H_1: \mu\neq\mu_0$ 或者 $\sigma^2\neq\sigma_0^2$ 的情形.

总结 单侧检验的 3 个关键点:(1)选 H_0,使它含等号;(2)选拒绝域,如 H_1 中未知参数 > 待检验的已知值,选右拒绝域;否则选左拒绝域;(3)分位点用 α 或者 $1-\alpha$,不是 $\alpha/2$ 或者 $1-\alpha/2$.

7.1.4 假设检验的一般步骤及与区间估计问题的比较

1. 假设检验的一般步骤

(1) 根据要检验的问题的要求,列出两个对立的结论(命题),确定是双侧检验还是单侧检验问题,并分别选择它们作为原假设 H_0 和备选假设 H_1.不包含给定参数值 μ_0 或 σ_0^2 的那一个结论,作为 H_1(双侧检验时,可不写).H_0 形式上可以只写出待检参数等于给定参数值的等式.

(2) 找一个合适的样本 $X_1,X_2,\cdots,X_n$ 的函数,在按 H_0 给出的等式(等于 μ_0 或 σ_0^2)的条件下,它是统计量.在检验的四种情况里,它们分别由式(7.1.1)、式(7.1.7)、式(7.1.9)和式(7.1.12)决定.并且根据样本值,计算统计量的观测值.

(3) 基于分布和显著性水平查表得到分布的百分位点.但要注意,对称的双侧检验一般使统计量的观测值落在左、右两个拒绝域的概率都是 $\alpha/2$,而单侧检验时落在一个拒绝

域(左或右拒绝域)的概率是 α. 单侧检验时拒绝域方向的选择,要看 H_1 中对已经给出的参数值 μ_0 或 σ_0^2 的方向,如果小于给定值,就选左拒绝域;反之,就选右拒绝域.

(4) 根据统计量观测值是否在拒绝域给出统计推断:落在拒绝域内则拒绝 H_0,反之不拒绝 H_0. 如果统计量观测值不在拒绝域内且离开拒绝域的临界点(百分位点)较远,则接受 H_0;相距不远,则应该慎重对待,一般我们只是不拒绝;必要时应补充样本继续检验.

2. 假设检验与区间估计问题的比较

假设检验与区间估计问题,有许多共同之处,例如都是对总体未知参数作统计推断;在对参数已知与否所作假设检验的主要四种情形里,所选用的样本函数是一样的;对双侧和单侧问题处理时,也有不少相近之处;并且,它们的统计推断也常常是相通的. 看下面这个例子.

例如,$X_1, X_2, \cdots, X_n$ 是方差已知的正态总体 $N(\mu, \sigma_0^2)$ 的样本,则 μ 的置信度为 $1-\alpha$, 置信区间为 $(\overline{X} - z_{\alpha/2} \sigma_0/\sqrt{n}, \overline{X} + z_{\alpha/2} \sigma_0/\sqrt{n})$. 而在一个假设检验 $H_0: \mu = \mu_0$ 中,在给定的显著性水平下拒绝 μ_0,其充要条件是 $\dfrac{|\overline{X} - \mu_0|}{\sigma_0/\sqrt{n}} \geq z_{\alpha/2}$,即 μ_0 不在上述置信区间之内. 反之,一族水平为 α 的 μ 的检验,简单地取检验的接受域作为 μ 的置信区间,就得到一族 μ 的区间估计.

虽然如此,我们还是应该强调它们的不同之处,以免把两类不同目的的问题,混为一谈. 对初学者,尤其应该注意.

(1) 目的不同. 区间估计的目的是对未知参数给出一个取值变化的范围(区间);假设检验则是对已经给出的有关未知参数的一个说法(结论)作检验,看这个说法是不是该推翻(拒绝).

(2) 态度不同. 对未知参数给出估计的取值区间时,我们应该有相当大的把握,即应该有相当大 $(1-\alpha)$ 的概率,并称它为**置信度**;假设检验是要在已经给出的有关未知参数这个说法(假设)的条件下,确定对不能接受这个假设的容忍界限,从而构造一个小概率事件:当概率小到 α 以下时,便断然拒绝已经给出的说法(假设). 这个 α 叫做**显著性水平**. 一般来讲,作假设检验时对给出的原假设有相当大的偏袒:不是非常有把握,不拒绝原假设. 有时出现对原假设虽然不拒绝,但认为原假设很是可疑,此时应该对原假设持有一定的保留态度或者补充采样继续检验. 而一旦拒绝,则是理直气壮的.

(3) 对未知参数给出的估计区间,是随机区间,选用的样本函数因为含有未知参数而不是统计量;假设检验在给出的假设条件下,所用的样本函数不再含有未知参数而是统计量. 当显著性水平 α 给定后,统计量的拒绝域是确定的区间,而不是随机区间. 在参数检验中所有未被拒绝的值,构成此参数的置信区间.

(4) 区间估计的随机区间是实数直线上的一个开区间,双侧和单侧时都是如此;假设检验中统计量的拒绝域,双侧时在"两侧",单侧时在实数直线的"一侧".

(5) 假设检验时还可对从抽样得到的统计量的观测值,作为百分位点,找出对应的概率,帮助我们对总体参数取得进一步的认识.

7.2 两个独立正态总体参数和成对数据的检验

两个正态总体的各自参数的检验,可以分别从两个总体抽样,应用 7.1 节的方法,进行参数检验. 这里要介绍的,是对两个总体参数差异性的一个论断作检验.

7.2.1 两个正态总体参数的差异性检验

设两个总体 X 和 Y 独立且分别服从 $N(\mu_1, \sigma_1^2)$ 和 $N(\mu_2, \sigma_2^2)$,分别抽取的样本为 $X_1, X_2, \cdots, X_{n_1}$ 和 $Y_1, Y_2, \cdots, Y_{n_2}$,记两个样本均值和两个样本方差分别是 $\overline{X}, \overline{Y}$ 和 S_1^2, S_2^2. 由两个总体独立可知它们的样本相互独立,从而它们的样本函数相互独立.

这里所要讨论的是两个总体参数之间的差别,在实际问题中我们常常会遇到它们. 例如,已知产品的某一质量指标服从正态分布,现在设计一条新的流水线,因此总体参数可能改变. 我们想知道产品质量指标与以前相比,是否达到设计要求. 例如是否均值提高数为 μ_0,而指标的波动程度(方差)减少 20% 等. 这就需要对两个正态总体参数差异性作假设检验.

为阐述简洁,下面只讨论有双侧等概率的拒绝域的假设检验问题,单侧及非对称的情形,可仿照 7.1 节推出.

1. 两个总体均值差 $\mu_1 - \mu_2$ 的检验

现在的原假设 $H_0: \mu_1 - \mu_2 = \mu_0$(已知值). 对 $\mu_1 - \mu_2$ 作检验,自然考虑样本函数 $\overline{X} - \overline{Y}$.

(1) 设 σ_1^2, σ_2^2 均为已知,采用 u 检验.

因 $\overline{X}, \overline{Y}$ 分别为 μ_1, μ_2 的无偏估计,故 $\overline{X} - \overline{Y}$ 是 $\mu_1 - \mu_2$ 的无偏估计. 由 $\overline{X}, \overline{Y}$ 的独立性以及 $\overline{X} \sim N(\mu_1, \sigma_1^2/n_1), \overline{Y} \sim N(\mu_2, \sigma_2^2/n_2)$,得

$$\overline{X} - \overline{Y} \sim N\left(\mu_1 - \mu_2, \frac{\sigma_1^2}{n_1} + \frac{\sigma_2^2}{n_2}\right).$$

故在 H_0 下,

$$U \stackrel{\text{def}}{=} \frac{(\overline{X} - \overline{Y}) - \mu_0}{\sqrt{\frac{\sigma_1^2}{n_1} + \frac{\sigma_2^2}{n_2}}} \sim N(0, 1). \tag{7.2.1}$$

于是,由 $\alpha = P(|U| > Z_{\alpha/2})$,仿照 7.1 节,$H_0$ 的拒绝域为

$$\left(-\infty, \mu_0 - z_{\alpha/2}\sqrt{\frac{\sigma_1^2}{n_1}+\frac{\sigma_2^2}{n_2}}\right) \text{ 和 } \left(\mu_0 + z_{\alpha/2}\sqrt{\frac{\sigma_1^2}{n_1}+\frac{\sigma_2^2}{n_2}}, +\infty\right), \qquad (7.2.2)$$

U 统计量的拒绝域为

$$(-\infty, -z_{\alpha/2}) \quad \text{和} \quad (z_{\alpha/2}, +\infty). \qquad (7.2.3)$$

(2) 设 $\sigma_1^2 = \sigma_2^2 = \sigma^2$,但 σ^2 未知,采用 t 检验.

在 H_0 下,

$$U \stackrel{\text{def}}{=} \frac{(\overline{X}-\overline{Y}) - \mu_0}{\sigma\sqrt{\frac{1}{n_1}+\frac{1}{n_2}}} \sim N(0,1),$$

又

$$K_i^2 \stackrel{\text{def}}{=} \frac{(n_i - 1)S_i^2}{\sigma^2} \sim \chi^2(n_i - 1), \quad i = 1, 2,$$

由于两个总体独立,故 K_1^2 和 K_2^2 独立,由 Cochran 定理(5.3.2 节性质 4)可知

$$K_1^2 + K_2^2 \sim \chi^2(n_1 + n_2 - 2). \qquad (7.2.4)$$

于是由 5.2 节,并注意 U 与 $K_1^2 + K_2^2$ 独立,有

$$T \stackrel{\text{def}}{=} \frac{U}{\sqrt{(K_1^2 + K_2^2)/(n_1 + n_2 - 2)}} \sim t(n_1 + n_2 - 2).$$

注意

$$\frac{K_1^2 + K_2^2}{n_1 + n_2 - 2} = S_w^2/\sigma^2,$$

此处

$$S_w^2 = \frac{(n_1 - 1)S_1^2 + (n_2 - 1)S_2^2}{n_1 + n_2 - 2}$$

$$= \frac{1}{n_1 + n_2 - 2}\left[\sum_{i=1}^{n_1}(X_i - \overline{X})^2 + \sum_{j=1}^{n_2}(Y_j - \overline{Y})^2\right], \qquad (7.2.5)$$

于是

$$T = \frac{(\overline{X}-\overline{Y}) - \mu_0}{S_w\sqrt{\frac{1}{n_1}+\frac{1}{n_2}}} \sim t(n_1 + n_2 - 2), \quad S_w = \sqrt{S_w^2}. \qquad (7.2.6)$$

从而两总体方差相等但其值未知时,可对 $\mu_1 - \mu_2$ 作 t 检验,此时统计量的拒绝域为

$$(-\infty, -t_{\alpha/2}(n_1 + n_2 - 2)) \quad \text{和} \quad (t_{\alpha/2}(n_1 + n_2 - 2), +\infty). \qquad (7.2.7)$$

(3) 设 σ_1^2, σ_2^2 均未知,且不知它们是否相等.

此时只要 n_1, n_2 都很大(实用上一般大于 50 即可),则由中心极限定理仍然可认为样本和有正态分布,从而可以将 σ_1^2, σ_2^2 分别直接换为 S_1^2, S_2^2,用 u 检验可得

$$U = (\overline{X} - \overline{Y} - \mu_0)\left(\sqrt{\frac{S_1^2}{n_1}+\frac{S_2^2}{n_2}}\right)^{-1} \stackrel{d}{\approx} N(0,1), \qquad (7.2.8)$$

从而 U 的拒绝域是式(7.2.3). 这里 $\overset{d}{\approx}$ 表示"近似分布为".

如果 n_1, n_2 不大,问题较烦琐. 此时可仿照 7.1 节和 6.3 节的方法,有近似 t 检验

$$T = (\overline{X} - \overline{Y} - \mu_0)\left(S_w\sqrt{\frac{1}{n_1} + \frac{1}{n_2}}\right)^{-1} \overset{d}{\approx} t(v), \tag{7.2.9}$$

其中 S_w 由式(7.2.6)给出,而自由度

$$v = \left(\frac{s_1^2}{n_1} + \frac{s_2^2}{n_2}\right)^2 \left(\frac{(s_1^2/n_1)^2}{n_1 - 1} + \frac{(s_2^2/n_2)^2}{n_2 - 1}\right)^{-1}. \tag{7.2.10}$$

统计量的拒绝域为

$$(-\infty, -t_{\alpha/2}(v)) \quad \text{和} \quad (t_{\alpha/2}(v), +\infty). \tag{7.2.11}$$

2. 方差比的假设检验 $H_0: \sigma_1^2/\sigma_2^2 = c$

仿照 7.1 节的方法和 6.3 节的方法,在 H_0 下,可以依据期望是否已知,分两种情况构造 F 统计量进行方差比的假设检验. 例如,在期望未知时,有

$$F = \frac{S_1^2}{cS_2^2} = \frac{S_1^2/\sigma_1^2}{S_2^2/\sigma_2^2} \sim F(n_1 - 1, n_2 - 1). \tag{7.2.12}$$

于是得统计量的拒绝域

$$(0, F_{1-\alpha/2}(n_1 - 1, n_2 - 1)) \bigcup (F_{\alpha/2}(n_1 - 1, n_2 - 1), +\infty). \tag{7.2.13}$$

注意,查表求上式 $1-\alpha/2$ 百分位点值时,要利用 F 分布百分位点的性质

$$F_{1-\alpha/2}(n_1 - 1, n_2 - 1) = \frac{1}{F_{\alpha/2}(n_2 - 1, n_1 - 1)}. \tag{7.2.14}$$

先查表找 F 分布的 $\alpha/2$ 百分位点值,经过上面的转换求得 F 分布的 $1-\alpha/2$ 百分位点的值.

例 7.2.1 在固定的一只平炉上进行一项试验,以确定改进操作方法是否能提高钢的得率(=100 可用钢材重量/投入炉中的金属总量×%). 除操作方法外,每炼一炉钢的其他条件不变. 标准操作方法与改进方法,交替进行,各炼了 10 炉钢,得率记录如下:

炉 次	1	2	3	4	5	6	7	8	9	10
标准方法(1)	78.1	72.4	76.2	74.3	77.4	78.4	76.0	75.5	76.7	77.3
改进方法(2)	79.1	81.0	77.3	79.1	80.0	79.1	79.1	77.3	80.2	82.1

设两个样本独立,都是正态分布,且方差相等. 问改进的方法是否提高得率? 取显著性水平 $\alpha = 0.05$.

分析 由题设知,此为两个独立正态总体的均值差的检验,方差未知但相等,故选 t 检验. 依题意,要回答得率提高 $(\mu_1 < \mu_2)$,取标准方法得率为第一总体)还是没有提高 $(\mu_1 \geqslant \mu_2)$,后者包括等号,选为 H_0;前者 $\mu_1 < \mu_2$ 即 $\mu_1 - \mu_2 < 0 (= \mu_0)$,应为 H_1. 因此选取左拒绝域.

解 检验的假设 $H_0: \mu_1 \geqslant \mu_2$；$H_1: \mu_1 < \mu_2$.

选取左拒绝域 $(-\infty, -t_\alpha(n_1+n_2-2))$. 由题设及式(7.2.5)，知

$$s_w^2 = \frac{(n_1-1)s_1^2 + (n_2-1)s_2^2}{n_1+n_2-2} = \frac{(10-1)\times 3.325 + (10-1)\times 2.225}{10+10-2} = 2.775.$$

于是由式(7.2.6)，有

$$t = \frac{\bar{x}-\bar{y}}{s_w\sqrt{\frac{1}{n_1}+\frac{1}{n_2}}} = \frac{76.23-79.43}{\sqrt{2.775}\times\sqrt{\frac{1}{10}+\frac{1}{10}}} = -4.295.$$

查表得 $t_\alpha(n_1+n_2-2) = t_{0.05}(18) = 1.7341$. 因 $t = -4.295 < -1.7341 = -t_{0.05}(18)$，故拒绝 H_0 而接受 H_1，认为新方法比标准方法好，能提高钢的得率. □

一般地，两个正态总体如果方差未知，而需要比较它们均值时，常先作方差比检验，看能否认为 $\sigma_1^2 = \sigma_2^2$. 然后再作均值差检验(如果可认为 $\sigma_1^2 = \sigma_2^2$，则用 t 检验式(7.2.6)，否则用式(7.2.9)的 t 检验).

7.2.2 成对数据的检验问题

我们以一个例子来说明成对数据的检验问题，注意它和两个总体检验问题的差别.

例 7.2.2 设有两台测量材料中某种金属含量的光谱仪 A 和 B，为鉴定它们的质量有无显著差异，取来 9 件材料量块(测块)，它们含有这种金属的含量不同，得到 9 对观测数据如下：

量块	1	2	3	4	5	6	7	8	9
光谱仪 $A(x_i/\%)$	0.20	0.30	0.40	0.50	0.60	0.70	0.80	0.90	1.00
光谱仪 $B(y_i/\%)$	0.10	0.21	0.52	0.32	0.78	0.59	0.68	0.77	0.89

问根据试验结果，在显著性水平 $\alpha = 0.01$ 下，能否判断这两台光谱仪的质量有明显差别？

分析 注意，现在的问题不是两个正态总体的参数差异性检验. 表中数据，是两台光谱仪对 9 个量块分别测量所得到的数据. 对每台光谱仪来讲，这 9 个数据的不同是由各个量块材料的某种金属含量的不同造成的，不是对有固定这种金属成分的同一种材料的 9 个量块测量得到的，因此不是从一个正态总体中抽取的样本. 这样，现在的问题不是两个总体的问题；对同一个量块，两台光谱仪测量得到一对数据，这 9 对数据也不是独立的，它们伴随 9 个量块中某种材料含量的不同，而有较为明显的趋势性：基本上是同升同降.

另一方面，我们注意到两台仪器对同一个量块测得的数据上的差别，不是由量块材料成分的不同造成的，而是因为两台仪器自身的差异所形成的. 如果两台光谱仪质量一样，

那么由它们对各个量块所测得的每对数据的误差,只是随机误差,而不是光谱仪自身结构、材料等差别造成的,这种情况应该有对称性的误差 $d_i = x_i - y_i, i = 1, 2, \cdots, 9$,并且不再有明显的趋势性.有对称性的随机误差,可以认为是正态分布.因此,可认为各 d_i 是一个正态分布的样本观测值.当然,严格的判定还应该经过统计上的检验.这方面的工作,属于非参数检验,或者称为**分布拟合**,可参阅 7.5 节.

解 两台光谱仪对同一个量块测得的数据上的差别,是两台光谱仪自身差异形成的.

量块	1	2	3	4	5	6	7	8	9
光谱仪误差 $d_i = x_i - y_i$ (%)	0.10	0.09	-0.12	0.18	-0.18	0.11	0.12	0.13	0.11

由两台光谱仪自身的差异所形成的误差,认为是正态的,即认为 $X - Y \sim N(\mu_d, \sigma_d^2)$,而 $X_i - Y_i (i = 1, 2, \cdots, 9)$ 是这个正态总体的样本.检验的原假设为

$$H_0: \mu_d = 0.$$

方差未知,故选取双侧 t 检验.由样本值计算统计量的观测值,

$$t = \frac{\bar{d} - 0}{s/\sqrt{n}} = \frac{0.06}{0.1227/\sqrt{9}} = 1.467.$$

查表,$t_{\alpha/2}(n-1) = t_{0.005}(8) = 3.3554$.因 $|t| < t_{0.005}(8)$,故不在拒绝域内,接受 H_0,认为这两台光谱仪的质量没有明显差别. □

7.3 两类错误与样本容量的选择

7.3.1 两类错误

假设检验在作统计推断时,要依据抽样值计算统计量的观测值.正确的判断是原假设 H_0 成立时接受 H_0,或原假设 H_0 不成立时不接受它.但由于抽样的不确定性,使这个观测值也有不确定性,因此这很可能影响我们推断的正确性.也就是说在假设检验时有可能会出错.同时任何一个统计推断,总是以一定的把握程度(概率)做出的,势必会有失误、会有风险.因此有必要对可能的错误程度作一番分析和估计.

可能的错误有两类.原假设 H_0 实际上是对的,但依据抽到的样本值计算的结果,却拒绝了 H_0.这一类错误叫做"**弃真**",称为**第 I 类错误**.另外一类,则是依据检验的结果接受了原本是错误的原假设,也就是"**存伪**",称为**第 II 类错误**.这两类错误的概率分别是 P(拒绝 $H_0 | H_0$ 为真) 和 P(不拒绝 $H_0 | H_0$ 为假).如果用 W 表示拒绝域,G 表示假设检验中在 H_0 下选用的统计量,则犯第 I 类错误的概率记为 α 时,有

$$\alpha = P(G \in W \mid H_0 \text{ 真}) \stackrel{\text{def}}{=\!=} P_{H_0}(G \in W). \tag{7.3.1}$$

用参数统计结构表示,则犯第 I 类错误的概率为

$$\alpha(\theta_0) = P(G \in W \mid \theta = \theta_0) \stackrel{\text{def}}{=\!=} P_{\theta_0}(G \in W). \tag{7.3.2}$$

犯第 II 类错误的概率记为 β 时,有

$$\beta = P(G \notin W \mid H_0 \text{ 假}) \stackrel{\text{def}}{=\!=} P_{H_1}(G \notin W) = 1 - P_{H_1}(G \in W). \tag{7.3.3}$$

用参数统计结构表示,犯第 II 类错误的概率为

$$\beta(\theta) = P(G \notin W \mid \theta = \theta_1 \neq \theta_0) = P_{\theta_1}(G \notin W) = 1 - P_{\theta_1}(G \in W). \tag{7.3.4}$$

以一个正态总体在方差 σ^2 已知时的 μ 双侧检验为例,即对 $H_0: \mu = \mu_0$ 的 u 检验,我们来计算这两类错误的概率.

先来计算第 I 类错误的概率,即 $P(\text{拒绝 } H_0 \mid H_0 \text{ 为真})$. 如果 H_0 为真,即总体确实是期望为 μ_0 方差为 σ^2 的正态分布,$X \sim N(\mu_0, \sigma^2)$,从而确实有 $G = U \stackrel{\text{def}}{=\!=} \sqrt{n}(\overline{X} - \mu_0)/\sigma \sim N(0,1)$. 但依据抽到的样本值计算的结果,统计量 U 的观测值 u 落在拒绝域 $(-\infty, -z_{\alpha/2})$ 或者 $(z_{\alpha/2}, +\infty)$ 之内,即发生了事件 $(|U| > z_{\alpha/2}) \stackrel{\text{def}}{=\!=} \{\omega: |U(\omega)| > z_{\alpha/2}\}$,因此拒绝了 H_0. 由

$$P_{H_0}(|U| > z_{\alpha/2}) \stackrel{\text{def}}{=\!=} P(|U| > z_{\alpha/2} \mid H_0 \text{ 真}) = \alpha \tag{7.3.5}$$

知,犯第 I 类错误的概率就是拒绝 H_0 的概率,也就是我们作为小概率事件的界限的显著性水平 α,$\alpha = P(\text{拒绝 } H_0 \mid H_0 \text{ 为真})$.

仍以一个正态总体在已知方差 σ^2 时对 $H_0: \mu = \mu_0$ 的 u 检验,来计算 β.

设总体的真实分布是 $X \sim N(\mu_1, \sigma^2)$,$\mu_1 \neq \mu_0$,因此成立 $\overline{X} \sim N(\mu_1, \sigma^2/n)$. 但是,在原假设 H_0 下,认为 $\overline{X} \sim N(\mu_0, \sigma^2/n)$,对于这个假设,从抽样的数据作检验时,没有拒绝原假设. 也可以说现时我们统计检验的结论是接受了 H_0 (在 U 统计量的观测值 u 与作为拒绝域边界点的 $z_{\alpha/2}$ 或 $-z_{\alpha/2}$ 临近但尚不能拒绝时,一般应该补充采样继续检验. 因此,这里认为这个工作已经完成).

注意:实际采集到的数据当然是来自真实总体的,即各 $X_i \sim N(\mu_1, \sigma^2)$,因此 $\overline{X} \sim N(\mu_1, \sigma^2/n)$.

记 $c = z_{\alpha/2}\sigma/\sqrt{n}$,则(参看图 7.3.1)

$$\beta = P(|U| < z_{\alpha/2} \mid \mu = \mu_1 \neq \mu_0)$$

$$= P\left(\mu_0 - z_{\alpha/2}\frac{\sigma}{\sqrt{n}} < \overline{X} < \mu_0 + z_{\alpha/2}\frac{\sigma}{\sqrt{n}} \,\Big|\, \mu = \mu_1 \neq \mu_0\right) \tag{7.3.6}$$

$$= \int_{\mu_0-c}^{\mu_0+c} \frac{1}{\sqrt{2\pi}\sigma/\sqrt{n}} \exp\left[-\frac{(x-\mu_1)^2}{2\sigma^2/n}\right] dx = \text{曲顶梯形 } D \text{ 的面积}.$$

能不能选择一种假设检验,使 α 和 β 同时达到最小?我们当然希望能如此,但很可惜我们办不到. 因为由式(7.3.5)可见,α 若越大,则 $z_{\alpha/2}$ 越小,式(7.3.6)中积分区间越小,因

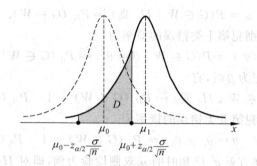

图 7.3.1 双侧检验的 β 值（阴影部分）

被积函数非负从而 β 越小. 反之, α 若越小, 则 $z_{\alpha/2}$ 越大, 式(7.3.6)中积分区间越大, 从而 β 越大. 可见, "鱼和熊掌不可兼得", 想要 α 和 β 同时都取到最小值, 是不可能的. 厂家利益和用户利益是一对矛盾, 对于产品等级的认定, 厂家希望"弃真"的概率 α 越小越好, 不要委屈了自己的产品; 用户则希望"存伪"的概率 β 越小越好, 不要把伪劣产品买进来. 新工艺、新流水线的设计人当然希望得到承认, 对他们设计中的品质参数, 可以顺利通过鉴定, 希望原假设不是轻易地就被拒绝; 而验收人员则自然要严防没有达到设计要求的"蒙混过关", 糊涂地接受原假设. 因此, 在重要场合, 利益对立的双方应该预先商定 α 和 β 的合理值, 或者按有关规定执行. 协调 α 和 β 间矛盾的一个方法, 在下面介绍.

由式(7.3.6)可以给出已知 μ_1 时 β 的另外一个计算式

$$\begin{aligned}
\beta &= P\left(-z_{\alpha/2} < \frac{\overline{X} - \mu_0}{\sigma/\sqrt{n}} \leqslant z_{\alpha/2} \,\Big|\, \mu = \mu_1 \neq \mu_0\right) \\
&= P\left(-z_{\alpha/2} < \frac{\overline{X} - \mu_1 + \mu_1 - \mu_0}{\sigma/\sqrt{n}} \leqslant z_{\alpha/2} \,\Big|\, \mu = \mu_1 \neq \mu_0\right) \\
&= P\left(-z_{\alpha/2} - \frac{\mu_1 - \mu_0}{\sigma/\sqrt{n}} < \frac{\overline{X} - \mu_1}{\sigma/\sqrt{n}} \leqslant z_{\alpha/2} - \frac{\mu_1 - \mu_0}{\sigma/\sqrt{n}} \,\Big|\, \mu = \mu_1 \neq \mu_0\right) \\
&= \Phi\left(z_{\alpha/2} - \frac{\mu_1 - \mu_0}{\sigma/\sqrt{n}}\right) - \Phi\left(-z_{\alpha/2} - \frac{\mu_1 - \mu_0}{\sigma/\sqrt{n}}\right).
\end{aligned}$$

*7.3.2 样本容量的选取

在一些实际问题中, 我们除了希望控制犯第Ⅰ类错误(弃真)的概率外, 往往还希望控制犯第Ⅱ类错误(存伪)的概率. 一般地, 在进行假设检验时, 先是根据问题的要求, 预先给出显著性水平以控制犯第Ⅰ类错误的概率, 而后用选择适当的样本容量的办法, 在某种意义上减少犯第Ⅱ类错误的概率. 本节, 将阐明如何选取样本容量, 使得犯第Ⅱ类错误的概率控制在预先给定的限度之内. 为此,我们引入"施行特征函数"的概念.

定义 7.3.1 若 C 是参数 θ 的某检验问题的一个检验法. 令
$$\beta(\theta) = P(H_0 \mid \theta) = P_\theta(H_0), \quad \theta \in \Theta. \tag{7.3.7}$$
并称它为检验法 C 的**施行特征函数**或 **OC 函数**,其图形称为 **OC 曲线**. 称 $1-\beta(\theta)$ 为检验法 C 的**功效函数**(power function),简称为**功效**.

当总体真值 $\theta \in H_1$,即拒绝总体参数的真值时,由于
$$1-\beta(\theta) = 1 - P_\theta(\text{接受 } H_0) = P_\theta(\text{拒绝 } H_0),$$
因此功效是此检验法 C 给出正确的统计推断(即 H_0 为假时拒绝 H_0)的概率,而 $\beta(\theta)$ 则是犯第 II 类错误的概率. 当然希望功效越大越好. 对于一个给定的值 θ^*,施行检验法 C 的结果得到 $\theta^* \in H_1$,则 θ^* 的功效 $1-\beta(\theta^*)$ 的大小表明如果总体的真值确实是 θ^*,施行检验法 C 可保证给出正确的统计推断的概率. 这就是所谓"功效"的含义.

如果此检验法 C 对任何其他的一个检验法 C',在每个显著性水平 α 下都有
$$1-\beta_C(\theta) \geqslant 1-\beta_{C'}(\theta), \quad \text{即} \quad \beta_C(\theta) \leqslant \beta_{C'}(\theta),$$
则称检验法 C 为**一致最优检验**(uniformly most powerful test).

由定义知,若此检验法的显著性水平为 α,那么当真值 $\theta \in H_0$,即 H_0 为真时,$\beta(\theta)$ 就是做出正确判断(即 H_0 为真时接受 H_0)的概率,故此时 $\beta(\theta^*) \geqslant 1-\alpha$.

我们来看一个例子,然后分析怎样利用功效函数去选取样本容量 n,使 α 和 β 都控制在很小的水平上.

本书只介绍正态总体均值检验法的 OC 函数及其图形. 首先讨论一个正态总体的 OC 函数.

1. u 检验法的 OC 函数

考虑单侧检验问题 $H_0: \mu \leqslant \mu_0, H_1: \mu > \mu_0$ 的 OC 函数(下面我们特别标注出 n 以强调它与样本容量 n 有关,因此是个变量)是

$$\beta_n(\mu) = P_\mu(\text{接受 } H_0) = P_\mu\left(\frac{\overline{X}-\mu_0}{\sigma/\sqrt{n}} < z_\alpha\right) = P_\mu\left(\frac{\overline{X}-\mu+(\mu-\mu_0)}{\sigma/\sqrt{n}} < z_\alpha\right)$$

$$= P_\mu\left(\frac{\overline{X}-\mu}{\sigma/\sqrt{n}} < z_\alpha - \frac{\mu-\mu_0}{\sigma/\sqrt{n}}\right) = \Phi(z_\alpha - \lambda), \quad \lambda \stackrel{\text{def}}{=} \frac{\mu-\mu_0}{\sigma/\sqrt{n}}, \tag{7.3.8}$$

注意,统计量 U 的拒绝域为 $(z_\alpha, +\infty)$,而 $\beta_n(\mu_0) = \Phi(z_\alpha) = 1-\alpha$,它是 H_0 为真时接受原假设的概率. 其图形如图 7.3.2 所示. 此 OC 函数 $\beta_n(\mu)$ 有如下性质:

(1) 它是 λ 的单调递减连续函数;

(2) $\lim_{\mu \to \mu_0^+} \beta_n(\mu) = 1-\alpha$,$\lim_{\mu \to +\infty} \beta_n(\mu) = 0$.

由 $\beta_n(\mu)$ 的连续性可知,当 $\mu = \mu_1 (>\mu_0)$ 在 μ_0 附近时,检验法的功效很低,即 $\beta_n(\mu_1)$ 的值很大,即犯第 II 类错误的概率很大. 因为 α 通常取得比较小,而不管 σ 多么小,n 多么

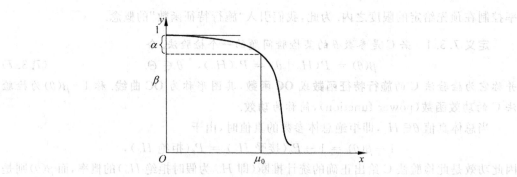

图 7.3.2 单侧 u 检验的 OC 函数

大,只要 n 给定,总存在 μ_0 附近的点 $\mu_1(>\mu_0)$ 使得 $\beta_n(\mu_1)$ 几乎等于 $1-\alpha$.

这表明,无论样本容量 n 多么大,当真值 μ^* 为 H_1 所规定的任一点时(注意,我们不知 μ^* 确切在何处),要想对所有 $\mu \in H_1$ 控制犯第 II 类错误的概率都很小是不可能的. 但是由于 $\beta_n(\mu)$ 是 μ 的递减函数,故当 $\mu \geq \mu_0 + \delta$ 时,有

$$\beta_n(\mu_0+\delta) \geq \beta_n(\mu) \xrightarrow{\mu \to +\infty} 0. \tag{7.3.9}$$

这样我们可以使用 OC 函数 $\beta_n(\mu)$,以确定 n,使当值 $\mu \geq \mu_0+\delta (\delta>0$ 为取定的值)时,与 μ_0 有一定偏离的值时,犯第 II 类错误的概率不超过给定的 β. 为此由式(7.3.9),只要

$$\beta_n(\mu_0+\delta) = \Phi(z_\alpha - \sqrt{n}\delta/\sigma) \leq \beta = \Phi(-z_\beta).$$

注意,在 $x<0$ 时 $\Phi(x)$ 为升函数,故只要 n 满足

$$z_\alpha - \sqrt{n}\delta/\sigma \leq -z_\beta$$

即可,这就是说,只要

$$\sqrt{n} \geq \frac{(z_\alpha+z_\beta)\sigma}{\delta}, \tag{7.3.10}$$

就能使当 $\mu^* \in H_1$,且 $\mu^* \geq \mu_0+\delta$ 时,犯第 II 类错误的概率不超过 β.

类似地,可得左侧检验问题 $H_0: \mu=\mu_0$;$H_1: \mu<\mu_0$ 的 OC 函数为

$$\beta(\mu) = \Phi(z_\alpha+\lambda), \quad \lambda = \frac{\mu-\mu_0}{\sigma/\sqrt{n}}. \tag{7.3.11}$$

当真值 $\mu=\mu_0$ 时 $\beta(\mu)$ 为做出正确判断的概率;当真值 $\mu<\mu_0$ 时,$\beta(\mu)$ 给出犯第 II 类错误的概率. 只要样本容量 n 满足

$$\sqrt{n} \geq \frac{(z_\alpha+z_\beta)\sigma}{\delta}, \tag{7.3.12}$$

就能使当真值 $\mu^* \in H_1$,且 $\mu^* \leq \mu_0-\delta (\delta>0$ 为取定的值)时,犯第 II 类错误的概率不超过给定的值 β.

双边检验问题 $H_0: \mu=\mu_0$;$H_1: \mu \neq \mu_0$ 的 OC 函数是

$$\beta(\mu) = P_\mu(\text{接受 } H_0) = P_\mu\left[-z_{\alpha/2} < \frac{\overline{X} - \mu_0}{\sigma/\sqrt{n}} < z_{\alpha/2}\right]$$

$$= P_\mu\left[-\lambda - z_{\alpha/2} < \frac{\overline{x} - \mu}{\sigma/\sqrt{n}} < -\lambda + z_{\alpha/2}\right] = \Phi(z_{\alpha/2} - \lambda) - \Phi(-z_{\alpha/2} - \lambda)$$

$$= \Phi(z_{\alpha/2} - \lambda) + \Phi(z_{\alpha/2} + \lambda) - 1, \quad \lambda = \frac{\mu - \mu_0}{\sigma/\sqrt{n}}. \tag{7.3.13}$$

OC 曲线如图 7.3.3 所示. 注意 $\beta(\mu)$ 是 $|\lambda|$ 的严格单调下降函数.

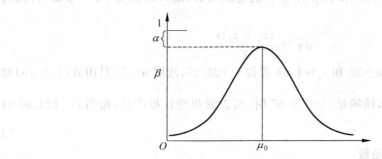

图 7.3.3 双侧 u 检验的 OC 函数

在双边检验问题中,若要求以 H_1 中 $|\mu - \mu_0| \geq \delta > 0$ 的 μ 处的函数值 $\beta(\mu) \leq \beta$,则需解超越方程

$$\beta = \Phi(z_{\alpha/2} - \sqrt{n}\delta/\sigma) + \Phi(z_{\alpha/2} + \sqrt{n}\delta/\sigma) - 1$$

才能确定 n. 通常因 n 较大,故总可以认为 $z_{\alpha/2} + \sqrt{n}\delta/\sigma \geq 4$,于是 $\Phi(z_{\alpha/2} + \sqrt{n}\delta/\sigma) \approx 1$,故近似地有

$$\beta \approx \Phi(z_{\alpha/2} - \sqrt{n}\delta/\sigma).$$

即只要 n 满足

$$\sqrt{n} \geq (z_{\alpha/2} + z_\beta)\frac{\sigma}{\delta}, \tag{7.3.14}$$

就能使当 $\mu \in H_1$ 且 $|\mu - \mu_0| \geq \delta (\delta > 0$ 为取定的值$)$时,犯第 II 类错误的概率不超过给定的值 β.

例 7.3.1(工业产品质量抽验方案) 设有一大批产品,产品质量指标 $X \sim N(\mu, \sigma^2)$. 以 μ 小者为佳,厂方要求所确定的验收方案对高质量的产品($\mu \leq \mu_0$)能以高概率 $1 - \alpha$ 被买方接受. 买方则要求低质产品($\mu \geq \mu_0 + \delta$,其中 $\delta > 0$)能以高概率 $1 - \beta$ 被拒绝, α, β 由厂方与买方协商给出,并采取一次抽样以确定该批产品是否被买方接受. 问应怎样安排抽样方案. 已知 $\mu_0 = 120, \delta = 20$,且由工厂长期经验知 $\sigma^2 = 900$. 又经商定 α, β 均取为 0.05.

解 检验问题可表达为

$$H_0: \mu \leqslant \mu_0; \quad H_1: \mu \geqslant \mu_0 + \delta. \tag{7.3.15}$$

由 u 检验,拒绝域仍为

$$\frac{\overline{X} - \mu_0}{\sigma/\sqrt{n}} \geqslant z_\alpha, \tag{7.3.16}$$

故由式(7.3.8)知,OC 函数为

$$\beta(\mu) = \Phi\left(z_\alpha - \frac{\mu - \mu_0}{\sigma/\sqrt{n}}\right). \tag{7.3.17}$$

现要求当 $\mu \geqslant \mu_0 + \delta$ 时 $\beta(\mu) \leqslant \beta$,因 $\beta(\mu)$ 是 μ 的递减函数,故只需 $\beta(\mu_0 + \delta) = \beta$ 即可. 此时由式(7.3.17)可得

$$\sqrt{n} \geqslant \frac{(z_\alpha + z_\beta)\sigma}{\delta}.$$

按给定的数据 $\sigma^2 = 900, \delta = 20$ 和 $z_\alpha = 1.64$ 算得 $n \geqslant 24.35$,故取 $n = 25$ 且由式(7.3.16)知当 $\bar{x}$ 满足 $\frac{\bar{x} - 120}{30/5} \geqslant 1.64$,即满足 $\bar{x} \geqslant 129.87$ 时,买方就拒绝这批产品,而当 $\bar{x} < 129.87$ 时买方接受这批产品. □

2. t 检验法的 OC 函数

右边检验问题 $H_0: \mu = \mu_0; H_1: \mu > \mu_0$ 的 t 检验法的 OC 函数是

$$\beta(\mu) = P_\mu(\text{接受 } H_0) = P_\mu\left(\frac{\overline{X} - \mu_0}{S/\sqrt{n}} < t_\alpha(n-1)\right), \tag{7.3.18}$$

其中变量

$$\frac{\overline{X} - \mu_0}{S/\sqrt{n}} = \left(\frac{\overline{X} - \mu}{\sigma/\sqrt{n}} + \lambda\right) \Big/ \left(\frac{S}{\sigma}\right), \quad \lambda = \frac{\mu - \mu_0}{\sigma/\sqrt{n}}. \tag{7.3.19}$$

我们称变量 $\dfrac{\overline{X} - \mu}{S/\sqrt{n}}$ 服从参数为 λ、自由度为 $n-1$ 的非中心 t 分布. 在 $\lambda = 0$ 时,它是通常的 $t(n-1)$ 变量.

若给定 α, β 以及 $\delta > 0$,则可从书末附表 6 查得所需容量 n,使得当 $\mu \in H_1$ 且 $\dfrac{\mu - \mu_0}{\sigma} \leqslant \delta$ 时,犯第 Ⅱ 类错误的概率不超过 β.

若给定 β 以及 $\delta > 0$,对于左边检验问题的 t 检验法,也可从 t 分布的附表 6 查得所需容量 n,使得当 $\mu \in H_1$ 且 $\dfrac{\mu - \mu_0}{\sigma} \leqslant -\delta$ 时,犯第 Ⅱ 错误的概率不超过 β. 对于双边检验问题 $H_0: \mu = \mu_0; H_1: \mu \neq \mu_0$ 的 t 检验法可从附表 6 查得所需容量 n,使得当 $\mu \in H_1$ 且 $\dfrac{|\mu - \mu_0|}{\sigma} \geqslant \delta$ 时,犯第 Ⅱ 类错误的概率不超过 β.

例 7.3.2 考虑在显著性水平 $\alpha = 0.05$ 下进行 t 检验. $H_0: \mu = 68; H_1: \mu > 68$.

(1) 要求在 H_1 中 $\mu \geq \mu_1 = 68+\sigma$ 时,犯第 II 类错误的概率不超过 $\beta=0.05$. 求所需的样本容量.

(2) 若样本容量为 $n=30$,问在 H_1 中 $\mu=\mu_1=68+0.75\sigma$ 时,犯第 II 类错误的概率是多少?

解 (1) 此处 $\alpha=\beta=0.05, \mu_0=68, \delta=\dfrac{\mu_1-\mu_0}{\sigma}=\dfrac{(68+\sigma)-68}{\sigma}=1$,查附表 6,得 $n=13$.

(2) 此处 $\alpha=0.05, n=30, \delta=\dfrac{\mu_1-\mu_0}{\sigma}=\dfrac{(68+0.75\sigma)-68}{\sigma}=0.75$. 查附表,得 $\beta=0.01$.

例 7.3.3 考虑在显著性水平 $\alpha=0.05$ 下进行 t 检验

$$H_0: \mu = 14; \quad H_1: \mu \neq 14.$$

要求在 H_1 中 $|\mu-14|/\sigma \geq 0.4$ 时,犯第 II 类错误的概率不超过 $\beta=0.1$,求所需样本容量.

解 此处 $\alpha=0.05, \beta=0.1, \delta=0.4$,查附表 6 得 $n=68$.

在实际问题中,有时只给出 α, β 及 $|\mu-\mu_0|$ 的值,而需要确定所需的样本容量 n. 这时由于 σ 未知,不能确定 $\delta=|\mu-\mu_0|/\sigma$ 的值,因而不能直接查表以确定样本容量. 此时可采用下述近似方法. 先适当取一个值 n_1,抽取容量为 n_1 的样本,根据这一样本计算 s^2 的值,以 s^2 作为 σ^2 的估计,算出 δ 的近似值. 由 α, β, δ 的值查附表定出样本的容量,记为 n_2. 若 $n_1 \geq n_2$ 则取 n_1 作为所求的容量,即取 $n=n_1$. 否则,再抽 n_2-n_1 个独立样本进行观察并与原来所得的观测值合并,重新计算 δ 的近似值. 然后用 δ 的新近似值和 α, β 查附表,再次定出样本容量,记为 n_3. 若 $n_2 \geq n_3$,则取 $n=n_2$,否则再按上述方法重复进行. 一般只需试少数几次就可得到所求的样本容量 n.

下面讨论两个正态总体均值差的 t 检验. 设两个独立正态总体 $N(\mu_1, \sigma_1^2), N(\mu_2, \sigma_2^2)$ 中 $\sigma_1^2=\sigma_2^2=\sigma^2$ 而 σ^2 未知. 在均值差 $\mu_1-\mu_2$ 的检验问题 $H_0: \mu_1-\mu_2=0, H_1: \mu_1-\mu_2 \neq 0 (>0$ 或 $<0)$ 的 t 检验法中,当分别自两个总体取得的相互独立的样本容量 $n_1=n_2=n$ 时,给定 α, β 以及 $\delta=|\mu_1-\mu_2|/\sigma$ 的值后可以查附表 7 得到所需样本容量,使当 $|\mu_1-\mu_2|/\sigma \geq \delta$ 时犯第 II 类错误的概率小于或等于 β. 当仅给出 α, β 以及 $|\mu_1-\mu_2|$ 的值时,可按类似于上面所说的方法处理.

例 7.3.4 需要比较两种汽车用的燃料辛烷值,得到如下数据:

燃料 A	81	84	79	76	82	83	84	80	79	82	81	79
燃料 B	76	74	78	79	80	79	82	76	81	79	82	78

燃料的辛烷值越高,燃料质量越好,因燃料 B 较燃料 A 价格便宜,因此,如果两者辛烷值相同时,则使用燃料 B. 但若含量的均值差 $|\mu_A-\mu_B| \geq 5$,则使用燃料 A. 设两总体的分布均可认为是正态的,而两个样本相互独立. 问应采用哪种燃料(取 $\alpha=0.01, \beta=0.01$)?

解 按题意需要在显著性水平 $\alpha=0.01$ 下检验假设

$$H_0: \mu_A - \mu_B = 0; \quad H_1: \mu_A - \mu_B > 0.$$

所取的样本容量为 $n_A = n_B = 12$,且有 $\bar{x}_A = 80.83, \bar{x}_B = 78.67, s_A^2 = 5.61, s_B^2 = 6.06$. 经水平为 0.1 的 F 检验,可认为两总体的方差相等,即有 $s_A^2 = s_B^2$,记为 δ^2. 取 $\widehat{\sigma^2} = (s_A^2 + s_B^2)/2 = 5.835$ 作为 δ^2 的点估计,取 $\hat{\sigma} = (\widehat{\sigma^2})^{1/2}$. 于是 $\delta = 5/\hat{\sigma} = 2.07$,查表,当 $\alpha = 0.01, \beta = 0.01, \delta = 2.07$ 时 $n \geq 8$. 这里 $n=12$,故已近似地满足要求. 而右边检验的区间为 $(t_\alpha(n_1+n_2-2), +\infty)$,即考察是否有

$$t = (\bar{x}_A - \bar{x}_B)/s_w \sqrt{\frac{1}{n_A} + \frac{1}{n_B}} \geq t_{0.01}(n_1+n_2-2) = 2.5083.$$

由样本观测值算得 $t = 2.19 < 2.5083$,故接受 H_0,采用 B 种燃料. □

7.4 非正态总体参数的检验

本节以几个例子,介绍非正态总体参数的检验方法.

7.4.1 0-1 分布参数 p 的检验

例 7.4.1 某厂有某种产品 200 件,按规定出厂产品的次品率 p 不得超过 3%. 今在其中任取 10 件,发现 2 件次品,问此批产品能否出厂 ($\alpha = 0.05$)?

分析 因为产品总数 200 远超过样品总数 10,故可按二项分布处理(参看 1.3 节例 1.3.2).

$$H_0: p \leq p_0; \quad H_1: p > p_0 (= 0.03).$$

对二项分布,在 H_0 下,定义百分位点 k_α,是使

$$P(\mu_n > k_\alpha) = \sum_{i=k_\alpha+1}^{n} C_n^i p_0^i (1-p_0)^{n-i} = \alpha \tag{7.4.1}$$

成立的整数. 由此构造出小概率事件 $(\sum X_i > k_\alpha)$. 观察样本值,如不合格产品的实际个数 r 满足 $r > k_\alpha$,则拒绝 H_0.

解 $H_0: p \leq p_0 = 0.03; \quad H_1: p > p_0 = 0.03.$
引入记号

$$q_i \stackrel{\text{def}}{=} C_{10}^i \times 0.03^i \times 0.97^{10-i}, \quad s_k \stackrel{\text{def}}{=} \sum_{i=0}^{k} C_{10}^i \times 0.03^i \times 0.97^{10-i},$$

$$P(\mu_n > k) = \sum_{i=k+1}^{n} C_n^i p_0^i (1-p_0)^{n-i} = 1 - \sum_{i=0}^{k} C_{10}^i \times 0.03^i \times 0.97^{10-i} = 1 - s_k,$$

于是,有 s_k, q_i 的值见下表.

i	q_i	s_k
0	0.7374	0.7374
1	0.2281	0.9653

可知当 $\alpha=0.05$ 时,$P(\mu_n>1)=0.0347<0.05$,由式(7.4.1)确定 $k_\alpha=1$. 现在 10 个抽样产品中次品数为 2,故拒绝接受 H_0,即认为不能出厂. □

7.4.2 指数分布参数 λ 的检验

设总体(某种电子元件寿命)X 有概率密度函数 $f(t)=\lambda e^{-\lambda t}I(t>0)$. 现在要求作参数 λ 的如下检验:$H_0:\lambda=\lambda_0$.

下面介绍一个简单的检验方法:设法化为 0-1 分布的参数检验问题,从而利用例 7.4.1 的方法对二项分布构造小概率事件,完成等价的检验问题.

为在 H_0 下构造一个小概率事件,先试取 t_0 使 $p_0 \stackrel{\text{def}}{=} P(Z\leqslant t_0)=1-e^{-\lambda t_0}<0.5$,并令
$$Y_i=\begin{cases} 1, & \text{元件 } i \text{ 在时刻 } t_0 \text{ 前失效}, \\ 0, & \text{否则}. \end{cases}$$
则
$$\mu_n \stackrel{\text{def}}{=} \sum_{i=1}^n Y_i \sim B(n,p_0),$$
于是化为二项分布参数检验问题. 由式(7.4.1)定义百分位点 k_α,由此构造出小概率事件 $(\sum Y_i > k_\alpha)$. 观察样本值,查明在 t_0 前失效的电子元件个数 r,如 $r>k_\alpha$,则拒绝 H_0.

例 7.4.2 在某批电子设备中任取 15 台,首次失效时间分别为
29,50,68,100,130,140,190,210,280,340,410,450,520,620,800(h),
已知此电子设备寿命 $X\sim \text{Ex}(\lambda)$(指数分布). 在 $\alpha=0.05$ 下检验平均寿命是否为 320h.

解 平均寿命 $\mu=\mu_0(=320)$,选 $t_0=114$(h),求得 $p_0=1-e^{-t_0/320}\approx 0.3<0.5$.

建立原假设 $H_0:p=p_0(=0.3)$.

由表查 k_α,使得
$$\sum_{i=k_\alpha+1}^{15} C_{15}^i \times 0.3^i \times 0.7^{15-i}=0.05,$$

得到 $k_\alpha=8$. 由样本值知 $r=\sum_1^{15} y_i=4$,即只有 29,50,68,100(h),四个时间小于 114h,而 $4<k_\alpha=8$,故不拒绝 H_0. 因为 4 与 9 相差较大,接受 H_0,认为 $p=p_0=0.03$,即认为这批电子设备平均寿命是 320h. □

注 1 t_0 的选取是多种多样的. 此处选 $t_0=114h$,求得 $p_0=1-e^{-t_0/320}\approx 0.2999$,与 0.3很接近,计算方便. 读者不妨试用 $t_0=120h$ 或 $160h$,完成上述检验过程,可发现统计的结论没有受到影响.

注 2 二项分布的计算可用泊松近似. $np_0=15\times 0.3=4.5$ 取为 λ,

$$\sum_{i=k_\alpha+1}^{15} C_{15}^i \times 0.3^i \times 0.7^{15-i} \approx \sum_{i=k_\alpha+1}^{+\infty} \frac{4.5^i}{i!}e^{-4.5}.$$

$k_\alpha=8$ 时,$\sum_{i=k_\alpha+1}^{+\infty}\frac{4.5^i}{i!}e^{-4.5}=0.04026$(取整值 k_α),不改变上述统计结论.

注 3 注意寿命试验数据是依次逐个观测到的,因此常常像本例一样,它们是上升的. 这就是说,观测数据实际是样本 $X_1,X_2,\cdots,X_n$ 的顺序统计量 $X_{(1)},X_{(2)},\cdots,X_{(n)}$ 的观测值. 直接对这类问题作检验,一般较为复杂. 在2.5节给出了最大值 $X_{(n)}$ 和最小值 $X_{(1)}$ 分布的计算,一般情形,有兴趣的读者可查阅参考文献[7]的14.2节顺序统计量及其应用.

7.4.3 化为近似正态问题处理

利用中心极限定理,由于样本均值的极限分布是正态的,因此加大样本容量,也可以将原本不是正态的总体的参数检验近似化为正态问题处理. 即样本容量 n 足够大时认为所取的样本均值是正态的. 对总体均值的检验,一般要求 $n>30$;对总体方差的检验,一般 $n>100$ 较好.

例 7.4.3 考察甲乙两省有彩电农户的比例是否甲省明显偏高(取 $\alpha=0.05$). 抽样情况如下:

甲省:抽样数 $n_1=1500$, 其中有彩电的300户;

乙省:抽样数 $n_2=1800$, 其中有彩电的320户.

分析与解 注意本题不是两个正态总体的检验问题.

令 $X_i=\begin{cases}1, & \text{甲省的第}i\text{户有彩电,}\\0, & \text{否则;}\end{cases}$ $Y_i=\begin{cases}1, & \text{乙省的第}i\text{户有彩电,}\\0, & \text{否则.}\end{cases}$

由中心极限定理,知

$$\begin{cases}\overline{X}=\dfrac{1}{1500}\sum_{i=1}^{1500}X_i \sim N\left(p_1,\dfrac{p_1(1-p_1)}{1500}\right),\\ \overline{Y}=\dfrac{1}{1800}\sum_{i=1}^{1800}Y_i \sim N\left(p_2,\dfrac{p_2(1-p_2)}{1800}\right).\end{cases} \quad (7.4.2)$$

检验问题

$$H_0: p_1=p_2=p; \quad H_1: p_1>p_2. \quad (7.4.3)$$

在 H_0 下,

$$\bar{X} \sim N\left(p, \frac{p(1-p)}{1500}\right), \quad \bar{Y} \sim N\left(p, \frac{p(1-p)}{1800}\right). \tag{7.4.4}$$

注意 X_i, Y_i 有二项分布,H_0 又等价于

$$H_0': EX = EY = p \quad \text{或} \quad \mu_1 - \mu_2 = 0 (H_1': \mu_1 - \mu_2 > 0). \tag{7.4.5}$$

但是 p 为未知参数,今 $\bar{X}, \bar{Y}$ 的期望、方差都未知.注意 X_i, Y_i 是 0-1 变量,不是正态变量,不宜按式(7.2.9)处理.

在上述假设下,作如下处理:合并抽样,并且先将 $\bar{x}, \bar{y}$ 加权作为式(7.4.4)中方差里 p 的估值,即

$$\hat{p} = \frac{1500}{3300}\bar{x} + \frac{1800}{3300}\bar{y} = \frac{1}{3300}\left(\sum_{i=1}^{1500} x_i + \sum_{i=1}^{1800} y_i\right) = \frac{300+320}{3300} = 0.188,$$

$$\hat{p}(1-\hat{p}) \approx 0.391^2 \Rightarrow \bar{X} \sim N\left(p, \frac{0.391^2}{1500}\right), \quad \bar{Y} \sim N\left(p, \frac{0.391^2}{1800}\right).$$

这样变成方差已知的正态分布,故

$$U = \frac{\bar{X}-\bar{Y}}{\sqrt{\frac{0.391^2}{1500}+\frac{0.391^2}{1800}}} = \frac{\bar{X}-\bar{Y}}{0.014} \sim N(0,1).$$

选取拒绝域 $(z_\alpha, +\infty)$.

计算统计量的观测值并查表得,$u = (0.200-0.178)/0.014 = 1.571, z_\alpha = 1.645$.

统计推断:由于 $u = 1.571 < 1.645 = z_\alpha$,故不拒绝 H_0,即认为甲省有彩电的农户比例不比乙省明显偏高. □

7.5 分布拟合检验

前 4 节介绍的是对参数的假设检验:事先都已知分布的类型,但含有未知参数.对这些未知参数的某个论断(假设)通过抽样作检验.但在实际问题中,有时不能预知总体服从什么类型的分布,这时就需要根据样本来检验关于分布的假设,这类问题叫做非参数检验,或分布拟合检验.在 5.2 节介绍了利用直方图和概率纸可以给出初步估计.本节介绍几个检验法和专用于检验分布是否正态的"偏度、峰度检验法",帮助我们更科学地判断总体的分布.

分布拟合检验是非参数检验的一种,后者还包括独立性检验、随机性检验、平稳性检验及齐次性检验等.有兴趣的读者可参阅参考文献[4,18].

7.5.1 χ^2 检验法

这是在总体的分布类型未知时,根据样本 $X_1, X_2, \cdots, X_n$ 来检验关于总体分布的假设,即检验

$$H_0: \text{总体 } X \text{ 的分布函数为 } F(x) \tag{7.5.1}$$

的一种方法.

注意,若总体 X 为离散型,则假设(7.5.1)相当于

$$H_0: \text{总体 } X \text{ 的分布律为 } P(X=x_i) = p_i, \quad i=1,2,\cdots,(m). \tag{7.5.2}$$

若总体 X 为连续型,则假设(7.5.1)相当于

$$H_0: \text{总体 } X \text{ 的概率密度函数为 } f(x), \text{几乎一切 } x \in \mathbb{R}. \tag{7.5.3}$$

在用下述 χ^2 检验法检验假设 H_0 时,如果在假设 H_0 下 $F(x)$ 的形式虽然已知但有未知参数,则需要先用点估计方法估计出这些参数,然后再作检验.

χ^2 检验法的基本思想基于频率的稳定性:将随机试验可能结果的全体 Ω 分为 k 个互不相容的事件 $A_1, A_2, \cdots, A_k$(即满足 $\sum_{i=1}^{k} A_i = \Omega$,注意这里的求和记号 $\sum$ 含两两不相交,即 $A_i A_j = \varnothing, i \neq j, i, j = 1, 2, \cdots, k$).于是在假设 H_0 下,可以计算 $p_i = P(A_i)$(或计算其估计 $\hat{p}_i = \hat{P}(A_i)$),$i = 1, 2, \cdots, k$.记 μ_i 是随机变量 $X_1, X_2, \cdots, X_n$ 值在 A_i 中的个数,而 f_i 是随机变量 μ_i 的观测值.在 n 次试验中,事件 A_i 出现的频率 μ_i/n 与 p_i(或 $\hat{p}_i$)往往有差异,但一般来讲,若 H_0 为真且 n 又非常大时,则由频率稳定性(强大数定理)可知这种差异(几乎)都很小,于是累积平方差异 $\sum \left(\dfrac{\mu_i}{n} - p_i\right)^2 = \sum \dfrac{(\mu_i - np_i)^2}{n^2}$ 应该不大. 因为 μ_i 是随机变量,故此和也为随机变量. 它有什么分布呢?

Pearson 发现将它们逐项乘以 n/p_i 后,

$$\chi^2 \stackrel{\text{def}}{=} \sum_{i=1}^{k} \dfrac{(\mu_i - np_i)^2}{np_i} \quad \left[\text{或 } \chi^2 = \sum_{i=1}^{k} \dfrac{(\mu_i - n\hat{p}_i)^2}{n\hat{p}_i} \right] \tag{7.5.4}$$

在 $n \to +\infty$ 时有 χ^2 分布.把它作为检验假设 H_0 的统计量,可以完成总体 X 的概率密度函数为 $f(x)$ 的检验. Pearson 证明了下面定理.

定理 7.5.1 若 n 充分大($n \geq 50$),则当 H_0 为真时(不论 H_0 中的分布属于什么分布),统计量(7.5.4)总是近似地服从自由度为 $k-r-1$ 的 χ^2 分布,其中,r 是用最大似然估计法去估计的分布中未知参数的个数.

于是,若在假设 H_0 下算得式(7.5.4),有

$$\chi^2 \geqslant \chi_\alpha^2(k-r-1), \tag{7.5.5}$$

则在显著性水平 α 下拒绝 H_0, 否则就接受 H_0. 这里选取单侧拒绝域, 是因为反映频率与概率的(平方)差别的式(7.5.4)当然是越小越好, 而应限定这个差别不能过大. 定理 7.5.1 在参数已知时的证明见参考文献[1].

这里的 χ^2 检验法是基于上述定理得到的, 所以在使用时必须注意 n 要足够大, 以及 np_i 不能太小. 根据实践, 要求样本容量 n 不小于 50, 以及每一个 np_i 都不小于 5, 而且 np_i 最好是在 5 以上. 否则应适当地合并某些 A_i, 以满足这个要求(见下例).

例 7.5.1 在一实验中, 每隔一定时间观察一次由某种铀所放射的、到达计数器上的 α 粒子数, 共观察了 100 次, 得结果如表 7.5.1 所示.

表 7.5.1 铀放射的 α 粒子数的实验记录

i	0	1	2	3	4	5	6	7	8	9	10	11	$\geqslant 12$
f_i	1	5	16	17	26	11	9	9	2	1	2	1	0
A_i	A_0	A_1	A_2	A_3	A_4	A_5	A_6	A_7	A_8	A_9	A_{10}	A_{11}	A_{12}

其中 f_i 是观察到有 i 个 α 粒子的次数, 它是 μ_i 的观测值, $\sum_{i=0}^{12} f_i = 100$. 从理论上考虑可知, 到达计数器上的 α 粒子数 X 应服从泊松分布

$$p_i = P(X=i) = \frac{e^{-\lambda}\lambda^i}{i!}, \quad i=0,1,2,\cdots. \tag{7.5.6}$$

问实际上的 α 粒子数是否真的是泊松分布(7.5.6)(取 $\alpha=0.05$)? 即在水平 0.05 下检验假设 H_0: 总体 $X \sim P(\lambda)$.

解 因在 H_0 中参数 λ 未具体给出, 所以由极大似然估计法先估计 λ.

似然函数 $L = \prod \left(\frac{\lambda^i}{i!} e^{-\lambda}\right)^{f_i}$, $\ln L = \sum_{i=0}^{11} f_i \cdot \ln \frac{\lambda^i}{i!} - \lambda \sum_{i=0}^{11} f_i$,

令 $\frac{\partial \ln L}{\partial \lambda} = 0$, 知 $\sum_{i=0}^{11} i f_i \cdot \frac{1}{\lambda} = \sum f_i$, 解得 $\hat{\lambda} = \left(\sum_{i=0}^{11} f_i\right)^{-1} \sum_{i=0}^{11} i f_i = 4.2$. 这里 $\sum_{i=0}^{11} f_i = n$, $\sum_{i=0}^{11} i f_i = \sum_{i=0}^{100} x_i$, 因此 $\hat{\lambda} = \bar{x} = 4.2$.

如表 7.5.2 将试验可能结果的全体分为两两不相容的事件 $A_0, A_1, \cdots, A_{11}, A_{12}$, 则 $P(X=i)$ 有估计

$$\hat{p}_i = \hat{P}(X=i) = \frac{4.2^i e^{-4.2}}{i!}, \quad i=0,1,\cdots.$$

实际计算时可用递推法. 事实上, 由式(7.5.6), $\frac{p_{i+1}}{p_i}=\frac{\lambda}{i+1}$, 故 $\hat{p}_{i+1}=\frac{\hat{\lambda}}{i+1}\hat{p}_i$, 由此及初值 $\hat{p}_0=e^{-\hat{\lambda}}=e^{-4.2}=0.015$, 可递推算出其余的 $\hat{p}_i$, 例如 $\hat{p}_1=4.2\times\hat{p}_0=0.063$. 为保证 $\sum_i\hat{p}_i=1$, 最后一个如下求得

$$\hat{p}_{12}=P(X\geqslant 12)=1-\sum_{i=0}^{11}\hat{p}_i=0.002.$$

计算结果如表 7.5.2 所示, 其中有些 $n\hat{p}_i<5$ 的组予以适当合并, 使得每组均有 $n\hat{p}_i\geqslant 5$, 如表中第 4 列用 (+) 所示: 合并 A_0 和 A_1, 合并 A_8 至 A_{12}. 并组后 $k=8$, 但因在计算概率时估计了一个参数 λ, 故 χ^2 的自由度为 $8-1-1=6$.

表 7.5.2 例 7.5.1 的 χ^2 检验计算表

A_i	f_i	$\hat{p}_i$	$n\hat{p}_i$	$f_i-n\hat{p}_i$	$(f_i-n\hat{p}_i)^2/n\hat{p}_i$
A_0	1	0.015	1.5(+)		
A_1	5	0.063	6.3(+)	-1.8	0.415
A_2	16	0.132	13.2	2.8	0.594
A_3	17	0.185	18.5	-1.5	0.122
A_4	26	0.194	19.4	6.6	2.245
A_5	11	0.163	16.3	-5.3	1.723
A_6	9	0.114	11.4	-2.4	0.505
A_7	9	0.069	6.9	2.1	0.639
A_8	2	0.036	3.6(+)		
A_9	1	0.017	1.7(+)		
A_{10}	2	0.007	0.7(+)	-0.5	0.0385
A_{11}	1	0.003	0.3(+)		
A_{12}	0	0.002	0.2(+)		
$\sum$					6.2815

因 $\chi_\alpha^2(k-r-1)=\chi_{0.05}^2(6)=12.592>6.2815$, 故在水平 0.05 下接受 H_0. 即认为样本来自泊松分布总体, 也就是说认为理论上的结论是符合实际的. □

例 7.5.2 自 1965 年 1 月 1 日至 1971 年 2 月 9 日共 2231 天中, 全世界记录到里氏震级 4 级和 4 级以上的地震 162 次, 统计如下表:

相继两次地震间隔天数 x	0~4	5~9	10~14	15~19	20~24	25~29	30~34	35~39	$\geqslant 40$
出现的频数	50	31	26	17	10	8	6	6	8

7.5 分布拟合检验

试检验相继两次地震间隔的天数 X 服从指数分布($\alpha=0.05$).

解 按题意需检验假设

$$H_0: X \text{ 的概率密度为 } f(x)=\lambda e^{-\lambda x} I(x>0), \tag{7.5.7}$$

在这里,H_0 中的参数 λ 未具体给出,先由极大似然估计法求得 λ 的估计为 $\hat{\lambda}=\dfrac{1}{\bar{x}}=\dfrac{162}{2231}=0.0726$. X 为连续型随机变量,我们将 X 可能取值的区间 $[0,\infty)$ 分为 k 个互不重叠的子区间 $(a_i, a_{i+1}]$, $i=1,2,\cdots,9$. 如表 7.5.3 第 1 列所示,取 $A_i=(a_i<X\leqslant a_{i+1})$, $i=1,2,\cdots,9$.

表 7.5.3 例 7.5.2 的 χ^2 检验计算表

A_i	f_i	$\hat{p}_i$	$n\hat{p}_i$	$n\hat{p}_i - f_i$	$(n\hat{p}_i - f_i)^2/n\hat{p}_i$
$A_1: (0, 4.5]$	50	0.2788	45.1656	-4.8344	0.5175
$A_2: (4.5, 9.5]$	31	0.2196	35.5752	4.5752	0.5884
$A_3: (9.5, 14.5]$	26	0.1527	24.7374	-1.2626	0.0644
$A_4: (14.5, 19.5]$	17	0.1062	17.2044	0.2044	0.0024
$A_5: (19.5, 24.5]$	10	0.0739	11.9718	1.9718	0.3248
$A_6: (24.5, 29.5]$	8	0.0514	8.3268	0.3268	0.0126
$A_7: (29.5, 34.5]$	6	0.0358	5.7996	-0.2004	0.0069
$A_8: (34.5, 39.5]$	6	0.0248	4.0176	-0.7808	0.0461
$A_9: (39.5, \infty)$	8	0.0568	9.2016		
$\sum$					0.5633

若 H_0 为真,X 的分布函数的估计为

$$\hat{F}(x)=\begin{cases} 1-e^{-0.726x}, & x>0, \\ 0, & x\leqslant 0. \end{cases}$$

由上式可得概率 $p_i=P(A_i)$ 的估计

$$\hat{p}_i = \hat{P}(A_i) = \hat{P}(a_i < X \leqslant a_{i+1}) = \hat{F}(a_{i+1}) - \hat{F}(a_i).$$

例如 $\hat{p}_2 = \hat{P}(A_2) = \hat{P}(4.5 < X \leqslant 9.5) = \hat{F}(9.5) - \hat{F}(4.5) = 0.2196$,

而 $\hat{p}_9 = \hat{P}(A_9) = 1 - \sum_{i=1}^{8} \hat{p}(A_i) = 0.0568.$

将计算结果列于表 7.5.3. 因为

$$\chi^2_{0.05}(k-r-1) = \chi^2_{0.05}(8-1-1) = \chi^2_{0.05}(6) = 12.592 > 0.5633,$$

故在水平 0.05 下接受 H_0,认为 X 服从指数分布. □

例 7.5.3 下面列出了 84 个伊特拉斯坎(Etruscan)男子的头颅的最大宽度(mm),试检验这些数据是否来自正态总体(取 $\alpha=0.1$).

第7章 假设检验

```
141  148  132  138  154  142  150  146  155  158*
150  140  147  148  144  150  149  145  149  158*
143  141  144  144  126* 140  144  142  141  140
145  135  147  146  141  136  140  146  142  137
148  154  137  139  143  140  131  143  141  149
148  135  148  152  142  144  141  143  147  146
150  132  142  142  143  153  149  146  149  138
142  149  142  137  134  144  146  147  140  142
140  137  152  145
```

解 为了粗略了解这些数据的分布情况,我们先根据所给数据画出直方图7.5.1(参见5.2节).

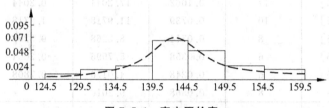

图 7.5.1 直方图轮廓

上述数据的最小值、最大值分别为 126,158,即所有数据落在区间 [126,158] 上,现取区间 [124.5,159.5],它能覆盖区间 [126,158]. 将区间 [124.5,159.5] 等分为 7 个小区间,小区间的长度记为 Δ,$\Delta=(159.5-124.5)/7=5$. 称 Δ 为组距,小区间的端点称为组限. 数出落在每个小区间内的数据的频数 f_i,算出频率 f_i/n($n=84$,$i=1,2,\cdots,7$),如表 7.5.4 所示.

表 7.5.4

组 限	频数 f_i	频率 f_i/n	累积频率
124.5～129.5	1	0.0119	0.0119
129.5～134.5	4	0.0476	0.0595
134.5～139.5	10	0.1191	0.1786
139.5～144.5	33	0.3929	0.5715
144.5～149.5	24	0.2857	0.8572
149.5～154.5	9	0.1071	0.9524
154.5～159.5	3	0.0357	1

现在自左至右依次在各个小区间上作以 $\dfrac{f_i}{n}/\Delta$ 为高的小矩形，如图 7.5.1 所示（如果分割的诸小区间长度不等，记第 i 个小区间的长度为 Δ_i，则对第 i 个小区间作高为 $\dfrac{f_i}{n}/\Delta_i$，$i=1,2,\cdots,k$ 的矩形），这样的图形叫做**直方图**。显然这种小矩形的面积就等于数据落在该小区间的频率 f_i/n。由于当 n 很大时频率接近于概率，因而一般来讲，每个小区间上的小矩形面积接近于概率密度曲线之下该小区间之上的曲边梯形的面积。于是，直方图的外廓曲线接近于总体 X 的概率密度曲线。从本例的直方图看，它有一个峰，中间高两头低，比较对称，看起来样本很像来自正态总体。现在作 χ^2 检验，即需检验假设

H_0：X 的概率密度函数为

$$f(x)=\dfrac{1}{\sqrt{2\pi}\sigma}\exp\left[-\dfrac{(x-\mu)^2}{2\sigma^2}\right],\quad -\infty<x<+\infty.$$

因在 H_0 中未给出 μ,σ^2 的数值，故需先估计 μ,σ^2。由极大似然估计法得 μ,σ^2 的估计值分别为 $\hat{\mu}=143.8, \hat{\sigma}^2=6.0^2$。若 H_0 为真，X 的概率密度的估计为

$$\hat{f}(x)=\dfrac{1}{\sqrt{2\pi}\times 6}e^{-\frac{(x-143.8)^2}{2\times 6^2}},\quad -\infty<x<+\infty.$$

根据上式并查标准正态分布的分布函数表即可得到概率 $P(A_i)$ 的估计。例如

$$\begin{aligned}\hat{p}_2=\hat{P}(A_2)&=\hat{P}(129.5<X\leqslant 134.5)\\&=\Phi\left(\dfrac{134.5-143.8}{6}\right)-\Phi\left(\dfrac{129.5-143.8}{6}\right)\\&=\Phi(-1.55)-\Phi(-2.38)=0.0159.\end{aligned}$$

将计算结果列于表 7.5.5 中。

表 7.5.5　例 7.5.3 的 χ^2 检验计算表

A_i	f_i	$\hat{p}_i$	$n\hat{p}_i$	$f_i-n\hat{p}_i$	$(f_i-n\hat{p}_i)^2/n\hat{p}_i$
$A_1:(0,129.5]$	1	0.0087	0.73	-0.09	0.00
$A_2:(129.5,134.5]$	4	0.0519	4.36		
$A_3:(134.5,139.5]$	10	0.1752	14.72	-4.72	1.51
$A_4:(139.5,144.5]$	38	0.3120	26.21	6.79	1.76
$A_5:(144.5,149.5]$	24	0.2811	23.61	0.39	0.01
$A_6:(149.5,154.5]$	9	0.1336	11.22	-2.37	0.39
$A_7:(154.5,\infty)$	3	0.0375	3.15		
$\sum$					3.67

因为 $\chi^2_{0.1}(k-r-1)=\chi^2_{0.1}(5-2-1)=\chi^2_{0.1}(2)=4.605>3.67$，故在水平 0.1 下接受 H_0，即认为数据来自正态分布总体。

7.5.2 偏度、峰度检验

由第 5 章中心极限定理的结论,可知正态分布应是最重要最普遍的分布.因此,当研究一个连续型总体时,人们往往先考察它是否服从正态分布.上面介绍的 χ^2 检验法虽然是检验总体分布的较一般的方法,但用它来检验总体的正态性时,没有用到正态的特性,犯第 II 类错误的概率往往较大.为此,统计学家们对检验正态总体的种种方法进行了比较.根据奥野忠一等人在 20 世纪 70 年代进行的大量模拟计算的结果,认为正态性检验方法中,总的来讲,以 "偏度(skewness)、峰度(kurtosis)检验法" 及 "夏皮罗-威尔克(Shapiro-Wilk)法" 较为有效.后一方法及其用表在何国伟著的《误差分析方法》(国防工业出版社出版)一书中有介绍.在这里我们仅介绍偏度、峰度检验法.

随机变量 X 的偏度和峰度指的是 X 的标准化变量 $(X-EX)/\sqrt{DX}$ 的三阶中心矩和四阶中心矩:

$$v_1 = E\left[\left(\frac{X-EX}{\sqrt{DX}}\right)^3\right] = \frac{E(X-EX)^3}{(DX)^{3/2}},$$

$$v_2 = E\left[\left(\frac{X-EX}{\sqrt{DX}}\right)^4\right] = \frac{E(X-EX)^4}{(DX)^2}.$$

当随机变量 X 服从正态分布时,$v_1=0$ 且 $v_2=3$(可直接计算,注意被积函数的奇偶性.更一般的结果见第 3 章式(3.2.11)).由 6.1 节知 v_1,v_2 的矩估计分别是

$$G_1 = B_3 B_2^{3/2}, \quad G_2 = B_4 B_2^2,$$

其中 $B_k(k=2,3,4)$ 是样本 k 阶中心矩,即 $B_k = \frac{1}{n}\sum_{i=1}^{n}(X_i-\overline{X})^k$,并分别称 G_1, G_2 为**样本偏度**和**样本峰度**.

若总体 X 为正态变量,则可证得当 n 充分大时,近似地有

$$G_1 \sim N\left(0, \frac{6(n-2)}{(n+1)(n+3)}\right), \tag{7.5.8}$$

$$G_2 \sim N\left(3-\frac{6}{n+1}, \frac{24n(n-2)(n-3)}{(n+1)^2(n+3)(n+5)}\right). \tag{7.5.9}$$

设 $X_1, X_2, \cdots, X_n$ 是来自总体 X 的样本,现在来检验假设
$H_0: X$ 为正态总体.
记

$$\sigma_1 = \sqrt{\frac{6(n-2)}{(n+1)(n+3)}}, \quad \sigma_2 = \sqrt{\frac{24n(n-2)(n-3)}{(n+1)^2(n+3)(n+5)}}. \tag{7.5.10}$$

当 H_0 为真且 n 充分大时,近似地有标准化变量

$$U_1 \stackrel{\text{def}}{=\!=} \frac{G_1}{\sigma_1} \sim N(0,1), \quad U_2 \stackrel{\text{def}}{=\!=} \frac{G_2 - \mu_2}{\sigma_2} \sim N(0,1), \quad \mu_2 = 3 - \frac{6}{n+1}.$$

由 5.1 节知样本偏度 G_1、样本峰度 G_2 分别依概率 1 收敛于总体偏度 v_1 和总体峰度 v_2. 因此当 H_0 为真且 n 充分大时,一般来讲, G_1 与 $v_1 = 0$ 的偏离不应太大, G_2 与 $v_2 = 3$ 的偏离不应太大. 故从直观来看, 当 $|U_1|$ 或 $|U_2|$ 过大时就拒绝 H_0. 取显著性水平为 α, H_0 的拒绝域为

$$|U_1| \geqslant k_1 \quad 或 \quad |U_2| \geqslant k_2, \tag{7.5.11}$$

其中 k_1, k_2 由以下两式确定:

$$P_0(|U_2| \geqslant k_1) = \frac{\alpha}{2}; \quad P_0(|U_2| \geqslant k_2) = \frac{\alpha}{2}.$$

这里记号 $P_0(\cdot)$ 表示当 H_0 为真时事件 $(\cdot)$ 的概率, 即有 $k_1 = z_{\alpha/4}, k_2 = z_{\alpha/4}$, 于是得拒绝域为

$$|U_1| \geqslant z_{\alpha/4} \quad 或 \quad |U_2| \geqslant z_{\alpha/4}. \tag{7.5.12}$$

下面来验证当 n 充分大时, 上述检验法近似地满足显著性水平为 α 的要求. 事实上, 当 n 充分大时, 有

$$P(拒绝\ H_0 \mid H_0\ 为真) = P_0((|U_1| \geqslant z_{\alpha/4}) \cup (|U_2| \geqslant z_{\alpha/4}))$$
$$\leqslant P_0(|U_1| \geqslant z_{\alpha/4}) + P_0(|U_2| \geqslant z_{\alpha/4})$$
$$= \frac{\alpha}{2} + \frac{\alpha}{2} = \alpha.$$

例 7.5.4 试用偏度、峰度检验法检验例 7.5.3 中的数据是否来自正态总体(取 $\alpha = 0.1$).

解 现在来检验假设 H_0: 数据来自正态总体.

这里 $\alpha = 0.1, n = 84$, 由式 (7.5.10) 算得

$$\sigma_1 = 0.2579, \quad \sigma_2 = 0.4892, \quad \mu_2 = 3 - \frac{6}{n+1} = 2.9294.$$

下面利用以下关系式计算样本中心矩 B_2, B_3, B_4:

$$B_2 = M_2 - M_1^2,$$
$$B_3 = M_3 - 3M_2 M_1 + 2M_1^3,$$
$$B_4 = M_4 - 4M_3 M_1 + 6M_2 M_1^2 - 3M_1^4.$$

其中 $M_k = \frac{1}{n} \sum_{i=1}^{n} X_i^k$ ($k = 1, 2, 3, 4$) 为 k 阶样本矩. 经计算得观测值

$m_1 = 143.7738, \quad m_2 = 20706.13, \quad m_3 = 2987099, \quad m_4 = 4.316426 \times 10^8,$
$b_2 = 35.2246, \quad b_3 = -28.5, \quad b_4 = 3840.$

样本偏度和样本峰度为

$$g_1 = -0.1363, \quad g_2 = 3.0948.$$

而 $z_{\alpha/4}=z_{0.025}=1.96$. 由式(7.5.11), 可知拒绝域为

$$|U_1|=|G_1/\sigma_1|\geqslant 1.96 \quad \text{或} \quad |U_2|=|G_2-\sigma_2|\geqslant 1.96.$$

现在算得 $|u_1|=0.5285<1.96$ 或 $|u_2|=0.3381<1.96$, 故接受 H_0, 认为数据来自正态分布的总体. □

上述检验法称为**偏度、峰度检验法**. 使用这一检验法时样本容量以大于 100 为宜, 且有专门的计算机程序可用.

7.6 秩和检验

在工程和生物医学中常做对照组的对比试验. 设两个对照组的某个试验指标有连续型分布, 本节给出两总体简便有效的秩和检验.

设它们的概率密度函数 $f_1(x)$ 与 $f_2(x)$ 均未知, 但已知

$$f_1(x)=f_2(x-\theta), \quad \theta \text{ 为未知常数}, \tag{7.6.1}$$

即 $f_1(x)$ 与 $f_2(x)$ 最多只差一个平移, 故有

$$\mu_2=\mu_1-\theta.$$

于是可能遇到的检验问题有

$$H_0: \mu_1 \geqslant \mu_2; \quad H_1: \mu_1 < \mu_2; \tag{7.6.2}$$

$$H_0: \mu_1 \leqslant \mu_2; \quad H_1: \mu_1 > \mu_2; \tag{7.6.3}$$

$$H_0: \mu_1 = \mu_2; \quad H_1: \mu_1 \neq \mu_2. \tag{7.6.4}$$

它们可用 $\theta=\mu_1-\mu_2\geqslant 0, \theta=\mu_1-\mu_2\leqslant 0$ 及 $\theta=\mu_1-\mu_2=0$ 来刻画.

现在来介绍威尔柯克斯(Frank Wilcoxon), 曼(Mann)及瓦特奈(Waitney)在20世纪40年代独立提出的秩和检验法, 以检验上述假设. 为此, 先引入秩的概念. 由于总体是连续型的, 一般可以认为样本观测值是彼此不同的.

7.6.1 不同观测值的情形

定义 7.6.1 设 X 为总体, 将一组容量为 n 的样本观测值按自小到大的次序编号排列成

$$x_{(1)} < x_{(2)} < \cdots < x_{(n)}, \tag{7.6.5}$$

称 $x_{(i)}$ 的足标序号 i 为 $x_{(i)}$ 的**秩**, $r(x_{(i)})=i, i=1,2,\cdots,n$.

例如, 当 $n=4$, 且

$$x_2 < x_4 < x_1 < x_3 \tag{7.6.6}$$

时, 因为 $x_{(1)}=x_2$, 故 $r(x_2)=r(x_{(1)})=1$, 类似地, 有 $r(x_1)=3$. 例如实际观测值为

	x_1	x_2	x_3	x_4
	1.2	0.9	1.4	1.0

排序后 $0.9(x_2) < 1.0(x_4) < 1.2(x_1) < 1.4(x_3)$,
故它们的秩分别是 $r(x_1) = 3$, $r(x_2) = 1$, $r(x_3) = 4$, $r(x_4) = 2$.

当观测值 x_i 换为样本 X_i 时, $r(X_i)$ 也应是随机变量.

对式(7.6.5)中有相等的观测值的情形,将在 7.6.2 节中讨论.

设自 1, 2 两总体分别抽取容量为 n_1, n_2 的样本,且设两样本独立. 这里总假定 $n_1 \leqslant n_2$. 将这 $n_1 + n_2$ 个观测值放在一起,按自小到大的次序排列,求出每个观测值的秩,然后将属于第 1 个总体的样本观测值的秩相加,其和记为 r_1,对应的随机变量记为 R_1,称为**第 1 样本的秩和**. 其余观测值的秩的总和记为 r_2,对应的随机变量记作 R_2,称为第 2 样本的秩和. 显然 R_1, R_2 是离散型的随机变量,注意 $\sum(i) = \sum i$,于是有

$$R_1 + R_2 = \sum_{i=1}^{n_1+n_2} i = \frac{1}{2}(n_1 + n_2)(n_1 + n_2 + 1). \tag{7.6.7}$$

这样,只要考虑统计量 R_1 即可.

现在来解决双边检验问题(7.6.4). 对此,先作直观分析. 当 H_0 为真时,即有 $f_1(x) = f_2(x)$,这时两个独立样本实际上是来自同一个总体. 因而第 1 个样本中诸元素的秩应该随机地、分散地在自然数 $1 \sim n_1 + n_2$ 中取值,一般来讲,不应过分集中取较小的值或较大的值. 反之, $\theta = \mu_1 - \mu_2 > 0$,表示第 1 总体的观测值总的势头比第 2 总体的大,因此秩 R_1 取较大值;而 $\theta < 0$ 时 R_1 应当取较小值. R_1 的最小值是第 1 总体的 n_1 个样本在 $n_1 + n_2$ 个样本排列(大排行)中是最左边的一个,而

$$\frac{1}{2}n_1(n_1+1) \leqslant R_1 \leqslant \sum_{k=1}^{n_1}(n_2+k) = n_1 n_2 + \sum_{k=1}^{n_1} k = \frac{1}{2}n_1(n_1 + 2n_2 + 1), \tag{7.6.8}$$

即知当 $H_0: \theta = 0$ 为真(等价于 $\theta = 0$)时秩和 R_1 一般来讲不应取太靠近上述不等式两端的值. 因而,当 R_1 的观测值 r_1 过分大或过分小时,都拒绝 H_0.

据以上分析,对于双边检验(7.6.4),在给定显著性水平 α 下, H_0 的拒绝域为

$$R_1 \leqslant C_U(\alpha/2) \quad \text{或} \quad R_1 \geqslant C_L(\alpha/2),$$

其中临界点 $C_U(\alpha/2)$ 是满足 $P_{\theta=0}(R_1 \leqslant C_U(\alpha/2)) \leqslant \alpha/2$ 的最大整数,而 $C_L(\alpha/2)$ 是满足 $P_{\theta=0}(R_1 \geqslant C_L(\alpha/2)) \leqslant \alpha/2$ 的最小整数. 此时犯第 I 类错误的概率为

$$P_{\theta=0}(R_1 \leqslant C_U(\alpha/2)) + P_{\theta=0}(R_2 \geqslant C_L(\alpha/2)) \leqslant \frac{\alpha}{2} + \frac{\alpha}{2} = \alpha.$$

如果知道 R_1 的分布,则临界点 $C_U(\alpha/2), C_L(\alpha/2)$ 是不难求得的. 下面以 $n_1 = 3, n_2 = 4$ 的情况为例来说明求临界点的办法.

当 $n_1 = 3, n_2 = 4$ 时,第 1 个样本中各观测值为 x_1, x_2, x_3,它们在总计 7 个观测值中的位置共有 $C_{3+4}^3 = 35$ 种. 现将这 35 种位置情况,即 x_1, x_2, x_3 的秩序列 $r(x_1), r(x_2), r(x_3)$

列于表 7.6.1 中"秩序列"项下的列上. $\min R_1 = \frac{1}{2} \times 3 \times 4 = 6$,而 $\max R_1 = \frac{1}{2} \times 3 \times 12 = 18$, $R_1 = 6$ 时,7 个观测值排序必为 $x_1 x_2 x_3 0000$,这里以 0 记独立的第 2 个样本的观测值,而 $R_1 = 7$ 时,应为 $x_1 x_2 0 x_3 000$ 等. 仿此可得表 7.6.1.

表 7.6.1

秩序列	R_1	秩序列	R_1	秩序列	R_1	秩序列	R_1	秩序列	R_1
1,2,3	6		10	1,6,7	14	2,4,7	13	3,5,6	14
1,2,4	7	1,3,7	11	2,3,4	9	2,5,6	13	3,5,7	15
1,2,5	8	1,4,5	10	2,3,5	10	2,5,7	14	3,6,7	16
1,2,6	9	1,4,6	11	2,3,6	11	2,6,7	15	4,5,6	15
1,2,7	10	1,4,7	12	2,3,7	12	3,4,5	12	4,5,7	16
1,3,4	8	1,5,6	12	2,4,5	11	3,4,6	13	4,6,7	17
1,3,5	9	1,5,7	13	2,4,6	12	3,4,7	14	5,6,7	18
$\sum$									3.67

由于这 35 种情况的出现是等可能的,由表 7.6.1 容易求得 R_1 的分布律和分布函数,例如有 $P(R_1 = 6) = 1/35 = 0.029$, $P(R_1 = 10) = 4/35 = 0.114$ 等. R_1 的分布律和分布函数列于表 7.6.2.

表 7.6.2

R_1	6	7	8	9	10	11	12
$P(R_1 = r_1)$	0.029	0.029	0.057	0.086	0.114	0.114	0.143
$P(R_1 \leqslant r_1)$	0.029	0.057	0.114	0.200	0.314	0.429	0.572
R_1	13	14	15	16	17	18	
$P(R_1 = r_1)$	0.114	0.114	0.083	0.057	0.029	0.029	
$P(R_1 \leqslant r_1)$	0.686	0.800	0.868	0.943	0.971	1	

于是,对于不同的 α 值,容易写出检验问题(7.6.4)的临界点和拒绝域. 例如,给定 $\alpha = 0.2$. 由表 7.6.2 知

$$P_{\theta=0}(R_1 \leqslant 7) = 0.057 < 0.1 = \frac{\alpha}{2},$$

$$P_{\theta=0}(R_1 \geqslant 17) = 0.057 < 0.1 = \frac{\alpha}{2}.$$

即有 $C_U(0.1) = 7 \stackrel{\text{def}}{=\!=} r_U$, $C_L(0.1) = 17 \stackrel{\text{def}}{=\!=} r_L$. 故当 $n_1 = 3, n_2 = 4$ 时,在水平 $\alpha = 0.2$ 下检验问题(7.6.4)的拒绝域为

$$R_1 \leqslant 7 \quad \text{或} \quad R_1 \geqslant 17.$$

此时,犯第 I 类错误的概率为

$$P_{\theta=0}(R_1 \leqslant 7) + P_{\theta=0}(R_1 \geqslant 17) = 0.057 + 0.057 = 0.114.$$

类似地，可得左侧检验(7.6.2)的拒绝域为(显著性水平为 α)
$$R_1 \leqslant C_U(\alpha),$$
其中 $C_U(\alpha)$ 是满足 $P_{\theta=0}(R_1 \leqslant C_U(\alpha)) \leqslant \alpha$ 的最大整数；而右边检验问题拒绝域为(显著性水平为 α)
$$R_1 \geqslant C_L(\alpha),$$
其中 $C_L(\alpha)$ 是满足 $P_{\theta=0}(R_1 \geqslant C_L(\alpha)) \leqslant \alpha$ 的最小整数.

例如，若给定 $\alpha=0.1$，抽取的样本容量为 $n_1=3, n_2=4$，则由表 7.6.2 知，检验问题(7.6.3)的拒绝域为
$$R_1 \geqslant 17.$$
此时犯第 I 类错误的概率为 $0.057 < 0.1$.

在一些非参数统计的图书中，有这样的附表，其中列出了 n_1 和 n_2 自 2 至 10 为止的 n_1, n_2 的各种组合的临界点 $C_U(\alpha)$ 和 $C_L(\alpha)$，以及第 1 总体的 $P(R_1 \leqslant r_U)(=P(R_1 \geqslant r_L))$.

例 7.6.1 为查明某种血清是否会抑制白血病，选取患白血病已到晚期的老鼠 9 只，其中有 5 只接受这种治疗，另 4 只则不作这种治疗. 设两样本相互独立，从试验开始时计算，其存活时间如下：

不作治疗/月	1.9	0.5	0.9	2.1	
接受治疗/月	3.1	5.3	1.4	4.6	2.8

设治疗与否的存活时间的概率密度至多只差一个平移，取 $\alpha=0.05$，问这种血清对白血病是否有抑制作用？

解 本题需检验接受治疗的老鼠的存活期是否有增长. 分别以 μ_1, μ_2 表示不作治疗和接受治疗的老鼠的存活时间总体的均值，需要检验的假设是
$$H_0: \mu_1 = \mu_2; \quad H_1: \mu_1 < \mu_2.$$
这里，$n_1=4, n_2=5, \alpha=0.05$. 先计算对应于 $n_1=4$ 的一组观测值的秩和. 将两组数据放在一起按自小到大的次序排列. 对来自第 1 个总体($n_1=4$)的数据加上小括号表示.

数据	(0.5)	(0.9)	1.4	(1.9)	(2.1)	2.8	3.1	4.6	5.3
秩	1	2	3	4	5	6	7	8	9

所以 R_1 的观测值为 $r_1=1+2+4+5=12$. 可以查得 $C_U(0.05)=12$，即拒绝域为 $R \leqslant 12$. 而现在 $r_1=12$，故拒绝 H_0，即认为这种血清对白血病有抑制作用. □

可以证明，当 H_0 为真时(即 $\theta=0$ 时)
$$\begin{cases} \hat{\mu}_{R_1} = \hat{E}(R_1) = \dfrac{n_1(n_1+n_2+1)}{2}, \\ \hat{\sigma}_{R_1}^2 = \hat{D}(R_1) = \dfrac{n_1 n_2(n_1+n_2+1)}{12}. \end{cases} \tag{7.6.9}$$

而当 $n_1, n_2 \geq 10$, H_0 为真时,近似地有

$$R_1 \sim N(\mu_{R_1}, \sigma_{R_1}^2). \tag{7.6.10}$$

因此,当 $n_1, n_2 \geq 10$ 时,可以采用

$$U = \frac{R_1 - \mu_{R_1}}{\sigma_{R_1}} \approx N(0,1)$$

作为检验统计量. 在水平 α 下双侧检验、右侧检验、左侧检验的近似拒绝域分别为

$$|U| > z_{\alpha/2}, \quad U > z_\alpha, \quad U < -z_\alpha.$$

例 7.6.2 某商店为了确定向公司 A 或公司 B 购买某种商品,将 A, B 公司以往各次进货的次品率进行比较,得数据如下. 设两样本独立,两公司商品的次品率的密度最多只差一个平移,并取水平 $\alpha = 0.05$,问两公司的商品的质量有无差异?

| A | 7.0 | 3.5 | 9.6 | 8.1 | 6.2 | 5.1 | 10.4 | 4.0 | 2.0 | 10.5 | | |
| B | 5.7 | 3.2 | 4.2 | 11.0 | 9.7 | 6.9 | 3.6 | 4.8 | 5.6 | 8.4 | 10.1 | 5.5 | 12.3 |

解 分别以 μ_A, μ_B 记公司 A, B 的商品次品率总体的均值. 所需检验的假设为

$$H_0: \mu_A = \mu_B; \quad H_1: \mu_A \neq \mu_B.$$

先将数据按大小次序排列,得到对应于 $n_1 = 10$ 的样本的秩和

$$r_1 = 1 + 3 + 5 + 8 + 12 + 14 + 15 + 17 + 20 + 21 = 116.$$

又当 H_0 为真时,

$$\hat{\mu}_{R_1} = \hat{E}(R_1) = \frac{1}{2} n_1 (n_1 + n_2 + 1) = \frac{1}{2} \times 10 \times (10 + 13 + 1) = 120,$$

$$\hat{\sigma}_{R_1}^2 = \hat{D}(R_1) = \frac{1}{12} n_1 n_2 (n_1 + n_2 + 1) = 260.$$

故当 H_0 为真时,近似地有 $R_1 \sim N(120, 260)$.

拒绝域为

$$\frac{|R_1 - 120|}{\sqrt{260}} \geq z_{0.025} = 1.96.$$

现在 R_1 的观测值为 $r_1 = 116$,得 $|r_1 - 120|/\sqrt{260} = 0.25 < 1.96$,故接受 H_0,认为两个公司商品的质量无显著差异.

7.6.2 有相等观测值的情形

在实际中式(7.6.5)中会出现某些观测值相等的情况,对于这种观测值的秩定义为足标的平均值. 例如,若抽得的样本按次序排成 0,1,1,1,2,3,3,则三个 1 的秩均为 $(2+3+4)/3 = 3$,两个 3 的秩均为 $(6+7)/2 = 6.5$.

将两个样本的 $n_1 + n_2 = n$ 个元素按自小到大的次序排列,若出现秩相同的组,设秩为

a_i 的数共有 $t_i, i=1,2,\cdots,k, a_1<\cdots<a_k$,那么当 H_0 为真时 R_1 的均值仍由式(7.6.9)给出,而 R_1 的方差修正为

$$\sigma_{R_1}^2 = \frac{n_1 n_2 [n(n^2-1) - \sum_{i=1}^{k} t_i(t_i^2-1)]}{12n(n-1)}. \quad (7.6.11)$$

又当 $n_1, n_2 \geq 10, H_0$ 为真,且 k 不大时,近似地有

$$R_1 \sim N(\mu_{R_1}, \sigma_{R_1}^2),$$

其中 $\mu_{R_1} = n_1(n_1+n_2+1)/2, \sigma_{R_1}^2$ 由式(7.6.9)确定,这时就采用

$$U = \frac{R_1 - \mu_{R_1}}{\sigma_{R_1}}$$

作为检验统计量来检验相应于式(7.6.2)~式(7.6.4)的假设检验问题.

例 7.6.3 两位化验员各自读得某种液体黏度如下:

| 化验员 A | 82 | 73 | 91 | 84 | 77 | 98 | 81 | 79 | 87 | 85 | |
| 化验员 B | 80 | 76 | 92 | 86 | 74 | 96 | 83 | 79 | 80 | 75 | 79 |

设数据可以认为来自仅均值可能有差异的总体的样本.试在 $\alpha=0.05$ 下,检验假设

$$H_0: \mu_1 = \mu_2; \quad H_1: \mu_1 \neq \mu_2.$$

其中,μ_1, μ_2 分别为两总体的均值.

解 将两个样本的元素混合,按自小到大的次序排列,并求出各个元素的秩如下(第一样本 A 数据加括号):

数据	(73)	74	75	76	(77)	(79)	79	79	80	80	(81)	(82)	(83)	(84)	(85)	86	(87)	(91)	92	96	(98)
秩	1	2	3	4	5	7	7	7	9.5	9.5	11	12	13	14	15	16	17	18	19	20	21

现在 $n_1=10, n_2=11, n=21, \mu_{R_1} = 10 \times 22/2 = 110, k=2$,

$$\sum_{i=1}^{2} t_i(t_i^2-1) = 3 \times (9-1) + 2 \times (4-1) = 30,$$

按式(7.6.11)得 $\sigma_{R_1}^2 = 201$. 当 H_0 为真时,近似地有

$$R_1 \sim N(110, 201).$$

拒绝域为

$$\left|\frac{R_1 - 110}{\sqrt{201}}\right| \geq z_{0.025} = 1.645.$$

现在 R_1 的观测值为 $r_1=121$,得 $(r_1-110)/\sqrt{201}=0.776<1.645$. 故接受 H_0,认为两位化验员所测得的数据无显著差异.

习题 7

1. 某批矿砂的 5 个样品中的镍含量,经测定为(%):
$$3.25, 3.27, 3.24, 3.26, 3.24.$$
设测定值总体服从正态分布,问在 $\alpha=0.01$ 下能否接受假设:这批矿砂的镍含量的均值为 3.25.

2. 测定某种溶液中的水分,它的 10 个测定值给出 $\bar{x}=0.452\%$,$s_n=0.037\%$,设测定值母体服从正态分布,μ 为母体均值,σ 为母体的根方差值.试在 5% 的显著水平下,分别检验假设

(1) $H_0: \mu=0.5\%$;

(2) $H_0: \sigma=0.04\%$.

3. 设某次考试的学生成绩服从正态分布,从中随机地抽取 36 位考生的成绩,算得平均成绩为 66.5 分,标准差为 15 分.问在显著性水平 0.05 下,是否可以认为这次考试全体考生的平均成绩为 70 分? 并给出检验过程.

提示:应用 t 检验,算得 $t=-1.4$,接受假设 $H_0: \mu=70$.

4. 如果一个矩形的宽度 w 与长度 l 的比 $w/l=\frac{1}{2}(\sqrt{5}-1)\approx 0.618$,这样的矩形称为**黄金矩形**.这种尺寸的矩形使人们看上去有良好的感觉.现代的建筑构件(如窗架)、工艺品(如图片镜框),甚至司机的执照、商业的信用卡等常常都是采用黄金矩形.下面列出某工艺品工厂随机取的 20 个矩形的宽度与长度的比值.设这一工厂生产的矩形的宽度与长度的比值总体服从正态分布,其均值为 μ,试检验假设 $H_0: \mu=0.618$(取 $\alpha=0.05$).

0.693, 0.749, 0.654, 0.670, 0.662, 0.672, 0.615, 0.606, 0.690, 0.628,
0.668, 0.611, 0.606, 0.609, 0.601, 0.553, 0.570, 0.844, 0.576, 0.933.

5. 某切割机在正常工作时,切割的每段金属棒长服从正态分布,且其平均长度为 10.5cm,标准差是 0.15cm,今从一批产品中随机地抽取 15 段进行测量,其结果如下(单位:cm):

10.4, 10.6, 10.1, 10.4, 10.5, 10.3, 10.3, 10.2,
10.9, 10.6, 10.8, 10.5, 10.7, 10.2, 10.7.

试问该切割机切割金属棒的长度是否仍然正常($\alpha=0.05$)?

6. 在第 4 题中记总体的标准差为 σ,试检验假设(取 $\alpha=0.05$)
$$H_0: \sigma^2=0.11^2; \quad H_1: \sigma^2 \neq 0.11^2.$$

7. 要求一种元件使用寿命不得低于 1000h,今从一批这种元件中随机抽取 25 件,测得其寿命的平均值为 950h.已知该种元件寿命服从标准差为 $\sigma=100h$ 的正态分布,试在

显著性水平 $\alpha=0.05$ 下确定这批元件是否合格. 设总体均值为 μ, 即需检验假设 $H_0: \mu \geq 1000, H_1: \mu < 1000$.

8. 按照规定, 每 100g 的番茄罐头, 维生素 C(Vc) 的含量不得少于 21mg. 现从某厂生产的一批罐头中抽取 17 个, 得 Vc 的含量(单位: mg)如下: 16,22,21,20,23,21,29,15, 13,23,17,20,29,18,22,16,25. 已知 Vc 的含量服从正态分布, 试以 0.025 的检验水平检验该批罐头的 Vc 含量是否合格.

9. 下面列出的是某工厂随机选取的 20 只部件的装配时间(min):

9.8, 10.4, 10.6, 9.6, 9.7, 9.9, 10.9, 11.1, 9.6, 10.2,

10.3, 9.6, 9.9, 11.2, 10.6, 9.8, 10.5, 10.1, 10.5, 9.7.

设装配时间的总体服从正态分布. 是否可以认为装配时间的均值显著大于 10min(取 $\alpha=0.05$)?

10. 平均值的质量控制图. 在工业质量控制中, 常需要每隔一定时间就检验一次同样的假设 H_0. 例如, 在制造某种弹簧过程中, 需要控制弹簧的自由长度具有平均值 $\mu=1.5\text{cm}$. 设弹簧的自由长度总体服从正态分布, 且标准差为 $\sigma=0.02\text{cm}$. 为检验生产过程是否正常, 每隔一定时间(例如 1h)取样 n 件, 根据测得的自由长度平均值 $\bar{x}$ 来检验假设 $H_0: \mu=1.5$. 为简化这项工作及便于了解生产过程的统计规律性, 制作如下的平均值的质量控制图. 图中的纵坐标是 $\bar{x}$ 的大小, 中心线在 $\mu_0=1.5$, 由于 $\bar{X} \sim N(\mu_0, \sigma^2/n)$ 及正态分布的 3σ 法则, 选取控制上限和控制下限分别在 $\mu_0+3\sigma/\sqrt{n}, \mu_0-3\sigma/\sqrt{n}$ 处. 每个样本平均值都依时间为序点画在图上, 点间以线段相连.

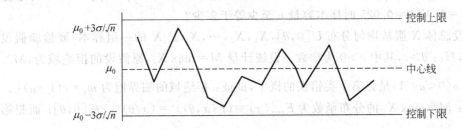

如果 $\bar{x}$ 都落在控制限之间, 则表明生产过程处于正常的控制之下; 否则, 就要检查原因适当地调整机器(实际上 1000 个均值落在控制线外的超过 3 个, 就必须调整, 这相当于取显著性水平 $\alpha=0.0027$).

设每隔 1h 的时间间隔内采样(容量为 5)算得的样本均值(单位: cm)如下:

1.510, 1.495, 1.521, 1.505, 1.524, 1.488, 2.465, 1.529,

1.520, 1.444, 1.531, 1.502, 1.490, 1.531, 1.475, 1.478,

1.522, 1.491, 1.491, 1.482.

画 $\mu_0=1.5, \sigma=0.02$ 及容量 $n=5$ 的样本平均值的控制图. 问生产过程是否正常?

11. 某厂生产的铜丝,要求其折断力的方差不超过 16kg,今从某日生产的铜丝中随机抽取容量为 10 的一个样本,测得其折断力(单位:kg)如下:

$$289, 286, 285, 284, 286, 285, 286, 298, 292.$$

设总体服从正态分布,问该厂生产的铜丝折断力方差是否合乎标准($\alpha = 0.05$)?

12. 某种导线,要求其电阻的标准差不得超过 0.005Ω(欧姆).今在生产的一批导线中取样品 9 根,测得 $s = 0.007\Omega$,设总体为正态分布.问在水平 $\alpha = 0.05$ 下能否认为这批导线的标准差显著偏大?

13. 测定某种溶液中的水分,它的 10 个测定值给出 $s = 0.037\%$. 设测定值总体为正态分布,σ^2 为总体方差. 试在水平 $\alpha = 0.05$ 下检验假设

$$H_0: \sigma = 0.04\%; \quad H_1: \sigma^2 < 0.04\%.$$

14. 设正态总体的方差 σ^2 已知,均值 μ 只可能取 μ_0 或 $\mu_1 (> \mu_0)$ 二值之一,$\bar{x}$ 是总体的容量为 n 的样本平均值. 在给定的显著性水平 α 下,检验假设

$$H_0: \mu = \mu_0; \quad H_1: \mu = \mu_1 > \mu_0$$

时,犯第 II 类错误的概率为 $\beta, \beta = P(\bar{X} - \mu_0 < k | \mu = \mu_1)$.

(1) 试验证

$$\beta = \Phi\left(z_\alpha - \frac{\mu_1 - \mu_0}{\sigma/\sqrt{n}}\right) \quad \text{及} \quad n = (z_\alpha + z_\beta)^2 \frac{\sigma^2}{(\mu_1 - \mu_0)^2}.$$

(2) 若 n 固定,当 α 减少时 β 的值怎样变化?

(3) 若 n 固定,当 β 减少时 α 的值怎样变化?并写出 $\sigma = 0.12, \mu_1 - \mu_2 = 0.02$(标准差的 1/6),$\alpha = 0.05, \beta = 0.025$ 时样本容量 n 至少等于多少?

15. 设总体 X 服从均匀分布 $U[0, \theta], X_1, X_2, \cdots, X_n$ 是 X 的一组样本,要检验假设 $H_0: \theta = c, H_1: \theta > c$,其中 $c > 0$ 为常数. 设统计量 $M = \max_{1 \leq i \leq n} X_i$,原假设的拒绝域为 $(M > m_\alpha)$,如果 $\alpha (0 < \alpha < 1)$ 是犯第 I 类错误的概率,试证:拒绝域的临界值为 $m_\alpha = c(1-\alpha)^{\frac{1}{n}}$。

提示:$M = \max_{1 \leq i \leq n} X_i$ 的分布函数为 $F_{\max}(x) = (F(x, \theta))^n = (x/\theta)^n, x \in [0, \theta]$;而犯 I 类错误的概率 $\alpha = P(M > m_\alpha)$. 故 H_0 成立时,$\alpha = 1 - \left(\frac{m_\alpha}{\theta}\right)^n$.

16. 设需要对某一正态总体的均值进行假设检验

$$H_0: \mu = 15; \quad H_1: \mu < 15.$$

已知 $\sigma^2 = 2.5$. 取 $\alpha = 0.05$. 若要求当 H_1 中的 $\mu \leq 13$ 时犯第 II 类错误的概率不超过 $\beta = 0.05$,求所需的样本容量.

17. 电池在货架上滞留的时间不能太长.下面给出某商店随机选取的 8 只电池的货架滞留时间(单位:d)为:

$$108, 124, 124, 106, 138, 163, 159, 134.$$

设数据来自正态总体 $N(\mu,\sigma^2)$,μ,σ^2 未知.

(1) 试检验假设 $H_0:\mu=125$；$H_1:\mu>125$. 取 $\alpha=0.05$.

(2) 基于要求在上述 H_1 中 $(\mu-125)/\sigma\geq 1.4$ 时,犯第 II 类错误的概率不超过 $\beta=0.1$,求所需的样本容量.

18. 现有两箱灯泡,今从第一箱中抽取 9 只进行测试,得到它的平均寿命是 1532h,标准差是 432h；从第二箱中抽取 18 只进行测试,得到它的平均寿命是 1412h,标准差是 380h. 设两箱灯泡寿命都服从正态分布,作适当的假设,在显著性水平 $\alpha=0.05$ 下,检验是否可以认为这两箱灯泡是同一批生产的？

19. 为检验两只光测高温计所确定的温度读数之间有无系统误差,设计一个试验,用这两架仪器同时对一热炽灯丝进行观察,得数据如下：

灯丝号	1	2	3	4	5	6	7	8	9	10
高温计 X(℃)	1050	825	918	1183	1200	980	1258	1038	1420	1550
高温计 Y(℃)	1072	820	936	1185	1211	1002	1254	1330	1425	1545

试根据这些数据来确定这两只高温计所确定的温度读数之间有无系统误差($\alpha=0.01$).

20. 下表分别给出两个文学家马克·吐温(Mark Twain)的 8 篇小品文以及斯诺特格拉斯(Snodgrass)的 10 篇小品文中由 3 个字母组成的词的比例：

马克·吐温	0.225 0.262 0.217 0.240 0.230 0.229 0.235 0.217
斯诺特格拉斯	0.209 0.205 0.196 0.210 0.202 0.207 0.224 0.223 0.220 0.201

设两组数据分别来自正态总体,且两总体方差相等,两样本相互独立.问两个作家所写的小品文中包含由 3 个字母组成的词的比例是否有显著的差异(取 $\alpha=0.05$)？

21. 用两种工艺生产的某种电子元件的抗击穿强度为随机变量,分布分别为 $N(\mu_1,\sigma_1^2)$ 和 $N(\mu_2,\sigma_2^2)$(单位:V). 某日分别抽取 9 只和 6 只,测得抗击穿强度数据分别为 $x_1,\cdots,x_9$ 和 $y_1,\cdots,y_6$. 并算得

$$\sum_i x_i = 370.80,\quad \sum_i x_i^2 = 15280.17,\quad \sum_j y_j = 204.60,\quad \sum_j y_j^2 = 6978.93.$$

(1) 在显著性水平 $\alpha=0.05$ 下,检验两工艺所生产元件的抗击穿强度的方差有无明显差异.

(2) 求 $\mu_1-\mu_2$ 的水平 95% 的置信区间(可利用(1)的结果).

22. 20 世纪 70 年代后期人们发现,酿造啤酒时,在麦芽干燥过程中形成致癌物质亚硝基二甲胺(NDMA). 到了 20 世纪 80 年代初期开发了一种新的麦芽干燥过程,下面给出分别在新老两种过程中形成的 NDMA 含量(以 10 亿份中的份数计).

老过程	6	4	5	5	6	5	5	6	4	6	7	4
新过程	2	1	2	2	1	0	3	2	1	0	1	3

设两样本分别来自正态总体,且两总体的方差相等,两样本独立. 分别以 μ_1,μ_2 记对应于老、新过程的总体的均值,试检验假设(取 $\alpha=0.05$)

$$H_0: \mu_1 - \mu_2 = 2; \quad H_1: \mu_1 - \mu_2 > 2.$$

23. 在第 20 题中分别记两个总体的方差为 σ_1^2 和 σ_2^2. 试检验假设(取 $\alpha=0.05$)

$$H_0: \sigma_1^2 = \sigma_2^2; \quad H_1: \sigma_1^2 \neq \sigma_2^2.$$

以说明在第 20 题中我们假设 $\sigma_1^2 = \sigma_2^2$ 是合理的.

24. 在第 22 题中分别记两个总体的方差为 σ_1^2 和 σ_2^2. 试检验假设(取 $\alpha=0.05$)

$$H_0: \sigma_1^2 = \sigma_2^2; \quad H_1: \sigma_1^2 \neq \sigma_2^2.$$

以说明在第 22 题中我们假设 $\sigma_1^2 = \sigma_2^2$ 是合理的.

25. 测得两批电子器件的样品的电阻(单位:Ω)为:

A 批(x)	0.140	0.138	0.143	0.142	0.144	0.137
B 批(y)	0.135	0.140	0.142	0.136	0.138	0.140

设这两批器材的电阻值总体分别服从分布 $N(\mu_1, \sigma_1^2), N(\mu_2, \sigma_2^2)$,且两样本独立.

(1) 检验假设($\alpha=0.05$)

$$H_0: \sigma_1^2 = \sigma_2^2; \quad H_1: \sigma_1^2 \neq \sigma_2^2.$$

(2) 在(1)的基础上检验($\alpha=0.05$)

$$H_0': \mu_1 = \mu_2; \quad H_1': \mu_1 \neq \mu_2.$$

26. 某厂使用两种不同的原料 A, B 生产同一类型产品,各在一周的产品中取样进行分析比较. 取使用原料 A 生产的样品 220 件,测得平均重量为 2.46kg,样本标准差 $s=0.57$kg. 取使用原料 B 生产的样品 205 件,测得平均重量为 2.55kg,样本标准差为 0.48kg. 设这两个样本独立. 问在水平 0.05 下能否认为使用原料 B 的产品平均重量比使用原料 A 大?

27. 一药厂生产一种新的止痛片,厂方希望验证服用新药片到开始起作用的时间间隔较原有止痛片至少缩短一半,因此厂方提出需检验假设

$$H_0: \mu_1 = 2\mu_2; \quad H_1: \mu_1 > 2\mu_2.$$

此处 μ_1, μ_2 分别是服用原止痛片和服用新止痛片后至起作用的时间间隔的总体均值. 设两总体均为正态且方差分别为已知值 σ_1^2, σ_2^2. 现分别在两总体中取一样本 $x_1, x_2, \cdots, x_{n_1}$ 和 $y_1, y_2, \cdots, y_{n_2}$,设两个样本独立,试给出上述假设 H_0 的拒绝域. 取显著性水平为 α.

28. 一工厂的两个化验室每天同时从工厂的冷却水中取样,测量水中含氯量(ppm)一次,下面是 7 天的记录:

日　　期	1	2	3	4	5	6	7
化验室 $A(x_i)$	1.15	1.86	0.75	1.82	1.14	1.65	1.90
化验室 $B(y_i)$	1.00	1.90	0.90	1.80	1.20	1.70	1.95

若各对数据的差 $d_i = x_i - y_i, i = 1, 2, \cdots, 7$ 来自正态总体,问两化验室测定的结果之间有无显著差异($\alpha = 0.01$)?

29. 为了比较用来做鞋子后跟的两种材料的质量,选取了 15 个男子(他们的生活条件各不相同),每人穿着一双新鞋,其中一只是以材料 A 做后跟,另一只以材料 B 做后跟,其厚度均为 10mm,过了一个月再测量厚度,得到数据(单位:mm)如下:

男子	1	2	3	4	5	6	7	8	9	10	11	12	13	14	15
材料 $A(x_i)$	6.6	7.0	8.3	8.2	5.2	9.3	7.9	8.5	7.8	7.5	6.1	8.9	6.1	9.4	9.1
材料 $B(y_i)$	7.4	5.4	8.8	8.0	6.8	9.1	6.3	7.5	7.0	6.5	4.4	7.7	4.2	9.4	9.1

设 $d_i = x_i - y_i, i = 1, 2, \cdots, 15$ 来自正态总体,问是否可以认为以材料 A 制成的后跟比材料 B 的耐穿(取 $\alpha = 0.05$)?

30. 为了试验两种不同谷物种子的优劣,选取了 10 块土质不同的土地,并将每块土地分为面积相同的两部分,分别种植这两种种子.设在每块土地的两部分人工管理等条件完全一样.下面给出各块土地上的产量(单位:吨):

土地	1	2	3	4	5	6	7	8	9	10
种子 A	23	35	29	42	39	29	37	34	35	28
种子 B	26	39	35	40	38	24	36	27	41	27

设 $d_i = x_i - y_i, i = 1, 2, \cdots, 10$ 来自正态总体,问以这两种种子种植的谷物的产量是否有显著的差异(取 $\alpha = 0.05$)?

31. 一个小学校长在报纸上看到这样的报道:"这一城市的初中学生平均每周看 8h 电视".她认为她所在的学校,学生看电视的时间明显小于该数字.为此她向 100 个学生作了调查,得知平均每周看电视的时间 $\bar{x} = 6.5$h,样本标准差为 $s = 2$h.问是否可以认为这位校长的看法是对的? 取 $\alpha = 0.05$ (注:这是大样本的检验问题.由中心极限定理及 n 足够大时 t 分布可用正态分布近似,可以知道不管总体服从什么分布,只要方差存在,当 n 充分大时 $\dfrac{\bar{X} - \mu}{S/\sqrt{n}}$ 近似地服从正态分布).

32. 为确定某肥料的效果,取 1000 株植物做试验,其中有 100 株没有施肥. 在没有施肥的 100 株植物中,有 53 株长势良好;在已施肥的 900 株中测得 783 株长势良好. 问施肥的效果是否显著($\alpha = 0.01$)?

33. 检查了一本书的 100 页,记录各页中印刷错误的个数,其结果如下:

错误个数 f_i	0	1	2	3	4	5	6	$\geqslant 7$
含 f_i 个错误的页数	36	40	19	2	0	2	1	0

能否认为一页的印刷错误个数服从泊松分布(取 $\alpha=0.05$)?

34. 在一批灯泡中抽取 300 只做寿命试验,其结果如下:

寿命 t/h	$t<100$	$100\leqslant t<200$	$200\leqslant t<300$	$t\geqslant 300$
灯泡数	121	78	43	58

取 $\alpha=0.05$,试检验假设

$$H_0: \text{灯泡寿命服从指数分布}, f(t)=\begin{cases} 0.005e^{-0.005t}, & t\geqslant 0, \\ 0, & t<0. \end{cases}$$

35. 袋中装有 8 只球,其中红球数未知.在其中任取 3 只,记录红球的只数 X,然后放回,再任取 3 只,记录红球的只数,然后放回.如此重复进行了 112 次,其结果如下:

x	0	1	2	3
次数	1	31	55	25

试取 $\alpha=0.05$ 检验假设

$$H_0: X \text{ 服从超几何分布}: P(x=k) = C_5^k C_3^{3-k}/C_8^3, \quad k=0,1,2,3,$$

即检验假设 H_0:红球的只数为 5.

36. 下面给出两种型号的计算器充电以后所能使用的时间(单位:h):

| 型号 A | 5.5 | 5.6 | 6.3 | 4.6 | 5.3 | 5.0 | 6.2 | 5.8 | 5.1 | 5.2 | 5.9 |
| 型号 B | 3.8 | 4.3 | 4.2 | 4.0 | 4.9 | 4.5 | 5.2 | 4.8 | 4.5 | 3.9 | 3.7 | 4.6 |

设两样本独立且数据所属的两总体的密度至多差一个平移,试问能否认为型号 A 的计算器平均使用时间比型号 B 的长($\alpha=0.01$)?

第 8 章 一元线性回归

8.1 线性回归与一元线性回归函数的估计

8.1.1 回归问题

在许多实际问题中，或者由于变量之间关系复杂，很难甚至无法用精确的数学公式表达，或者由于生产、试验和管理过程中不可避免的误差，因此使得变量间的关系有不确定性. 这样就需要用统计方法，在大量试验和观察的基础上，从获得的数据中寻找隐藏的统计规律性. 回归分析就是这样一种重要方法.

考虑两个随机变量 X 和 Y 之间的关系. 假定 Y 是一只小鸡半年后的重量，X 是提供给这只小鸡的食物数量. 这样，X 就可以看成是 Y 的控制变量. 又如 X 是对某块田地上一种农作物的化肥施用量，Y 是这块田地上此种农作物未来的产量，则 X 也是 Y 的控制变量. 如果 X 是对某个证券的投入，Y 是将来的回报；或者 X 是制定的一项政策措施，我们要分析它对经济的某个指标（景气指数、GPD 等）Y 的拉动程度等. 这时候，我们也把 X 看成（系统的）输入而把 Y 看做（系统的）输出.

我们发现，即便给定 X 一个值 x，它虽然对 Y 能有一定的控制作用，却不能完全决定 Y，小鸡的重量或者该农作物的产量也都仍然是随机变量. 于是我们关心在给定 $X=x$ 的条件下随机变量 Y 的期望值 $E(Y|X=x) \stackrel{\text{def}}{=} g(x)$. 现在这个 x 的函数虽然是未知的，但却是确定的，其随机性已经"加权平均"掉了. 称这个 x 的函数为 Y 在 X 上的**回归函数** (regression function). 如果它是线性的，则称为**一元线性回归函数**，确定和讨论它们的有关问题，便是（一元）**线性回归分析**. 否则就

是(一元)**非线性回归分析**.

假定回归函数是一元线性的,即可设
$$g(x) = E(Y \mid X = x) = \beta_0 + \beta_1 x, \tag{8.1.1}$$
其中 β_0 和 β_1 是模型的未知参数,这就是一般的**一元线性回归模型**. 称模型参数 β_0 和 β_1 为**回归系数**.

特别地,对于给定控制变量或系统输入不同的值,如果另一个受控变量或系统输出的误差可以确定是非均匀且对称的,则可以假定有正态分布(也可能是其他的对称分布,例如 t 分布等. 当 n 不小于 30 时,t 分布也可用正态分布近似),从而可以尝试下面模型:

在 $X=x$ 条件下,
$$Y = \beta_0 + \beta_1 x + \varepsilon, \quad \varepsilon \sim N(0, \sigma^2), \tag{8.1.2}$$
或者写为直接的关系
$$Y = \beta_0 + \beta_1 X + \varepsilon, \quad \varepsilon \sim N(0, \sigma^2), \tag{8.1.2'}$$
其中 β_0, β_1 和 σ^2 是未知参数,ε 是正态的. 则式(8.1.2)和式(8.1.2′)也是一元线性回归模型.

由于式(8.1.2)中 ε 是正态的,故此时在给定 X 值条件下的 Y 的条件分布也是正态的,且在 $X=x$ 条件下,随机变量 $Y|X=x \sim N(\beta_0+\beta_1 x, \sigma^2)$. 注意,式(8.1.1)只是对 Y 的矩(条件期望)作了限定,并没有对 Y 的分布作规定,相对要宽松多了. 因此式(8.1.2)、式(8.1.2′)是式(8.1.1)的特例. 在式(8.1.2′)两边取条件期望,就能得到式(8.1.1).

给定 X 的 n 个不同值 $x_i (i=1,2,\cdots,n)$,从式(8.1.2)会得到相应的输出 $Y_i (i=1,2,\cdots,n)$. 假定对输入的任意给定的独立观测,误差也是独立的(对于正态,等价于不相关),从而诸 Y_i 是独立的,且有
$$\begin{cases} Y_i = \beta_0 + \beta_1 x_i + \varepsilon_i, & \varepsilon_i \sim N(0, \sigma^2), \\ \mathrm{cov}(\varepsilon_i, \varepsilon_j) = \sigma^2 \delta_{ij}, & i,j = 1,2,\cdots,n. \end{cases} \tag{8.1.3}$$
此时 $\{\varepsilon_i\}$ 为正态白噪声. 式(8.1.3)可看成是式(8.1.2)的又一形式,称为样本形式. 它自然也是一元线性回归模型.

我们的任务是研究模型识别和检验,也就是模型参数(回归系数)β_0 和 β_1 的估计和检验;以及利用模型在给定 X 一个新值 x_0 时对输出作预测.

例如,对于式(8.1.1),我们首先要研究如何确定这个回归函数 $g(x)$,也就是确定常数 β_0 和 β_1. 问题好像很简单: 给定 X 两个值 x_1 和 x_2,通过试验观测得到 $y_1 = g(x_1)$ 和 $y_2 = g(x_2)$(注意这里的 y_i 并不是随机变量 Y 的观测值),就能画出一条确定的直线,也就是确定 β_0 和 β_1. 但是当给出 X 的另外两个值时,又会得到另外一条直线、另外的两个 β_0 和 β_1. 如此进行下去我们可以画出许多直线. 那么到底哪一条直线更好地刻画了 X 和 Y 的条件期望间的关系? 换言之,当给定 X 的 n 个不同值 $x_1, x_2, \cdots, x_n$ 时会得到 n 个不同值 $g(x_1), g(x_2), \cdots, g(x_n)$. 于是在平面上得到 n 个点 $\{(x_i, g(x_i)) \stackrel{\text{def}}{=\!=\!=} (x_i, y_i), i=1,2,\cdots,n\}$,

应该选配一条什么样的直线最合理(也即能使相应的误差最小)？这个问题就变成如何由观测值估计回归系数 β_0 和 β_1.

估计出了回归函数,自然进一步可以作预测：对给定 X 的一个新值 x_0,预测其估计的输出 $\hat{g}(x_0) = \hat{E}(Y|X=x_0) = \hat{\beta}_0 + \hat{\beta}_1 x_0$,以及这一预测的误差.

类似地,可以将在任意给定随机变量 $X_1, X_2, \cdots, X_p$ 值的条件下,随机变量 Y 的条件期望定义为随机变量 Y 在随机变量 $X_1, X_2, \cdots, X_p$ 上的 **p 元(多元)回归函数**. 它是 $X_1, X_2, \cdots, X_p$ 的值的函数,即可设

$$g(x_1, x_2, \cdots, x_p) \stackrel{\text{def}}{=} E(Y \mid X_1 = x_1, X_2 = x_2, \cdots, X_p = x_p), \qquad (8.1.4)$$

而一般**多元线性回归模型**可以写为

$$E(Y \mid X_1 = x_1, X_2 = x_2, \cdots, X_p = x_p) = \sum_{i=0}^{p} \beta_i x_i, \qquad (8.1.5)$$

其中 $x_0 = 1$,而称 $\beta_i (i=0,1,2,\cdots,p)$ 为回归系数.

特别情况下有

$$Y = \sum_{i=0}^{p} \beta_i X_i + \varepsilon, \quad \varepsilon \sim N(0, \sigma^2). \qquad (8.1.6)$$

8.1.2 一元线性回归函数估计的最小二乘法

从 8.1.1 节可知为了确定一元回归函数,也就是确定常数 β_0 和 β_1,需要对给定 X 的 n 个值 $x_i (i=1,2,\cdots,n)$,通过试验观测(例如基于式(8.1.1))得到 n 个 $y_i \stackrel{\text{def}}{=} g(x_i) (i=1, 2, \cdots, n)$,于是在平面上有 n 个点 $\{(x_i, y_i), i=1, 2, \cdots, n\}$. 现在的任务是要选配一条直线尽可能通过所有的点,虽然一般说很难做到,但我们也要使选配的这条直线造成的总的误差尽可能小. 理想的情况是能在某种意义下最小.

用最小二乘方法可以使总的误差最小,这里误差选用直交的欧氏距离.

我们用一个例子来介绍最小二乘方法.

例 8.1.1 首先给 10 个高血压病人定量服用同一种降压药 A,经过一段时间以后再给他们服用同样剂量的新降压药 B,观测每个病人对两种药引起的血压的变化. 这个血压变化称为该病人的响应. 选择一种合适的单位量度它们,第 i 个病人对药 A 和 B 的响应分别记为 x_i 和 $y_i (i=1,2,\cdots,10)$,于是得到如表 8.1.1 所列的数据.

表 8.1.1

i	1	2	3	4	5	6	7	8	9	10
x_i	1.9	0.8	1.1	0.1	-0.1	4.4	4.6	1.6	5.5	3.4
y_i	0.7	-1.0	-0.2	-1.2	-0.1	3.4	0.0	0.8	3.7	2.0

如何刻画一个病人对药物 B 的响应 y 和对药物 A 的响应 x 间的关系？由于对每个病人所观测到的血压的变化,不仅与药物本身有关,而且还与其他种种因素影响有关,所以可以相信,两者之间的关系不是简单用一条直线就可以精确表达出来的.将这 10 个点画在建有二维坐标系的平面上,得到的图形叫做**散点图**(plot),见图 8.1.1(除去拟合的直线).容易发现有 9 个点(除第 7 个点外)可用一条直线很好地拟合(参看图 8.1.1).

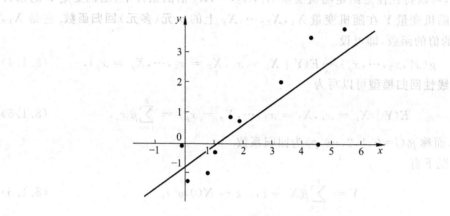

图 8.1.1　散点图(黑点)与拟合直线

为了用一个简单的数学上的关系表达两种响应之间的关系,我们构造一条直线,使得直线上(设其方程为 $y=\beta_0+\beta_1 x$)有横坐标 $x=x_i$ 的点的 y 值($\beta_0+\beta_1 x_i$),与实际的响应值 y_i 之间很紧密.当选取直交距离,这就是说要选取 β_0 和 β_1,使下一和式取得最小值

$$Q = \sum_{i=1}^{n}(y_i - \beta_0 - \beta_1 x_i)^2. \tag{8.1.7}$$

于是令

$$\begin{cases} \dfrac{\partial Q}{\partial \beta_0} = -2\sum_{i=1}^{n}(y_i - \beta_0 - \beta_1 x_i) = 0, \\ \dfrac{\partial Q}{\partial \beta_1} = -2\sum_{i=1}^{n}(y_i - \beta_0 - \beta_1 x_i)x_i = 0, \end{cases} \tag{8.1.8}$$

可得

$$\begin{cases} \beta_0 n + \beta_1 \sum_{i=1}^{n} x_i = \sum_{i=1}^{n} y_i, \\ \beta_0 \sum_{i=1}^{n} x_i + \beta_1 \sum_{i=1}^{n} x_i^2 = \sum_{i=1}^{n} x_i y_i, \end{cases}$$

从而得到结果

$$\hat{\beta}_0 = \bar{y} - \hat{\beta}_1 \bar{x}, \quad \hat{\beta}_1 = \left(\sum_{i=1}^{n} x_i y_i - n\bar{x}\bar{y}\right)\left(\sum_{i=1}^{n} x_i^2 - n\bar{x}^2\right)^{-1}. \tag{8.1.9}$$

代入 $n=10$ 及表中的数据,算得 $\hat{\beta}_0 = -0.786$,$\hat{\beta}_1 = 0.685$. 于是拟合的直线方程是

$$y = -0.786 + 0.685x.\qquad\square$$

以上就是**最小二乘方法**. 用这条直线拟合图 8.1.1 中散布的各点,比用其他所有直线作拟合的平方误差都小. 或者说用线性函数 $-0.786 + 0.685x$ 来刻画两种响应之间的关系时,较用其他线性函数来刻画更好(在平方误差最小意义下). 结果见图 8.1.1.

称式(8.1.8)为回归模型(8.1.1)的**正规方程**,回归函数的估计 $\hat{\mu}_{Y|X}(x) = \hat{E}(Y|X=x) = \hat{\beta}_0 + \hat{\beta}_1 x$,也记为 $\hat{y} = \hat{\beta}_0 + \hat{\beta}_1 x$,则称为**一元线性回归方程**.

8.1.3 一元线性回归函数估计的最大似然法

现在考虑线性回归模型(8.1.2)或(8.1.3). 对变量 X 在独立给定的 n 个不同值 $x_1, x_2, \cdots, x_n$ 下观测随机变量 Y,得到 n 个相应的值 $Y_1, Y_2, \cdots, Y_n$. 现在介绍利用极大似然法求模型参数 β_0, β_1 和 σ^2 的估计.

事实上,因为 $\{\varepsilon_i\}$ 独立,且同为正态分布,可知 $Y_1, Y_2, \cdots, Y_n$ 相互独立,且

$$Y_i \sim N(\beta_0 + \beta_1 x_i, \sigma^2). \tag{8.1.10}$$

所以 $(Y_1, Y_2, \cdots, Y_n)$ 的观测值 $(y_1, y_2, \cdots, y_n)$ 的似然函数为

$$L(y_1, y_2, \cdots, y_n; \beta_0 + \beta_1 x_i, \sigma^2) = \left(\frac{1}{2\pi}\right)^{n/2}\left(\frac{1}{\sigma^2}\right)^{n/2}\exp\left\{\frac{-1}{2\sigma^2}\sum_{i=1}^{n}[y_i - (\beta_0 + \beta_1 x_i)]^2\right\},$$

$$\ln L(y_1, y_2, \cdots, y_n; \beta_0 + \beta_1 x_i, \sigma^2) = -\frac{n}{2}\ln 2\pi - \frac{n}{2}\ln \sigma^2 - \frac{1}{2\sigma^2}\sum_{i=1}^{n}[y_i - (\beta_0 + \beta_1 x_i)]^2.$$

$$\tag{8.1.11}$$

从而似然方程为

$$\begin{cases} \dfrac{\partial \ln L}{\partial \beta_0} = 0, & \dfrac{1}{\sigma^2}\sum_{i=1}^{n}(y_i - \beta_0 - \beta_1 x_i) = 0; \\[2mm] \dfrac{\partial \ln L}{\partial \beta_1} = 0, & \dfrac{1}{\sigma^2}\sum_{i=1}^{n}(y_i - \beta_0 - \beta_1 x_i)x_i = 0; \\[2mm] \dfrac{\partial \ln L}{\partial \sigma^2} = 0, & -\dfrac{n}{2}\dfrac{1}{\sigma^2} + \dfrac{1}{2\sigma^4}\sum_{i=1}^{n}(y_i - \beta_0 - \beta_1 x_i)^2 = 0. \end{cases} \tag{8.1.12}$$

化简得到

$$\begin{cases} n\beta_0 + \beta_1 \sum_{i=1}^{n} x_i = \sum_{i=1}^{n} y_i, \\ \beta_0 \sum_{i=1}^{n} x_i + \beta_1 \sum_{i=1}^{n} x_i^2 = \sum_{i=1}^{n} x_i y_i, \\ \sigma^2 = \frac{1}{n} \sum_{i=1}^{n} (y_i - \beta_0 - \beta_1 x_i)^2. \end{cases} \quad (8.1.13)$$

式(8.1.12)和式(8.1.13)的前两个方程,都称为**正规方程**. 令 $\bar{x} = \frac{1}{n}\sum_{i=1}^{n} x_i, \bar{y} = \frac{1}{n}\sum_{i=1}^{n} y_i$,联立式(8.1.13)的前两个方程,注意其系数行列式等于 $n(n-1)s^2 > 0$,故有唯一一组解,这解是 β_0 和 β_1 的最大似然估计

$$\hat{\beta}_0 = \bar{y} - \hat{\beta}_1 \bar{x}, \quad (8.1.14)$$

$$\hat{\beta}_1 = \frac{\sum_{i=1}^{n} x_i y_i - \bar{y} \sum_{i=1}^{n} x_i}{\sum_{i=1}^{n} x_i^2 - \bar{x} \sum_{i=1}^{n} x_i} = \frac{\sum_{i=1}^{n} x_i y_i - n \bar{x} \bar{y}}{\sum_{i=1}^{n} x_i^2 - n \bar{x}^2}, \quad (8.1.15)$$

代入式(8.1.13)得到 σ^2 的极大似然估计

$$\hat{\sigma}^2 = \frac{1}{n} \sum_{i=1}^{n} (y_i - \hat{\beta}_0 - \hat{\beta}_1 x_i)^2. \quad (8.1.16)$$

注1 对式(8.1.2)和式(8.1.3)也可以用最小二乘法求出回归系数的估计. 事实上,为使似然函数(8.1.11)取得最大值,应该使 $Q = \sum_{i=1}^{n}(y_i - \beta_0 - \beta_1 x_i)^2$ 取得最大. 故由 8.1.2 节最小二乘法,也求得 $\hat{\beta}_0$ 和 $\hat{\beta}_1$ 的估计(8.1.9). 它与最大似然估计的结果是一致的. 因此式(8.1.7)也是式(8.1.2)的正规方程. 估计出 $\hat{\beta}_0$ 和 $\hat{\beta}_1$ 之后,模型的输出为

$$\hat{y}_i = \hat{\beta}_0 + \hat{\beta}_1 x_i, \quad (8.1.17)$$

从而(注意式(8.1.8))

$$\begin{cases} \sum_{i=1}^{n}(y_i - \hat{y}_i) = 0, \\ \sum_{i=1}^{n}(y_i - \hat{y}_i)x_i = 0. \end{cases} \quad (8.1.18)$$

这是正规方程的又一形式. 由于式(8.1.10)以及正态分布方差的似然估计(也是它的矩估计,参看例 6.1.2 和例 6.1.5)应该是样本的二阶中心矩,式(8.1.16)的结论也是当然的.

注2 可用方差分析中的组内组间平方和表示 $\hat{\beta}_1$ 的估计. 令

$$\begin{cases} s_{xx}^2 \stackrel{\text{def}}{=\!=} \sum_{i=1}^{n} (x_i - \bar{x})^2 = \sum_{i=1}^{n} x_i^2 - n\bar{x}^2, \quad s_{xx} \stackrel{\text{def}}{=\!=} \sqrt{s_{xx}^2} > 0, \\ s_{yy}^2 \stackrel{\text{def}}{=\!=} \sum_{i=1}^{n} (y_i - \bar{y})^2 = \sum_{i=1}^{n} y_i^2 - n\bar{y}^2, \\ s_{xy}^2 \stackrel{\text{def}}{=\!=} \sum_{i=1}^{n} (x_i - \bar{x})(y_i - \bar{y}) = \sum_{i=1}^{n} x_i y_i - n\bar{x}\bar{y}; \end{cases} \quad (8.1.19)$$

则
$$\hat{\beta}_1 = s_{xy}^2 / s_{xx}^2, \quad \hat{\beta}_0 = \bar{y} - \hat{\beta}_1 \bar{x}. \quad (8.1.20)$$

由于 $\hat{\beta}_0, \hat{\beta}_1$ 的估计值已得到,从而 Y 关于 x 的一元回归方程就是
$$\hat{y} = \hat{\beta}_0 + \hat{\beta}_1 x, \quad (8.1.21)$$

其中 $\hat{\beta}_0$ 与 $\hat{\beta}_1$ 由式(8.1.15)和式(8.1.14),或者式(8.1.20)给出. 注意将式(8.1.14)和式(8.1.15)中变量 y_i 换为随机变量 Y_i 时,相应式(8.1.19)有随机变量

$$S_{yy}^2 \stackrel{\text{def}}{=\!=} \sum_{i=1}^{n} (Y_i - \bar{Y})^2 = \sum_{i=1}^{n} Y_i^2 - n\bar{Y}^2,$$

$$S_{xy}^2 \stackrel{\text{def}}{=\!=} \sum_{i=1}^{n} (x_i - \bar{x})(Y_i - \bar{Y}) = \sum_{i=1}^{n} x_i Y_i - n\bar{x}\bar{Y}. \quad (8.1.22)$$

于是,从式(8.1.20)和式(8.1.16)得到回归系数的估计量
$$\begin{cases} \hat{\beta}_0 = \bar{Y} - \hat{\beta}_1 \bar{x}, \\ \hat{\beta}_1 = \sum_{i=1}^{n} (x_i - \bar{x})(Y_i - \bar{Y}) / s_{xx}^2 = \left(\sum_{i=1}^{n} x_i Y_i - n\bar{x}\bar{Y} \right) / s_{xx}^2 = S_{xy}^2 / s_{xx}^2, \\ \hat{\sigma}^2 = \frac{1}{n} \sum_{i=1}^{n} (Y_i - \hat{\beta}_0 - \hat{\beta}_1 x_i)^2. \end{cases} \quad (8.1.23)$$

此时一元回归方程为 $\hat{Y} = \hat{\beta}_0 + \hat{\beta}_1 x$,其中 $\hat{\beta}_0$ 与 $\hat{\beta}_1$ 由式(8.1.23)给出.

在以后的推导中,常会用到下面的结果:
$$\sum_{i=1}^{n} (x_i - \bar{x}) = 0, \quad \sum_{i=1}^{n} (x_i - \bar{x}) x_i = s_{xx}^2. \quad (8.1.24)$$

例 8.1.2 根据表 8.1.2 中的数据求吸附量 Y 关于温度 x 的一元回归方程.

表 **8.1.2**

x_i/℃	1.5	1.8	2.4	3.0	3.5	3.9	4.4	4.8	5.0
y_i/mg	4.8	5.7	7.0	8.3	10.9	12.4	13.1	13.6	15.3

解 由已知数据,计算得
$$\sum_{i=1}^{9} x_i = 30.3, \quad \sum_{i=1}^{9} y_i = 91.11,$$
$$\sum_{i=1}^{9} x_i y_i = 345.09, \quad \sum_{i=1}^{9} x_i^2 = 115.11,$$

故 $\bar{x} = \frac{1}{9}\sum_{i=1}^{9} x_i = 3.3667$, $\bar{y} = \frac{1}{9}\sum_{i=1}^{9} y_i = 10.1222$,

$$\hat{\beta}_1 = \frac{345.09 - 9 \times 3.3667 \times 10.1222}{115.11 - 9 \times 3.3667^2} = 2.9303,$$

$$\hat{\beta}_0 = 10.1222 - 2.9303 \times 3.3667 = 0.2568.$$

所以,Y 关于 x 的一元回归方程为 $\hat{y} = 0.2568 + 2.9303x$.

8.2 回归函数估计量的分布

本节在误差为正态分布的基础上,寻找回归函数估计量的参数分布,即回归系数估计量 $\hat{\beta}_1$ 和 $\hat{\beta}_0$ 的分布. 得到的结论可用于对模型作检验(确认),也是为以后讨论预测量的区间估计及回归系数 $\hat{\beta}_0$ 和 $\hat{\beta}_1$ 的假设检验作理论准备,就像我们在介绍正态总体参数的区间估计(见 6.3 节)和假设检验(第 7 章)之前,先在 5.3 节介绍了从样本构造出的几个重要抽样分布那样.

因为要寻找好用的精确的分布,本节及以后两节,总假定误差为正态分布,各个 Y_i 为独立的,且有相同的方差,即考虑模型(8.1.3).

8.2.1 回归一次系数 $\hat{\beta}_1$ 的概率分布

考察模型(8.1.3). 为求出 $\hat{\beta}_1$ 的概率分布,由式(8.1.22)并注意 $\sum_{i=1}^{n}(x_i - \bar{x}) = 0$,$\hat{\beta}_1$ 可改写为

$$\hat{\beta}_1 = \sum_{i=1}^{n}(x_i - \bar{x})Y_i / s_{xx}^2. \tag{8.2.1}$$

由此可以看到 $\hat{\beta}_1$ 是随机变量 $Y_1, Y_2, \cdots, Y_n$ 的线性函数. 由于各 Y_i 独立且同正态分布,所以 $\hat{\beta}_1$ 服从正态分布. 由式(8.1.23)知随机变量 $\hat{\beta}_1$ 的两个参数(期望和方差)为

$$E\hat{\beta}_1 = \frac{1}{s_{xx}^2}\sum_{i=1}^{n}[(x_i - \bar{x})EY_i] = \frac{1}{s_{xx}^2}\sum_{i=1}^{n}[(x_i - \bar{x})(\beta_0 + \beta_1 x_i)]$$

$$= \frac{1}{s_{xx}^2}\left[\beta_0 \sum_{i=1}^{n}(x_i - \bar{x}) + \beta_1 \sum_{i=1}^{n}(x_i - \bar{x})x_i\right] = \beta_1, \tag{8.2.2}$$

$$D\hat{\beta}_1 = \sum_{i=1}^{n}[(x_i - \bar{x})^2 DY_i]/s_{xx}^4.$$

由于 $DY_i = \sigma^2$，所以有

$$D\hat{\beta}_1 = \frac{s_{xx}^2 \sigma^2}{s_{xx}^4} = \sigma^2/s_{xx}^2. \tag{8.2.3}$$

由式(8.2.2)和式(8.2.3)可知

$$\hat{\beta}_1 \sim N(\beta_1, \sigma^2/s_{xx}^2), \tag{8.2.4}$$

并且 $\hat{\beta}_1$ 是 β_1 的一个无偏估计量.

8.2.2 回归常系数 $\hat{\beta}_0$ 的概率分布

由式(8.1.23)知，$\hat{\beta}_0 = \bar{Y} - \hat{\beta}_1 \bar{x}$. 由于 $\bar{Y} = \frac{1}{n}\sum_{i=1}^{n} Y_i$ 和 $\hat{\beta}_1$ 都是 $Y_1, Y_2, \cdots, Y_n$ 的线性函数，所以 $\hat{\beta}_0$ 也是独立正态变量 $Y_1, Y_2, \cdots, Y_n$ 的线性函数，因此有正态分布，其参数为

$$E\hat{\beta}_0 = E\bar{Y} - \bar{x}E\hat{\beta}_1$$

$$= \frac{1}{n}\sum_{i=1}^{n}(\beta_0 + \beta_1 x_i) - \bar{x}\beta_1 = \beta_0, \tag{8.2.5}$$

$$D\hat{\beta}_0 = D(\bar{Y} - \bar{x}\hat{\beta}_1) \xrightarrow{\text{式}(8.2.1)} D\left(\sum_{i=1}^{n}\left[\frac{1}{n} - \frac{\bar{x}(x_i - \bar{x})}{s_{xx}^2}\right]Y_i\right)$$

$$= \sum_{i=1}^{n}\left[\frac{1}{n} - \frac{\bar{x}(x_i - \bar{x})}{s_{xx}^2}\right]^2 DY_i$$

$$= \sum_{i=1}^{n}\left\{\frac{1}{n^2} + \frac{[\bar{x}(x_i - \bar{x})]^2}{s_{xx}^4} - \frac{2\bar{x}(x_i - \bar{x})}{ns_{xx}^2}\right\}\sigma^2.$$

注意到式(8.1.24)及式(8.1.19)，上式等于

$$\left(\frac{1}{n} + \frac{\bar{x}^2}{s_{xx}^2}\right)\sigma^2 = \left[\frac{(n-1)s^2 - n\bar{x}^2}{ns_{xx}^2}\right]\sigma^2 = \left(\sum_{i=1}^{n} x_i^2\right)\sigma^2/ns_{xx}^2, \tag{8.2.6}$$

因此

$$\hat{\beta}_0 \sim N\left(\beta_0, \left(\sum_{i=1}^{n} x_i^2\right)\sigma^2/ns_{xx}^2\right), \tag{8.2.7}$$

并且 $\hat{\beta}_0$ 也是 β_0 的一个无偏估计量.

8.2.3 $(\hat{\beta}_0, \hat{\beta}_1)$ 的联合分布

1. 计算 $\hat{\beta}_0$ 和 $\hat{\beta}_1$ 的协方差

由协方差性质、式(8.1.23)及 $\hat{\beta}_0$ 和 $\hat{\beta}_1$ 的无偏性，有

$$\text{cov}(\hat{\beta}_0, \hat{\beta}_1) = E(\hat{\beta}_0 \hat{\beta}_1) - E\hat{\beta}_0 E\hat{\beta}_1$$

$$= E[(\bar{Y} - \bar{x}\hat{\beta}_1)\hat{\beta}_1] - \beta_0 \beta_1. \tag{8.2.8}$$

利用二阶矩与方差的关系及式(8.2.1)和式(8.2.4),有

$$E[(\overline{Y} - \overline{x}\hat{\beta}_1)\hat{\beta}_1] = E(\overline{Y}\hat{\beta}_1 - \overline{x}\hat{\beta}_1^2) = E(\overline{Y}\hat{\beta}_1) - \overline{x}[D\hat{\beta}_1 + (E\hat{\beta}_1)^2]$$

$$= E\left(\frac{1}{s_{xx}^2}\sum_{i=1}^n [(x_i - \overline{x})Y_i]\overline{Y}\right) - \frac{1}{s_{xx}^2}\overline{x}\sigma^2 - \overline{x}\beta_1^2. \qquad (8.2.9)$$

现在化简式(8.2.9)最后等号右方的第一项.利用期望的线性性,$Y_j \sim N(\beta_0 + \beta_1 x_j, \sigma^2)$ 及各 Y_j 独立,则上式右方第一项等于

$$E\left(\frac{1}{ns_{xx}^2}\sum_{i=1}^n [(x_i - \overline{x})Y_i]\sum_{j=1}^n Y_j\right) = \frac{1}{s_{xx}^2}E\left(\sum_{i=1}^n (x_i - \overline{x})Y_i^2 + \sum_{i \neq j}(x_i - \overline{x})Y_i Y_j\right)$$

$$= \frac{1}{ns_{xx}^2}\left(\sum_{i=1}^n (x_i - \overline{x})[\sigma^2 + (\beta_0 + \beta_1 x_i)^2] + \sum_{i \neq j}(x_i - \overline{x})(\beta_0 + \beta_1 x_i)(\beta_0 + \beta_1 x_j)\right).$$

整理并注意到 $\sum_{i=1}^n (x_i - \overline{x}) = 0$,上式等于

$$\frac{1}{ns_{xx}^2}\Big[\sum_{i=1}^n (x_i - \overline{x})(\beta_0 + \beta_1 x_i)^2 + \sum_{i,j=1}^n (x_i - \overline{x})(\beta_0 + \beta_1 x_i)(\beta_0 + \beta_1 x_j) -$$

$$\sum_{i=1}^n (x_i - \overline{x})(\beta_0 + \beta_1 x_i)^2\Big]$$

$$= \frac{1}{ns_{xx}^2}\Big[\sum_{j=1}^n (\beta_0 + \beta_1 x_j)\sum_{i=1}^n (x_i - \overline{x})(\beta_0 + \beta_1 x_i)\Big]$$

$$= \frac{1}{ns_{xx}^2}[(n\beta_0 + n\beta_1 \overline{x})\beta_1 s_{xx}^2] = \beta_0\beta_1 + \overline{x}\beta_1^2.$$

将这个结果代入式(8.2.9),化简后代回式(8.2.8)得

$$\text{cov}(\hat{\beta}_0, \hat{\beta}_1) = -\overline{x}\sigma^2/s_{xx}^2. \qquad (8.2.10)$$

2. $(\hat{\beta}_0, \hat{\beta}_1)$ 的联合分布

由前面所证 $\hat{\beta}_0, \hat{\beta}_1$ 分别服从正态分布,并且由于它们的任意一个非平凡(系数不全为零)的线性组合是独立正态变量的线性组合,因此 $(\hat{\beta}_0, \hat{\beta}_1)$ 的联合分布是二维正态分布.可得下面结论.

结论 1 $(\hat{\beta}_0, \hat{\beta}_1)$ 的联合分布是二维正态分布,其期望值为 $(E\hat{\beta}_0, E\hat{\beta}_1)$,方差为 $(D\hat{\beta}_0, D\hat{\beta}_1)$,它们都可由公式(8.2.4)和(8.2.7)得到,而协方差 $\text{cov}(\hat{\beta}_0, \hat{\beta}_1)$ 由公式(8.2.10)给出.

8.2.4 关于一元线性回归问题的高斯-马尔可夫定理

下面我们给出关于回归系数 β_0, β_1 的线性组合的无偏估计的两个结果,但不加证明.

结论 2 设 $\theta = c_1\beta_0 + c_2\beta_1 + c_3$,此处 c_1, c_2, c_3 是任意给定的常数,回归系数 β_0, β_1 满足

关系式(即式(8.1.3)中所表示的线性模型)

$$\begin{cases} Y_i = \beta_0 + \beta_1 x_i + \varepsilon_i, & \varepsilon_i \sim N(0,\sigma^2), \\ \text{cov}(\varepsilon_i,\varepsilon_j) = \sigma^2 \delta_{ij}, & i,j = 1,2,\cdots,n, \end{cases}$$

那么下述结论成立：在未知参数 θ 的一切无偏估计中，对于 β_0,β_1 和 σ^2 的所有可能值，只要 $\hat{\beta}_0$ 和 $\hat{\beta}_1$ 由式(8.1.23)所确定，则所得 θ 的估计量 $\hat{\theta} = c_1 \hat{\beta}_0 + c_2 \hat{\beta}_1 + c_3$ 都是无偏的，且有最小方差.

结论 3 (高斯-马尔可夫定理)

定理 8.2.1(高斯-马尔可夫定理) 设 $\theta = c_1 \beta_0 + c_2 \beta_1 + c_3$，而 c_1,c_2,c_3 是任意给定的常数. 设对任意给定的值 $X_1 = x_1, X_2 = x_2, \cdots, X_n = x_n$，观测 $Y_1,Y_2,\cdots,Y_n$ 是不相关的，且有常数 β_0,β_1 满足关系式

$$EY_i = \beta_0 + \beta_1 x_i, \quad \text{cov}(Y_i,Y_j) = \sigma^2 \delta_{ij}, \quad i,j = 1,2,\cdots,n.$$

那么在 $Y_1,Y_2,\cdots,Y_n$ 线性组合的 θ 的一切无偏估计中，$\hat{\theta} = c_1 \hat{\beta}_0 + c_2 \hat{\beta}_1 + c_3$ 有最小方差，其中 $\hat{\beta}_0,\hat{\beta}_1$ 由式(8.1.23)给出.

注 1 注意结论 3(定理 8.2.1)与结论 2 之间的差别. 在定理 8.2.1 中我们只假定各 Y_i 不相关，并未假定他们服从正态分布. 因此作为各 Y_i 的一个线性和 $\hat{\theta}$ 也未必正态(当然 $\hat{\beta}_0$ 和 $\hat{\beta}_1$ 也未必正态). 高斯-马尔可夫(Gauss-Markov)定理中仅仅指出，在 θ 的一切线性无偏估计中，$\hat{\theta}$ 有最小方差.

注 2 只要 $\hat{\beta}_0,\hat{\beta}_1$ 由式(8.1.23)给出，那么 $\hat{\theta} = c_1 \hat{\beta}_0 + c_2 \hat{\beta}_1 + c_3$ 就是 θ 的无偏估计量. 这样，结论 2 和高斯-马尔可夫定理都指出估计的最有效性，只是高斯-马尔可夫定理对有效性的比较限定了一个范围：在一切线性无偏估计中是最有效的. 联想到回归函数实际是一个条件期望，而对一个正态变量的最佳线性预测就是最佳预测(参看 3.3.4 节)，结论 2 便十分自然了.

可以这样求 $\hat{\theta}$ 的方差：利用式(8.2.6)，式(8.2.3)和式(8.2.10)所给出的 $D\hat{\beta}_1$，$D\hat{\beta}_0$，$\text{cov}(\hat{\beta}_0,\hat{\beta}_1)$ 替换下式中相应的量

$$D\hat{\theta} = D(c_1 \hat{\beta}_0 + c_2 \hat{\beta}_1 + c_3) = c_1^2 D\hat{\beta}_0 + c_2^2 D\hat{\beta}_1 + 2 c_1 c_2 \text{cov}(\hat{\beta}_0,\hat{\beta}_1)$$

$$= \sigma^2 \sum_{i=1}^n (c_1 x_i - c_2)^2 / [n s_{xx}^2]. \tag{8.2.11}$$

特别地，取 $c_1 = 1, c_2 = c_3 = 0$ 时，$\hat{\theta} = \hat{\beta}_0$，从式(8.2.11)得到式(8.2.7)的方差参数，而取 $c_2 = 1, c_1 = c_3 = 0$ 时，有 $\hat{\theta} = \hat{\beta}_1$，式(8.2.11)与式(8.2.4)一致.

8.3 回归预测和均方误差

考虑如下问题:如何从已经获得的一元线性回归(8.1.1)的 n 个观测值 (x_i,y_i), $i=1,2,\cdots,n$ 预测出控制变量 X 取值为 x^* 时变量 Y 的值?

由 8.1 节和 8.2 节可知,依据观测值 $(x_i,y_i)(i=1,2,\cdots,n)$ 和一元回归函数 $\mu_{Y|x}=E(Y|X=x)=\beta_0+\beta_1 x$ 所得到的估计量为 $\hat{\mu}_{Y|x}=\hat{\beta}_0+\hat{\beta}_1 x$,即是在 x 处观测到随机变量 Y 的期望值的估计量,此式称为一元回归方程. 在式(8.1.3)的情形当然也可以把它看做在 x 处观测随机变量 Y 的估计量 $\hat{Y}$. 它们之间的关系可用图 8.3.1 表示.

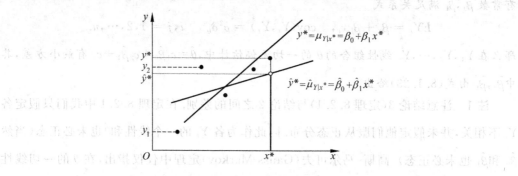

图 8.3.1 回归预测与误差

设 Y^* 是 $X=x^*$ 时的观测,即有 $Y^*=\beta_0+\beta_1 x^*+\varepsilon^*$, $\varepsilon^* \sim N(0,\sigma^2)$,因此,$Y^* \sim N(\beta_0+\beta_1 x^*, \sigma^2)$. 设 $\hat{\beta}_0, \hat{\beta}_1$ 是由前 n 个样本观察 $(x_i,Y_i)(i=1,2,\cdots,n)$ 得到的估计量,故

$$\hat{\beta}_0=\overline{Y}+\hat{\beta}_1\overline{x},$$

$$\hat{\beta}_1=\frac{1}{s_{xx}^2}\left(\sum_{i=1}^n x_i Y_i-n\overline{x}\,\overline{Y}\right)=S_{xy}^2/s_{xx}^2.$$

如取在 $X=x^*$ 的回归 $\hat{Y}^*=\hat{\beta}_0+\hat{\beta}_1 x^*$ 作为 Y^* 的估计,下面求用 $\hat{Y}^*$ 估计 Y^* 时的均方误差,

$$E((Y^*-\hat{Y}^*)^2).$$

首先,注意 Y^* 与 $\varepsilon_1, \varepsilon_2, \cdots, \varepsilon_n$ 相互独立. 若记 $\mu^*=\beta_0+\beta_1 x^*$,由于

$$E(\hat{Y}^*)=\beta_0+\beta_1 x^*=\mu^*, \quad E(Y^*)=E(\beta_0+\beta_1 x^*+\varepsilon^*)=\beta_0+\beta_1 x^*=\mu^*,$$

所以,有

$$E((\hat{Y}^* - Y^*)^2) = E[(\hat{Y}^* - \mu^*) - (Y^* - \mu^*)]^2$$
$$= D\hat{Y}^* + DY^* - 2\mathrm{cov}((\hat{Y}^* - \mu^*), (Y^* - \mu^*))$$
$$= D\hat{Y}^* + DY^* - 2\mathrm{cov}(\hat{Y}^*, Y^*). \quad (8.3.1)$$

由于 $\hat{Y}^*$ 是在前 n 个样本观察基础上计算出来的,它是 $Y_1, Y_2, \cdots, Y_n$ 的函数,Y^* 是在 x^* 处的独立观测值,所以 $\hat{Y}^*$ 与 Y^* 独立,因此 $\mathrm{cov}(\hat{Y}^*, Y^*) = 0$. 而 $D\hat{Y}^*$ 可由 $c_1 = 1, c_2 = x^*$ 及 $c_3 = 0$ 的式(8.2.11)给出. 又因为 $DY^* = \sigma^2$,所以

$$E[(\hat{Y}^* - Y^*)^2] = \left[1 + \frac{1}{ns_{xx}^2}\sum_{i=1}^{n}(x_i - x^*)^2\right]\sigma^2. \quad (8.3.2)$$

式(8.3.2)给出当用 $\hat{Y}^* = \hat{\beta}_0 + \hat{\beta}_1 x^*$ 预测 Y^* 时所产生的均方误差. 它还可写为另外一种形式. 实际上,由于

$$\sum_{i=1}^{n}(x_i - x^*)^2 = \sum_{i=1}^{n}(x_i - \bar{x} + \bar{x} - x^*)^2$$
$$= \sum_{i=1}^{n}[(x_i - \bar{x})^2 + 2(\bar{x} - x^*)(x_i - \bar{x}) + (\bar{x} - x^*)^2]$$
$$= s_{xx}^2 + n(\bar{x} - x^*)^2,$$

最后一个等号用到式(8.1.24). 于是

$$E[(\hat{Y}^* - Y^*)^2] = \left[1 + \frac{1}{n} + \frac{(\bar{x} - x^*)^2}{s_{xx}^2}\right]\sigma^2. \quad (8.3.3)$$

由于 $Y^* - \hat{Y}^*$ 仍然是独立正态变量 $Y_1, Y_2, \cdots, Y_n$ 的线性函数,因此有正态分布. 从而

$$Y^* - \hat{Y}^* \sim N\left(0, \left[1 + \frac{1}{n} + \frac{(\bar{x} - x^*)^2}{s_{xx}^2}\right]\sigma^2\right). \quad (8.3.4)$$

故当 n 足够大时(这是在回归分析时常能满足的),

$$Y^* - \hat{Y}^* \sim N\left(0, \left[1 + \frac{(\bar{x} - x^*)^2}{s_{xx}^2}\right]\sigma^2\right).$$

当方差 σ^2 已知时,参看 6.3 节,我们可以构造标准正态的样本函数,从而利用区间估计给出置信度为 $1-\alpha$ 的置信区间(采用 6.3 节的简单记法)

$$Y^* \in \left(\hat{\beta}_0 + \hat{\beta}_1 x^* \pm z_{\alpha/2}\sigma\left[1 + \frac{1}{n} + \frac{(\bar{x} - x^*)^2}{s_{xx}^2}\right]^{1/2}\right), \quad (8.3.5)$$

从而

$$\delta(x^*) \stackrel{\mathrm{def}}{=} z_{\alpha/2}\sigma\left[1 + \frac{1}{n} + \frac{(\bar{x} - x^*)^2}{s_{xx}^2}\right]^{1/2} \xrightarrow{n\text{ 足够大}} z_{\alpha/2}\sigma\left[1 + \frac{(\bar{x} - x^*)^2}{s_{xx}^2}\right]^{1/2}. \quad (8.3.6)$$

又当 n 足够大时 s_{xx}^2 很大,因此进一步有近似 $\delta(x^*) \approx z_{\alpha/2}\sigma$. 而 $\delta(x^*)$ 的大小反映预报的精度:我们有 $1-\alpha$ 的把握断言,Y^* 的预测区间为

$$(\hat{Y}^* \pm \delta(x^*)) \quad \text{或} \quad (Y(\hat{x}^*) \pm \delta(x^*)).$$

参看图 8.3.2. 这里为表示 $\hat{Y}^*$ 与预测的控制变量 x^* 有关, 可改写为 $Y(\hat{x}^*)$.

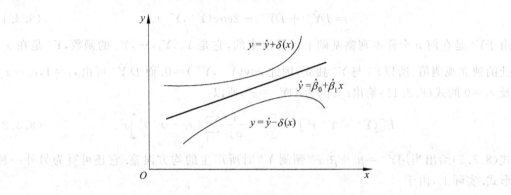

图 8.3.2 预测精度

当方差 σ^2 未知时, 我们将在 8.4 节给出 σ^2 的无偏估计. 在上面构造的标准正态的样本函数中, 用 σ^2 的无偏估计替换 σ^2, 得到 t 分布的样本函数, 从而完成相应的区间估计和预测精度估计, 详见 8.4 节.

$$Y^* \in \left(\hat{\beta}_0 + \hat{\beta}_1 x^* \pm t_{\alpha/2}(n-2) \frac{S_{\text{残差}}}{\sqrt{n-2}} \left[1 + \frac{1}{n} + \frac{(\bar{x} - x^*)^2}{s_{xx}^2} \right]^{1/2} \right), \quad (8.3.7)$$

$$\delta(x^*) \stackrel{\text{def}}{=} t_{\alpha/2}(n-2) \frac{S_{\text{残差}}}{\sqrt{n-2}} \left(1 + \frac{1}{n} + \frac{(\bar{x} - x^*)^2}{s_{xx}^2} \right)^{1/2}. \quad (8.3.8)$$

它表明当用 $\hat{Y}^* = \hat{\beta}_0 + \hat{\beta}_1 x^*$ 预测 Y^* 时所产生的均方误差.

8.4 模型参数估计量的假设检验和区间估计

设误差为正态的, 对模型(8.1.3), 式(8.2.4)和式(8.2.7)已经给出回归系数估计量的分布,

$$\hat{\beta}_1 \sim N(\beta_1, \sigma^2/s_{xx}^2), \quad \hat{\beta}_0 \sim N\left(\beta_0, \left(\sum_{i=1}^n x_i^2\right)\sigma^2/ns_{xx}^2\right). \quad (8.4.1)$$

因此, 如果模型参数 σ^2 已知, 则可以立即像 6.3 节和第 7 章那样, 构造有标准正态分布的样本函数, 完成它们的区间估计和假设检验(这时用的是著名的 U 统计量). 可惜在回归分析问题中, 刻画误差的 σ^2 既在分析时十分重要却又常常是未知的. 因此我们先来寻找 σ^2 估计量的分布, 然后完成本节的主要任务: 模型参数估计量的区间估计和假设检验.

像 8.2 节一样，因为要找出精确分布，我们还是从模型(8.1.3)出发，即设

$$\begin{cases} Y_i = \beta_0 + \beta_1 x_i + \varepsilon_i, & \varepsilon_i \sim N(0,\sigma^2), \\ \operatorname{cov}(\varepsilon_i,\varepsilon_j) = \sigma^2 \delta_{ij}, & i,j = 1,2,\cdots,n, \end{cases} \tag{8.4.2}$$

则
$$\overline{Y} = \beta_0 + \beta_1 \bar{x} + \bar{\varepsilon}, \quad \varepsilon_i/\sigma = (Y_i - \beta_0 - \beta_1 x_i)/\sigma \sim N(0,1), \tag{8.4.3}$$

且各 Y_i 独立且服从正态分布，$Y_i \sim N(\beta_0 - \beta_1 x_i, \sigma^2)$，故

$$\overline{Y} \sim N(\beta_0 - \beta_1 \bar{x}, \sigma^2/n). \tag{8.4.4}$$

这些将是下面推导的基本依据.

8.4.1 方差估计量 $\hat{\sigma}^2$ 的概率分布

既然 σ^2 刻画误差，我们就先从误差分析入手.

1. 几种误差

若模型(8.1.3)观测值的输出为 $\hat{y}_i$，则观测输出的总偏差的平方和

$$s_{yy}^2 = \sum_{i=1}^{n}(y_i - \bar{y})^2 = \sum_{i=1}^{n}(y_i - \hat{y}_i + \hat{y}_i - \bar{y})^2$$

$$= \sum_{i=1}^{n}(y_i - \hat{y}_i)^2 + \sum_{i=1}^{n}(\hat{y}_i - \bar{y})^2 + 2\sum_{i=1}^{n}(y_i - \hat{y}_i)(\hat{y}_i - \bar{y}).$$

注意式(8.1.17) $\hat{y}_i = \hat{\beta}_0 + \hat{\beta}_1 x_i$ 和式(8.1.18)，上式最后的一个和式等于零. 事实上

$$\sum_{i=1}^{n}(y_i - \hat{y}_i)(\hat{y}_i - \bar{y}) \xrightarrow{\text{式}(8.1.17)} \sum_{i=1}^{n}(y_i - \hat{y}_i)(\hat{\beta}_0 + \hat{\beta}_1 x_i - \bar{y})$$

$$= \sum_{i=1}^{n}(y_i - \hat{y}_i)(\hat{\beta}_0 - \bar{y}) + \hat{\beta}_1 \sum_{i=1}^{n}(y_i - \hat{y}_i)x_i \xrightarrow{\text{式}(8.1.18)} 0.$$

$\hat{y}_i = \hat{\beta}_0 + \hat{\beta}_1 x_i$ 是由控制变量取值 x_i 时由回归观测得到的相应输出的估计值，因此 $y_i - \hat{y}_i$ 反映回归之外的偏差，称为在 x_i 处的**残差**. 于是观测输出的总偏差的平方和可以分解为

$$s_{yy}^2 = \sum_{i=1}^{n}(y_i - \bar{y})^2 = \sum_{i=1}^{n}(y_i - \hat{y}_i)^2 + \sum_{i=1}^{n}(\hat{y}_i - \bar{y})^2 \stackrel{\text{def}}{=} s_{\text{残差}}^2 + s_{\text{回归}}^2. \tag{8.4.5}$$

回归平方和 $s_{\text{回归}}^2 = \sum_{i=1}^{n}(\hat{y}_i - \bar{y})^2$，反映了回归造成的偏差. 注意式(8.1.17)，这是控制变量 X 的影响所产生的. 残差平方和 $s_{\text{残差}}^2 = \sum_{i=1}^{n}(y_i - \hat{y}_i)^2$，则反映回归之外，即控制变量 X 之外的因素所产生的总影响，这既包括试验的误差，也包括控制变量 X 之外其他所有可能因素的总影响.

$$\text{总的误差平方和} = \text{回归平方和} + \text{残差平方和}.$$

将观测值改为样本，则相应记号改为大写，它们表示相应的随机变量：

$$S_{yy}^2 = \sum_{i=1}^n (Y_i - \bar{Y})^2 = \sum_{i=1}^n (Y_i - \hat{Y}_i)^2 + \sum_{i=1}^n (\hat{Y}_i - \bar{Y})^2 \stackrel{\text{def}}{=\!=} S_{\text{残差}}^2 + S_{\text{回归}}^2. \tag{8.4.6}$$

由式(8.1.23),有 $\hat{\sigma}^2 = \dfrac{1}{n}\sum_{i=1}^n (Y_i - \hat{\beta}_0 - \hat{\beta}_1 x_i)^2$. 注意 $\hat{Y}_i = \hat{\beta}_0 + \hat{\beta}_1 x_i$,故又可写为

$$\hat{\sigma}^2 = \frac{1}{n}\sum_{i=1}^n (Y_i - \hat{Y}_i)^2 = \frac{1}{n} S_{\text{残差}}^2. \tag{8.4.7}$$

这样,寻找 $\hat{\sigma}^2$ 的分布变为寻找残差平方和 $S_{\text{残差}}^2 = \sum_{i=1}^n (Y_i - \hat{Y}_i)^2$ 的分布.

2. 残差平方和的分布

先来构造一类正交矩阵. 令

$$t_{1j} = \frac{1}{\sqrt{n}}, \quad t_{2j} = (x_j - \bar{x})/s_{xx}, \quad j=1,2,\cdots,n. \tag{8.4.8}$$

易知

$$\sum_{j=1}^n t_{1j}^2 = 1, \quad \sum_{j=1}^n t_{2j}^2 = 1, \quad \sum_{j=1}^n (t_{1j} \cdot t_{2j}) = 0.$$

利用它们构造如下一个 $n \times n$ 正交矩阵 $\boldsymbol{T} = (t_{ij})_{n \times n}$,即满足 $\boldsymbol{TT}' = \boldsymbol{I}_{n \times n}$ 的矩阵,

$$\boldsymbol{T} = \begin{pmatrix} 1/\sqrt{n} & 1/\sqrt{n} & \cdots & 1/\sqrt{n} \\ (x_1 - \bar{x})/s_{xx} & (x_2 - \bar{x})/s_{xx} & \cdots & (x_n - \bar{x})/s_{xx} \\ t_{31} & t_{32} & \cdots & t_{3n} \\ \vdots & \vdots & & \vdots \\ t_{n1} & t_{n2} & \cdots & t_{nn} \end{pmatrix}. \tag{8.4.9}$$

记 $\boldsymbol{\varepsilon} = (\varepsilon_1, \varepsilon_2, \cdots, \varepsilon_n)$,并做正交变换

$$\boldsymbol{Z} \stackrel{\text{def}}{=\!=} (Z_1, Z_2, \cdots, Z_n) = \frac{1}{\sigma} \boldsymbol{\varepsilon T}'. \tag{8.4.10}$$

因为 $\boldsymbol{\varepsilon}$ 是 n 维正态的,而正交变换是满秩的. 由 n 维正态经满秩线性变换后,正态性不变 (n 维正态的性质,见 3.3 节),故 $\boldsymbol{Z}$ 也为 n 维正态的,且

$$E\boldsymbol{Z} = \frac{1}{\sigma} E\boldsymbol{\varepsilon T}' = \boldsymbol{0},$$

$$\operatorname{cov}(\boldsymbol{Z}) = \frac{1}{\sigma^2} \operatorname{cov}(\boldsymbol{\varepsilon T}') = \frac{1}{\sigma^2} \boldsymbol{T}' \boldsymbol{\Sigma}_{\varepsilon} (\boldsymbol{T}')' = \boldsymbol{T}'\boldsymbol{T} = \boldsymbol{I}.$$

上式中 $\boldsymbol{\Sigma}_\varepsilon$ 表 $\boldsymbol{\varepsilon}$ 的协方差阵. 因此各 Z_i 独立且服从 $N(0,1)$,前两个变量

$$Z_1 = \frac{1}{\sigma}\sum_{i=1}^n t_{1i}\varepsilon_i = \frac{1}{\sigma\sqrt{n}}\sum_{i=1}^n \varepsilon_i = \frac{\sqrt{n}}{\sigma}\bar{\varepsilon} \sim N(0,1), \tag{8.4.11}$$

$$Z_2 = \frac{1}{\sigma}\sum_{i=1}^n t_{2i}\varepsilon_i = \frac{1}{\sigma s_{xx}}\sum_{i=1}^n (x_i - \bar{x})\varepsilon_i. \tag{8.4.12}$$

进一步,有

$$Z_2 = \frac{1}{\sigma s_{xx}} \sum_{i=1}^{n}(x_i - \bar{x})(Y_i - \beta_0 - \beta_1 x_i)$$

$$= \frac{1}{\sigma s_{xx}}\left[\sum_{i=1}^{n}(x_i - \bar{x})Y_i - \beta_1 \sum_{i=1}^{n}(x_i - \bar{x})x_i\right] \quad \left(\text{注意}\sum_{i=1}^{n}(x_i - \bar{x}) = 0\right)$$

$$= \frac{1}{\sigma s_{xx}}\left[\sum_{i=1}^{n}(x_i - \bar{x})(Y_i - \bar{Y}) - \beta_1 \sum_{i=1}^{n}(x_i - \bar{x})(x_i - \bar{x})\right] \quad \left(\text{再用}\sum_{i=1}^{n}(x_i - \bar{x}) = 0\right).$$

由式(8.1.23)和记号 s_{xx}^2 的定义(8.1.19),得到

$$Z_2 = \frac{s_{xx}}{\sigma}(\hat{\beta}_1 - \beta_1). \tag{8.4.13}$$

可用 Z 表示残差平方和,事实上

$$S_{\text{残差}}^2 = \sum_{i=1}^{n}[Y_i - \bar{Y} - \hat{\beta}_1(x_i - \bar{x})]^2$$

$$= \sum_{i=1}^{n}[(Y_i - \beta_0 - \beta_1 x_i) - (\bar{Y} - \beta_0 - \beta_1 \bar{x}) - (\hat{\beta}_1 - \beta_1)(x_i - \bar{x})]^2$$

$$= \sum_{i=1}^{n}\left[(\varepsilon_i - \bar{\varepsilon}) - \frac{\sigma}{s_{xx}}Z_2(x_i - \bar{x})\right]^2.$$

上式中最后的等号用到式(8.4.1)、式(6.4.2)和式(5.4.13)。展开差的平方,并利用记号 s_{xx}^2 的定义式(8.1.19)、式(8.1.11)和式(8.1.13),有

$$S_{\text{残差}}^2 = \sum_{i=1}^{n}\left[(\varepsilon_i - \bar{\varepsilon})^2 + \frac{\sigma^2}{s_{xx}^2}Z_2^2(x_i - \bar{x})^2 - 2\frac{\sigma}{s_{xx}}Z_2(\varepsilon_i - \bar{\varepsilon})(x_i - \bar{x})\right]$$

$$= \sum_{i=1}^{n}\varepsilon_i^2 - n\bar{\varepsilon}^2 + \frac{\sigma^2}{s_{xx}^2}Z_2^2 \sum_{i=1}^{n}(x_i - \bar{x})^2 - 2\frac{\sigma}{s_{xx}}Z_2 \sum_{i=1}^{n}(\varepsilon_i - \bar{\varepsilon})(x_i - \bar{x})$$

$$= \sum_{i=1}^{n}\varepsilon_i^2 - n\bar{\varepsilon}^2 + \sigma^2 Z_2^2 - 2\sigma Z_2 \sum_{i=1}^{n}\frac{x_i}{s_{xx}}(\varepsilon_i - \bar{\varepsilon}).$$

又

$$\sigma^2 \sum_{i=1}^{n}Z_i^2 = \sigma^2 ZZ' = (\boldsymbol{\varepsilon}\boldsymbol{T}')(\boldsymbol{\varepsilon}\boldsymbol{T}')' = \boldsymbol{\varepsilon}\boldsymbol{T}'\boldsymbol{T}\boldsymbol{\varepsilon}' = \boldsymbol{\varepsilon}\boldsymbol{\varepsilon}' = \sum_{i=1}^{n}\varepsilon_i^2,$$

因此,由式(8.1.23)和式(8.4.12),有

$$S_{\text{残差}}^2 = \sigma^2 \sum_{i=1}^{n}Z_i^2 - \sigma^2 Z_1^2 - \sigma^2 Z_2^2 = \sigma^2 \sum_{i=3}^{n}Z_i^2. \tag{8.4.14}$$

由于各 Z_i 独立同标准正态分布,因此由式(8.4.14)和 5.3 节 χ^2 分布的定义知

$$S_{\text{残差}}^2/\sigma^2 = \sum_{i=3}^{n}Z_i^2 \sim \chi^2(n-2). \tag{8.4.15}$$

注意到式(8.4.7),得到

$$\frac{n\hat{\sigma}^2}{\sigma^2} = \frac{S_{\text{残差}}^2}{\sigma^2} \sim \chi^2(n-2). \tag{8.4.16}$$

由式(8.4.14),可得

$$ES_{\text{残差}}^2 = (n-2)\sigma^2.$$

现在可以将我们得到的结果作一个总结,得到下面的结论.

结论 1 残差平方和 $S_{\text{残差}}^2$ 和模型参数方差估计量 $\hat{\sigma}^2$ 的概率分布由式(8.4.15)和式(8.4.16)决定,而 σ^2 的无偏估计量为

$$\frac{n}{n-2}\hat{\sigma}^2 = \frac{1}{n-2}S_{\text{残差}}^2.$$

除此之外,我们还能很容易地得到下面的重要结果.

结论 2 $S_{\text{残差}}^2$ 和 $\hat{\sigma}^2$ 都与回归系数的估计量独立,从而与 $(\hat{\beta}_0, \hat{\beta}_1)$ 独立;而 $S_{\text{残差}}^2$(或 $\hat{\sigma}^2$)、$\hat{\beta}_1$ 和 $\overline{Y}$ 相互独立.

证明 首先注意 $S_{\text{残差}}^2$ 和 $\hat{\sigma}^2$ 都只是随机变量 $Z_3, Z_4, \cdots, Z_n$ 的函数而与 Z_1 和 Z_2 无关,因此与只是 Z_1 和 Z_2 的函数的随机变量独立.由式(8.4.13)知, Z_2 只与随机变量 $\hat{\beta}_1$ 有关,而由式(8.4.11)、式(8.4.3)和式(8.1.23),知

$$Z_1 = \frac{\sqrt{n}}{\sigma}\bar{\varepsilon} = \frac{\sqrt{n}}{\sigma}(\overline{Y} - \beta_0 - \beta_1\bar{x}) = \frac{\sqrt{n}}{\sigma}(\hat{\beta}_0 + \hat{\beta}_1\bar{x} - \beta_0 - \beta_1\bar{x}).$$

Z_1 与 $\hat{\beta}_0$ 和 $\hat{\beta}_1$ 有关,或者只与 $\overline{Y}$ 有关,其余不是随机变量.因此证得结论 2. □

从证明过程的 $Z_1 = \frac{\sqrt{n}}{\sigma}(\overline{Y} - \beta_0 - \beta_1\bar{x})$ 和式(8.4.13),再次发现 $\hat{\beta}_0$ 和 $\overline{Y}$ 都是正态变量.

结论 3 回归平方和有如下分布:

$$\frac{s_{xx}^2}{\sigma^2}\left(\frac{S_{\text{回归}}^2}{s_{xx}^2} - \beta_1\right)^2 = \frac{s_{xx}^2}{\sigma^2}(\hat{\beta}_1 - \beta_1)^2 = Z_2^2 \sim \chi^2(1). \tag{8.4.17}$$

特别地, $\beta_1 = 0$ 时,有

$$\frac{S_{\text{回归}}^2}{\sigma^2} = \frac{s_{xx}^2}{\sigma^2}\hat{\beta}_1^2 = Z_2^2 \sim \chi^2(1). \tag{8.4.18}$$

证明 由式(8.1.23)和回归方程(8.4.6),从回归平方和定义推出

$$S_{\text{回归}}^2 = \sum_{i=1}^{n}(\hat{Y}_i - \overline{Y})^2 = \sum_{i=1}^{n}(\hat{\beta}_1 x_i - \hat{\beta}_1\bar{x})^2 = (\hat{\beta}_1)^2 s_{xx}^2,$$

代入式(8.4.13),得证式(8.4.17). □

注意 $S_{yy}^2/\sigma^2 = S_{\text{残差}}^2/\sigma^2 + S_{\text{回归}}^2/\sigma^2 \xrightarrow{\beta_1=0} Z_2^2 + Z_3^2 + \cdots + Z_n^2$,因此可以立即得到下面的结论 4. 从 χ^2 分布的 Cochran 分解定理(见 5.3 节),也可由结论 1 和结论 3 的式(8.4.18)直接

得到.

结论 4 在 $\beta_1=0$ 时 $S^2_{残差}$ 与 $S^2_{回归}$ 独立,偏差的总平方和 $S^2_{yy}/\sigma^2 \sim \chi^2(n-1)$.

8.4.2 线性模型确认,β_1 的区间估计和假设检验

8.2 节在一元线性回归模型的假定下,虽然求出了模型参数的估计,但我们要研究的两个变量之间的关系是否真能用这种线性回归模型来刻画,并没有给出肯定.同样,利用估计出参数的模型去作预测,也是在模型业已认可的前提下完成的.因此我们还有一个重要的任务:对最初关于模型的线性性假定应该确认,这个问题导致去检验模型中一次项的系数是否为零,也就是要根据观测到的数据作假设检验

$$H_0: \beta_1 = 0, \tag{8.4.19}$$

或者更为一般的 $H_0: \beta_1 = b_1$,这里 b_1 为一固定常数.

当然也有单侧检验问题.但式(8.4.19)是基本的,其余可从这列出的基本方法(参看第 7 章)类似得到.

1. 关于 β_1 的区间估计和假设检验

前面已经指出,如果模型参数 σ^2 已知,则可以立即构造有标准正态分布的样本函数,像 6.3 节和第 7 章那样,完成假设检验.现在只要在 σ^2 未知的情况下进行讨论.

由式(8.4.1)$\hat\beta_1 \sim N(\beta_1, \sigma^2/s^2_{xx})$,及 8.4.1 节的结论 1 和结论 2,知

$$W_1 \stackrel{def}{=} \frac{\hat\beta_1 - \beta_1}{\sigma/s_{xx}} \sim N(0,1), \quad K^2 \stackrel{def}{=} S^2_{残差}/\sigma^2 \sim \chi^2(n-2), \tag{8.4.20}$$

且相互独立.由 t 分布定义(见 5.3 节)得到

$$T_1 \stackrel{def}{=} \frac{W_1}{\sqrt{K^2/(n-2)}} = \frac{\sqrt{n-2}\, W_1}{K} \sim t(n-2), \tag{8.4.21}$$

故

$$T_1 = \sqrt{n-2}\,(\hat\beta_1 - \beta_1)\frac{s_{xx}}{S_{残差}} \sim t(n-2). \tag{8.4.22}$$

于是对 β_1 的双侧区间估计,其置信度为 $1-\alpha$ 的置信区间为

$$\left(\hat\beta_1 - t_{\alpha/2}(n-2)\frac{S_{残差}}{s_{xx}\sqrt{n-2}},\ \hat\beta_1 + t_{\alpha/2}(n-2)\frac{S_{残差}}{s_{xx}\sqrt{n-2}}\right), \tag{8.4.23}$$

并且简单地记为

$$\beta_1 \in \left(\hat\beta_1 \pm t_{\alpha/2}(n-2)\frac{S_{残差}}{s_{xx}\sqrt{n-2}}\right). \tag{8.4.23'}$$

而置信度为 $1-\alpha$ 的单侧置信上限为

$$\bar\beta_1 = \hat\beta_1 + t_\alpha(n-2)\frac{S_{残差}}{s_{xx}\sqrt{n-2}}. \tag{8.4.23''}$$

对 β_1 的双侧假设检验，$H_0: \beta_1 = b_1$，选用样本函数同上. 在 $H_0: \beta_1 = b_1$ 下，将选用的样本函数中的 β_1 换为 b_1，则得到统计量. 例如在 H_0 下，W_1 变为

$$W_1 = \frac{\hat{\beta}_1 - b_1}{\sigma/s_{xx}} \sim N(0,1), \tag{8.4.20'}$$

式(8.4.22)相应变为

$$T_1 = \sqrt{n-2}(\hat{\beta}_1 - b_1)\frac{s_{xx}}{S_{残差}} \sim t(n-2). \tag{8.4.22'}$$

对于任意给定的显著性水平 α，统计量的拒绝域为

$$|T_1| > t_{\alpha/2}(n-2). \tag{8.4.24}$$

代入样本观测值 (x_i, y_i)，$i=1, 2, \cdots, n$，得到(注意下式中 $\hat{\beta}_1$ 也是由式(8.1.14)算得的观测值)

$$t_1 = \sqrt{n-2}(\hat{\beta}_1 - b_1)\frac{s_{xx}}{S_{残差}}.$$

依据是否有 $|t_1| > t_{\alpha/2}(n-2)$ 做出是否拒绝 $H_0: \beta_1 = b_1$ 的统计推断. 单侧检验问题不难仿照 7.1 节推出，此处不再赘述.

当 $b_1 = 0$ 时，可利用上面结果立即写出式(8.4.19)的检验步骤，区间估计也可立即得到. 另一方面，注意到结论 3 和结论 4，在 H_0 的条件下，即在 $\beta_1 = 0$ 的条件下，$S_{残差}^2$ 与 $S_{回归}^2$ 独立，三个平方和的分布都是 χ^2 分布，因此利用其中任意两个平方和都可以去构造有 F 分布的统计量，从而去完成检验问题(8.4.19).

例如，对 $H_0: \beta_1 = 0$，由于

$$\frac{S_{残差}^2}{\sigma^2} \sim \chi^2(n-2),$$

当 $\beta_1 = 0$ 时，

$$\frac{S_{回归}^2}{\sigma^2} = \frac{S_{xx}^2}{\sigma^2}\hat{\beta}_1^2 \sim \chi^2(1),$$

且两者独立，故

$$F \stackrel{\text{def}}{=} \frac{S_{回归}^2}{S_{残差}^2/(n-2)} \sim F(1, n-2). \tag{8.4.25}$$

后面的检验步骤容易仿上进行，但应该注意 F 变量非负及查表时百分位点的性质：$F_{1-\alpha}(1, n-2) = 1/F_\alpha(n-2, 1)$(参看 5.3 节和 7.3 节).

2. 关于 β_0 的区间估计和假设检验

对 β_0 的区间估计和假设检验，可仿照 8.4.2 节中的第 1 段进行. 只要在 σ^2 未知的情况下讨论.

注意式(8.4.1) $\hat{\beta}_0 \sim N(\beta_0, (\sum_{i=1}^{n} x_i^2)\sigma^2/ns_{xx}^2)$. 引入记号

$$\overline{x^2} \stackrel{\text{def}}{=\!=} \frac{1}{n}\sum_{i=1}^{n} x_i^2, \quad d^2(x) \stackrel{\text{def}}{=\!=} \sum_{i=1}^{n} x_i^2, \quad d(x) \stackrel{\text{def}}{=\!=} \sqrt{d^2(x)} = \sqrt{\sum_{i=1}^{n} x_i^2} > 0. \tag{8.4.26}$$

既然样本函数

$$W_0 \stackrel{\text{def}}{=\!=} \frac{\hat{\beta}_0 - \beta_0}{d(x)\sigma/\sqrt{ns_{xx}}} = \frac{\sqrt{ns_{xx}}(\hat{\beta}_0 - \beta_0)}{d(x)\sigma} \sim N(0,1), \tag{8.4.27}$$

且与 K^2 相互独立,由 t 分布定义得到

$$T_0 \stackrel{\text{def}}{=\!=} \sqrt{n-2}W_0/K \sim t(n-2),$$

即

$$T_0 = \sqrt{n(n-2)}(\hat{\beta}_0 - \beta_0)\frac{s_{xx}}{d(x)S_{残差}} \sim t(n-2). \tag{8.4.28}$$

于是对 β_0 的双侧区间估计,其置信度为 $1-\alpha$ 的置信区间为

$$\beta_0 \in \left(\hat{\beta}_0 \pm t_{\alpha/2}(n-2)\frac{d(x)S_{残差}}{s_{xx}\sqrt{n(n-2)}}\right). \tag{8.4.29}$$

而 β_0 置信度为 $1-\alpha$ 的单侧置信上限为

$$\overline{\beta}_0 = \hat{\beta}_0 + t_\alpha(n-2)\frac{d(x)S_{残差}}{s_{xx}\sqrt{n(n-2)}}. \tag{8.4.29'}$$

对 β_0 的双侧假设检验

$$H_0: \beta_0 = b_0,$$

在 $H_0: \beta_0 = b_0$ 下,式(8.4.28)相应地变为

$$T_0 = \sqrt{n(n-2)}(\hat{\beta}_0 - b_0)\frac{s_{xx}}{d(x)S_{残差}} \sim t(n-2). \tag{8.4.28'}$$

统计量的拒绝域为

$$|T_0| > t_{\alpha/2}(n-2). \tag{8.4.30}$$

代入观测值,依据是否有

$$|t_0| = \sqrt{n(n-2)}|\hat{\beta}_0 - b_0|\frac{s_{xx}}{d(x)s_{残差}} > t_{\alpha/2}(n-2),$$

做出是否拒绝 $H_0: \beta_0 = b_0$ 的统计推断,注意式中的 $\hat{\beta}_0$ 也是由式(8.1.15)算得的观测值.

3. 几点注记

(1) 关于 β_0 和 β_1 的线性函数区间估计和假设检验.

利用结论2,残差平方和与 β_0 和 β_1 的线性函数也是独立的,因此可以仿照上面方法去构造 χ^2 分布的统计量,完成区间估计和检验. 参看参考文献[12].

(2) 为了确认输出 Y 除 X 外不再明显地受到其他因素影响,常常还要对选定的部分或全部 X 的给定值,重复进行试验,得到更多的观测 y. 关于重复试验情况下的回归分析

问题,可读参考文献[4,5,12].

8.4.3 关于回归预测值的区间估计和假设检验

回归预测值的 $1-\alpha$ 置信区间

$y^* = (\mu_{Y|x})^* = \beta_0 + \beta_1 x^*$ 表示一元回归函数在给定点 x^* 处的值,它也表示在 x^* 处观察随机变量 Y 的平均值. 可用回归方程 $\hat{\beta}_0 + \hat{\beta}_1 x$ 在 x^* 处得到的 $\hat{Y}^* = \hat{\beta}_0 + \hat{\beta}_1 x^*$ 作为 Y^* 的估计量.

引入记号

$$d(x, x^*) = \sqrt{d^2(x, x^*)} = \sqrt{\sum_{i=1}^{n}(x_i - x^*)^2} > 0. \tag{8.4.31}$$

利用 $\hat{\beta}_0, \hat{\beta}_1$ 的无偏性及在式(8.2.11)中取 $c_1=1, c_2=x^*, c_3=0$,得到

$$E(\hat{Y}^*) = E(\hat{\beta}_0 + \hat{\beta}_1 x^*) = \beta_0 + \beta_1 x^* = y^*,$$
$$D(\hat{Y}^*) = D(\hat{\beta}_0 + \hat{\beta}_1 x^*) = \frac{\sigma^2 d^2(x, x^*)}{n s_{xx}^2}.$$

因此

$$\frac{\hat{\beta}_0 + \hat{\beta}_1 x^* - (\beta_0 + \beta_1 x^*)}{\sigma d(x, x^*)/(\sqrt{n} s_{xx})} = \frac{\sqrt{n} s_{xx}[\hat{\beta}_0 + \hat{\beta}_1 x^* - (\beta_0 + \beta_1 x^*)]}{\sigma d(x, x^*)} \sim N(0, 1).$$

由结论 1 和结论 2,可构造有 t 分布的样本函数

$$T \stackrel{\text{def}}{=} \frac{\sqrt{n}\, s_{xx}[\hat{\beta}_0 + \hat{\beta}_1 x^* - (\beta_0 + \beta_1 x^*)]}{\sigma d(x, x^*)} \Big/ \sqrt{\frac{S_{\text{残差}}^2}{\sigma^2(n-2)}},$$

或

$$T = \frac{\sqrt{n(n-2)}\, s_{xx}[\hat{\beta}_0 + \hat{\beta}_1 x^* - (\beta_0 + \beta_1 x^*)]}{d(x, x^*) S_{\text{残差}}} \sim t(n-2). \tag{8.4.32}$$

由此可进行对预测的回归均值 $y^* = (\mu_{Y|x})^*$ 的区间估计和假设检验.

注意,$Y^* = \beta_0 + \beta_1 x^* + \varepsilon^*$,而 $y^* = g(x^*) = (\mu_{Y|X=x})_{x=x^*} = \beta_0 + \beta_1 x^* = \beta_0 + \beta_1 x|_{x=x^*}$,两者不同. 由于 $E(\hat{Y}^* - Y^*) = E(\hat{\beta}_0 + \hat{\beta}_1 x^* - \beta_0 - \beta_1 x^* - \varepsilon^*) = 0$,并注意式(6.3.2),有

$$\frac{\hat{Y}^* - Y^*}{\sqrt{D(\hat{Y}^* - Y^*)}} = \frac{\hat{\beta}_0 + \hat{\beta}_1 x^* - Y^*}{\sigma\sqrt{1 + \dfrac{d^2(x, x^*)}{n s_{xx}^2}}} \sim N(0, 1).$$

由结论 1 和结论 2,$S_{\text{残差}}^2$ 与 $(\hat{\beta}_0, \hat{\beta}_1)$ 独立,从而与 $\hat{Y}^* - Y^*$ 独立. 所以

$$\frac{\hat{\beta}_0 + \hat{\beta}_1 x^* - Y^*}{S_{\text{残差}}} \sqrt{n-2} \left(1 + \frac{d^2(x, x^*)}{n s_{xx}^2}\right)^{-1/2} \sim t(n-2).$$

由此可处理预测值 Y^* 的区间估计和假设检验问题. 例如,区间估计有

$$Y^* \in \left(\hat{\beta}_0 + \hat{\beta}_1 x^* \pm t_{a/2}(n-2) \frac{S_{残差}}{\sqrt{n-2}} \left(1 + \frac{d^2(x,x^*)}{ns_{xx}^2}\right)^{1/2} \right), \quad (8.4.33)$$

估计精度为

$$\delta(x^*) \stackrel{\text{def}}{=} t_{a/2}(n-2) \frac{S_{残差}}{\sqrt{n-2}} \left(1 + \frac{1}{n} + \frac{(\bar{x}-x^*)^2}{s_{xx}^2}\right)^{1/2}. \quad (8.4.34)$$

其余不再赘述.

注意, y^* 是在 x^* 处的回归值, 是个定值, 而 Y^* 是在 x^* 处的观察输出, 是随机变量.

8.4.4 例题

最后举例说明一元线性回归问题的预测及回归系数的假设检验方法. 在 8.5 节中还有一个非线性回归分析的例子, 其统计推断的方法可以借鉴.

例 8.4.1 合成纤维抽丝工段第一导丝盘的速度对丝的质量是重要的参数, 今发现它和电流的周波有密切关系, 由生产记录得表 8.4.1 所示的数据.

表 **8.4.1**

电流周波 x	49.2	50.0	49.3	49.0	49.0	49.5	49.8	49.9	50.2	50.2
导丝盘速度 y	16.7	17.0	16.8	16.6	16.7	16.8	16.9	17.0	17.0	17.1

把数据标在坐标纸上, 如图 8.4.1 所示. 从图上可以看出, 数据点近似落在一条直线上, 于是我们自然认为 Y 关于 x 的回归函数是一元线性回归函数.

$$\mu_{Y|x} = \beta_0 + \beta_1 x.$$

试求: (1) Y 关于 x 的回归方程

$$\hat{Y} = \hat{\beta}_0 + \hat{\beta}_1 x;$$

(2) 在 $x^* = 50.5$ 处的回归预测值及置信区间;

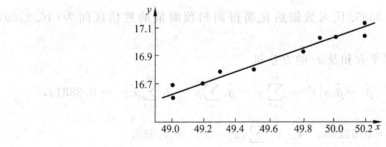

图 8.4.1 回归直线

(3) 完成对回归方程显著性检验 $H_0: \beta_1 = 0$.

解 (1) 求回归方程

依数据表作基本数据整理：

$n=10$	和	均值	平方和	交叉乘积和
x_i	496.1	49.61	24613.51	
y_i	168.6	16.86	2842.84	8364.92

$$\sum x = 496.1, \quad \bar{x} = 49.61, \quad d^2(x) = \sum x^2 = 24613.51,$$
$$\sum y = 168.6, \quad \bar{y} = 16.86, \quad d^2(y) = \sum y^2 = 2842.84,$$
$$\sum xy = 8364.92.$$

求回归系数估计值，由式(8.1.15)，有

$$\hat{\beta}_1 = \left(\sum_{i=1}^{10} x_i y_i - 10\,\bar{x}\bar{y}\right)\left(\sum_{i=1}^{10} x_i^2 - 10\,\bar{x}^2\right)^{-1} = 0.339,$$

由式(8.1.14)有

$$\hat{\beta}_0 = \bar{y} - \hat{\beta}_1 \bar{x} = 0.04.$$

故回归方程为

$$\hat{Y} = 0.04 + 0.339x.$$

(2) 在 $x^* = 50.5$ 处回归预测值为

$$y^* = \hat{\beta}_0 + \hat{\beta}_1 x^* = 17.16.$$

在 $x^* = 50.5$ 处回归值的 90% 置信区间为

$$\hat{\beta}_0 + \hat{\beta}_1 x^* \pm t_{0.05}(n-2) \frac{d(x, x^*)}{s_{xx}\sqrt{(n-2)}},$$

其中

$$s_{xx}^2 = \sum_{i=1}^{n}(x_i - \bar{x})^2 = \sum_{i=1}^{n} x_i^2 - n\bar{x}^2 = d^2(x) - n\bar{x}^2 = 1.989.$$

查表 $t_{0.05}(8) = 1.8595$. 代入数据后化简得回归预测值的置信区间为 (16.8709, 17.4491).

(3) 下面计算残差平方和及 x_i 的方差和

$$s_{\text{残差}}^2 = \sum_{i=1}^{10}(y_i - \hat{\beta}_0 - \hat{\beta}_1 x_i)^2 = \sum_{i=1}^{10} y_i^2 - \hat{\beta}_0 \sum_{i=1}^{10} y_i - \hat{\beta}_1 \sum_{i=1}^{10} x_i y_i = 0.38812,$$

$$s_{\text{残差}} = \sqrt{s_{\text{残差}}^2} = 0.62299, \quad s_{xx}^2 = \sum_{i=1}^{n}(x_i - \bar{x})^2 = 1.989.$$

计算 T_1 的观测值

$$t_1 = \sqrt{n-2}\,\frac{s_{xx}}{s_{\text{残差}}}(\hat{\beta}_1 - 0) = \sqrt{\frac{8 \times 1.989}{0.38812}} \times 0.339 = 2.17059.$$

由显著性水平 $\alpha=0.10$,查表得 $t_{0.05}(8)=1.8595$.

由于 $|t_1|>1.8595$,所以拒绝 H_0,认为 Y 关于 x 的回归效果是显著的. □

8.4.5 残差的分析

在一元线性回归模型的假定中,还有一个独立性的假设:从控制变量的值 $x_1, x_2, \cdots, x_n$ 所分别观测到的受控变量是随机变量 $Y_1, Y_2, \cdots, Y_n$. 设各 Y_i 之间相互独立且服从正态分布,由此还要检验得到的数据 $\{y_1, y_2, \cdots, y_n\}$ 的独立性问题,即要检验它们是否可看做独立随机变量 $Y_1, Y_2, \cdots, Y_n$ 的观测值. 关于数据是否独立的检验和是否正态的检验,请参看参考文献[5,7](正态性检验可见第7章). 但这些检验的计算并不轻松. 是否有更为简便的办法,帮助我们作一个初步的判断呢?

这里介绍一个较为方便的检验这些假定是否合理的方法,就是检查观测值 y_i 与 $\hat{y}_i$ 之差. 在 8.4.1 节中,我们已经称

$$z_i = y_i - \hat{y}_i = y_i - \hat{\beta}_0 - \hat{\beta}_1 x_i, \quad i=1,2,\cdots,n. \tag{8.4.35}$$

为在 x_i 的残差. 现在对 n 对残差值 (x_i, z_i), $i=1,2,\cdots,n$, 做出散点图. 由于

$$\sum_{i=1}^n z_i = \sum_{i=1}^n (y_i - \hat{\beta}_0 - \hat{\beta}_1 x_i) = \sum_{i=1}^n [y_i - (\bar{y} - \hat{\beta}_1 \bar{x}) - \hat{\beta}_1 x_i]$$

$$= \sum_{i=1}^n (y_i - \bar{y}) - \hat{\beta}_1 \sum_{i=1}^n (x_i - \bar{x}) = 0, \tag{8.4.36}$$

$$\sum_{i=1}^n x_i z_i = \sum_{i=1}^n x_i(y_i - \hat{\beta}_0 - \hat{\beta}_1 x_i) = \sum_{i=1}^n x_i(y_i - \bar{y} + \hat{\beta}_1 \bar{x} - \hat{\beta}_1 x_i)$$

$$= \left(\sum x_i y_i - n\bar{x}\bar{y}\right) + n\hat{\beta}_1\left(\bar{x}^2 - \sum_{i=1}^n x_i^2\right),$$

将式(8.1.15)的 $\hat{\beta}_1$ 值代入,得到 $\sum_{i=1}^n x_i z_i = 0$.

这样,如果模型成立,则残差有关系

$$\sum_{i=1}^n z_i = 0, \quad \sum_{i=1}^n x_i z_i = 0. \tag{8.4.37}$$

于是正的和负的残差求和,以及用 x_i 加权的和,将互相抵消. 如果正的残差 z_i 集中在较小的 x_i 处或较大的 x_i 处,那么式(8.4.37)不能成立,从而有理由认为 Y 关于 x 的回归函数不是线性函数,模型不正确.

8.5 一元非线性回归和多元线性回归

在实际问题中,有时两个变量间的回归函数不是线性函数,这时如何由样本观测值来估计回归曲线?我们只讨论可以化为一元线性函数的情形,更为一般地讨论,请阅读参考文献[4,5]。

8.5.1 可化成一元线性函数的情形

如果回归曲线可以通过变量替换转化成一元线性函数,那么只要对数据作相应的转换,就可以利用在前几节中所叙述的方法做出回归直线,完成回归模型的参数估计和检验等回归分析.

例 8.5.1 炼钢时用来盛钢水的钢包,由于钢水对耐火材料的侵蚀,容积不断扩大,我们希望找出使用次数与增大容积之间的关系.试验数据列于表 8.5.1 而标在图 8.5.1 中.

表 8.5.1

使用次数	2	3	4	5	6	7	8	9
增大容积	6.42	8.20	9.58	9.50	9.70	10.00	9.93	9.99
使用次数	10	11	12	13	14	15	16	
增大容积	10.49	10.59	10.60	10.80	10.60	10.90	11.76	

由图 8.5.1 可见,开始时钢包侵蚀速度快,然后逐渐减慢,钢包容积不断增大.显然钢包容积不会无限增大.单调上升且囿于上,因此必收敛:它必有一条平行于 x 轴的渐近线.可见这条关系曲线是非线性的.

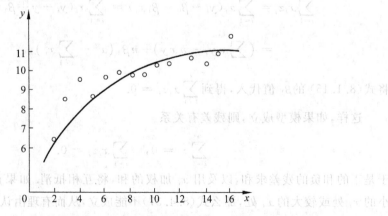

图 8.5.1 钢包容积与使用次数的关系

如何选择回归函数？据上述变化特点，我们介绍两种常用的选择：
(1) 认为 Y 关于 x 的回归函数为
$$\frac{1}{\mu_{Y|x}} = a + \frac{b}{x}; \tag{8.5.1}$$
(2) 认为回归函数为指数曲线
$$\frac{1}{\mu_{Y|x}} = a\mathrm{e}^{b/x}, \tag{8.5.2}$$
其中 a, b 都是待定常数.

在第一种选择中，我们将式(8.5.1)中的量做变量替换，记
$$\frac{1}{\mu_{Y|x}} = \mu'_{Y|x}, \quad x' = \frac{1}{x},$$
则式(8.5.1)化为
$$\mu'_{Y|x} = a + bx',$$
这是一元线性回归函数(8.1.1). 对已经得到的样本观测值 (x_i, y_i), $i = 1, 2, \cdots, n$, 即表 8.5.1 中的数据，分别求出它们分量的倒数，$x'_i = \frac{1}{x_i}, y'_i = \frac{1}{y_i}$, 从而得到 15 个新点 $(x'_i, y'_i), i = 1, 2, \cdots, 15$, 由此可估计未知参数 a 和 b, 从而得到回归直线 $\mu'_{Y|x} = a + bx'$ 的估计方程 $\hat{Y}' = \hat{a} + \hat{b}x'$. 计算过程如下：

$$\overline{x'} = \frac{1}{15}\sum_{i=1}^{15} x'_i = 0.1587, \quad \overline{y'} = \frac{1}{15}\sum_{i=1}^{15} y'_i = 0.1031,$$

$$\sum_{i=1}^{15}(x'_i - \overline{x'})^2 = \sum_{i=1}^{15}(x'_i)^2 - 15(\overline{x'})^2 = 0.2065,$$

$$\sum_{i=1}^{15} x'_i y'_i - 15\,\overline{x'}\,\overline{y'} = 0.02709.$$

利用公式(8.1.15)和式(8.1.14)有
$$\hat{b} = \left(\sum_{i=1}^{15} x'_i y'_i - 15\,\overline{x'}\,\overline{y'}\right)\left(\sum_{i=1}^{15}(x'_i - \overline{x'})^2\right)^{-1} = \frac{0.02709}{0.2065} = 0.1312,$$
$$\hat{a} = \overline{y'} - \overline{x'}\hat{b} = 0.1031 - 0.1312 \times 0.1587 = 0.0823.$$
于是可求出
$$\hat{y}' = \hat{a} + \hat{b}x' = 0.0823 + 0.1312x'.$$
从而原问题的非线性回归方程为
$$\frac{1}{\hat{\mu}_{Y|x}} = 0.0823 + \frac{0.1312}{x},$$
或者
$$\hat{\mu}_{Y|x} = \frac{x}{0.0823x + 0.1312}.$$
简单地记为

$$y = \frac{x}{0.0823x + 0.1312}.$$

将这条曲线也画在图 8.5.1 上,用实线表示.它基本上反映了变量 $\mu_{Y|x}$ 与 x 之间、Y 与 x 之间的变化规律.

对第二种选择(8.5.2),也只要将表中数据作相应变换,可仿上去求 y 关于 x 的回归曲线.

令 $y = ae^{b/x}$,记号 y 代表 $\mu'_{Y|x}$.将它的两边取对数,有

$$\ln y = \ln a + \frac{b}{x}.$$

令 $y' = \ln y, x' = \frac{1}{x}$ 及 $a' = \ln a$,从而将式(8.5.2)化为

$$y' = a' + bx', \tag{8.5.3}$$

即 y' 关于 x' 是一元线性回归函数.其估计方程 $\hat{Y}' = \hat{a}' + \hat{b}x'$ 可以如下求得:将表 8.5.1 中每个 y 值取对数(以 e 为底),而每个 x 值取倒数,即 $x'_i = \frac{1}{x_i}, y'_i = \ln y_i$ 得到一组新的数据 $(x'_i, y'_i)(i = 1, 2, \cdots, 15)$,计算得

$$\overline{x'} = \frac{1}{15}\sum_{i=1}^{15} x'_i = 0.1587, \quad \overline{y'} = \frac{1}{15}\sum_{i=1}^{15} y'_i = 2.2815,$$

$$\sum_{i=1}^{15}(x'_i - \overline{x'})^2 = \sum_{i=1}^{15}(x'_i)^2 - 15(\overline{x'})^2 = 0.2065,$$

$$\sum_{i=1}^{15} x'_i y'_i - 15\,\overline{x'}\,\overline{y'} = 0.2294.$$

同样由 8.1.3 节的注 1 及公式(8.1.14)式(8.1.13),算得

$$\hat{b} = -1.107,$$
$$\hat{a}' = \overline{y'} - \hat{b}\,\overline{x'} = 2.4587.$$

因此 $\hat{a} = e^{\hat{a}'} = 11.6789$,所以所估计的回归方程为

$$\hat{y} = 11.6789 e^{-1.107/x},$$

或简写成

$$y = 11.6789 e^{-\frac{1.107}{x}}.$$

两种选择哪个更好呢?或者说哪条曲线拟合观测到的实际数据更好呢?通常可利用求残差平方和的方法来判断.残差平方和越小,说明曲线与试验数据拟合得更好些.对此例,用双曲线 $\frac{1}{y} = a + \frac{b}{x}$ 作为 Y 关于 x 的回归函数,由试验数据估计出 a 与 b,求得试验数据与回归方程

$$\frac{1}{\hat{y}_i} = a + \frac{b}{x_i},$$

所求出的值 $\hat{y}_i$ 相减,得到残差平方和为 1.4157. 而用指数曲线 $y=ae^{bx}$ 作为 Y 关于 x 的回归函数,由试验数据相应估计出 a 和 b 进而算出残差平方和为 0.8910. 可见用指数曲线作为 Y 关于 x 的回归函数更好些.

选择出合适的曲线类型不是一件容易的事情,主要靠问题的实际背景、专业知识和数学功底去选择. 图 8.5.2 中列举几种常用的且可线性化的曲线供选用时参考.

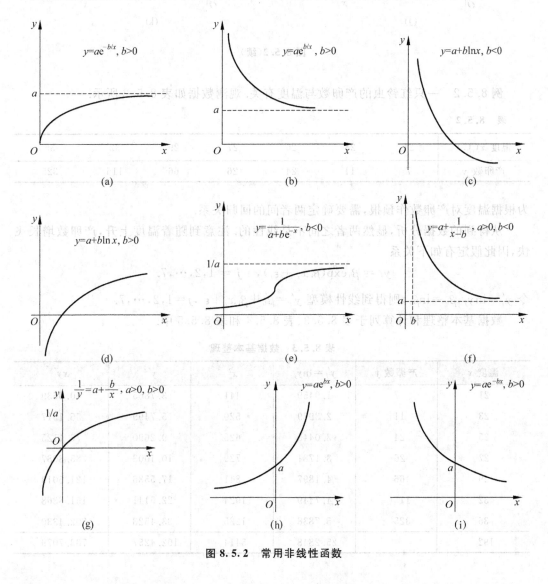

图 8.5.2 常用非线性函数

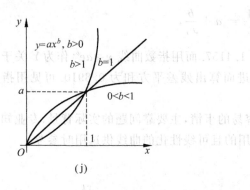 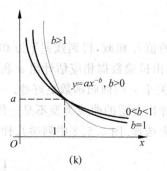

图 8.5.2(续)

例 8.5.2 一只红铃虫的产卵数与温度有关. 观测数据如表 8.5.2 所示.

表 8.5.2

温度 x(℃)	21	23	25	27	29	32	35
产卵数 y	7	11	24	26	66	115	325

为根据温度对产卵数作预报,需要确定两者间的回归关系.

从得到的数据分析,显然两者之间不是线性的. 注意到随着温度上升,产卵数增长飞快,因此假定有如下关系

$$y_j = \beta_0 \exp(\beta_1 x_j + \varepsilon_j), \quad j=1,2,\cdots,7.$$

令 $y_j' = \ln y_j, \hat{\beta}_0 = \ln \beta_0$,则得到线性模型 $y_j' = \beta_0' + \beta_1 x_j + \varepsilon_j, j=1,2,\cdots,7.$

数据基本整理和计算列于表 8.5.3、表 8.5.4 和表 8.5.5 中.

表 8.5.3 数据基本整理

温度 x	产卵数 y	$y_j' = \ln y_j$	x^2	y'^2	xy'
21	7	1.9459	441	3.7865	40.8639
23	11	2.3979	529	5.7499	55.1517
25	24	3.0445	625	9.2690	76.1125
27	26	3.1781	729	10.1003	85.8087
29	66	4.1897	841	17.5536	121.5013
32	115	4.7449	1024	22.5141	151.8368
35	325	5.7838	1225	33.4523	202.4330
192		25.2848	5414	102.4257	733.7079

表 8.5.4 回归函数估计计算

$\sum x = 192$	$\sum y' = 25.2848$	$n = 7$
$\bar{x} = 27.4$	$\overline{y'} = 3.6121$	
$d^2(x) = \sum x^2 = 5414$	$d^2(y') = \sum y'^2 = 102.4257$	$\sum xy' = 733.7079$
$\frac{1}{n}(\sum x)^2 = 5266.3$	$\frac{1}{n}(\sum y')^2 = 91.3316$	$\frac{1}{m}\{\sum x\}(\sum y') = 693.5259$

注意,由式(8.1.19)可得如表 8.5.5 所列的结果,于是,有估计值

表 8.5.5

$s_{xx}^2 = \sum x^2 - \frac{1}{n}(\sum x)^2$	$s_{yy}^2 = \sum y^2 - \frac{1}{n}(\sum y)^2$	$s_{xy}^2 = \sum xy - \frac{1}{n}(\sum x)(\sum y)$
$s_{xx}^2 = 147.7$	$s_{y'y'}^2 = 11.0941$	$s_{xy}^2 = 40.1820$

$$\hat{\sigma} = 0.18,$$
$$\hat{\beta}_1 = s_{xx}^2/s_{xy'}^2 = 40.1820/147.7 = 0.2721,$$
$$\hat{\beta}_0 = \overline{y'} - \beta_1 \bar{x} = 3.6121 - 0.2721 \times 27.4 = -3.8434,$$
$$\ln \hat{y} = -3.8434 - 0.2721x,$$
$$\hat{y} = \exp(-3.8434 + 0.2721x) = 0.0214\exp(0.2721x).$$

对假设(8.4.19)的检验,选取 8.4.3 中的 F 检验统计量(8.4.25).检验结果说明,经过数据变换之后的 Y 和 X 之间的线性关系是十分显著的.结果见表 8.5.6.

表 8.5.6 回归统计推断的计算(根据 F 值计算的显著性水平 α)

	平方和	自由度	均方和	F 值(比)	显著性
回归	$s_{回归}^2 = \beta_1 s_{xy}^2 = 10.9335$	1	10.9335	340.61	($\alpha = 0.001$)
残差	$s_{残差}^2 = 0.1606$	5	0.0321		
总计	$s_{yy}^2 = 11.0941$	6			

利用回归方程,可以作预报.如果统计表明今年红铃虫产卵期的平均气温为 30℃,则作区间估计,得到置信度为 $1-\alpha$ 的估计区间

$$\ln \hat{y} = 4.3196(\pm 0.36),$$

于是,可以 95% 的概率预报红铃虫产卵数 y 在 52~108 个之间. □

8.5.2 多元线性回归

在 8.1.1 节已经定义 p 元（多元）回归函数(8.1.4)和一般多元线性回归模型(8.1.5)
$$g(x_1,x_2,\cdots,x_p) \stackrel{\text{def}}{=\!=} E(Y \mid X_1=x_1, X_2=x_2,\cdots, X_p=x_p),$$

及
$$E(Y \mid X_1=x_1, X_2=x_2,\cdots, X_p=x_p) = \sum_{i=0}^{p} \beta_i x_i.$$

特别情况下有式(8.1.5′)
$$Y = \sum_{i=0}^{p}\beta_i X_i + \varepsilon, \quad \varepsilon \sim N(0,\sigma^2).$$

给定 $X_1=x_{j1}, X_2=x_{j2},\cdots, X_p=x_{jp}, j=1,2,\cdots,n$，得到
$$Y_j = \sum_{i=0}^{p}\beta_i x_{ji} + \varepsilon_j, \tag{8.5.4}$$

其中，ε_j 独立且服从 $N(0,\sigma^2)$，$j=1,2,\cdots,n$. 写为向量形式
$$Y = \beta X' + \varepsilon, \quad \beta = (\beta_0,\beta_1,\cdots,\beta_p), \quad \varepsilon = (\varepsilon_1,\varepsilon_2,\cdots,\varepsilon_p) \sim N_p(\mathbf{0}, \mathbf{\Sigma}_\varepsilon), \tag{8.5.4′}$$

其中 $X=(x_{ji})_{n\times p}, x_{j0}=1, \mathbf{\Sigma}_\varepsilon = \mathrm{diag}(\sigma^2,\cdots,\sigma^2) = \sigma^2 I_{n\times n}$.

利用最小二乘法估计 $\boldsymbol{\beta}=(\beta_0,\beta_1,\cdots,\beta_p)$ 时，构造残差平方和
$$Q = \sum_{j=1}^{n}(y_j - \hat{y}_j)^2 = \sum_{j=1}^{n}\Big(y_j - \sum_{i=0}^{p}\beta_i x_{ji}\Big)^2,$$

得到解 $\beta_0,\beta_1,\cdots,\beta_p$ 的正规方程组
$$\begin{cases}\dfrac{\partial Q}{\partial \beta_0} = -2\sum_{j=1}^{n}(y_j - \hat{y}_j) = 0, \\ \dfrac{\partial Q}{\partial \beta_i} = -2\sum_{j=1}^{n}(y_j - \hat{y}_j)x_{ji} = 0, \quad i=1,2,\cdots,p;\end{cases} \tag{8.5.5}$$

或者
$$\begin{cases}\sum_{j=1}^{n}\Big(y_j - \sum_{i=0}^{p}\beta_i x_{ji}\Big) = 0, \\ \sum_{j=1}^{n}\Big(y_j - \sum_{i=0}^{p}\beta_i x_{ji}\Big)x_{jk} = 0, \quad k=1,2,\cdots,p.\end{cases} \tag{8.5.6}$$

按 $\beta_0,\beta_1,\cdots,\beta_p$ 为未知元整理，得
$$\begin{cases} n\beta_0 + \sum_{i=1}^{p}\Big(\sum_{j=1}^{n} x_{ji}\Big)\beta_i = \sum_{j=1}^{n} y_j, \\ \Big(\sum_{j=1}^{n} x_{ji}\Big)\beta_0 + \sum_{i=1}^{p}\Big(\sum_{j=1}^{n} x_{jk}x_{ji}\Big)\beta_i = \sum_{j=1}^{n} x_{jk} y_j, \quad k=1,2,\cdots,p. \end{cases} \tag{8.5.7}$$

发现系数矩阵 $A=X'X$ 为对称的,而常数项 $b=yX$,其中

$$b=(b_0,b_1,\cdots,b_p)=\left(\sum_{j=1}^n y_j,\sum_{j=1}^n x_{j1}y_j,\cdots,\sum_{j=1}^n x_{jp}y_j\right),$$

从而正规方程可写为

$$\boldsymbol{\beta}(XX')=y'X \quad 或 \quad \boldsymbol{\beta}A=b. \tag{8.5.8}$$

当 $A=XX'$ 满秩时逆阵存在,记为 $A^{-1}=C=(c_{ij})_{(p+1)\times(p+1)}$,则回归系数的最小二乘解为

$$\begin{cases}\hat{\boldsymbol{\beta}}=b(A')^{-1}=\hat{y}X(X'X)^{-1},\\ \hat{\beta}_k=\sum_{i=0}^p c_{ki}b_i,\quad k=0,1,\cdots,p.\end{cases} \tag{8.5.9}$$

仿照一维的情形,可以得到回归系数最小二乘估计的如下统计性质:

(1) 无偏性 $E\hat{\boldsymbol{\beta}}=\boldsymbol{\beta}$; $E\hat{\beta}_k=\beta_k, k=0,1,\cdots,p$.

事实上,

$$E\hat{\boldsymbol{\beta}}=E\hat{y}X(X'X)^{-1}=E(\boldsymbol{\beta}X'+\boldsymbol{\varepsilon})X(X'X)^{-1}=\boldsymbol{\beta}X'X(X'X)^{-1}=\boldsymbol{\beta}.$$

(2) $\operatorname{cov}(\hat{\boldsymbol{\beta}})=\sigma^2 A^{-1}=\sigma^2 C.$

证明

$$\operatorname{cov}(\hat{\boldsymbol{\beta}})=E[(\hat{\boldsymbol{\beta}}-E\hat{\boldsymbol{\beta}})'(\hat{\boldsymbol{\beta}}-E\hat{\boldsymbol{\beta}})]$$

$$=E[(\hat{\boldsymbol{\beta}}-\boldsymbol{\beta})'(\hat{\boldsymbol{\beta}}-\boldsymbol{\beta})]$$

$$=E[\hat{y}X(X'X)^{-1}-E(\hat{y}X(X'X)^{-1})]'[\hat{y}X(X'X)^{-1}-E(\hat{y}X(X'X)^{-1})]$$

$$=E[(X'X)^{-1}X'(\hat{y}-E\hat{y})'][(X'X)^{-1}X(\hat{y}-E\hat{y})],$$

$$\operatorname{cov}(\hat{\boldsymbol{\beta}})=(X'X)^{-1}X'[E(\hat{y}-E\hat{y})'(\hat{y}-E\hat{y})]X(X'X)^{-1}$$

$$=(X'X)^{-1}X'(\sigma^2 I)X(X'X)^{-1}$$

$$=\sigma^2[(X'X)^{-1}X'X(X'X)^{-1}]$$

$$=\sigma^2(X'X)^{-1}. \qquad \square$$

例 8.5.3 表 8.5.7 中数据来自国外某住宅区的 20 个家庭. 记 x_1=总居住面积(单位:100 平方英尺), x_2=评估价值(千美元),及 Y=售价(千美元). 请用最小二乘法拟合模型

$$\begin{cases}Y_i=\beta_0+\beta_1 x_{i1}+\beta_2 x_{i2}+\varepsilon_i,\quad \varepsilon_i\sim N(0,\sigma^2),\\ \operatorname{cov}(\varepsilon_i,\varepsilon_j)=\sigma^2\delta_{ij},\quad i,j=1,2,\cdots,n.\end{cases}$$

表 8.5.7

序号	x_1＝总居住面积/100 英尺^2	x_2＝评估价值/千美元	Y＝售价/千美元	序号	x_1＝总居住面积/100 英尺^2	x_2＝评估价值/千美元	Y＝售价/千美元
1	15.31	57.3	74.8	11	15.18	62.6	71.5
2	15.20	63.8	74.0	12	14.44	63.4	71.0
3	16.25	65.4	72.9	13	14.87	60.2	78.9
4	14.33	57.0	70.0	14	18.63	67.2	86.5
5	14.57	63.8	74.9	15	15.20	57.1	68.0
6	17.33	63.2	76.0	16	25.76	89.6	102.0
7	14.48	60.0	72.0	17	19.05	68.6	84.0
8	14.91	57.7	73.5	18	15.37	60.1	69.0
9	15.25	56.4	74.5	19	18.06	66.3	88.0
10	13.89	55.6	73.5	20	16.35	65.8	76.0

解 利用计算机(已经有许多功能强大的多元统计的计算机软件,例如 SAS,SPSS 及 MATLAB 等)可以算得

$$(X'X)^{-1} = \begin{bmatrix} 5.1523 & & \\ 0.2544 & 0.0512 & \\ -0.1463 & -0.0172 & 0.0067 \end{bmatrix},$$

及

$$\hat{\boldsymbol{\beta}} = yX(X'X)^{-1} = (30.967, 2.634, 0.045).$$

于是拟合方程为 $\hat{y} = 30.967 + 2.634x_1 + 0.045x_2$. □

习题 8

1. 在钢丝含碳量对于电阻的效应的研究中,测得一批数据如下表.

含碳量 $x/\%$	0.10	0.30	0.40	0.55	0.70	0.80	0.95
电阻 $y/\mu\Omega(20℃)$	15	18	19	21	22.6	23.8	26

设 Y 为正态分布的随机变量,求 Y 关于 x 的线性回归方程.

2. 下表数据是退火温度 $x(℃)$ 对黄铜延性 Y 效应的试验结果,Y 是以沿长度方向的延性计算的,设 Y 为正态变量.求 Y 对 x 的线性回归方程.

退火温度 $x/℃$	300	400	500	600	700	800
长度延性 $y/\%$	40	50	55	60	67	70

3. 证明一元回归函数 $y=\beta_0+\beta_1 x$ 中 β_1 的估计值

$$\hat{\beta}_1 = \frac{\sum_{i=1}^{n} x_i y_i - n\bar{x}\bar{y}}{\sum_{i=1}^{n} x_i^2 - n\bar{x}^2}$$

能改写成下列三种形式

(1) $\hat{\beta}_1 = \dfrac{\sum_{i=1}^{n}(x_i-\bar{x})(y_i-\bar{y})}{\sum_{i=1}^{n}(x_i-\bar{x})^2}$; (2) $\hat{\beta}_1 = \dfrac{\sum_{i=1}^{n}(x_i-\bar{x})y_i}{\sum_{i=1}^{n}(x_i-\bar{x})^2}$; (3) $\hat{\beta}_1 = \dfrac{\sum_{i=1}^{n}(y_i-\bar{y})x_i}{\sum_{i=1}^{n}(x_i-\bar{x})^2}$.

4. 证明回归直线 $\hat{y}=\hat{\beta}_0+\hat{\beta}_1 x$ 过点 $(\bar{x},\bar{y})$.

5. 考虑回归问题,对于确定变量 X 的任何给定值 x,随机变量 Y 是以 βx 为均值,σ^2 为方差的正态分布,其中 β 和 σ^2 未知.假设 n 对独立的观察数据 (x_i, y_i) 已经得到.

(1) 证明 β 的极大似然估计是 $\hat{\beta} = \dfrac{\sum_{i=1}^{n} x_i Y_i}{\sum_{i=1}^{n} x_i^2}$.

(2) 证明 $E(\hat{\beta})=\beta$, $D(\hat{\beta})=\dfrac{\sigma^2}{\sum_{i=1}^{n} x_i^2}$.

6. 考虑一个有正态性假设的简单线性回归的问题,病人对新药 B 的反应 Y 和他对标准药 A 的反应 X 有关.假设 10 对观察数据如下表所示.

i	x_i	y_i	i	x_i	y_i
1	1.9	0.7	6	4.4	3.4
2	0.8	−1.0	7	4.6	0.0
3	1.1	−0.2	8	1.6	0.8
4	0.1	−1.2	9	5.5	3.7
5	−0.1	−0.1	10	3.4	2.0

(1) 利用最大似然法,给出拟合的直线方程.

(2) 求 σ^2 的无偏估计值.

(3) 给出 $D\hat{\beta}_0, D\hat{\beta}_1$.

7. 证明如果 $\hat{\beta}_1 = \left[\sum_{i=1}^{n}(x_i - \bar{x})y_i\right]\left[\sum_{i=1}^{n}(x_i - \bar{x})^2\right]^{-1}$ 和 $\hat{\beta}_0 = \bar{y} - \hat{\beta}_1\bar{x}$,当 $\hat{y} = \hat{\beta}_0 + \hat{\beta}_1 x$ 时下列两式恒成立.

(1) $\sum_{i=1}^{n}(y_i - \hat{y}_i) = 0$. (2) $\sum_{i=1}^{n}(y_i - \hat{y}_i)x_i = 0$.

8. 继续考察本章习题 1. 在正态性假定下:

(1) 试作检验 $H_0: \beta_1 = 0$,取显著性水平 $\alpha = 0.05$.

(2) 在(1)的基础上,求 β_1 估计量的置信度为 0.95 的置信区间.

(3) 当含碳量 $x = 0.50\%$ 时,电阻 Y 的置信度为 0.95 的预测区间.

9. 考虑习题 6 的条件,并且假设要估计 $\theta = 3\beta_0 - 2\beta_1 + 5$ 的值. 设 $\hat{\theta}$ 表示 θ 的最小无偏估计. 确定 $\hat{\theta}$ 的值和 $\hat{\theta}$ 估计量的均方误差.

10. 考虑习题 6 的条件,令 $\theta = 3\beta_0 + c_2\beta_1$,其中 c_2 是常数. 设 $\hat{\theta}$ 表示 θ 的最小无偏估计,试问 c_2 是何值时 $\hat{\theta}$ 的均方误差最小?

11. 在一元线性回归问题中,试决定常数 c 使统计量 $c\sum_{i=1}^{n}(Y_i - \hat{\beta}_0 - \hat{\beta}_1 x_i)^2$ 是 σ^2 的一个无偏估计.

12. 根据下表提供的数据,完成下列假设检验(选取显著性水平 0.05).

i	x_i	y_i	i	x_i	y_i
1	0.3	0.4	6	1.0	0.8
2	1.4	0.9	7	2.0	0.7
3	1.0	0.4	8	−1.0	−0.4
4	−0.3	−0.3	9	−0.7	−0.2
5	−0.2	0.3	10	0.7	0.7

(1) 检验回归线的斜率为 1;

(2) $H_0: \beta_0 = 0.7$.

13. 根据本章习题 12 中表所提供的数据,求下列置信区间:

(1) β_1 置信度为 0.95 的置信区间.

(2) 求回归线在点 $x=1$ 的高度的置信度为 0.99 的置信区间.

14. 假定在一个一元线性回归问题中,以置信度 $1-\alpha$ 对于回归线在给定点 x 处的高度构造了一个置信区间,试证明当 $x=\bar{x}$ 时,这个置信区间的长度是最短的.

15. 试证明

$$S^2 = \sum_{i=1}^{n}(y_i - \hat{\beta}_0 - \hat{\beta}_1 x_i)^2 = \sum_{i=1}^{n} y_i^2 - \hat{\beta}_0 \sum_{i=1}^{n} y_i - \hat{\beta}_1 \sum_{i=1}^{n} x_i y_i.$$

(用此结果计算残差平方和十分方便.)

16. 下表为某种产品的单价 y(元/件)和批量 x(件)间的对应数据,画出散点图之后发现直线拟合效果不会好,从而考虑如下多项式回归模型

$$Y = \beta_0 + \beta_1 x + \beta_2 x^2 + \varepsilon.$$

如令 $x_1 = x, x_2 = x^2$,则化为二元回归模型 $Y = \beta_0 + \beta_1 x_1 + \beta_2 x_2 + \varepsilon$. 试求拟合的回归方程.

x	20	25	30	35	40	50	60	65	70	75	80	90
y	1.81	1.70	1.65	1.55	1.48	1.40	1.30	1.26	1.24	1.21	1.20	1.18

提示:$X'X = \begin{bmatrix} 12 & 640 & 40100 \\ 640 & 40100 & 2779000 \\ 40100 & 2779000 & 204702500 \end{bmatrix}$.

17. 将本章习题 6 表中的数据扩展,考虑一个二元线性回归的问题.病人对新药 B 的反应 Y 除他对于标准药 A 的反应 X_1 有关之外,还和其心率 X_2 有关.假设 10 组观察数据见下表.利用最小二乘法,给出拟合的二元回归直线.

i	x_{i1}	x_{i2}	y_i
1	1.9	66	0.7
2	0.8	62	-1.0
3	1.1	64	-0.2
4	0.1	61	-1.2
5	-0.1	63	-0.1
6	4.4	71	3.4
7	4.6	68	0.0
8	1.6	62	0.8
9	5.5	68	3.7
10	3.4	66	2.0

习 题 答 案

习 题 1

1. (1) $\Omega=\{i\mid i=0,1,\cdots,100\}$.
   (2) $\Omega=\{3,4,\cdots,18\}$.
   (3) $\Omega=\{00,100,0100,0101,0110,1100,1010,1011,0111,1101,1110,1111\}$, 其中 0 表示次品, 1 表示正品.
   (4) $\Omega=\{(x,y)\mid x^2+y^2\leqslant 1\}$.
   (5) $\Omega=\{(x,y,z)\mid x>0,y>0,z>0,x+y+z=1\}$, 其中 x,y,z 分别表示第一、二、三段长度; 或者 $\Omega=\{(x,y)\mid x>0,y>0,0<x+y<1\}$, 其中 $x,y,1-(x+y)$ 分别表示第一、二、三段长度.

2. (1) $AB\bar{C}$. (2) $AB\bar{C}$. (3) $A\cup B\cup C$.
   (4) $\overline{ABC}$. (5) $\bar{A}\bar{B}\cup\bar{A}\bar{C}\cup\bar{B}\bar{C}$. (6) $AB\cup AC\cup BC$.

3. 作图略.

4. (1) 成立. (2) 不成立. (3) 不成立. (4) 成立.
   (5) 成立. (6) 成立. (7) 成立. (8) 成立.

5. (1) $A\subset B, P(AB)=0.6$. (2) $A\cup B=\Omega, P(AB)=0.3$.

7. 5/8.   8. 11/130.   9. 0.504.   10. $\sum_{k=1}^{n}(-1)^{k+1}/k!$.

11. (1) $\dfrac{C_{400}^{90}C_{1100}^{110}}{C_{1500}^{200}}$. (2) $1-\dfrac{C_{1100}^{200}+C_{400}^{1}C_{1100}^{199}}{C_{1500}^{200}}$.

12. $p_甲=p_1(1-p_2)/[2(p_1+p_2+p_1p_2)]$, $p_乙=p_2(1-p_1)/[2(p_1+p_2+p_1p_2)]$.

13. $p_甲=[p_1(1-p_2)]^2/[1-2p_1p_2(1-p_1)(1-p_2)]$.

14. (1) 13/21. (2) $C_n^k C_{n-k}^{r-2k} 2^{r-2k}/C_{2n}^r$.

*15. 无一配对 $q_0(n) \xlongequal{\text{def}} q_0 = 1-p_0(n) = \dfrac{1}{2}-\dfrac{1}{3!}+\cdots+(-1)^n\dfrac{1}{n!}$; 恰有 k 对的概率 $q_k=\dfrac{1}{k!}\left[\dfrac{1}{2!}-\dfrac{1}{3!}+\cdots+(-1)^{n-k}\dfrac{1}{(n-k)!}\right]$, 其中 $p_0(n)=P(n$ 人中至少有一对$)=1-\dfrac{1}{2}+\dfrac{1}{3!}-\cdots+(-1)^{n+1}\dfrac{1}{n!}$.

16. 记 X 为最大个数, $P(X=1)=6/16, P(X=2)=9/16, P(X=3)=1/16$.

*17. 1/1960.   18. 252/2431.   19. 1/3.

20. (1) 1/4. (2) 1/3.   21. 1/3.   22. 0.2.

23. (1) 均为 1/10. (2) 1/10.   24. 61.98%.

25. 0.18. **26.** 20/21. **27.** $\dfrac{n(N+1)+mN}{(n+m)(M+N+1)}$.

28. 9/19. **29.** 196/197. **30.** $18/19\approx 0.9474$.

31. 9/13. **32.** 25/69，28/69，16/69.

33. (1) 0.4. (2) 0.4856.

35. (1) $P(A\cup B)=0.7$，$P(A|B)=0.5$，$P(\bar{B})=0.6$.
(2) 独立，$P(AB)=1/2=0.5\times 0.4=P(A)P(B)$，或者由题设 $P(A|B)=P(A)$.

36. 1/2；不独立，因为 $P(AB)\neq P(A)P(B)$，或者由题设知 $P(A|B)=1/2\neq P(A)=1/3$.

37. 0.9984，3 只开关.

38. (a) $2p^2+2p^3-5p^4+2p^5$. (b) $[1-(1-p)^2][1-(1-p)^3]=p^2(2-p)(3-3p+p^2)$.

39. 0.6.

40. (1) $10p^3q^2+5p^4q^1+p^5=0.1631$. (2) $\sum_{k=3}^{7}C_7^k p^k q^{7-k}=1-\sum_{k=0}^{2}C_7^k p^k q^{7-k}=0.6471$.

41. (1) 0.0084. (2) 0.39.

42. (1) 1/70. (2) 确有能力. 因 $C_{10}^3(1/70)^3(1-1/70)^7\approx 0.000304$ 太小.

43. $\dfrac{m}{m+n2^r}$. **44.** 0.8731，0.1268，0.0001. **45.** $\dfrac{2ap_1}{(3a-1)p_1+1-a}$.

习 题 2

1. (1)

X	0	1	2
p_k	22/35	12/35	1/35

(2)

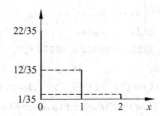

2.

最大值 X	3	4	5
最小值 Y	3	2	1
p_k	1/10	3/10	6/10

3. (1) $F(x)=\begin{cases}1, & x\geq 2,\\ 3/4, & 1\leq x<2,\\ 1/2, & -1\leq x<1,\\ 1/4, & -2\leq x<-1,\\ 0, & x<-2.\end{cases}$ (2) $X\sim\begin{pmatrix}0 & 1/2\\ 1/10 & 9/10\end{pmatrix}$.

4. $X_1\sim\begin{pmatrix}2 & 3 & 4 & 5 & 6 & 7 & 8 & 9 & 10 & 11 & 12\\ 1/36 & 2/36 & 3/36 & 4/36 & 5/36 & 6/36 & 5/36 & 4/36 & 3/36 & 2/36 & 1/36\end{pmatrix}$,

$X_2\sim\begin{pmatrix}1 & 2 & 3 & 4 & 5 & 6\\ 11/36 & 9/36 & 7/36 & 5/36 & 3/36 & 1/36\end{pmatrix}$.

5. $X \sim \begin{pmatrix} 0 & 1 & 2 \\ q_1 q_2 & q_1 p_2 + q_2 p_1 & p_1 p_2 \end{pmatrix}$. 示意图略.

6. (1) $\ln 2, 1, \ln(5/4)$.　　(2) $f_X(x) = \begin{cases} 1/x, & 1 < x < e, \\ 0, & 其他. \end{cases}$

7. (1) 是概率密度.　(2) 是分布函数.　(3) (A), (B), (C)成立, (D)不成立.

8. (1) $F(x) = \begin{cases} 0, & x < -1, \\ \dfrac{x}{\pi}\sqrt{1-x^2} + \dfrac{1}{\pi}\arcsin x + \dfrac{1}{2}, & -1 \leqslant x < 1, \\ 1, & x \geqslant 1. \end{cases}$

(2) $F(x) = \begin{cases} 0, & x < 0, \\ x^2/2, & 0 \leqslant x < 1, \\ -1 + 2x - x^2/2, & 1 \leqslant x < 2, \\ 1, & x \geqslant 2. \end{cases}$

9. 0.0047.　　*10. (1) $e^{-3/2}$.　(2) $1 - e^{-5/2}$.

*11. $\dfrac{(\lambda t)^k}{k!} e^{-\lambda t}$.　　12. (1) $a = 1000$.　(2) $232/243$.　　13. 4.

14. $\varepsilon \sim U(-0.005, 0.005)$, $f(x) = \dfrac{1}{0.01} I(-0.005, 0.005) = 100 I(-0.005, 0.005)$.

15. $F(x) = \begin{cases} 0, & x < 1, \\ x/a, & 0 \leqslant x < a, \\ 1, & x \geqslant a. \end{cases}$

16. (1) 0.5328, 0.9996, 0.6977, 0.5.　　(2) $c = 3$.

17. 0.0456.　　18. $\sigma = 31.25$.　　19. 0.8698.

20. $P(Y=k) = C_5^k e^{-2k}(1-e^{-2})^{5-k}, k = 0, 1, \cdots, 5$;　0.5167.　　21. $19/27$.

22. (1) $F(b,d) - F(b,c) - F(a,d) + F(a,c)$;　　(2) $F(b, y-0) - F(a-0, y-0)$;
　　(3) $F(a, y-0) - F(a-0, y-0)$;　　(4) $F(\infty, y) - F(-a-0, y)$.

23. $-h(x,y) \leqslant f_1(x) f_2(y)$, $\int_{-\infty}^{+\infty}\int_{-\infty}^{+\infty} h(x,y) dx dy = 0$.

24. $5/8$.　　25. 0.96.　　26. 0.2541.

27.

X_2 \ X_1	0	1	$p_{\cdot j}$
0	$q_1 q_2$	$p_1 q_2$	q_2
1	$q_1 p_2$	$p_1 p_2$	p_2
$p_{i \cdot}$	q_1	p_1	1

$P(X=n) = \begin{cases} p_1 p_2 (1-p_2)^n \sum_{k=0}^{n} \left(\dfrac{1-p_1}{1-p_2}\right)^k, & p_1 \neq p_2, \\ (n+1) p_1^2 (1-p_1)^n, & p_1 = p_2, \end{cases} \quad n = 0, 1, \cdots$

28.

X\Y	0	1	2	3	$p_{\cdot j}$
0	0	0	3/35	2/35	5/35
1	0	6/35	12/35	2/35	20/35
2	1/35	6/35	3/35	0	10/35
$p_{i\cdot}$	1/35	12/35	18/35	4/35	0

29. (1) $X \sim B(3, 1/2)$, $Y \sim \begin{pmatrix} 1 & 3 \\ 3/4 & 1/4 \end{pmatrix}$.

(2)

X\Y	0	1	2	3	$p_{\cdot j}$
1	0	3/8	3/8	0	3/4
3	1/8	0	0	1/8	1/4
$p_{i\cdot}$	1/8	3/8	3/8	1/8	1

求得的边际分布与(1)一致.

30.

X\Y	1	2	$p_{\cdot j}$
1	0	1/3	1/3
2	1/2	1/6	2/3
$p_{i\cdot}$	1/2	1/2	1

X	1	2
$P(X=i\mid Y=1)$	0	1
$P(X=i\mid Y=2)$	3/4	1/4

Y	1	2
$P(Y=i\mid X=1)$	0	1
$P(Y=i\mid X=2)$	2/3	1/3

31. $f(x,y) = \begin{cases} 6, & (x,y) \in G, \\ 0, & (x,y) \notin G. \end{cases}$

$f_X(x) = \begin{cases} 6(x-x^2), & 0 \leqslant x \leqslant 1, \\ 0, & \text{其他}; \end{cases}$ $f_Y(y) = \begin{cases} 6(\sqrt{y}-y), & 0 \leqslant y \leqslant 1, \\ 0, & \text{其他}. \end{cases}$

32. (1) $k=12$. (2) $F(x,y) = \begin{cases} (1-e^{-3x})(1-e^{-4y}), & x>0, y>0, \\ 0, & \text{其他}. \end{cases}$

(3) $P(0<X\leqslant 1, 0<y\leqslant 1) = (1-e^{-3})(1-e^{-4})$.

33. $f_X(x) = \begin{cases} 2.4x^2(2-x), & 0 \leqslant x \leqslant 1, \\ 0, & \text{其他}; \end{cases}$ $f_Y(y) = \begin{cases} 2.4y(3-4y+y^2), & 0 \leqslant y \leqslant 1, \\ 0, & \text{其他}. \end{cases}$

34. $X \sim \text{Ex}(1)$, $Y \sim \Gamma(2,1)$, X 和 Y 不独立. **35.** $\alpha = \dfrac{2}{9}$, $\beta = \dfrac{1}{9}$.

36. (1)

Y	51	52	53	54	55
p_k	0.18	0.15	0.35	0.12	0.20

X	51	52	53	54	55
p_k	0.28	0.28	0.22	0.09	0.13

(2)

k	51	52	53	54	55
$P(X=k\|Y=51)$	6/18	5/18	5/18	1/18	1/18

37. (1) $c = 21/4$.

(2) $f_X(x) = \dfrac{21}{8} x^2 (1-x^4) I_{[-1,1]}(x)$, $\quad f_Y(y) = \dfrac{7}{2} y^{5/2} I_{[0,1]}(y)$.

(3) 当 $0 < y \leqslant 1$ 时, $\quad f_{X|Y}(x|y) = \begin{cases} \dfrac{3}{2} x^2 y^{-3/2}, & -\sqrt{y} < x < \sqrt{y}, \\ 0, & \text{其他}. \end{cases}$

$f_{X|Y}\left(x \mid y = \dfrac{1}{2}\right) = \begin{cases} 3\sqrt{2} x^2, & -1/\sqrt{2} < x < 1/\sqrt{2}, \\ 0, & \text{其他}. \end{cases}$

(4) 当 $-1 < x < 1$ 时, $f_{Y|X}(y|x) = \begin{cases} \dfrac{2y}{1-x^4}, & x^2 < y < 1, \\ 0, & \text{其他}. \end{cases}$

$f_{Y|X}(y|x=-1/3) = \begin{cases} \dfrac{81}{40} y, & 1/9 < y < 1, \\ 0, & \text{其他}; \end{cases} \quad f_{Y|X}(y|x=1/2) = \begin{cases} \dfrac{32}{15} y, & 1/4 < y < 1, \\ 0, & \text{其他}. \end{cases}$

(5) $P(Y \geqslant 1/8 \mid X = 1/2) = 1$.

38. 当 $|y| < 1$ 时, $f_{X|Y}(x|y) = \begin{cases} \dfrac{1}{1-|y|}, & |y| < x < 1, \\ 0, & \text{其他}; \end{cases}$

当 $0 < x < 1$ 时, $f_{Y|X}(y|x) = \begin{cases} \dfrac{1}{2x}, & |y| < x, \\ 0, & \text{其他}. \end{cases}$

39. (1) $f_X(x) = \begin{cases} \dfrac{2}{\pi r^2} \sqrt{r^2 - x^2}, & |x| < r, \\ 0, & \text{其他}; \end{cases} \quad f_Y(y) = \begin{cases} \dfrac{2}{\pi r^2} \sqrt{r^2 - y^2}, & |y| < r, \\ 0, & \text{其他}. \end{cases}$

(2) $f_{X|Y}(x|y) = \begin{cases} \dfrac{1}{2\sqrt{r^2-y^2}}, & |y| < r, |x| < r, \\ 0, & |y| < r, |x| \geqslant r. \end{cases}$

(3) X, Y 不独立.

40. $F\left(y \mid 0 < X < \dfrac{1}{n}\right) = \begin{cases} 0, & y \leqslant 0, \\ \dfrac{y(1+ny)}{n+1}, & 0 < y \leqslant 1, \\ 1, & y > 1; \end{cases} \quad f\left(y \mid 0 < X < \dfrac{1}{n}\right) = \begin{cases} \dfrac{1+2ny}{n+1}, & 0 < y \leqslant 1, \\ 0, & \text{其他}. \end{cases}$

41. $f_{Y|X}\left(y \mid x = \dfrac{1}{2}\right) = \begin{cases} 24y - 48y^2, & 0 < y < \dfrac{1}{2}, \\ 0, & \text{其他}; \end{cases} \quad f_{X|Y}\left(x \mid y = \dfrac{1}{2}\right) = \begin{cases} 4 - 8x, & 0 < x < \dfrac{1}{2}, \\ 0, & \text{其他}. \end{cases}$

42.

X	-2	-1	0	1	2
$Y_1 = X^2$	4	1	0	1	4
$Y_2 = 8-X^3$	16	9	8	7	0
p_k	1/5	1/6	1/5	1/15	11/30

$Y_1 = X^2$ 的取值有合并,写为

Y_1	0	1	4
$p_k(Y_1)$	1/5	7/30	17/30

43.

U	2	$2+\dfrac{\pi}{3}$	$2+\dfrac{2\pi}{3}$
p	$\dfrac{1}{4}$	$\dfrac{1}{2}$	$\dfrac{1}{4}$

V	-1	0	1
p	$\dfrac{1}{4}$	$\dfrac{1}{2}$	$\dfrac{1}{4}$

44. $f(u) = \begin{cases} \dfrac{1}{2}e^{-\frac{u}{2}}, & u>0, \\ 0, & u\leq 0. \end{cases}$ **45.** $Y \sim U(0,1)$.   **46.** $Z \sim \begin{pmatrix} 0 & 1 \\ 4/9 & 5/9 \end{pmatrix}$.

47. $f(w) = f_I\left(\sqrt{\dfrac{w}{2}}\right)\dfrac{1}{2\sqrt{2w}} = \dfrac{1}{4\sqrt{2w}}$, $81\times 2 < w < 121\times 2$.   **48.** 0.6.

49. $f_\Theta(y) = \dfrac{9}{10\sqrt{\pi}} e^{-\frac{81}{100}(y-37)^2}$.   **50.** $f_Y(y) = \begin{cases} \dfrac{e^{-\sqrt{y}}}{2\sqrt{y}}, & y>0, \\ 0, & y\leq 0. \end{cases}$

51. (1) $f_Y(y) = \begin{cases} \dfrac{1}{2\sqrt{\pi(y-1)}} e^{-\frac{y-1}{4}}, & y>1, \\ 0, & y\leq 1. \end{cases}$ (2) $f_Y(y) = \begin{cases} \sqrt{\dfrac{2}{\pi}} e^{-\frac{1}{2}y^2}, & y>0, \\ 0, & y\leq 0. \end{cases}$

52. (1) $f_Y(y) = \begin{cases} \dfrac{1}{y}, & 1<y<e, \\ 0, & 其他. \end{cases}$ (2) $f_Y(y) = \begin{cases} \dfrac{1}{2}e^{-\frac{y}{2}}, & 1<y<e, \\ 0, & 其他. \end{cases}$

53. $f_X(x) = \dfrac{1}{\pi}\left(\dfrac{1}{1+x^2}\right)$, $-\infty < x < +\infty$.

54. $f_U(u) = \begin{cases} 2\pi\lambda k^{\frac{3}{2}} u^{-\frac{5}{2}} e^{-\frac{4}{3}\pi\left(\frac{k}{u}\right)^{3/2}}, & u>0, \\ 0, & u\leq 0. \end{cases}$ **55.** $f_Y(y) = \begin{cases} \dfrac{2}{\pi\sqrt{1-y^2}}, & 0<y<1, \\ 0, & 其他. \end{cases}$

56. (1) $f(x,y) = \begin{cases} \dfrac{1}{2}e^{-y/2}, & 0<x<1, y>0, \\ 0, & 其他. \end{cases}$ (2) $1-\sqrt{2\pi}[\Phi(1)-\Phi(0)] = 0.1445$.

57. (1) $y>0$, $f_{X|Y}(x|y) = \begin{cases} \lambda e^{-\lambda x}, & x>0, \\ 0, & x\leq 0. \end{cases}$ (2) $F_Z(z) = \begin{cases} 0, & z<-1, \\ \dfrac{\mu}{\lambda+\mu}, & -1\leq z<1, \\ 1, & z\geq 1. \end{cases}$

Z	-1	1
p_k	$\mu/(\lambda+\mu)$	$\lambda/(\lambda+\mu)$

(3) $F_U(u) = \begin{cases} 1, & u\geq 1, \\ 1-e^{-\lambda u}, & 0\leq u<1, \\ 0, & u<0. \end{cases}$ 因为分布函数不连续,因此不是连续型;又 U 在 $(0,1]$ 上取值,因此也不是离散型的.

58. (1) $F(x)=\begin{cases}0, & x<1,\\ 1-p, & 0\leqslant x<1,\\ 1, & x\geqslant 1.\end{cases}$

(2) $U=X_1+X_2+X_3\sim B(3,p)$, $V=X_1X_2X_3\sim\begin{pmatrix}0 & 1\\ 1-p^3 & p^3\end{pmatrix}$,

$M=\max\{X_1,X_2,X_3\}\sim\begin{pmatrix}0 & 1\\ (1-p)^3 & 1-(1-p)^3\end{pmatrix}$, $N=\min\{X_1,X_2,X_3\}\sim\begin{pmatrix}0 & 1\\ 1-p^3 & p^3\end{pmatrix}$.

59. (1) $5/16$, $1/5$.

(2)
$V=\max\{X,Y\}$	0	1	2	3	4	5
p_k	0	0.04	0.16	0.28	0.24	0.28

(3)
$U=\min\{X,Y\}$	0	1	2	3
p_k	0.28	0.30	0.25	0.17

(4)
$W=X+Y$	0	1	2	3	4	5	6	7	8
p_k	0	0.02	0.06	0.13	0.19	0.24	0.19	0.12	0.05

61. $U\sim\begin{pmatrix}0 & 1 & 2 & 3\\ \frac{1}{6} & \frac{11}{24} & \frac{5}{24} & \frac{1}{12}\end{pmatrix}$.

62. $f_Z(z)=\begin{cases}1-e^{-z}, & 0\leqslant z<1,\\ (e-1)e^{-z}, & z\geqslant 1,\\ 0, & 其他.\end{cases}$

63. $f_U(u)=\begin{cases}\frac{3}{2}(1-u^2), & 0<u<1,\\ 0, & 其他.\end{cases}$

64. $f_{X-Y}(u)=\frac{1}{2}e^{-|u|}$, $-\infty<u<+\infty$.

65. $F_{XY}(u)=\begin{cases}0, & u\leqslant -1,\\ \frac{1}{2}+\frac{u}{2}(1-\ln|u|), & 0<|u|<1,\\ \frac{1}{2}, & u=0,\\ 1, & u>1.\end{cases}$

66. $f_{X/Y}(u)=\begin{cases}\dfrac{1}{(1+u)^2}, & u\geqslant 0,\\ 0, & u<0.\end{cases}$

67. $f_Z(z)=\begin{cases}1/2, & 0<z<1,\\ 1/(2z^2), & z\geqslant 1,\\ 0, & 其他.\end{cases}$

68. (1) $\Gamma(4,1)$ 的密度为 $f(t)=\begin{cases}\frac{1}{6}t^3e^{-t}, & t>0,\\ 0, & t\leqslant 0.\end{cases}$

(2) 分布 $\Gamma(6,1)$ 其密度函数为 $f(t)=\begin{cases}\frac{1}{120}t^5e^{-t}, & t>0,\\ 0, & t\leqslant 0.\end{cases}$

70. $n=299$.

71. $\dfrac{\mu_1}{\mu_1+\mu_2} + \dfrac{\mu_2}{\mu_1+\mu_2}\exp\left[-t\left(\dfrac{1}{\mu_1}+\dfrac{1}{\mu_2}\right)\right] - \exp\left(-\dfrac{t}{\mu_1}\right)$.

72. $f_{(X+Y,X-Y)}(u,v) = \begin{cases} \dfrac{1}{2}e^{-u}, & u+v>0, 0<u-v, \\ 0, & \text{其他}; \end{cases}$ $f_{X+Y}(u) = \begin{cases} ue^{-u}, & u>0, \\ 0, & u\leqslant 0; \end{cases}$ $f_{X-Y}(v) = \dfrac{1}{2}e^{-|v|}$.

74. $0.8^n - 0.7^n$.

75. $F_{(Y_1,Y_2)}(y_1,y_2) = \begin{cases} (1-e^{-\lambda y_2})(1-e^{-\mu y_2}) - (e^{-\lambda y_1} - e^{-\lambda y_2})(e^{-\mu y_1} - e^{-\mu y_2}), & 0<y_1<y_2; \\ (1-e^{-\lambda y_1})(1-e^{-\mu y_1}), & 0<y_2\leqslant y_1; \\ 0, \text{其他} \end{cases}$

76. (1) $\dfrac{1}{3}\Phi\left(\dfrac{z}{2}\right) + \dfrac{2}{3}\Phi\left(\dfrac{z-1}{2}\right)$; (2) $\dfrac{1}{3}I(z\geqslant 0) + \dfrac{2}{3}\Phi\left(\dfrac{z}{2}\right)$. (1)是连续型,(2)是混合型.

习 题 3

1. $P(A)=0$; $P(B) = 4e^{-3}(1-e^{-1})\approx 0.1259$.
2. $C_{10}^3 e^{-7/2}(1-e^{-1/2})^3 \approx 0.2207$.
3. $EX=-0.2$, $EX^2=2.8$, $E(3X+5)=4.4$.
4. 每次不需调整的概率 $p=0.2639$, $EX=1.0556$.
5. 12.025.
6. (1) $\lambda=0.2$, 0.0175; (2) $\lambda=0.8$, 0.0474.
7. $(n+1)/2$.
8. $M\left[1-\left(1-\dfrac{1}{M}\right)^n\right]$.
9. $25/16$.
10. 1500(min).
11. (1) 2. (2) $1/3$.
12. (1) $\dfrac{1}{\sigma^2}$; (2) $E(X)=\sqrt{\dfrac{\pi}{2}}\sigma$; (3) $e^{-\pi/4}$; (4) $\dfrac{P(X<EX)}{P(X>EX)} = e^{\frac{\pi}{4}} - 1$.
13. $EX^n = \begin{cases} 0, & n\text{ 为奇数}, \\ \sigma^n(n-1)!!, & n\text{ 为偶数}. \end{cases}$
14. 提示: 验证它们都不是绝对收敛的.
15. $400e^{-1/4} - 260 = 51.52$.
16. $\dfrac{\pi}{12}(a^2+ab+b^2)$.
17. $EX = m+N(1-q^{\frac{N}{m}})$, 其中 $m=\dfrac{N}{k}$.
19. (1) $3/4$; $5/8$. (2) $1/8$.
20. $EX=4/5$, $EY=3/5$, $E(XY)=1/2$, $E(X^2+Y^2)=16/15$.
21. 4.
22. $\dfrac{1}{2}$.
23. $EX=\dfrac{1}{p}$, $DX=\dfrac{1-p}{p^2}$.
24. 0; $1/2$.
25. 0; 2.
26. $EX=\theta$, $DX=\theta^2$.
27. $EX=\sqrt{\dfrac{\pi}{2}}\sigma$, $DX=\dfrac{4-\pi}{2}\sigma^2$.
28. $EX=\dfrac{\alpha}{\beta}$, $DX=\dfrac{\alpha}{\beta^2}$.
29. (2) $f_{X^*}(x) = \begin{cases} \dfrac{1}{6}(\sqrt{6}-|y|), & |y|<\sqrt{6} \\ 0, & \text{其他}. \end{cases}$
30. 提示: 利用计数变量; 注意它们同分布但不独立. $DX=1$.
32. $EX=\dfrac{k}{p}$, $DX=\dfrac{k(1-p)}{p^2}$.
33. (1) $\geqslant 3/4$. (2) $\dfrac{11\sqrt{5}}{25}$.
34. 平均动能为 $\dfrac{3}{4}ma^2$, 动能的方差为 $\dfrac{3}{8}m^2a^4$.
35. (1) $D(X_1-X_2)=DX_1+DX_2=2\lambda$. (2) $1\geqslant P(|\overline{X}-p|<\varepsilon) \geqslant 1-D\overline{X}/\varepsilon^2 = 1-pq/(n\varepsilon^2)$.

36. $\frac{1}{\lambda}+\frac{1}{\mu}-\frac{1}{\lambda+\mu}$. 37. $EX=2/3$, $EY=0$, $\text{cov}(X,Y)=0$.
38. $EX=EY=7/6$, $\text{cov}(X,Y)=-1/36$, $r_{XY}=-1/11$, $D(X+Y)=5/9$.
39. $N(1,7)$. 40. $E(X+Y+Z)=1$, $D(X+Y+Z)=3$.
42. 提示：参看例 3.3.7. 43. 提示：参看例 3.3.4.
46. (1) $\sigma_1\mu_2/\sqrt{\sigma_1^2\sigma_2^2+\mu_1^2\sigma_2^2+\mu_2^2\sigma_1^2}$. (2) 能不相关，条件为 $\mu_2=0$，不能有线性函数关系.
47. 提示：考虑实变量 t 的函数 $0\leq q(t)=E[(V+tW)^2]=E(V^2)+2tE(VW)+t^2E(W^2)$. 49. y.
50. 提示：设 X_i 为时间 T_0 前的第 i 个理赔要求是否合理的计数变量，则它们为独立同分布的 0-1 变量列，$P(X_i=1)=p=0.4$. 则随机和 $X=\sum_{t=1}^{N(T_0)}X_t\sim P(\lambda pT_0)$.

习 题 4

1. (2) 1/2. 3. 提示：仿照切比雪夫不等式的证明.
4. 0.8336. 5. 0.4714. 6. (1) 0.1802. (2) 443.
7. 0.0787. 8. 14. 9. 0.9525.
10. (1) 0.8944. (2) 0.1379. 11. 0.9993.
12. 落在 925 粒和 1075 粒之间. 13. 0.1807.

习 题 5

1. 0.8293. 2. 450.
3. (1) 0.2628. (2) 0.7077. (3) 0.5785. 4. 0.6744.

5.

	总体 X 的分布	和 $\sum_{i=1}^n X_i$ 的分布	n 足够大时样本均值 $\bar{X}$ 的近似分布
设 X 为 0-1 分布		$B(n,p)$	$N(p,pq/n)$
设 $X\sim P(\lambda)$		$P(n\lambda)$	$N(\lambda,\lambda/n)$

7. λ，λ/n，λ. 8. 0.1. 9. n，2.
10. 0.99；$2\sigma^4/(n-1)$. 13. $n\mu$. 14. (C).
15. 查表 $\chi^2_{0.10}(25)=34.382$，$z_{0.10}=1.28$.
$\frac{1}{2}(z_\alpha+\sqrt{2n-1})^2=\frac{1}{2}\times(1.28+\sqrt{2\times25-1})^2\approx 34.2792$. 两者仅相差 0.103，确实近似.
16. (1) σ^2. (2) $\frac{2(n_1+n_2-2)}{(n_1-1)(n_2-1)}\sigma^4$.

习 题 6

1. $\hat{\mu}=74.002$，$\hat{\sigma}^2=6\times10^{-6}$，$s^2=6.86\times10^{-6}$. 2. $\hat{m}=\frac{\bar{X}^2}{\bar{X}-S_n^2}$，$\hat{p}=1-\frac{S_n^2}{\bar{X}}$.

3. (1) $\hat{\theta}=\frac{\bar{X}}{\bar{X}-c}$. (2) $\hat{\theta}=\left(\frac{\bar{X}}{1-\bar{X}}\right)^2$. (3) $\hat{\theta}=\sqrt{\frac{2}{\pi}}\bar{X}$.

(4) $\hat{\mu} = \overline{X} - \sqrt{\frac{1}{n}\sum_{i=1}^{n}(X_i - \overline{X})^2}$, $\hat{\theta} = \sqrt{\frac{1}{n}\sum_{i=1}^{n}(X_i - \overline{X})^2}$. (5) $\hat{p} = \frac{\overline{X}}{m}$.

4. $\hat{p}_M = 1/\overline{X}$, $\hat{p}_L = 1/\overline{X}$.

5. $\hat{\theta}_L = X_{(1)}$, $\hat{\lambda}_L = n\left(\sum_{i=1}^{n}\ln X_i - n\ln X_{(1)}\right)^{-1}$, 其中 $X_{(1)} = \min\{X_1, X_2, \cdots, X_n\}$.

6. $\hat{\beta}_M = \frac{2\overline{x}-1}{1-\overline{x}} \approx 0.3$, $\hat{\beta}_L = -6/\sum_{i=1}^{n}\ln x_i \approx -1$.

7. 极大似然估计量为: (1) $\hat{\theta} = n\left(\sum_{i=1}^{n}\ln X_i - n\ln c\right)^{-1}$. (2) $\hat{\theta} = n^2\left(\sum_{i=1}^{n}\ln X_i\right)^{-2}$.

(3) $\hat{\sigma} = \sqrt{\sum_{i=1}^{n}\ln X_i^2}/\sqrt{2n}$. (4) $\hat{\mu} = X_{(1)} = \min\{X_1, X_2, \cdots, X_n\}$, $\hat{\theta} = \overline{X} - X_{(1)}$. (5) $\hat{p} = \frac{\overline{X}}{m}$.

8. 矩估计量和极大似然估计量均为 $\hat{\lambda} = \overline{X}$.   9. 0.499.

10. (1) 由极大似然估计的性质有 $\hat{P}(X = 0) = e^{-\overline{x}}$. (2) 0.3253.

11. (2) $E\hat{X} = \exp(\hat{\mu} + \hat{\sigma}^2/2)$, 其中 $\hat{\mu} = \frac{1}{n}\sum_{i=1}^{n}\ln x_i$, $\hat{\sigma}^2 = \frac{1}{n}\sum_{i=1}^{n}(\ln x_i - \hat{\mu})^2$. (3) $E\hat{X} = 28.3067$.

12. $\overline{X}$ 更有效.   13. $\frac{1}{\theta}x^{-x/\theta}I_{(x>0)}$, $\hat{\theta}_L = 1/\overline{X}$.

14. $\hat{\lambda} = \overline{X}$, 不能达到方差界的无偏估计.   15. $\hat{\sigma}^2 = \frac{1}{n}\sum_{i=1}^{n}(\overline{X}_i - \mu)^2$.

16. $c = 1/[2(n-1)]$.   19. $a = \frac{n_1}{n_1+n_2}$, $b = \frac{n_2}{n_1+n_2}$.

20. $a = \frac{n_1-1}{n_1+n_2-2}$, $b = \frac{n_2-1}{n_1+n_2-2}$.   21. $a_i = \frac{1}{\sigma_i^2}\sum_{i=1}^{k}\sigma_i^2$, $i = 1, 2, \cdots, k$.

22. (1) (5.608, 6.392). (2) (5.558, 6.442).

23. (1) (6.675, 6.681), $(6.8 \times 10^{-5}, 6.5 \times 10^{-5})$.
(2) (6.661, 6.667), $(3.8 \times 10^{-5}, 5.06 \times 10^{-5})$.

24. (7.4, 21.1).   25. (0.010, 0.018).   26. (−0.002, 0.006).

27. (−6.04, −5.96).   28. (0.222, 3.601).   29. (0.101, 0.244).

30. (1) σ 已知时, 6.329; σ 未知时, 6.356. (2) −0.0012. (3) 2.84.   31. 40526.

32. (1) 提示: 先求独立和 $n\overline{X} = \sum_{i=1}^{n}X_i$ 的密度, 然后与 $\chi^2(2n)$ 的概率密度比较.

(2) $\frac{2n\overline{X}}{\chi^2_{0.05}(2n)}$. (3) 3470.

33. 39 岁零 2 个月.

习 题 7

1. 选 t 检验, $t = 0.3429$, 接受.   2. (1) 拒绝. (2) 接受.

3. 提示: 应用 t 检验, 算得 $t = 1.4$, 接受假设 $H_0: \mu = 70$.   4. 接受 H_0.

5. $H_0: \mu = 10.5$, 接受 H_0.   6. 接受 H_0.

7. 认为不合格.

8. 接受 $H_0(\mu \geqslant 21)$.

9. 认为显著大于 10.

10. 下限为 1.473，上限为 1.527.

11. 接受 $H_0(\sigma^2 \leqslant 16)$.

12. 拒绝 $H_0(\sigma^2 \leqslant 0.005)$，认为 σ^2 偏大.

13. 接受 H_0.

14. (2) β 增加. (3) α 增加，$n=117$.

15. 提示：$M = \max\limits_{1 \leqslant i \leqslant n} X_i$ 的分布函数为 $F_{\max}(x) = (F(x,\theta))^n = (x/\theta)^n$，当 $x \in [0,\theta]$；而犯第 I 类错误的概率 $\alpha = P(M > m_\alpha)$. 故 H_0 成立时，$\alpha = 1 - \left(\dfrac{m_\alpha}{\theta}\right)^n$.

16. $n \geqslant 7$.

17. (1) 接受 H_0. (2) $n \geqslant 7$.

18. 能认为是同一批生产的.

19. 接受 H_0，认为无系统误差.

20. 认为有明显差异.

21. (1) $f = 1.3714$，$F_{0.025}(8,5) = 4.82$，$F_{0.975}(8,5) = 1/6.76 = 0.1479$，接受 $H_0(\sigma_1^2 = \sigma_2^2)$.
    (2) (7.1 ± 0.7256)，即约为 $(6.37, 7.83)$.

22. 拒绝 H_0.

23. 接受 $H_0(\sigma_1^2 = \sigma_2^2)$.

24. 接受 $H_0(\sigma_1^2 = \sigma_2^2)$.

25. (1) $f = 1.108$，接受 H_0. (2) $|t| = 1.3929$，接受 H_0'.

26. $s_w^2 = 0.279$，$t = -1.756$，$n > 30$，近似正态，查表得 $-z_{0.05} > t$，故拒绝 $H_0(\mu_a \geqslant \mu_b)$.

27. $T = (\bar{X} - 2\bar{Y}) / \sqrt{\sigma_1^2/n_1 + 4\sigma_2^2/n_2} \geqslant z_\alpha$.

28. $s^2 = 0.0085$，$|t| = 0.7461$，接受 $H_0(d = \mu_1 - \mu_2 = 0)$，认为无显著差别.

29. 拒绝 H_0，认为 A 比 B 耐穿.

30. 接受 H_0，认为无显著差异.

31. 拒绝 H_0，认为校长的看法是对的.

32. 认为施肥效果明显.

33. 认为服从泊松分布.

34. 接受 H_0.

35. 接受 H_0，认为红球数为 5.

36. 拒绝 H_0，认为型号 A 比型号 B 使用时间长.

习 题 8

1. $y = 13.9584 + 12.5503x$.

2. $y = 24.6287 + 0.0589x$.

6. (1) $y = -0.786 + 0.685x$. (2) 0.3764. (3) σ^2 已知时：计算得到 $0.2505\sigma^2$，$0.0277\sigma^2$；代入 σ^2 无偏估计值时得到两个方差的估计值 0.0943, 0.0104.

8. (1) 拒绝. (2) (11.82, 13.28). (3) (19.66, 20.81).

9. -0.775.

10. $c_2 = 3\bar{x} = 6.99$.

11. $1/(n-2)$.

12. (1) 由于 $t_1 = -6.894$，所以拒绝. (2) $t_0 = -6.695$，拒绝.

13. (1) $0.246 < \beta_1 < 0.624$. (2) $0.284 < y < 0.880$.

16. 提示：$X'X = \begin{bmatrix} 12 & 640 & 40100 \\ 640 & 40100 & 2779000 \\ 40100 & 2779000 & 204702500 \end{bmatrix}$, $y = 2.19826629 - 0.02252236x + 0.00012507x^2$.

17. $y = -11.4527 + 0.4503x_1 + 0.1725x_2$.

附 录

附录 1 常用

分布名称	分布或密度函数 $f(x)$	$f(x)$的图形
单点分布	$p_c = 1$ (c 为某常数)	
两点分布	$p_0 = q, p_1 = p$ ($p \geq 0, q \geq 0, p+q = 1$)	
二项分布 $B(n,p)$	$p_k = \binom{n}{k} p^k q^{n-k}, k = 0, 1, \cdots, n$ $p > 0, q > 0$ 为常数, $p + q = 1$	
泊松(Poisson) 分布 $P(\lambda)$	$p_k = e^{-\lambda} \dfrac{\lambda^k}{k!}, k = 0, 1, 2, \cdots$ $\lambda > 0$	
几何分布	$p_k = pq^{k-1}, k = 1, 2, \cdots$ ($p > 0, q > 0$ 为常数, $p + q = 1$)	
均匀分布	$f(x) = \begin{cases} \dfrac{1}{b-a}, & a \leq x \leq b; \\ 0, & \text{其他}. \end{cases}$ a 及 $b > a$ 为常数	
指数分布	$f(x) = \begin{cases} \lambda e^{-\lambda x}, & x \geq 0; \\ 0, & x < 0. \end{cases}$ ($\lambda > 0$ 为常数)	$\lambda = 0.5$
正态分布 $N(a, \sigma^2)$ ($\sigma > 0$)	$f(x) = \dfrac{1}{\sigma\sqrt{2\pi}} e^{-\frac{(x-\mu)^2}{2\sigma^2}}$ (μ 及 $\sigma > 0$ 为常数)	
$\chi^2(n)$分布	$f(x) = \begin{cases} 0, & x \leq 0, \\ \dfrac{1}{2^{n/2} \Gamma\left(\dfrac{n}{2}\right)} x^{\frac{n}{2}-1} e^{-\frac{x}{2}}, & x > 0. \end{cases}$ (n 正整数)	$n=1, n=2, n=6$
Γ 分布 $\Gamma[r, \lambda]$	$f(x) = \begin{cases} \lambda, & x \leq 0; \\ \dfrac{\lambda^r}{\Gamma(r)} x^{r-1} e^{-\lambda x}, & x > 0. \end{cases}$ ($\lambda > 0, r > 0$ 常数)	$p=1, p=2, p=3$

分布表

k 阶矩 μ_k (μ_1 为数学期望 μ) k 阶中心矩 σ_k (σ_2 为方差 σ^2)	附注（*表独立和作卷积）
$\mu_k = c^k, \sigma_k = 0$	
$\mu_k = p, \sigma^2 = pq$	
$\mu = np$ $\sigma^2 = npq$	1. 可加性成立：$B(n,p) * B(m,p) = B(n+m,p)$ 2. 如 $\xi_i (i=1,2,\cdots,n)$ 独立，有相同的两点分布，则 $\sum_{i=1}^{n}\xi_i$ 有二项分布
$\mu = \lambda$ $\sigma^2 = \lambda$	可加性成立： $$P(\lambda_1) * P(\lambda_2) = P(\lambda_1 + \lambda_2)$$
$\mu = p^{-1},\quad \sigma^2 = qp^{-2}$	
$\mu = (b-a)/2$ $\sigma^2 = (b-a)^2/12$	如 ξ 的分布函数 $F(x)$ 连续，则 $\eta = F(\xi)$ 在 $[0,1]$ 中均匀分布
$\mu_1 = \dfrac{1}{\lambda}, \sigma^2 = \dfrac{1}{\lambda^2}$	指数分布是 Γ 分布的特殊情形
各阶矩存在： $\mu_1 = a$ $\sigma_{2k+1} = 0$ $\sigma_{2k} = 1 \cdot 3 \cdots (2k-1)\sigma^{2k}$	可加性成立：如 ξ_i 独立，各有分布为 $N(\mu_i, \sigma_i^2)$，d 为常数，则 $\sum_{i=1}^{n} c_i \xi_i + d$ 的分布为 $N\left(\sum_{i=1}^{n} c_i \mu_i + d, \sqrt{\sum_{i=1}^{n} c_i^2 \sigma_i^2}\right)$
$\mu_k = n(n+2)\cdots(n+2k-2)$, $(k=1,2,\cdots)$ $\sigma^2 = 2n$.	1. 可加性成立： $$\chi^2(n) * \chi^2(m) = \chi^2(n+m).$$ 2. 如 ξ_i 独立同分布且服从 $N(0,1)$，则 $\sum_{i=1}^{n} \xi_i^2$ 之分布为 $\chi^2(n)$
$\mu_k = \dfrac{1}{\lambda^k} r(r+1)\cdots(r+k-1)$, $(k=1,2,\cdots)$; $\sigma^2 = \dfrac{r}{\lambda^2}$	1. 它是 r 个（r 为整数时）指数分布的卷积；$r=1$ 时化为指数分布． 2. 可加性成立： $$\Gamma[r_1, \lambda] * \Gamma[r_2, \lambda] = \Gamma[r_1 + r_2, \lambda].$$ 3. 当 $r = \dfrac{n}{2}, \lambda = \dfrac{1}{2}$ 时化为 $\chi^2(n)$ 分布

分布名称	分布或密度函数 $f(x)$	$f(x)$ 的图形
β 分布	$f(x)=\begin{cases}0, & x\leqslant 0 \text{ 或 } x\geqslant 1;\\ \dfrac{\Gamma(p+q)}{\Gamma(p)\Gamma(q)}x^{p-1}(1-x)^{q-1}, & 0<x<1,\end{cases}$ $(p>0, q>0$ 常数$)$.	$p=q=2$, 峰值 1.5
柯西(Cauchy)分布 $c(\lambda,\mu)$	$f(x)=\dfrac{1}{\pi}\cdot\dfrac{\lambda}{\lambda^2+(x-\mu)^2}$ ($\lambda>0$ 常数)	峰值 $1/(\pi\lambda)$, 中心 μ
拉普拉斯(Laplace)分布	$f(x)=\dfrac{1}{2\lambda}\mathrm{e}^{-\frac{\|x-\mu\|}{\lambda}}$ ($\lambda>0$ 常数)	峰值 $\dfrac{1}{2\lambda}$, 中心 μ
学生(Student)分布 ($t(n)$ 分布)	$f(x)=\dfrac{1}{\sqrt{n\pi}}\dfrac{\Gamma\left(\dfrac{n+1}{2}\right)}{\Gamma\left(\dfrac{n}{2}\right)}\left(1+\dfrac{x^2}{n}\right)^{-\frac{n+1}{2}}$, 其中 $\Gamma(p)=\displaystyle\int_0^{+\infty}x^{p-1}\mathrm{e}^{-x}\mathrm{d}x\,(p>0)$,	峰值 0.4, $n=3$ 时
F 分布 (F_{k_1,k_2})	$f(x)=\begin{cases}\dfrac{\Gamma\left(\dfrac{k_1+k_2}{2}\right)}{\Gamma\left(\dfrac{k_1}{2}\right)\Gamma\left(\dfrac{k_2}{2}\right)}k_1^{\frac{k_1}{2}}k_2^{\frac{k_2}{2}}\dfrac{x^{\frac{k_1}{2}-1}}{(k_2+k_1 x)^{\frac{k_1+k_2}{2}}}, & \text{如 } x\geqslant 0;\\ 0, & \text{如 } x<0.\end{cases}$ $(k_1,k_2$ 为正常数$)$	$(k_1=10, k_2=50)$, $(k_1=10, k_2=4)$
韦布尔(Weibull)分布	$f(x)=\begin{cases}0, & x\leqslant 0;\\ \alpha\lambda x^{\alpha-1}\mathrm{e}^{-\lambda x^\alpha}, & x>0.\end{cases}$ $(\lambda>0, \alpha>0$ 是常数$)$	$\lambda=1$, $\alpha=3$, $\alpha=2$
对数正态分布	$f(x)=\begin{cases}f(x), & x\leqslant 0;\\ \dfrac{1}{x\sigma\sqrt{2\pi}}\mathrm{e}^{-\frac{(\log x-\mu)^2}{2\sigma^2}}, & x>0.\end{cases}$	$\sigma=0.1$, $\sigma=0.3$, $\sigma=0.5$

续表

k 阶矩 μ_k（μ_1 为数学期望 μ） k 阶中心矩 σ_k（σ_2 为方差 σ^2）	附注（*表独立和作卷积）
$\mu_k = \dfrac{p(p+1)\cdots(p+k-1)}{(p+q)(p+q+1)\cdots(p+q+k-1)}$ $(k=1,2,\cdots)$ $\sigma^2 = \dfrac{pq}{(p+q)^2(p+q+1)}$	1. 如 $\xi_1,\cdots,\xi_{n+m}$ 独立，同分布为 $N(0,0)$，则 $\sum\limits_{j=1}^{m}\xi_j^2 \Big/ \sum\limits_{j=1}^{n+m}\xi_j^2$ 有 β 分布，此时 $p=\dfrac{m}{2}, q=\dfrac{n}{2}$ 2. 当 $p=q=\dfrac{1}{2}$ 时，化为反正弦分布，其密度为 $\dfrac{1}{\pi}\dfrac{1}{\sqrt{x(1-x)}}$ $(0<x<1)$；分布函数为 $\dfrac{2}{\pi}\arcsin\sqrt{x}$
各阶矩都不存在	可加性成立： $c(\lambda_1,\mu_1) * c(\lambda_2,\mu_2) = c(\lambda_1+\lambda_2,\mu_1+\mu_2)$
各阶矩有穷	
$k(<n)$ 阶矩有穷： $\mu=0,(1<n)$； $\mu_{2v}=\sigma_{2v}=\dfrac{1\cdot 3\cdots(2v-1)n^v}{(n-2)(n-4)\cdots(n-2v)}$ $(2v<n)$	1. 设 $\xi,\xi_1,\cdots,\xi_n$ 独立同分布，服从 $N(0,\sigma)$，则 $\xi\Big/\sqrt{\dfrac{1}{n}\sum\limits_{i=1}^{n}\xi_i^2}$ 有学生分布 $t(n)$（与 $\sigma>0$ 无关）． 2. $n=1$ 时化为柯西分布 $c(1,1)$
$\mu_k = \left(\dfrac{k_2}{k_1}\right)^k \dfrac{\Gamma\left(\dfrac{k_1}{2}+k\right)\Gamma\left(\dfrac{k_2}{2}-k\right)}{\Gamma\left(\dfrac{k_1}{2}\right)\Gamma\left(\dfrac{k_2}{2}\right)}$ 对 $k_1<2k<k_2$ 存在；$\sigma^2 = \dfrac{2k_2^2(k_1+k_2-2)}{k_1(k_2-2)^2(k_2-4)}$ $(k_2>4)$．	如 ξ,η 独立，分别有 $\chi^2(k_1),\chi^2(k_2)$ 分布，则 $\dfrac{\xi/k_1}{\eta/k_2}$ 有 F 分布 F_{k_1,k_2}
$\mu_k = \Gamma\left(\dfrac{k}{\alpha}+1\right)\lambda^{-k/\alpha}$， $\sigma^2 = \lambda^{-\frac{2}{\alpha}}\left[\Gamma\left(\dfrac{2}{\alpha}+1\right)-\left\{\Gamma\left(\dfrac{1}{\alpha}+1\right)\right\}^2\right]$	当 $\alpha=1$ 时化为指数分布
$\mu = e^{\mu+\frac{\sigma^2}{2}}$，$m_2 = e^{2(\mu+\sigma^2)}$， $\sigma^2 = e^{2\mu+\sigma^2}(e^{\sigma^2}-1)$， $\mu_k = e^{n\mu + \frac{n^2\sigma^2}{2}}$	设 ξ 有 $N(a,\sigma)$ 正态分布， 令 $\xi = \log\eta$，则 η 有对数正态分布

附录2　正态总体均值、方差的检验法
（显著性水平为 α）

	原假设 H_0	H_0 下统计量及其分布	备选假设 H_1	拒绝域
1	$\mu=\mu_0$ （σ^2 已知）	$U=\dfrac{\overline{X}-\mu_0}{\sigma/\sqrt{n}}\sim N(0,1)$	$\mu>\mu_0$ $\mu<\mu_0$ $\mu\neq\mu_0$	$U\geqslant z_\alpha$ $U\leqslant z_\alpha$ $\lvert U\rvert\geqslant z_{\alpha/2}$
2	$\mu=\mu_0$ （σ^2 未知）	$t=\dfrac{\overline{X}-\mu_0}{S/\sqrt{n}}\sim t(n-1)$	$\mu>\mu_0$ $\mu<\mu_0$ $\mu\neq\mu_0$	$t\geqslant t_\alpha(n-1)$ $t\leqslant -t_\alpha(n-1)$ $\lvert t\rvert\geqslant t_{\alpha/2}(n-1)$
3	$\mu_1-\mu_2=\delta$ （σ_1^2,σ_2^2 已知）	$U=\dfrac{\overline{X}-\overline{Y}-\delta}{\sqrt{\dfrac{\sigma_1^2}{n_1}+\dfrac{\sigma_2^2}{n_2}}}\sim N(0,1)$	$\mu_1-\mu_2>\delta$ $\mu_1-\mu_2<\delta$ $\mu_1-\mu_2\neq\delta$	$U\geqslant z_\alpha$ $U\leqslant z_\alpha$ $\lvert U\rvert\geqslant z_{\alpha/2}$
4	$\mu_1-\mu_2=\delta$ （$\sigma_1^2=\sigma_2^2=\sigma^2$ 未知）	$t=\dfrac{\overline{X}-\overline{Y}-\delta}{S_w\sqrt{\dfrac{1}{n_1}+\dfrac{1}{n_2}}}\sim t(n_1+n_2-2)$ $S_w^2=\dfrac{(n_1-1)S_1^2+(n_2-1)S_2^2}{n_1+n_2-2}$	$\mu_1-\mu_2>\delta$ $\mu_1-\mu_2<\delta$ $\mu_1-\mu_2\neq\delta$	$t\geqslant t_\alpha(n_1+n_2-2)$ $t\leqslant -t_\alpha(n_1+n_2-2)$ $\lvert t\rvert\geqslant t_{\alpha/2}(n_1+n_2-2)$
5	$\sigma^2=\sigma_0^2$ （μ 未知）	$K_{n-1}^2=\dfrac{(n-1)S^2}{\sigma_0^2}\sim\chi^2(n-1)$	$\sigma^2>\sigma_0^2$ $\sigma^2<\sigma_0^2$ $\sigma^2\neq\sigma_0^2$	$\chi^2\geqslant\chi_\alpha^2(n)$ $\chi^2\leqslant\chi_{1-\alpha}^2(n)$ $\chi^2\geqslant\chi_{\alpha/2}^2(n)$ $\chi^2\leqslant\chi_{1-\alpha/2}^2(n)$
6	$\sigma_1^2=\sigma_2^2$ （μ_1,μ_2 未知）	$F=\dfrac{S_1^2}{S_2^2}\sim F(n_1-1,n_2-1)$	$\sigma_1^2>\sigma_2^2$ $\sigma_1^2<\sigma_2^2$ $\sigma_1^2\neq\sigma_2^2$	$F\geqslant F_\alpha(n_1-1,n_2-1)$ $F\leqslant F_{1-\alpha}(n_1-1,n_2-1)$ $F\geqslant F_{\alpha/2}(n_1-1,n_2-1)$ $F\leqslant F_{1-\alpha/2}(n_1-1,n_2-1)$
7	$\mu_d=0$ （成对数据）	$t=\dfrac{\overline{d}-0}{S/\sqrt{n}}$	$\mu_d>0$ $\mu_d<0$ $\mu_d\neq 0$	$t\geqslant t_\alpha(n-1)$ $t\leqslant -t_\alpha(n-1)$ $\lvert t\rvert\geqslant t_{\alpha/2}(n-1)$

附表 1 标准正态分布表

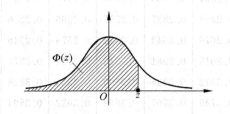

$$\Phi(z) = \int_{-\infty}^{z} \frac{1}{\sqrt{2\pi}} e^{-u^2/2} du = P(Z \leqslant z)$$

z	0	1	2	3	4	5	6	7	8	9
−3.0	0.0013	0.0010	0.0007	0.0005	0.0003	0.0002	0.0002	0.0001	0.0001	0.0000
−2.9	0.0019	0.0018	0.0017	0.0017	0.0016	0.0016	0.0015	0.0015	0.0014	0.0014
−2.8	0.0026	0.0025	0.0024	0.0023	0.0023	0.0022	0.0021	0.0021	0.0020	0.0019
−2.7	0.0035	0.0034	0.0033	0.0032	0.0031	0.0030	0.0029	0.0028	0.0027	0.0026
−2.6	0.0047	0.0045	0.0044	0.0043	0.0041	0.0040	0.0039	0.0038	0.0037	0.0036
−2.5	0.0062	0.0060	0.0059	0.0057	0.0055	0.0054	0.0052	0.0051	0.0049	0.0048
−2.4	0.0082	0.0080	0.0078	0.0075	0.0073	0.0071	0.0069	0.0068	0.0066	0.0064
−2.3	0.0107	0.0104	0.0102	0.0099	0.0096	0.0094	0.0091	0.0089	0.0087	0.0084
−2.2	0.0139	0.0136	0.0132	0.0129	0.0126	0.0122	0.0119	0.0116	0.0113	0.0110
−2.1	0.0179	0.0174	0.0170	0.0166	0.0162	0.0158	0.0154	0.0150	0.0146	0.0143
−2.0	0.0228	0.0222	0.0217	0.0212	0.0207	0.0202	0.0197	0.0192	0.0188	0.0183
−1.9	0.0287	0.0281	0.0274	0.0268	0.0262	0.0256	0.0250	0.0244	0.0238	0.0233
−1.8	0.0359	0.0352	0.0344	0.0336	0.0329	0.0322	0.0314	0.0307	0.0300	0.0294
−1.7	0.0446	0.0436	0.0427	0.0418	0.0409	0.0401	0.0392	0.0384	0.0375	0.0367
−1.6	0.0548	0.0537	0.0526	0.0516	0.0505	0.0495	0.0485	0.0475	0.0465	0.0455
−1.5	0.0668	0.0655	0.0643	0.0630	0.0618	0.0606	0.0594	0.0582	0.0570	0.0559
−1.4	0.0808	0.0793	0.0778	0.0764	0.0749	0.0735	0.0722	0.0708	0.0694	0.0681
−1.3	0.0968	0.0951	0.0934	0.0918	0.0901	0.0835	0.0869	0.0853	0.0838	0.0823
−1.2	0.1151	0.1131	0.1112	0.1093	0.1075	0.1056	0.1038	0.1020	0.1003	0.0985
−1.1	0.1357	0.1335	0.1314	0.1292	0.1271	0.1251	0.1230	0.1210	0.1190	0.1170

续表

z	0	1	2	3	4	5	6	7	8	9
−1.0	0.1587	0.1562	0.1539	0.1515	0.1492	0.1469	0.1446	0.1423	0.1401	0.1379
−0.9	0.1841	0.1814	0.1788	0.1762	0.1736	0.1711	0.1685	0.1660	0.1635	0.1611
−0.8	0.2119	0.2090	0.2061	0.2033	0.2005	0.1977	0.1949	0.1922	0.1894	0.1867
−0.7	0.2420	0.2389	0.2358	0.2327	0.2297	0.2266	0.2236	0.2206	0.2177	0.2148
−0.6	0.2743	0.2709	0.2676	0.2643	0.2611	0.2578	0.2546	0.2514	0.2483	0.2451
−0.5	0.3085	0.3050	0.3015	0.2981	0.2946	0.2912	0.2877	0.2843	0.2810	0.2776
−0.4	0.3446	0.3409	0.3372	0.3336	0.3300	0.3264	0.3228	0.3192	0.3156	0.3121
−0.3	0.3821	0.3783	0.3745	0.3707	0.3669	0.3632	0.3594	0.3557	0.3520	0.3483
−0.2	0.4207	0.4168	0.4129	0.4090	0.4052	0.4013	0.3974	0.3936	0.3897	0.3859
−0.1	0.4602	0.4562	0.4522	0.4483	0.4443	0.4404	0.4364	0.4325	0.4286	0.4247
−0.0	0.5000	0.4960	0.4920	0.4880	0.4840	0.4801	0.4761	0.4721	0.4681	0.4641
0.0	0.5000	0.5040	0.5080	0.5120	0.5160	0.5199	0.5239	0.5279	0.5319	0.5359
0.1	0.5398	0.5438	0.5478	0.5517	0.5557	0.5596	0.5636	0.5675	0.5714	0.5753
0.2	0.5793	0.5832	0.5871	0.5910	0.5948	0.5987	0.6026	0.6064	0.6103	0.6141
0.3	0.6179	0.6217	0.6255	0.6293	0.6331	0.6368	0.6406	0.6443	0.6480	0.6517
0.4	0.6554	0.6591	0.6628	0.6664	0.6700	0.6736	0.6772	0.6808	0.6844	0.6879
0.5	0.6915	0.6950	0.6985	0.7019	0.7054	0.7088	0.7123	0.7157	0.7190	0.7224
0.6	0.7257	0.7291	0.7324	0.7357	0.7389	0.7422	0.7454	0.7486	0.7517	0.7549
0.7	0.7580	0.7611	0.7642	0.7673	0.7703	0.7734	0.7764	0.7794	0.7823	0.7852
0.8	0.7881	0.7910	0.7939	0.7967	0.7995	0.8023	0.8051	0.8078	0.8106	0.8133
0.9	0.8159	0.8186	0.8212	0.8238	0.8264	0.8289	0.8315	0.8340	0.8365	0.8389
1.0	0.8413	0.8438	0.8461	0.8485	0.8508	0.8531	0.8554	0.8577	0.8599	0.8621
1.1	0.8643	0.8665	0.8686	0.8708	0.8729	0.8749	0.8770	0.8790	0.8810	0.8830
1.2	0.8849	0.8869	0.8888	0.8907	0.8925	0.8944	0.8962	0.8980	0.8997	0.9015
1.3	0.9032	0.9049	0.9066	0.9082	0.9099	0.9115	0.9131	0.9147	0.9162	0.9177
1.4	0.9192	0.9207	0.9222	0.9236	0.9251	0.9265	0.9278	0.9292	0.9306	0.9319
1.5	0.9332	0.9345	0.9357	0.9370	0.9382	0.9394	0.9406	0.9418	0.9430	0.9441
1.6	0.9452	0.9463	0.9474	0.9484	0.9495	0.9505	0.9515	0.9525	0.9535	0.9545
1.7	0.9554	0.9564	0.9573	0.9582	0.9591	0.9599	0.9608	0.9616	0.9625	0.9633
1.8	0.9641	0.9648	0.9656	0.9664	0.9671	0.9678	0.9686	0.9693	0.9700	0.9706
1.9	0.9713	0.9719	0.9726	0.9732	0.9738	0.9744	0.9750	0.9756	0.9762	0.9767

续表

z	0	1	2	3	4	5	6	7	8	9
2.0	0.9772	0.9778	0.9783	0.9788	0.9793	0.9798	0.9803	0.9808	0.9812	0.9817
2.1	0.9821	0.9826	0.9830	0.9834	0.9838	0.9842	0.9846	0.9850	0.9854	0.9857
2.2	0.9861	0.9864	0.9868	0.9871	0.9874	0.9878	0.9881	0.9884	0.9887	0.9890
2.3	0.9893	0.9896	0.9898	0.9901	0.9904	0.9906	0.9909	0.9911	0.9913	0.9916
2.4	0.9918	0.9920	0.9922	0.9925	0.9927	0.9929	0.9931	0.9932	0.9934	0.9936
2.5	0.9938	0.9940	0.9941	0.9943	0.9945	0.9946	0.9948	0.9949	0.9951	0.9952
2.6	0.9953	0.9955	0.9956	0.9957	0.9959	0.9960	0.9961	0.9962	0.9963	0.9964
2.7	0.9965	0.9966	0.9967	0.9968	0.9969	0.9970	0.9971	0.9972	0.9973	0.9974
2.8	0.9974	0.9975	0.9976	0.9977	0.9977	0.9978	0.9979	0.9979	0.9980	0.9981
2.9	0.9981	0.9982	0.9982	0.9983	0.9984	0.9984	0.9985	0.9985	0.9986	0.9986
3.0	0.9987	0.9990	0.9993	0.9995	0.9997	0.9998	0.9998	0.9999	0.9999	1.0000

注：表中末行系函数值 $\Phi(3.0), \Phi(3.1), \cdots, \Phi(3.9)$.

附表 2 泊松分布表

$$1-F(x-1) = \sum_{r=x}^{+\infty} \frac{e^{-\lambda}\lambda^r}{r!}$$

x	$\lambda=0.2$	$\lambda=0.3$	$\lambda=0.4$	$\lambda=0.5$	$\lambda=0.6$
0	1.0000000	1.0000000	1.0000000	1.0000000	1.0000000
1	0.1812692	0.2591818	0.3296800	0.393469	0.451188
2	0.0175231	0.0369363	0.0615519	0.090204	0.121901
3	0.0011485	0.0035995	0.0079263	0.014388	0.023115
4	0.0000568	0.0002658	0.0007763	0.001752	0.003358
5	0.0000023	0.0000158	0.0000612	0.000172	0.000394
6	0.0000001	0.0000008	0.0000040	0.000014	0.000039
7			0.0000002	0.000001	0.000003

x	$\lambda=0.7$	$\lambda=0.8$	$\lambda=0.9$	$\lambda=1.0$	$\lambda=1.2$
0	1.0000000	1.0000000	1.0000000	1.0000000	1.0000000
1	0.503415	0.550671	0.593430	0.632121	0.698806
2	0.155805	0.191208	0.227518	0.264241	0.337373
3	0.034142	0.047423	0.062857	0.080301	0.120513
4	0.005753	0.009080	0.013459	0.018988	0.033769
5	0.000786	0.001411	0.002344	0.003660	0.007746
6	0.000090	0.000184	0.000343	0.000594	0.001500
7	0.000009	0.000021	0.000043	0.000083	0.000251
8	0.000001	0.000002	0.000005	0.000010	0.000037
9				0.000001	0.000005
10					0.000001

x	$\lambda=1.4$	$\lambda=1.6$	$\lambda=1.8$		
0	1.0000000	1.0000000	1.0000000		
1	0.753403	0.798103	0.834701		
2	0.408167	0.475069	0.537163		
3	0.166502	0.216642	0.269379		
4	0.053725	0.078813	0.108708		
5	0.014253	0.023682	0.036407		
6	0.003201	0.006040	0.010378		

续表

x	$\lambda=1.4$	$\lambda=1.6$	$\lambda=1.8$		
7	0.000622	0.001336	0.002569		
8	0.000107	0.000260	0.000562		
9	0.000016	0.000045	0.000110		
10	0.000002	0.000007	0.000019		
11		0.000001	0.000003		

x	$\lambda=2.5$	$\lambda=3.0$	$\lambda=3.5$	$\lambda=4.0$	$\lambda=4.5$	$\lambda=5.0$
0	1.000000	1.000000	1.000000	1.000000	1.000000	1.000000
1	0.917915	0.950213	0.969803	0.981684	0.988891	0.993262
2	0.712703	0.800852	0.864112	0.908422	0.938901	0.959572
3	0.456187	0.576810	0.679153	0.761897	0.826422	0.875348
4	0.242424	0.352768	0.463367	0.566530	0.657704	0.734974
5	0.108822	0.184737	0.274555	0.371163	0.467896	0.559507
6	0.042021	0.083918	0.142386	0.214870	0.297070	0.384039
7	0.014187	0.033509	0.065288	0.110674	0.168949	0.237817
8	0.004247	0.011905	0.026739	0.051134	0.086586	0.133372
9	0.001140	0.003803	0.009874	0.021363	0.040257	0.068094
10	0.000277	0.001102	0.003315	0.008132	0.017093	0.031828
11	0.000062	0.000292	0.001019	0.002840	0.006669	0.013695
12	0.000013	0.000071	0.000289	0.000915	0.002404	0.005453
13	0.000002	0.000016	0.000076	0.000274	0.000805	0.002019
14		0.000003	0.000019	0.000076	0.000252	0.000698
15		0.000001	0.000004	0.000020	0.000074	0.000226
16			0.000001	0.000005	0.000020	0.000069
17				0.000001	0.000005	0.000020
18					0.000001	0.000005
19						0.000001

附表3 t 分布表

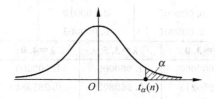

$P(t(n) > t_\alpha(n)) = \alpha$

α \ n	0.25	0.10	0.05	0.025	0.01	0.005
1	1.0000	3.0777	6.3138	12.7062	31.8207	63.6574
2	0.8165	1.8856	2.9200	4.3027	6.9646	9.9248
3	0.7649	1.6377	2.3534	3.1824	4.5407	5.8409
4	0.7407	1.5332	2.1318	2.7764	3.7469	4.6041
5	0.7267	1.4759	2.0150	2.5706	3.3649	4.0322
6	0.7176	1.4398	1.9432	2.4469	3.1427	3.7074
7	0.7111	1.4149	1.8946	2.3646	2.9980	3.4995
8	0.7064	1.3968	1.8595	2.3060	2.8965	3.3554
9	0.7027	1.3830	1.8331	2.2622	2.8214	3.2498
10	0.6998	1.3722	1.8125	2.2281	2.7638	3.1693
11	0.6974	1.3634	1.7959	2.2010	2.7181	3.1058
12	0.6955	1.3562	1.7823	2.1788	2.6810	3.0545
13	0.6938	1.3502	1.7709	2.1604	2.6503	3.0123
14	0.6924	1.3450	1.7613	2.1448	2.6245	2.9768
15	0.6912	1.3406	1.7531	2.1315	2.6025	2.9467
16	0.6901	1.3368	1.7459	2.1199	2.5835	2.9208
17	0.6892	1.3334	1.7396	2.1098	2.5669	2.8982
18	0.6884	1.3304	1.7341	2.1009	2.5524	2.8784
19	0.6876	1.3277	1.7291	2.0930	2.5395	2.8609
20	0.6870	1.3253	1.7247	2.0860	2.5280	2.8453
21	0.6864	1.3232	1.7207	2.0796	2.5177	2.8314
22	0.6858	1.3212	1.7171	2.0739	2.5083	2.8188

续表

α\n	0.25	0.10	0.05	0.025	0.01	0.005
23	0.6853	1.3195	1.7139	2.0687	2.4999	2.8073
24	0.6848	1.3178	1.7109	2.0639	2.4922	2.7969
25	0.6844	1.3163	1.7081	2.0595	2.4851	2.7874
26	0.6840	1.3150	1.7056	2.0555	2.4786	2.7787
27	0.6837	1.3137	1.7033	2.0518	2.4727	2.7707
28	0.6834	1.3125	1.7011	2.0484	2.4671	2.7633
29	0.6830	1.3114	1.6991	2.0452	2.4620	2.7564
30	0.6828	1.3104	1.6973	2.0423	2.4573	2.7500
31	0.6825	1.3095	1.6955	2.0395	2.4528	2.7440
32	0.6822	1.3086	1.6939	2.0369	2.4487	2.7385
33	0.6820	1.3077	1.6924	2.0345	2.4448	2.7333
34	0.6818	1.3070	1.6909	2.0322	2.4411	2.7284
35	0.6816	0.3062	1.6896	2.0301	2.4377	2.7238
36	0.6814	1.3055	1.6883	2.0281	2.4345	2.7195
37	0.6812	1.3049	1.6871	2.0262	2.4314	2.7154
38	0.6810	1.3042	1.6860	2.0244	2.4286	2.7116
39	0.6808	1.3036	1.6849	2.0227	2.4258	2.7079
40	0.6807	1.3031	1.6839	2.0211	2.4233	2.7045
41	0.6805	1.3025	1.6829	2.0195	2.4208	2.7012
42	0.6804	1.3020	1.6820	2.0181	2.4185	2.6981
43	0.6802	1.3016	1.6811	2.0167	2.4163	2.6951
44	0.6801	1.3011	1.6802	2.0154	2.4141	2.6923
45	0.6800	1.3006	1.6794	2.0141	2.4121	2.6896

附表4 χ^2 分布表

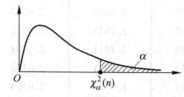

$$P(\chi^2(n) > \chi_\alpha^2(n)) = \alpha$$

α n	0.995	0.99	0.975	0.95	0.90	0.75
1	—	—	0.001	0.004	0.016	0.102
2	0.010	0.020	0.051	0.103	0.211	0.575
3	0.072	0.115	0.216	0.352	0.584	1.213
4	0.207	0.297	0.484	0.711	1.064	1.923
5	0.412	0.554	0.831	1.145	1.610	2.675
6	0.676	0.872	1.237	1.635	2.204	3.455
7	0.989	1.239	1.690	2.167	2.833	4.255
8	1.344	1.646	2.180	2.733	3.490	5.071
9	1.735	2.088	2.700	3.325	4.168	5.899
10	2.156	2.558	3.247	3.940	4.865	6.737
11	2.603	3.053	3.816	4.575	5.578	7.584
12	3.074	3.571	4.404	5.226	6.304	8.438
13	3.565	4.107	5.009	5.892	7.042	9.299
14	4.075	4.660	5.629	6.571	7.790	10.165
15	4.601	5.229	6.262	7.261	8.547	11.037
16	5.142	5.812	6.908	7.962	9.312	11.912
17	5.697	6.408	7.564	8.672	10.085	12.792
18	6.265	7.015	8.231	9.390	10.865	13.675
19	6.844	7.633	8.907	10.117	11.651	14.562
20	7.434	8.260	9.591	10.851	12.443	15.452
21	8.034	8.897	10.283	11.591	13.240	16.344
22	8.643	9.542	10.982	12.338	14.042	17.240
23	9.260	10.196	11.689	13.091	14.848	18.137

续表

α \ n	0.995	0.99	0.975	0.95	0.90	0.75
24	6.886	10.856	12.401	13.848	15.659	19.037
25	10.520	11.524	13.120	14.911	16.473	19.939
26	11.160	12.198	13.844	15.379	17.292	20.843
27	11.808	12.879	14.573	16.151	18.114	21.749
28	12.461	13.565	15.308	16.928	18.939	22.657
29	13.121	14.257	16.047	17.708	19.768	23.567
30	13.787	14.954	16.791	18.493	20.599	24.478
31	14.458	15.655	17.539	19.281	21.434	25.390
32	15.134	16.362	18.291	20.072	22.271	26.304
33	15.815	17.074	19.047	20.867	23.110	27.219
34	16.501	17.789	19.806	21.664	23.952	28.136
35	17.192	18.509	20.569	22.465	24.797	29.054
36	17.887	19.233	21.336	23.269	25.643	29.973
37	18.586	19.960	22.106	24.075	26.492	30.893
38	19.289	20.691	22.878	24.884	27.343	31.815
39	19.996	21.426	23.654	25.695	28.196	32.737
40	20.707	22.164	24.433	26.509	29.051	33.660
41	21.421	22.906	25.215	27.326	29.907	34.585
42	22.138	23.650	25.999	28.144	30.765	35.510
43	22.859	24.398	26.785	28.965	31.625	36.436
44	23.584	25.148	27.575	29.787	32.487	37.363
45	24.311	25.901	28.366	30.612	33.350	38.291

α \ n	0.25	0.10	0.05	0.025	0.01	0.005
1	1.323	2.706	3.841	5.024	6.635	7.879
2	2.773	4.605	5.991	7.378	9.210	10.597
3	4.108	6.251	7.815	9.348	11.345	12.838
4	5.385	7.779	9.488	11.143	13.277	14.860
5	6.626	9.236	11.071	12.833	15.086	16.750
6	7.841	10.645	12.592	14.449	16.812	18.548
7	9.037	12.017	14.067	16.013	18.475	20.278
8	10.219	13.362	15.507	17.535	20.090	21.955
9	11.389	14.684	16.919	19.023	21.666	23.589
10	12.549	15.987	18.307	20.483	23.209	25.188
11	13.701	17.275	19.675	21.920	24.725	26.757
12	14.845	18.549	21.026	23.337	26.217	28.299

续表

α \ n	0.25	0.10	0.05	0.025	0.01	0.005
13	15.984	19.812	22.362	24.736	27.688	29.819
14	17.117	21.064	23.685	26.119	29.141	31.319
15	18.245	22.307	24.996	27.488	30.578	32.801
16	19.369	23.542	26.296	28.845	32.000	34.267
17	20.489	24.769	27.587	30.191	33.409	35.718
18	21.605	25.989	28.869	31.526	34.805	37.156
19	22.718	27.204	30.144	32.852	36.191	38.582
20	23.828	28.412	31.410	34.170	37.566	39.997
21	24.935	29.615	32.671	35.479	38.932	41.401
22	26.039	30.813	33.924	36.781	40.289	42.796
23	27.141	32.007	35.172	38.076	41.638	44.181
24	28.241	33.196	36.415	39.364	42.980	45.559
25	29.339	34.382	37.652	40.646	44.314	46.928
26	30.435	35.563	38.885	41.923	45.642	48.290
27	31.528	36.741	40.113	43.194	46.963	49.645
28	32.620	37.916	41.337	44.461	48.278	50.993
29	33.711	39.087	42.557	45.722	49.588	52.336
30	34.800	40.256	43.773	46.979	50.892	53.672
31	35.887	41.422	44.985	48.232	52.191	55.003
32	36.973	42.585	46.194	49.480	53.486	56.328
33	38.058	43.745	47.400	50.725	54.776	57.648
34	39.141	44.903	48.602	51.966	56.061	58.964
35	40.223	46.059	49.802	53.203	57.342	60.275
36	41.304	47.212	50.998	54.437	58.619	61.581
37	42.383	48.363	52.192	55.668	59.892	62.883
38	43.462	49.513	53.384	56.896	61.162	64.181
39	44.539	50.660	54.572	58.120	62.428	65.476
40	45.616	51.805	55.758	59.342	63.691	66.766
41	46.692	52.949	56.942	60.561	64.950	68.053
42	47.766	54.090	58.124	61.777	66.206	69.336
43	48.840	55.230	59.304	62.990	67.459	70.616
44	49.913	56.369	60.481	64.201	68.710	71.893
45	50.985	57.505	61.656	65.410	69.957	73.166

附表 5 F 分布表

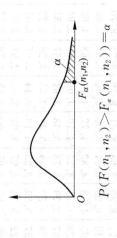

$$P(F(n_1, n_2) > F_\alpha(n_1, n_2)) = \alpha$$

$\alpha = 0.10$

n_2\n_1	1	2	3	4	5	6	7	8	9	10	12	15	20	24	30	40	60	120	∞
1	39.86	49.50	53.59	55.83	57.24	58.20	58.91	59.44	59.86	60.19	60.71	61.22	61.74	62.00	62.26	62.53	62.79	63.06	63.33
2	8.53	9.00	9.16	9.24	9.29	9.33	9.35	9.37	9.38	9.39	9.41	9.42	9.44	9.45	9.46	9.47	9.47	9.48	9.49
3	5.54	5.46	5.39	5.34	5.31	5.28	5.27	5.25	5.24	5.23	5.22	5.20	5.18	5.18	5.17	5.16	5.15	5.14	5.13
4	4.54	4.32	4.19	4.11	4.05	4.01	3.98	3.95	3.94	3.92	3.90	3.87	3.84	3.83	3.82	3.80	3.79	3.78	3.76
5	4.06	3.78	3.62	3.52	3.45	3.40	3.37	3.34	3.32	3.30	3.27	3.24	3.21	3.19	3.17	3.16	3.14	3.12	3.10
6	3.78	3.46	3.29	3.18	3.11	3.05	3.01	2.98	2.96	2.94	2.90	2.87	2.84	2.82	2.80	2.78	2.76	2.74	2.72
7	3.59	3.26	3.07	2.96	2.88	2.83	2.78	2.75	2.72	2.70	2.67	2.63	2.59	2.58	2.56	2.54	2.51	2.49	2.47
8	3.46	3.11	2.92	2.81	2.73	2.67	2.62	2.59	2.56	2.54	2.50	2.46	2.42	2.40	2.38	2.36	2.34	2.32	2.29
9	3.36	3.01	2.81	2.69	2.61	2.55	2.51	2.47	2.44	2.42	2.38	2.34	2.30	2.28	2.25	2.23	2.21	2.18	2.16
10	3.29	2.92	2.73	2.61	2.52	2.46	2.41	2.38	2.35	2.32	2.28	2.24	2.20	2.18	2.16	2.13	2.11	2.08	2.06
11	3.23	2.86	2.66	2.54	2.45	2.39	2.34	2.30	2.27	2.25	2.21	2.17	2.12	2.10	2.08	2.05	2.03	2.00	1.97
12	3.18	2.81	2.61	2.48	2.39	2.33	2.28	2.24	2.21	2.19	2.15	2.10	2.06	2.04	2.01	1.99	1.96	1.93	1.90
13	3.14	2.76	2.56	2.43	2.35	2.28	2.23	2.20	2.16	2.14	2.10	2.05	2.01	1.98	1.96	1.93	1.90	1.88	1.85
14	3.10	2.73	2.52	2.39	2.31	2.24	2.19	2.15	2.12	2.10	2.05	2.01	1.96	1.94	1.91	1.89	1.86	1.83	1.80
15	3.07	2.70	2.49	2.36	2.27	2.21	2.16	2.12	2.09	2.06	2.02	1.97	1.92	1.90	1.87	1.85	1.82	1.79	1.76
16	3.05	2.67	2.46	2.33	2.24	2.18	2.13	2.09	2.06	2.03	1.99	1.94	1.89	1.87	1.84	1.81	1.78	1.75	1.72
17	3.03	2.64	2.44	2.31	2.22	2.15	2.10	2.06	2.03	2.00	1.96	1.91	1.86	1.84	1.81	1.78	1.75	1.72	1.69
18	3.01	2.62	2.42	2.29	2.20	2.13	2.08	2.04	2.00	1.98	1.93	1.89	1.84	1.81	1.78	1.75	1.72	1.69	1.66
19	2.99	2.61	2.40	2.27	2.18	2.11	2.06	2.02	1.98	1.96	1.91	1.86	1.81	1.79	1.76	1.73	1.70	1.67	1.63

续表

n_2 \ n_1	1	2	3	4	5	6	7	8	9	10	12	15	20	24	30	40	60	120	∞
20	2.97	2.59	2.38	2.25	2.16	2.09	2.04	2.00	1.96	1.94	1.89	1.84	1.79	1.77	1.74	1.71	1.68	1.64	1.61
21	2.96	2.57	2.36	2.23	2.14	2.08	2.02	1.98	1.95	1.92	1.87	1.83	1.78	1.75	1.72	1.69	1.66	1.62	1.59
22	2.95	2.56	2.35	2.22	2.13	2.06	2.01	1.97	1.93	1.90	1.86	1.81	1.76	1.73	1.70	1.67	1.64	1.60	1.57
23	2.94	2.55	2.34	2.21	2.11	2.05	1.99	1.95	1.92	1.89	1.84	1.80	1.74	1.72	1.69	1.66	1.62	1.59	1.55
24	2.93	2.54	2.33	2.19	2.10	2.04	1.98	1.94	1.91	1.88	1.83	1.78	1.73	1.70	1.67	1.64	1.61	1.57	1.53
25	2.92	2.53	2.32	2.18	2.09	2.02	1.97	1.93	1.89	1.87	1.82	1.77	1.72	1.69	1.66	1.63	1.59	1.56	1.52
26	2.91	2.52	2.31	2.17	2.08	2.01	1.96	1.92	1.88	1.86	1.81	1.76	1.71	1.68	1.65	1.61	1.58	1.54	1.50
27	2.90	2.51	2.30	2.17	2.07	2.00	1.95	1.91	1.87	1.85	1.80	1.75	1.70	1.67	1.64	1.60	1.57	1.53	1.49
28	2.89	2.50	2.29	2.16	2.06	2.00	1.94	1.90	1.87	1.84	1.79	1.74	1.69	1.66	1.63	1.59	1.56	1.52	1.48
29	2.89	2.50	2.28	2.15	2.06	1.99	1.93	1.89	1.86	1.83	1.78	1.73	1.68	1.65	1.62	1.58	1.55	1.51	1.47
30	2.88	2.49	2.28	2.14	2.05	1.98	1.93	1.88	1.85	1.82	1.77	1.72	1.67	1.64	1.61	1.57	1.54	1.50	1.46
40	2.84	2.44	2.23	2.09	2.00	1.93	1.87	1.83	1.79	1.76	1.71	1.66	1.61	1.57	1.54	1.51	1.47	1.42	1.38
60	2.79	2.39	2.18	2.04	1.95	1.87	1.82	1.77	1.74	1.71	1.66	1.60	1.54	1.51	1.48	1.44	1.40	1.35	1.29
120	2.75	2.35	2.13	1.99	1.90	1.82	1.77	1.72	1.68	1.65	1.60	1.55	1.48	1.45	1.41	1.37	1.32	1.26	1.19
∞	2.71	2.30	2.08	1.94	1.85	1.77	1.72	1.67	1.63	1.60	1.55	1.49	1.42	1.38	1.34	1.30	1.24	1.17	1.00

$\alpha = 0.05$

n_2 \ n_1	1	2	3	4	5	6	7	8	9	10	12	15	20	24	30	40	60	120	∞
1	161.4	199.5	215.7	224.6	230.2	234.0	236.8	238.9	240.5	241.9	243.9	245.9	248.0	249.1	250.1	251.1	252.2	253.3	254.3
2	18.51	19.00	19.16	19.25	19.30	19.33	19.35	19.37	19.38	19.40	19.41	19.43	19.45	19.45	19.46	19.47	19.48	19.49	19.50
3	10.13	9.55	9.28	9.12	9.01	8.94	8.89	8.85	8.81	8.79	8.74	8.70	8.66	8.64	8.62	8.59	8.57	8.55	8.53
4	7.71	6.94	6.59	6.39	6.26	6.16	6.09	6.04	6.00	5.96	5.91	5.86	5.80	5.77	5.75	5.72	5.69	5.66	5.63
5	6.61	5.79	5.41	5.19	5.05	4.95	4.88	4.82	4.77	4.74	4.68	4.62	4.56	4.53	4.50	4.46	4.43	4.40	4.36
6	5.99	5.14	4.76	4.53	4.39	4.28	4.21	4.15	4.10	4.06	4.00	3.94	3.87	3.84	3.81	3.77	3.74	3.70	3.67
7	5.59	4.74	4.35	4.12	3.97	3.87	3.79	3.73	3.68	3.64	3.57	3.51	3.44	3.41	3.38	3.34	3.30	3.27	3.23
8	5.32	4.46	4.07	3.84	3.69	3.58	3.50	3.44	3.39	3.35	3.28	3.22	3.15	3.12	3.08	3.04	3.01	2.97	2.93
9	5.12	4.26	3.86	3.63	3.48	3.37	3.29	3.23	3.18	3.14	3.07	3.01	2.94	2.90	2.86	2.83	2.79	2.75	2.71
10	4.96	4.10	3.71	3.48	3.33	3.22	3.14	3.07	3.02	2.98	2.91	2.85	2.77	2.74	2.70	2.66	2.62	2.58	2.54
11	4.84	3.98	3.59	3.36	3.20	3.09	3.01	2.95	2.90	2.85	2.79	2.72	2.65	2.61	2.57	2.53	2.49	2.45	2.40
12	4.75	3.89	3.49	3.26	3.11	3.00	2.91	2.85	2.80	2.75	2.69	2.62	2.54	2.51	2.47	2.43	2.38	2.34	2.30
13	4.67	3.81	3.41	3.18	3.03	2.92	2.83	2.77	2.71	2.67	2.60	2.53	2.46	2.42	2.38	2.34	2.30	2.25	2.21
14	4.60	3.74	3.34	3.11	2.96	2.85	2.76	2.70	2.65	2.60	2.53	2.46	2.39	2.35	2.31	2.27	2.22	2.18	2.13

续表

n_2 \ n_1	1	2	3	4	5	6	7	8	9	10	12	15	20	24	30	40	60	120	∞
15	4.54	3.68	3.29	3.06	2.90	2.79	2.71	2.64	2.59	2.54	2.48	2.40	2.33	2.29	2.25	2.20	2.16	2.11	2.07
16	4.49	3.63	3.24	3.01	2.85	2.74	2.66	2.59	2.54	2.49	2.42	2.35	2.28	2.24	2.19	2.15	2.11	2.06	2.01
17	4.45	3.59	3.20	2.96	2.81	2.70	2.61	2.55	2.49	2.45	2.38	2.31	2.23	2.19	2.15	2.10	2.06	2.01	1.96
18	4.41	3.55	3.16	2.93	2.77	2.66	2.58	2.51	2.46	2.41	2.34	2.27	2.19	2.15	2.11	2.06	2.02	1.97	1.92
19	4.38	3.52	3.13	2.90	2.74	2.63	2.54	2.48	2.42	2.38	2.31	2.23	2.16	2.11	2.07	2.03	1.98	1.93	1.88
20	4.35	3.49	3.10	2.87	2.71	2.60	2.51	2.45	2.39	2.35	2.28	2.20	2.12	2.08	2.04	1.99	1.95	1.90	1.84
21	4.32	3.47	3.07	2.84	2.68	2.57	2.49	2.42	2.37	2.32	2.25	2.18	2.10	2.05	2.01	1.96	1.92	1.87	1.81
22	4.30	3.44	3.05	2.82	2.66	2.55	2.46	2.40	2.34	2.30	2.23	2.15	2.07	2.03	1.98	1.94	1.89	1.84	1.78
23	4.28	3.42	3.03	2.80	2.64	2.53	2.44	2.37	2.32	2.27	2.20	2.13	2.05	2.01	1.96	1.91	1.86	1.81	1.76
24	4.26	3.40	3.01	2.78	2.62	2.51	2.42	2.36	2.30	2.25	2.18	2.11	2.03	1.98	1.94	1.89	1.84	1.79	1.73
25	4.24	3.39	2.99	2.76	2.60	2.49	2.40	2.34	2.28	2.24	2.16	2.09	2.01	1.96	1.92	1.87	1.82	1.77	1.71
26	4.23	3.37	2.98	2.74	2.59	2.47	2.39	2.32	2.27	2.22	2.15	2.07	1.99	1.95	1.90	1.85	1.80	1.75	1.69
27	4.21	3.35	2.96	2.73	2.57	2.46	2.37	2.31	2.25	2.20	2.13	2.06	1.97	1.93	1.88	1.84	1.79	1.73	1.67
28	4.20	3.34	2.95	2.71	2.56	2.45	2.36	2.29	2.24	2.19	2.12	2.04	1.96	1.91	1.87	1.82	1.77	1.71	1.65
29	4.18	3.33	2.93	2.70	2.55	2.43	2.35	2.28	2.22	2.18	2.10	2.03	1.94	1.90	1.85	1.81	1.75	1.70	1.64
30	4.17	3.32	2.92	2.69	2.53	2.42	2.33	2.27	2.21	2.16	2.09	2.01	1.93	1.89	1.84	1.79	1.74	1.68	1.62
40	4.08	3.23	2.84	2.61	2.45	2.34	2.25	2.18	2.12	2.08	2.00	1.92	1.84	1.79	1.74	1.69	1.64	1.58	1.51
60	4.00	3.15	2.76	2.53	2.37	2.25	2.17	2.10	2.04	1.99	1.92	1.84	1.75	1.70	1.65	1.59	1.53	1.47	1.39
120	3.92	3.07	2.68	2.45	2.29	2.17	2.09	2.02	1.96	1.91	1.83	1.75	1.66	1.61	1.55	1.50	1.43	1.35	1.25
∞	3.84	3.00	2.60	2.37	2.21	2.10	2.01	1.94	1.88	1.83	1.75	1.67	1.57	1.52	1.46	1.39	1.32	1.22	1.00

$\alpha = 0.025$

n_2 \ n_1	1	2	3	4	5	6	7	8	9	10	12	15	20	24	30	40	60	120	∞
1	647.8	799.5	864.2	899.6	921.8	937.1	948.2	956.7	963.3	968.6	976.7	984.9	993.1	997.2	1001	1006	1010	1014	1018
2	38.51	39.00	39.17	39.25	39.30	39.33	39.36	39.37	39.39	39.40	39.41	39.43	39.45	39.46	39.46	39.47	39.48	39.49	39.50
3	17.44	16.04	15.44	15.10	14.88	14.73	14.62	14.54	14.47	14.42	14.34	14.25	14.17	14.12	14.08	14.04	13.99	13.95	13.90
4	12.22	10.65	9.98	9.60	9.36	9.20	9.07	8.98	8.90	8.84	8.75	8.66	8.56	8.51	8.46	8.41	8.36	8.31	8.26
5	10.01	8.43	7.76	7.39	7.15	6.98	6.85	6.76	6.68	6.62	6.52	6.43	6.33	6.28	6.23	6.18	6.12	6.07	6.02
6	8.81	7.26	6.60	6.23	5.99	5.82	5.70	5.60	5.52	5.46	5.37	5.27	5.17	5.12	5.07	5.01	4.96	4.90	4.85
7	8.07	6.54	5.89	5.52	5.29	5.12	4.99	4.90	4.82	4.76	4.67	4.57	4.47	4.42	4.36	4.31	4.25	4.20	4.14

续表

n_2 \ n_1	1	2	3	4	5	6	7	8	9	10	12	15	20	24	30	40	60	120	∞
8	7.57	6.06	5.42	5.05	4.82	4.65	4.53	4.43	4.36	4.30	4.20	4.10	4.00	3.95	3.89	3.84	3.78	3.73	3.67
9	7.21	5.71	5.08	4.72	4.48	4.32	4.20	4.10	4.03	3.96	3.87	3.77	3.67	3.61	3.56	3.51	3.45	3.39	3.33
10	6.94	5.46	4.83	4.47	4.24	4.07	3.95	3.85	3.78	3.72	3.62	3.52	3.42	3.37	3.31	3.26	3.20	3.14	3.08
11	6.72	5.26	4.63	4.28	4.04	3.88	3.76	3.66	3.59	3.53	3.43	3.33	3.23	3.17	3.12	3.06	3.00	2.94	2.88
12	6.55	5.10	4.47	4.12	3.89	3.73	3.61	3.51	3.44	3.37	3.28	3.18	3.07	3.02	2.96	2.91	2.85	2.79	2.72
13	6.41	4.97	4.35	4.00	3.77	3.60	3.48	3.39	3.31	3.25	3.15	3.05	2.95	2.89	2.84	2.78	2.72	2.66	2.60
14	6.30	4.86	4.24	3.89	3.66	3.50	3.38	3.29	3.21	3.15	3.05	2.95	2.84	2.79	2.73	2.67	2.61	2.55	2.49
15	6.20	4.77	4.15	3.80	3.58	3.41	3.29	3.20	3.12	3.06	2.96	2.86	2.76	2.70	2.64	2.59	2.52	2.46	2.40
16	6.12	4.69	4.08	3.73	3.50	3.34	3.22	3.12	3.05	2.99	2.89	2.79	2.68	2.63	2.57	2.51	2.45	2.38	2.32
17	6.04	4.62	4.01	3.66	3.44	3.28	3.16	3.06	2.98	2.92	2.82	2.72	2.62	2.56	2.50	2.44	2.38	2.32	2.25
18	5.98	4.56	3.95	3.61	3.38	3.22	3.10	3.01	2.93	2.87	2.77	2.67	2.56	2.50	2.44	2.38	2.32	2.26	2.19
19	5.92	4.51	3.90	3.56	3.33	3.17	3.05	2.96	2.88	2.82	2.72	2.62	2.51	2.45	2.39	2.33	2.27	2.20	2.13
20	5.87	4.46	3.86	3.51	3.29	3.13	3.01	2.91	2.84	2.77	2.68	2.57	2.46	2.41	2.35	2.29	2.22	2.16	2.09
21	5.83	4.42	3.82	3.48	3.25	3.09	2.97	2.87	2.80	2.73	2.64	2.53	2.42	2.37	2.31	2.25	2.18	2.11	2.04
22	5.79	4.38	3.78	3.44	3.22	3.05	2.93	2.84	2.76	2.70	2.60	2.50	2.39	2.33	2.27	2.21	2.14	2.08	2.00
23	5.75	4.35	3.75	3.41	3.18	3.02	2.90	2.81	2.73	2.67	2.57	2.47	2.36	2.30	2.24	2.18	2.11	2.04	1.97
24	5.72	4.32	3.72	3.38	3.15	2.99	2.87	2.78	2.70	2.64	2.54	2.44	2.33	2.27	2.21	2.15	2.08	2.01	1.94
25	5.69	4.29	3.69	3.35	3.13	2.97	2.85	2.75	2.68	2.61	2.51	2.41	2.30	2.24	2.18	2.12	2.05	1.98	1.91
26	5.66	4.27	3.67	3.33	3.10	2.94	2.82	2.73	2.65	2.59	2.49	2.39	2.28	2.22	2.16	2.09	2.03	1.95	1.88
27	5.63	4.24	3.65	3.31	3.08	2.92	2.80	2.71	2.63	2.57	2.47	2.36	2.25	2.19	2.13	2.07	2.00	1.93	1.85
28	5.61	4.22	3.63	3.29	3.06	2.90	2.78	2.69	2.61	2.55	2.45	2.34	2.23	2.17	2.11	2.05	1.98	1.91	1.83
29	5.59	4.20	3.61	3.27	3.04	2.88	2.76	2.67	2.59	2.53	2.43	2.32	2.21	2.15	2.09	2.03	1.96	1.89	1.81
30	5.57	4.18	3.59	3.25	3.03	2.87	2.75	2.65	2.57	2.51	2.41	2.31	2.20	2.14	2.07	2.01	1.94	1.87	1.79
40	5.42	4.05	3.46	3.13	2.90	2.74	2.62	2.53	2.45	2.39	2.29	2.18	2.07	2.01	1.94	1.88	1.80	1.72	1.64
60	5.29	3.93	3.34	3.01	2.79	2.63	2.51	2.41	2.33	2.27	2.17	2.06	1.94	1.88	1.82	1.74	1.67	1.58	1.48
120	5.15	3.80	3.23	2.89	2.67	2.52	2.39	2.30	2.22	2.16	2.05	1.94	1.82	1.76	1.69	1.61	1.53	1.43	1.31
∞	5.02	3.69	3.12	2.79	2.57	2.41	2.29	2.19	2.11	2.05	1.94	1.83	1.71	1.64	1.57	1.48	1.39	1.27	1.00

附表5 F分布表

续表

$\alpha = 0.01$

n_2 \ n_1	1	2	3	4	5	6	7	8	9	10	12	15	20	24	30	40	60	120	∞
1	4052	4999.5	5403	5625	5764	5859	5928	5982	6022	6056	6106	6157	6209	6235	6261	6287	6313	6339	6366
2	98.50	99.00	99.17	99.25	99.30	99.33	99.36	99.37	99.39	99.40	99.42	99.43	99.45	99.46	99.47	99.47	99.48	99.49	99.50
3	34.12	30.82	29.46	28.71	28.24	27.91	27.67	27.49	27.35	27.23	27.05	26.87	26.69	26.60	26.50	26.41	26.32	26.22	26.13
4	21.20	18.00	16.69	15.98	15.52	15.21	14.98	14.80	14.66	14.55	14.37	14.20	14.02	13.93	13.84	13.75	13.65	13.56	13.46
5	16.26	13.27	12.06	11.39	10.97	10.67	10.46	10.29	10.16	10.05	9.89	9.72	9.55	9.47	9.38	9.29	9.20	9.11	9.02
6	13.75	10.92	9.78	9.15	8.75	8.47	8.26	8.10	7.98	7.87	7.72	7.56	7.40	7.31	7.23	7.14	7.06	6.97	6.88
7	12.25	9.55	8.45	7.85	7.46	7.19	6.99	6.84	6.72	6.62	6.47	6.31	6.16	6.07	5.99	5.91	5.82	5.74	5.65
8	11.26	8.65	7.59	7.01	6.63	6.37	6.18	6.03	5.91	5.81	5.67	5.52	5.36	5.28	5.20	5.12	5.03	4.95	4.86
9	10.56	8.02	6.99	6.42	6.06	5.80	5.61	5.47	5.35	5.26	5.11	4.96	4.81	4.73	4.65	4.57	4.48	4.40	4.31
10	10.04	7.56	6.55	5.99	5.64	5.39	5.20	5.06	4.94	4.85	4.71	4.56	4.41	4.33	4.25	4.17	4.08	4.00	3.91
11	9.65	7.21	6.22	5.67	5.32	5.07	4.89	4.74	4.63	4.54	4.40	4.25	4.10	4.02	3.94	3.86	3.78	3.69	3.60
12	9.33	6.93	5.95	5.41	5.06	4.82	4.64	4.50	4.39	4.30	4.16	4.01	3.86	3.78	3.70	3.62	3.54	3.45	3.36
13	9.07	6.70	5.74	5.21	4.86	4.62	4.44	4.30	4.19	4.10	3.96	3.82	3.66	3.59	3.51	3.43	3.34	3.25	3.17
14	8.86	6.51	5.56	5.04	4.69	4.46	4.28	4.14	4.03	3.94	3.80	3.66	3.51	3.43	3.35	3.27	3.18	3.09	3.00
15	8.68	6.36	5.42	4.89	4.56	4.32	4.14	4.00	3.89	3.80	3.67	3.52	3.37	3.29	3.21	3.13	3.05	2.96	2.87
16	8.53	6.23	5.29	4.77	4.44	4.20	4.03	3.89	3.78	3.69	3.55	3.41	3.26	3.18	3.10	3.02	2.93	2.84	2.75
17	8.40	6.11	5.18	4.67	4.34	4.10	3.93	3.79	3.68	3.59	3.46	3.31	3.16	3.08	3.00	2.92	2.83	2.75	2.65
18	8.29	6.01	5.09	4.58	4.25	4.01	3.84	3.71	3.60	3.51	3.37	3.23	3.08	3.00	2.92	2.84	2.75	2.66	2.57
19	8.18	5.93	5.01	4.50	4.17	3.94	3.77	3.63	3.52	3.43	3.30	3.15	3.00	2.92	2.84	2.76	2.67	2.58	2.49
20	8.10	5.85	4.94	4.43	4.10	3.87	3.70	3.56	3.45	3.37	3.23	3.09	2.94	2.86	2.78	2.69	2.61	2.52	2.42
21	8.02	5.78	4.87	4.37	4.04	3.81	3.64	3.51	3.40	3.31	3.17	3.03	2.88	2.80	2.72	2.64	2.55	2.46	2.36
22	7.95	5.72	4.82	4.31	3.99	3.76	3.59	3.45	3.35	3.26	3.12	2.98	2.83	2.75	2.67	2.58	2.50	2.40	2.31
23	7.88	5.66	4.76	4.26	3.94	3.71	3.54	3.41	3.30	3.21	3.07	2.93	2.78	2.70	2.62	2.54	2.45	2.35	2.26
24	7.82	5.61	4.72	4.22	3.90	3.67	3.50	3.36	3.26	3.17	3.03	2.89	2.74	2.66	2.58	2.49	2.40	2.31	2.21
25	7.77	5.57	4.68	4.18	3.85	3.63	3.46	3.32	3.22	3.13	2.99	2.85	2.70	2.62	2.54	2.45	2.36	2.27	2.17
26	7.72	5.53	4.64	4.14	3.82	3.59	3.42	3.29	3.18	3.09	2.96	2.81	2.66	2.58	2.50	2.42	2.33	2.23	2.13
27	7.68	5.49	4.60	4.11	3.78	3.56	3.39	3.26	3.15	3.06	2.93	2.78	2.63	2.55	2.47	2.38	2.29	2.20	2.10
28	7.64	5.45	4.57	4.07	3.75	3.53	3.36	3.23	3.12	3.03	2.90	2.75	2.60	2.52	2.44	2.35	2.26	2.17	2.06

续表

n_2 \ n_1	1	2	3	4	5	6	7	8	9	10	12	15	20	24	30	40	60	120	∞
29	7.60	5.42	4.54	4.04	3.73	3.50	3.33	3.20	3.09	3.00	2.87	2.73	2.57	2.49	2.41	2.33	2.23	2.14	2.03
30	7.56	5.39	4.51	4.02	3.70	3.47	3.30	3.17	3.07	2.98	2.84	2.70	2.55	2.47	2.39	2.30	2.21	2.11	2.01
40	7.31	5.18	4.31	3.83	3.51	3.29	3.12	2.99	2.89	2.80	2.66	2.52	2.37	2.29	2.20	2.11	2.02	1.92	1.80
60	7.08	4.98	4.13	3.65	3.34	3.12	2.95	2.82	2.72	2.63	2.50	2.35	2.20	2.12	2.03	1.94	1.84	1.73	1.60
120	6.85	4.79	3.95	3.48	3.17	2.96	2.79	2.66	2.56	2.47	2.34	2.19	2.03	1.95	1.86	1.76	1.66	1.53	1.38
∞	6.63	4.61	3.78	3.32	3.02	2.80	2.64	2.51	2.41	2.32	2.18	2.04	1.88	1.79	1.70	1.59	1.47	1.32	1.00

$\alpha = 0.005$

n_2 \ n_1	1	2	3	4	5	6	7	8	9	10	12	15	20	24	30	40	60	120	∞
1	16211	20000	21615	22500	23056	23437	23715	23925	24091	24224	24426	24630	24836	24940	25044	25148	25253	25359	25465
2	198.5	199.0	199.2	199.2	199.3	199.3	199.4	199.4	199.4	199.4	199.4	199.4	199.4	199.5	199.5	199.5	199.5	199.5	199.5
3	55.55	49.80	47.47	46.19	45.39	44.84	44.43	44.13	43.88	43.69	43.39	43.08	42.78	42.62	42.47	42.31	42.15	41.99	41.83
4	31.33	26.28	24.26	23.15	22.46	21.97	21.62	21.35	21.14	20.97	20.70	20.44	20.17	20.03	19.89	19.75	19.61	19.47	19.32
5	22.78	18.31	16.53	15.56	14.94	14.51	14.20	13.96	13.77	13.62	13.38	13.15	12.90	12.78	12.66	12.53	12.40	12.27	12.14
6	18.63	14.54	12.92	12.03	11.46	11.07	10.79	10.57	10.39	10.25	10.03	9.81	9.59	9.47	9.36	9.24	9.12	9.00	8.88
7	16.24	12.40	10.88	10.05	9.52	9.16	8.89	8.68	8.51	8.38	8.18	7.97	7.75	7.65	7.53	7.42	7.31	7.19	7.08
8	14.69	11.04	9.60	8.81	8.30	7.95	7.69	7.50	7.34	7.21	7.01	6.81	6.61	6.50	6.40	6.29	6.18	6.06	5.95
9	13.61	10.11	8.72	7.96	7.47	7.13	6.88	6.69	6.54	6.42	6.23	6.03	5.83	5.73	5.62	5.52	5.41	5.30	5.19
10	12.83	9.43	8.08	7.34	6.87	6.54	6.30	6.12	5.97	5.85	5.66	5.47	5.27	5.17	5.07	4.97	4.86	4.75	4.64
11	12.23	8.91	7.60	6.88	6.42	6.10	5.86	5.68	5.54	5.42	5.24	5.05	4.86	4.76	4.65	4.55	4.44	4.34	4.23
12	11.75	8.51	7.23	6.52	6.07	5.76	5.52	5.35	5.20	5.09	4.91	4.72	4.53	4.43	4.33	4.23	4.12	4.01	3.90
13	11.37	8.19	6.93	6.23	5.79	5.48	5.25	5.08	4.94	4.82	4.64	4.46	4.27	4.17	4.07	3.97	3.87	3.76	3.65
14	11.06	7.92	6.68	6.00	5.56	5.26	5.03	4.86	4.72	4.60	4.43	4.25	4.06	3.96	3.86	3.76	3.66	3.55	3.44
15	10.80	7.70	6.48	5.80	5.37	5.07	4.85	4.67	4.54	4.42	4.25	4.07	3.88	3.79	3.69	3.58	3.48	3.37	3.26
16	10.58	7.51	6.30	5.64	5.21	4.91	4.69	4.52	4.38	4.27	4.10	3.92	3.73	3.64	3.54	3.44	3.33	3.22	3.11
17	10.38	7.35	6.16	5.50	5.07	4.78	4.56	4.39	4.25	4.14	3.97	3.79	3.61	3.51	3.41	3.31	3.21	3.10	2.98
18	10.22	7.21	6.03	5.37	4.96	4.66	4.44	4.28	4.14	4.03	3.86	3.68	3.50	3.40	3.30	3.20	3.10	2.99	2.87
19	10.07	7.09	5.92	5.27	4.85	4.56	4.34	4.18	4.04	3.93	3.76	3.59	3.40	3.31	3.21	3.11	3.00	2.89	2.78
20	9.94	6.99	5.82	5.17	4.76	4.47	4.26	4.09	3.96	3.85	3.68	3.50	3.32	3.22	3.12	3.02	2.92	2.81	2.69

续表

n_2＼n_1	1	2	3	4	5	6	7	8	9	10	12	15	20	24	30	40	60	120	∞
21	9.83	6.89	5.73	5.09	4.68	4.39	4.18	4.01	3.88	3.77	3.60	3.43	3.24	3.15	3.05	2.95	2.84	2.73	2.61
22	9.73	6.81	5.65	5.02	4.61	4.32	4.11	3.94	3.81	3.70	3.54	3.36	3.18	3.08	2.98	2.88	2.77	2.66	2.55
23	9.63	6.73	5.58	4.95	4.54	4.26	4.05	3.88	3.75	3.64	3.47	3.30	3.12	3.02	2.92	2.82	2.71	2.60	2.48
24	9.55	6.66	5.52	4.89	4.49	4.20	3.99	3.83	3.69	3.59	3.42	3.25	3.06	2.97	2.87	2.77	2.66	2.55	2.43
25	9.48	6.60	5.46	4.84	4.43	4.15	3.94	3.78	3.64	3.54	3.37	3.20	3.01	2.92	2.82	2.72	2.61	2.50	2.38
26	9.41	6.54	5.41	4.79	4.38	4.10	3.89	3.73	3.60	3.49	3.33	3.15	2.97	2.87	2.77	2.67	2.56	2.45	2.33
27	9.34	6.49	5.36	4.74	4.34	4.06	3.85	3.69	3.56	3.45	3.28	3.11	2.93	2.83	2.73	2.63	2.52	2.41	2.29
28	9.28	6.44	5.32	4.70	4.30	4.02	3.81	3.65	3.52	3.41	3.25	3.07	2.89	2.79	2.69	2.59	2.48	2.37	2.25
29	9.23	6.40	5.28	4.66	4.26	3.98	3.77	3.61	3.48	3.38	3.21	3.04	2.86	2.76	2.66	2.56	2.45	2.33	2.21
30	9.18	6.35	5.24	4.62	4.23	3.95	3.74	3.58	3.45	3.34	3.18	3.01	2.82	2.73	2.63	2.52	2.42	2.30	2.18
40	8.83	6.07	4.98	4.37	3.99	3.71	3.51	3.35	3.22	3.12	2.95	2.78	2.60	2.50	2.40	2.30	2.18	2.06	1.93
60	8.49	5.79	4.73	4.14	3.76	3.49	3.29	3.13	3.01	2.90	2.74	2.57	2.39	2.29	2.19	2.08	1.96	1.83	1.69
120	8.18	5.54	4.50	3.92	3.55	3.28	3.09	2.93	2.81	2.71	2.54	2.37	2.19	2.09	1.98	1.87	1.75	1.61	1.43
∞	7.88	5.30	4.28	3.72	3.35	3.09	2.90	2.74	2.62	2.52	2.36	2.19	2.00	1.90	1.79	1.67	1.53	1.36	1.00

$\alpha = 0.001$

n_2＼n_1	1	2	3	4	5	6	7	8	9	10	12	15	20	24	30	40	60	120	∞
1	4053*	5000*	5404*	5625*	5764*	5859*	5929*	5981*	6023*	6056*	6107*	6158*	6209*	6235*	6261*	6287*	6313*	6340*	6366*
2	998.5	999.0	999.2	999.2	999.3	999.3	999.4	999.4	999.4	999.4	999.4	999.4	999.4	999.5	999.5	999.5	999.5	999.5	999.5
3	167.0	148.5	141.1	137.1	134.6	132.8	131.6	130.6	129.9	129.2	128.3	127.4	126.4	125.9	125.4	125.0	124.5	124.0	123.5
4	74.14	61.25	56.18	53.44	51.71	50.53	49.66	49.00	48.47	48.05	47.41	46.76	46.10	45.77	45.43	45.09	44.75	44.40	44.05
5	47.18	37.12	33.20	31.09	29.75	28.84	28.16	27.64	27.24	26.92	26.42	25.91	25.39	25.14	24.87	24.60	24.33	24.06	23.79
6	35.51	27.00	23.70	21.92	20.81	20.03	19.46	19.03	18.69	18.41	17.99	17.56	17.12	16.89	16.67	16.44	16.21	15.99	15.75
7	29.25	21.69	18.77	17.19	16.21	15.52	15.02	14.63	14.33	14.08	13.71	13.32	12.93	12.73	12.53	12.33	12.12	11.91	11.70
8	25.42	18.49	15.83	14.39	13.49	12.86	12.40	12.04	11.77	11.54	11.19	10.84	10.48	10.30	10.11	9.92	9.73	9.53	9.33
9	22.86	16.39	13.90	12.56	11.71	11.13	10.70	10.37	10.11	9.89	9.57	9.24	8.90	8.72	8.55	8.37	8.19	8.00	7.81
10	21.04	14.91	12.55	11.28	10.48	9.92	9.52	9.20	8.96	8.75	8.45	8.13	7.80	7.64	7.47	7.30	7.12	6.94	6.76
11	19.69	13.81	11.56	10.35	9.58	9.05	8.66	8.35	8.12	7.92	7.63	7.32	7.01	6.85	6.68	6.52	6.35	6.17	6.00

续表

n_2 \ n_1	1	2	3	4	5	6	7	8	9	10	12	15	20	24	30	40	60	120	∞
12	18.64	12.97	10.80	9.63	8.89	8.38	8.00	7.71	7.48	7.29	7.00	6.71	6.40	6.25	6.09	5.93	5.76	5.59	5.42
13	17.81	12.31	10.21	9.07	8.35	7.86	7.49	7.21	6.98	6.80	6.52	6.23	5.93	5.78	5.63	5.47	5.30	5.14	4.97
14	17.14	11.78	9.73	8.62	7.92	7.43	7.08	6.80	6.58	6.40	6.13	5.85	5.56	5.41	5.25	5.10	4.94	4.77	4.60
15	16.59	11.34	9.34	8.25	7.57	7.09	6.74	6.47	6.26	6.08	5.81	5.54	5.25	5.10	4.95	4.80	4.64	4.47	4.31
16	16.12	10.97	9.00	7.94	7.27	6.81	6.46	6.19	5.98	5.81	5.55	5.27	4.99	4.85	4.70	4.54	4.39	4.23	4.06
17	15.72	10.66	8.73	7.68	7.02	6.56	6.22	5.96	5.75	5.58	5.32	5.05	4.78	4.63	4.48	4.33	4.18	4.02	3.85
18	15.38	10.39	8.49	7.46	6.81	6.35	6.02	5.76	5.56	5.39	5.13	4.87	4.59	4.45	4.30	4.15	4.00	3.84	3.67
19	15.08	10.16	8.28	7.26	6.62	6.18	5.85	5.59	5.39	5.22	4.97	4.70	4.43	4.29	4.14	3.99	3.84	3.68	3.51
20	14.82	9.95	8.10	7.10	6.46	6.02	5.69	5.44	5.24	5.08	4.82	4.56	4.29	4.15	4.00	3.86	3.70	3.54	3.38
21	14.59	9.77	7.94	6.95	6.32	5.88	5.56	5.31	5.11	4.95	4.70	4.44	4.17	4.03	3.88	3.74	3.58	3.42	3.26
22	14.38	9.61	7.80	6.81	6.19	5.76	5.44	5.19	4.99	4.83	4.58	4.33	4.06	3.92	3.78	3.63	3.48	3.32	3.15
23	14.19	9.47	7.67	6.69	6.08	5.65	5.33	5.09	4.89	4.73	4.48	4.23	3.96	3.82	3.68	3.53	3.38	3.22	3.05
24	14.03	9.34	7.55	6.59	5.98	5.55	5.23	4.99	4.80	4.64	4.39	4.14	3.87	3.74	3.59	3.45	3.29	3.14	2.97
25	13.88	9.22	7.45	6.49	5.88	5.46	5.15	4.91	4.71	4.56	4.31	4.06	3.79	3.66	3.52	3.37	3.22	3.06	2.89
26	13.74	9.12	7.36	6.41	5.80	5.38	5.07	4.83	4.64	4.48	4.24	3.99	3.72	3.59	3.44	3.30	3.15	2.99	2.82
27	13.61	9.02	7.27	6.33	5.73	5.31	5.00	4.76	4.57	4.41	4.17	3.92	3.66	3.52	3.38	3.23	3.08	2.92	2.75
28	13.50	8.93	7.19	6.25	5.66	5.24	4.93	4.69	4.50	4.35	4.11	3.86	3.60	3.46	3.32	3.18	3.02	2.86	2.69
29	13.39	8.85	7.12	6.19	5.59	5.18	4.87	4.64	4.45	4.29	4.05	3.80	3.54	3.41	3.27	3.12	2.97	2.81	2.64
30	13.29	8.77	7.05	6.12	5.53	5.12	4.82	4.58	4.39	4.24	4.00	3.75	3.49	3.36	3.22	3.07	2.92	2.76	2.59
40	12.61	8.25	6.60	5.70	5.13	4.73	4.44	4.21	4.02	3.87	3.64	3.40	3.15	3.01	2.87	2.73	2.57	2.41	2.23
60	11.97	7.76	6.17	5.31	4.76	4.37	4.09	3.87	3.69	3.54	3.31	3.08	2.83	2.69	2.55	2.41	2.25	2.08	1.89
120	11.38	7.32	5.79	4.95	4.42	4.04	3.77	3.55	3.38	3.24	3.02	2.78	2.53	2.40	2.26	2.11	1.95	1.76	1.54
∞	10.83	6.91	5.42	4.62	4.10	3.74	3.47	3.27	3.10	2.96	2.74	2.51	2.27	2.13	1.99	1.84	1.66	1.45	1.00

注: *表示要将所列数数乘以100.

附表6 均值的 t 检验的样本容量

	单边检验	\multicolumn{4}{c}{显著性水平}																
	双边检验	$\alpha=0.005$ $\alpha=0.01$					$\alpha=0.01$ $\alpha=0.02$					$\alpha=0.025$ $\alpha=0.05$					$\alpha=0.05$ $\alpha=0.1$				
$\Delta=\dfrac{\lvert\mu_1-\mu_0\rvert}{\sigma}$	β	0.01	0.05	0.1	0.2	0.5	0.01	0.05	0.1	0.2	0.5	0.01	0.05	0.1	0.2	0.5	0.01	0.05	0.1	0.2	0.5
0.05																					
0.10																					
0.15																				122	
0.20										139					99					70	
0.25					110					90				128	64			139	101	45	
0.30				134	78				115	63			119	90	45		122	97	71	32	
0.35			125	99	58			109	85	47		109	88	67	34		90	72	52	24	
0.40		115	97	77	45		101	85	66	37	117	84	68	51	26	101	70	55	40	19	
0.45		92	77	62	37	110	81	68	53	30	93	67	54	41	21	80	55	44	33	15	
0.50	100	75	63	51	30	90	66	55	43	25	76	54	44	34	18	65	45	36	27	13	
0.55	83	63	53	42	26	75	55	46	36	21	63	45	37	28	15	54	38	30	22	11	
0.60	71	53	45	36	22	63	47	39	31	18	53	38	32	24	13	46	32	26	19	9	
0.65	61	46	39	31	20	55	41	34	27	16	46	33	27	21	12	39	28	22	17	8	
0.70	53	40	34	28	17	47	35	30	24	14	40	29	24	19	10	34	24	19	15	8	
0.75	47	36	30	25	16	42	31	27	21	13	35	26	21	16	9	30	21	17	13	7	
0.80	41	32	27	22	14	37	28	24	19	12	31	22	19	15	9	27	19	15	12	6	
0.85	37	29	24	20	13	33	25	21	17	11	28	21	17	13	8	24	17	14	11	6	
0.90	34	26	22	18	12	29	23	19	16	10	25	19	16	12	8	21	15	13	10	5	
0.95	31	24	20	17	11	27	21	18	14	9	23	17	14	11	7	19	14	11	9	5	
1.00	28	22	19	16	10	25	19	16	13	9	21	16	13	10	6	18	13	11	8	5	
1.1	24	19	16	14	9	21	16	14	12	8	18	13	11	9	6	15	11	9	7		
1.2	21	16	14	12	8	18	14	12	10	7	15	12	10	8	5	13	10	8	6		
1.3	18	15	13	11	8	16	13	11	9	6	14	10	9	7		11	8	7	6		
1.4	16	13	12	10	7	14	11	10	9	6	12	9	8	7		10	8	7	5		
1.5	15	12	11	9	7	13	10	9	8	6	11	8	7	6		9	7	6			
1.6	13	11	10	8	6	12	10	9	7	5	10	8	7	6		8	6	6			
1.7	12	10	9	8	6	11	9	8	7		9	7	6	5		8	6	5			
1.8	12	10	9	8	6	10	8	8	7		8	7	6			7	6				
1.9	11	9	8	7	6	10	8	7	6		8	6	6			7	5				
2.0	10	8	8	7	5	9	7	7	6		7	6	5			6					
2.1	10	8	7	7		8	7	7	6		7	6				6					
2.2	9	8	7	6		8	7	6	5		7	6				6					
2.3	9	7	7	6		8	7	6			7	5				5					
2.4	8	7	7	6		7	6	6			6										
2.5	8	7	6	6		7	6	6			6										
3.0	7	6	6	5		6	6	5			5										
3.5	6	6	5			5															
4.0	6																				

附表7 均值差的 t 检验的样本容量

$\Delta=\frac{\|\mu_1-\mu_0\|}{\sigma}$	单边检验 双边检验 β	$\alpha=0.005$ $\alpha=0.01$					$\alpha=0.01$ $\alpha=0.02$					$\alpha=0.025$ $\alpha=0.05$					$\alpha=0.05$ $\alpha=0.1$				
		0.01	0.05	0.1	0.2	0.5	0.01	0.05	0.1	0.2	0.5	0.01	0.05	0.1	0.2	0.5	0.01	0.05	0.1	0.2	0.5
0.05																					
0.10																					
0.15																					
0.20																					
0.25															110					124	
0.30										123					87						
0.35					110					90					64					102	
0.40					85					70				100	50				108	78	
0.45				118	68				101	55			105	79	39		108	86	62		
0.50				96	55			106	82	45		106	86	64	32		88	70	51	23	
0.55			101	79	46		106	88	68	38		87	71	53	27	112	73	58	42	19	
0.60		101	85	67	39		90	74	58	32	104	74	60	45	23	89	61	49	36	16	
0.65		87	73	57	34	104	77	64	49	27	88	63	51	39	20	76	52	42	30	14	
0.70	100	75	63	50	29	90	66	55	43	24	76	55	44	34	17	66	45	36	26	12	
0.75	88	66	55	44	26	79	58	48	38	21	67	48	39	29	15	57	40	32	23	11	
0.80	77	58	49	39	23	70	51	43	33	19	59	42	34	26	14	50	35	28	21	10	
0.85	69	51	43	35	21	62	46	38	30	17	52	37	31	23	12	45	31	25	18	9	
0.90	62	46	39	31	19	55	41	34	27	15	47	34	27	21	11	40	28	22	16	8	
0.95	55	42	35	28	17	50	37	31	24	14	42	30	25	19	10	36	25	20	15	7	
1.00	50	38	32	26	15	45	33	28	22	13	38	27	23	17	9	33	23	18	14	7	
1.1	42	32	27	22	13	38	28	23	19	11	32	23	19	14	8	27	19	15	12	6	
1.2	36	27	23	18	11	32	24	20	16	9	27	20	16	12	7	23	16	13	10	5	
1.3	31	23	20	16	10	28	21	17	14	8	23	17	14	11	6	20	14	11	9	5	
1.4	27	20	17	14	9	24	18	15	12	8	20	15	12	10	6	17	12	10	8	4	
1.5	24	18	15	13	8	21	16	14	11	7	18	13	11	9	5	15	11	9	7	4	
1.6	21	16	14	11	7	19	14	12	10	6	16	12	10	8	5	14	10	8	6	4	
1.7	19	15	13	10	7	17	13	11	9	6	14	11	9	7	4	12	9	7	6	3	
1.8	17	13	11	10	6	15	12	10	8	5	13	10	8	6	4	11	8	7	5		
1.9	16	12	11	9	6	14	11	9	8	5	12	9	7	6	4	10	7	6	5		
2.0	14	11	10	8	6	13	10	9	7	5	11	8	7	6	4	9	7	6	4		
2.1	13	10	9	8	5	12	9	8	7	5	10	8	6	5	3	8	6	5	4		
2.2	12	10	8	7	5	11	9	7	6	4	9	7	6	5		8	6	5	4		
2.3	11	9	8	7	5	10	8	7	6	4	9	7	6	5		7	5	5	4		
2.4	11	9	8	6	5	9	8	7	5	4	8	6	5	4		7	5	4	4		
2.5	10	8	7	6	4	9	7	6	5	4	8	6	5	4		6	5	4	3		
3.0	8	6	6	5	4	7	6	5	4	3	6	5	4	4		5	4	3			
3.5	6	5	5	4	3	6	5	4	4	3	5	4	4	3		4					
4.0	6	5	4	4		5	4	4	3		4	4	3			4					

参 考 文 献

[1] 王梓坤. 概率论及其应用[M]. 北京：科学出版社，1976.
[2] 葛余博，赵衡秀. 概率论与数理统计[M]. 北京：科学出版社，2003.
[3] 盛骤，谢式千，潘承毅. 概率论与数理统计[M]. 2版. 北京：高等教育出版社，1989.
[4] 复旦大学. 概率论（第一册概率论基础，第二册数理统计（两分册））[M]. 北京：人民教育出版社，1979.
[5] 茆诗松，王静龙，濮晓龙. 高等数理统计[M]. 北京：高等教育出版社，施普林格出版社，1998.
[6] 肖云茹. 概率统计计算[M]. 天津：南开大学出版社，2001.
[7] 陆璇，葛余博. 现代应用数学手册——概率统计与随机过程卷[M]. 北京：清华大学出版社，2000.
[8] 韩云瑞. 高等数学教程[M]. 北京：清华大学出版社，1998.
[9] 谢尔登·罗斯. 概率论初等教程[M]. 李漳南，杨振明，译. 北京：人民教育出版社，1981.
[10] 那汤松 И П. 实变函数论[M]. 徐瑞云，译. 北京：人民教育出版社，1955.
[11] HALMOS P R. Measure Theory[M]. New York：Van Nostrand，1950.
[12] DEGROOT M H. Probability and Statistics[M]. Andsson and Weiley，1975.

参考文献

[1] 丁寿田. 概率论及其应用[M]. 北京: 科学出版社, 1978.
[2] 茆诗松, 程依明. 概率论与数理统计[M]. 北京: 科学出版社, 2002.
[3] 陈家鼎, 孙山泽, 李东风. 概率论与数理统计[M]. 2版. 北京: 高等教育出版社, 1989.
[4] 复旦大学. 概率论(第一册概率论基础·第二册数理统计(部分初稿))[M]. 北京: 人民教育出版社, 1979.
[5] 中国科学院数学研究所概率统计室. 常用数理统计表[M]. 北京: 科学技术出版社; 上海: 上海科学技术出版社, 1998.
[6] 陈之兆. 概率论初步[M]. 天津: 南开大学出版社, 2001.
[7] 钟镇, 余赤钰. 现代应用数学手册——概率统计与随机过程卷[M]. 北京: 清华大学出版社, 2000.
[8] 魏宗舒. 概率论与数理统计[M]. 北京: 高等教育出版社, 1998.
[9] 格涅坚科. 概率论教程[M]. 丁寿田译. 北京: 人民教育出版社, 1981.
[10] 柯尔莫哥洛夫. 概率论基础[M]. 丁寿田译. 北京: 人民教育出版社, 1958.
[11] HALMOS P R. Measure Theory[M]. New York: Van Nostrand, 1950.
[12] DEGROOT M H. Probability and Statistics[M]. Anderson and Wesley, 1975.